高 等 学 校 教 材

化学实验教程

张小林 余淑娴 彭在姜 主编

化学工业出版社
教材出版中心
·北京·

本书是高等学校教材。该教材为大学化学实验教程的实验用配套教材。主要可分为大学化学实验（含无机化学和分析化学实验）、有机化学实验和物理化学实验三部分，具体细分为化学实验的一般知识、实验基本技术、化学原理、基本操作、验证性实验、综合性实验、设计性实验、研究式实验，并且针对各实验可用到的表格、数字、公式等，特作附录进行说明。

本书可作为理工、师范院校化学、化工等专业的化学实验教材。

图书在版编目（CIP）数据

化学实验教程/张小林，余淑娴，彭在姜主编. —北京：化学工业出版社，2006.3（2022.10重印）
高等学校教材
ISBN 978-7-5025-8471-9

Ⅰ. 化⋯　Ⅱ. ①张⋯②余⋯③彭⋯　Ⅲ. 化学实验-高等学校-教材　Ⅳ. O6-3

中国版本图书馆 CIP 数据核字（2006）第 026759 号

责任编辑：杨　菁　　　　　　　　　文字编辑：李　玥
责任校对：战河红　　　　　　　　　装帧设计：潘　峰

出版发行：化学工业出版社（北京市东城区青年湖南街 13 号　邮政编码 100011）
印　　装：北京虎彩文化传播有限公司
787mm×1092mm　1/16　印张 20　字数 496 千字　2022 年 10 月北京第 1 版第 13 次印刷

购书咨询：010-64518888　　　　　　售后服务：010-64518899
网　　址：http://www.cip.com.cn
凡购买本书，如有缺损质量问题，本社销售中心负责调换。

定　　价：58.00 元　　　　　　　　　　　　　　　　版权所有　违者必究

前　　言

　　大学化学实验课是实施全面的化学教育最有效的教学形式。教材是教学环节中重要的一环，本教材既体现了实验课程的任务与独立的教学体系，又体现了化学实验应具有的启发性与研究性。本教材在编汇过程中十分注意对实验内容的选择、安排和处理。基本上做到既能兼顾各类专业要求，又能体现出一定的针对性，从而便于各院校、各专业根据化学实验课程的开设需要从中选择。

　　本书由浅入深，由易入难，分为化学实验的一般知识、实验基本技术、化学原理、基本操作、验证性实验、综合性实验、设计性实验、研究式实验、附录。这种体系安排有利于提高学生自学与实验能力及用实验方法独立解决问题的能力。本书加强了实验方法的多样性、基本操作、基本技术篇与附录的量，便于学生查阅，自己解决问题。

　　参加本教材编写工作的有：南昌大学张小林、余淑娴、彭在姜、田建文、冯宇川、屈云、彭雪萍、韩松、李茂康、周美华、梁志鸿，全书由张小林整理、修改、统编定稿。

　　由于编者水平有限，时间仓促，不足之处在所难免，敬请读者批评指正。

编者

2006.4

目　录

第一章 绪 论

一、化学实验的目的和要求

自然科学，特别是化学，是以实验为基础的科学。其理论、原理和定律都是通过实验总结出来的。学习化学是和实验密切结合的过程。因此，化学实验课是学习化学的一个十分重要和必不可少的教学环节。它的作用是使课堂讲授中获得的知识得到进一步巩固，扩大和加深理解；通过具体操作使学生掌握化学实验的基本方法和技能；验证、评价化学的基本理论；培养学生独立工作的能力以及细致观察、正确记录实验现象并进行数据处理和得出科学结论的能力。通过实验，还可以培养学生具有实事求是的科学态度，培养勤于动手、勤于思考、讲究效率、合理安排乃至爱好整洁等良好习惯，从而逐步掌握进行科学实验和科学研究的方法。所有这些都有助于加强学生在未来的工作岗位上独立分析和解决问题的能力。

我国著名化学家、中国科学院前任院长卢嘉锡院士对科学工作者的赠言："C_3H_3"，即clear head(清醒的头脑)、clever hands(灵巧的双手)、clean habit(整洁的习惯)，是指引我们学好化学实验课的座右铭。

二、学习方法

化学实验课的学习方法大致可分为下列三个步骤。

1. 预习

为了使实验能够获得良好的效果，实验前必须进行预习。

(1) 阅读、理解实验教材、教科书和参考资料中的有关内容。

(2) 明确本实验的目的。

(3) 了解实验的内容、步骤、操作过程和实验时应该注意的地方。

(4) 在预习的基础上，写好预习笔记，方能进行实验。

2. 实验

根据实验教材上所规定的方法、步骤和试剂用量进行操作，应做到以下几点。

(1) 严格遵守实验室规则，注意安全和节约药品及水、电，爱护仪器，认真操作，细心观察，深入思考，并及时地、如实地作好详细记录。

(2) 如果发现实验现象和理论不符，应首先尊重实验事实，并认真分析和检查其原因，也可以做对照试验、空白试验或自行设计的实验来校对，必要时应多次重做实验，从中得到有益的科学结论和学习科学思维的方法。

(3) 遇到疑难问题，经思考和参考教材无法解答时，请指导老师帮助解答。

3. 实验报告

完成实验报告上本课程的基本训练，它将使学生在实验数据处理、作图、误差分析、问题归纳等方面得到训练和提高。实验报告的质量在很大程度上反映了学生的实际水平和能力。

化学实验报告的内容大致可分为：实验目的和原理、实验装置、实验条件、原始实验数据、数据的处理和作图、结果和讨论等。

在写报告时，要求开动脑筋、钻研问题、耐心计算、认真作图，使每次报告都合乎要求。重点应该放在对实验数据的处理和对实验结果的分析讨论上。

实验报告的讨论可包括：对实验现象的分析和解释、对实验结果的误差分析、对实验的改进意见心得体会和查阅文献情况等。学生可在教师指导下，用一两个实验作为典型，深入进行数据的误差分析。

一份好的实验报告应该符合实验目的、实验原理清楚，数据准确，作图合理，结果正确，讨论深入和字迹清楚等要求。

实验报告格式如下，以供参考。

实验报告

实验名称：　　　　　　　　　　室温：　　　　　　　　　　气压：

学院	专业	班级	组	姓名	实验室	指导教师	日期

一、实验目的

二、实验原理

三、实验装置简图

四、实验步骤

五、数据记录和结果处理

六、问题与讨论

三、实验须知

1. 实验室工作规则

（1）学生必须按照规定时间参加实验课，不得迟到早退，迟到 15min 以上者，不得参加本次实验。

（2）实验前必须认真预习实验内容，明确实验目的、原理、方法和步骤，并写好预习报告，准备接受指导老师提问。无预习报告或提问不合格的，须重新预习，方可进行实验。

（3）实验室必须衣着整洁，保持安静，遵守实验室各项规章制度。严禁高声喧哗，吸烟，随地吐痰和吃零食，不得随意动用与本实验无关的仪器。

（4）实验准备就绪后，须经指导教师检查同意，方可进行实验。实验中应该严格遵守仪器设备操作规程，认真观察分析实验现象，如实记录实验数据，独立分析实验结果，认真完成实验报告，不得抄袭他人实验结果。

（5）实验中要爱护仪器设备，注意安全，节约水、电、药品、试剂、元件等消耗材料。凡违反操作规程或不听指挥而造成事故、损坏仪器设备者，必须写出书面检查，并按学校有关规定赔偿损失。

（6）实验中若发生仪器故障造成事故，应该立即切断电源、水源等，停止操作，保持现场，报告指导教师，待查明原因或排除故障后，方可继续进行实验。

（7）实验完毕后，应及时切断电源、关好水、气，将所有仪器设备、工具等理好归位，经指导老师检查同意后，方可离开实验室。

（8）应按实验要求及时、认真完成实验报告。凡实验报告不符合要求的，须重做，实验成绩不合格者不能参加本门课程考试，独立开课的实验不能拿学分。

2. 实验室安全守则

（1）实验室的安全工作必须遵循"安全第一，预防为主"的方针。

（2）学生首次做实验，必须对他们进行安全教育，宣讲《学生实验守则》和有关注意事项。

（3）对压力容器、电工、焊接、锻压、铸造、振动、噪声、高温、高压、放射性物质等场合及其相关设备，要制定严格的操作规程。

（4）对易燃、易爆、有毒等危险品，要按规定设专用库房存放，并要有人妥善保管，严格领用手续。

（5）电气设备的线路必须按照规定装设，禁止超负荷用电，未经学校用电部门批准，实验室不得使用电热加热器具（包括电炉、电水壶等电热设备），确定必须使用经批准后也应做到有专人看管。

（6）有接地要求的仪器必须按照要求接地，定期检查。水源、电源总闸应有专人负责。要按规定备好消防器材，下班时和节假日要切断电源开关、关好水龙头。

（7）实验室内严禁存放私人物品，实验室的钥匙只能由实验室专职人员和实验室主任配有。非实验室人员不得随意进入实验室，严禁教工子女到实验室看书，玩耍。

（8）对违章操作，玩忽职守，忽视安全而造成的火灾，被盗，污染，中毒，精密、贵重、大型仪器设备损坏，人身伤亡等重大事故，必须保护好现场，并立即向有关部门报告。有关部门要及时对事故做出严肃处理，必要时追究刑事责任。对隐瞒或缩小，扩大事故真相者，要从严处理。

3. 事故的预防和处理

（1）事故的预防

① 如遇起火，首先移走易燃药品，切断电源，关闭煤气开关，向火源撒沙子或用石棉布覆盖火源。有机溶剂燃烧时，在大多数情况下，严禁用水灭火。

② 如遇触电事故，首先切断电源，然后在必要时进行人工呼吸。

③ 使用或反应过程中产生氯、溴、氧化氮、卤化氢等有毒气体或液体的实验，都应该在通风橱内进行，有时也可以用气体吸收装置吸收产生的有毒气体。

④ 剧毒化学试剂在取用时决不允许直接与手接触，应戴防护目镜和橡皮手套，并注意不让剧毒物质掉到桌面。在操作过程中，经常冲洗双手，仪器用完后，立即洗净。

（2）急救常识

① 割伤　伤口内若有玻璃碎片或其他异物，需先挑出，及时挤出血，用蒸馏水洗干净伤口，涂上碘酒或红汞，再用纱布包扎。

② 烫伤　勿用水冲洗，在伤处涂以苦味酸溶液、玉树油、炼油烃或硼酸油膏。

③ 酸液或碱液溅入眼睛中　立即用大量的水冲洗，若为酸液，再用1％碳酸氢钠溶液冲洗，若为碱液，则再用1％硼酸溶液冲洗，最后用水洗。重伤者经初步处理后，立即送医院。

④ 皮肤被酸、碱或溴液灼伤　被酸或碱液灼伤，伤处先用大量水冲洗；若为酸液灼伤，再用饱和的碳酸氢钠溶液洗；若为碱液，伤处首先用大量水冲洗，再涂上药用凡士林。被溴液灼伤时，伤处立即用石油醚冲洗，再用2％硫代硫酸钠溶液洗，然后用蘸有甘油的棉花擦，再敷以油膏。

4. 实验室废液的处理

实验中经常会产生某些有毒的气体、液体和固体，都要及时排弃。特别是某些剧毒物质，如果直接排出就可能污染周围空气和水源，使环境污染，损害人体健康。因此，对废液和废气、废渣要经过一定的处理后，才能排弃。

产生少量有毒气体的实验，应在通风橱里进行，通过排风设备将少量有毒气体排出室外，以免污染室内空气。产生毒气量大的实验，都必须备有吸收或处理装置，如二氧化硫、二氧化氮、氯气、硫化氢、氟化氢等可用导管通入碱液中，使其大部分吸收后排出，一氧化碳可点燃，少量有毒的废渣常埋于地下。

（1）废酸缸中废酸液可以先用耐酸塑料网纱或玻璃纤维过滤，滤液中加碱中和，调pH至6～8后就可以排出。少量滤渣可埋于地下。

（2）废铬酸洗液，这可以用高锰酸钾氧化法使其再生，继续使用。少量的废洗液（如废碱液或石灰）可以使其生成氢氧化铬沉淀，将此废渣埋入地下。

（3）氰化物是剧毒的物质，含氰废液必须认真处理。少量的含氰废液可先加入氢氧化钠调至 pH＞10，再加入几克高锰酸钾使 CN⁻分解。量大的含氰废液，可以用碱性氧化法处理。先用碱调至 pH＞10，再加入漂白粉，使 CN⁻氧化成氰酸盐，并进一步分解为二氧化碳和氮气。

（4）含汞盐废液应先调 pH 至 8～10 后，加适量的硫化钠而生成硫化汞沉淀，并加硫酸亚铁生成硫化铁沉淀。从而吸附硫化汞沉淀下来。静置后分离，再离心、过滤；清液含汞量可降至 $0.02\text{mg} \cdot \text{L}^{-1}$ 以下排放。少量残渣可埋入地下，大量残渣可用焙烧法回收汞，要在通风橱里进行。

（5）含重金属离子的废液，最有效和最经济的处理方法是，加碱或硫化钠把重金属离子变成难溶的氢氧化物或硫化物而沉淀下来，从而过滤分离，少量残渣可以埋入地下。

（6）废的有机溶剂进行蒸馏回收，少量的残渣可以埋入地下。

第二章　误差和数据处理

第一节　系　统　误　差

在相同条件下多次测量同一物理量时，测量误差的大小和符号都不变；在改变测量条件时，它又按照某一确定规律而变化的测量误差称为系统误差。系统误差和偶然误差不同，它不具抵偿性，即在相同的条件下重复多次测量，系统误差无法相互抵消。系统误差的另一特点是产生系统误差的诸因素是可以被发现和加以克服的。

系统误差在测量过程中绝对不能忽视，因为有时它比偶然误差要大出一个或几个数量级。因此在任何实验中，都要求我们深入地分析产生系统误差的各种因素，并尽力加以排除，最好使它减少到无足轻重的程度。

产生系统误差的因素有以下几点。

（1）仪器构造不完善　如温度计、移液管、压力计、电表的刻度不够准确而又未经校正。

（2）测量方法本身的影响　如采用了近似的测量方法和近似的公式。

（3）环境方面的影响　在测量折射率、旋光、光密度时体系没有恒温，由于环境温度的影响，测量数据不是偏大就是偏小。

（4）化学试剂纯度不够。

（5）测量者个人操作习惯的影响　如有的人对某种颜色不敏感，滴定时等当点总是偏高或偏低等。

一、系统误差的种类

系统误差大致可以分为不变系统误差和可变系统误差。

（1）不变系统误差　在整个测量过程中，符合和大小固定不变的误差称为不变的系统误差。

（2）可变系统误差　可变性的系统误差是随测量值或时间的变化，误差值和符号也按一定规律变化的误差。请注意，这种系统误差和偶然误差不同，前者变化有规律，并可以被发现和克服；而后者则相反，它变化无规律，是无法克服的随机误差。可变的系统误差在测量中是经常存在的。

二、系统误差的判断

在系统误差比偶然误差更为显著的情况下，可根据下列方法判断是否存在系统误差。

1. 实验对比法

如改变产生系统误差的方法，进行对比测量，可以发现系统误差。这种方法适用于发现不变的系统误差。例如，在称量时存在着由于砝码质量不准而产生的不变系统误差。这种误差多次重复测量不能被发现，只有用高一级精密的砝码进行对比称量时，才能发现它。在测量温度、压力、电阻等物理量中都存在着同样的问题。

2. 数据统计比较法

对同一物理量进行二组独立测量，分别求出它们的平均值和标准误差，判断是否满足偶然误差的条件来发现系统误差。

设第一组数据的平均值和标准误差为 $\bar{x}_1$、σ_1，第二组数据的平均值和标准误差为 $\bar{x}_2$、σ_2。

$$|\bar{x}_1-\bar{x}_2|<\sqrt[2]{\sigma_1^2+\sigma_2^2} \tag{2-1}$$

[例1] 瑞利（Rayleigh）用不同方法制备氮气，发现有不同的结果。采用化学法（热分解氮的氧化物）制备的氮气，其平均密度及标准误差为

$$\bar{\rho}_1=2.29971\pm0.00041$$

由空气液化制氮所得的平均密度及标准误差为

$$\bar{\rho}_2=2.31022\pm0.00019$$

由于 $\quad\quad\quad\quad\quad\quad \Delta\rho=|\bar{\rho}_1-\bar{\rho}_2|=0.01051$

且 $\quad\quad\quad\quad\quad\quad \Delta\rho>2\sqrt{0.00041^2+0.00019^2}$

根据式（2-1）判断，两组结果之间必存在着系统误差；而且由于操作技术引起系统误差的可能性很小，当时，瑞利并没有企图使两者之差变小，相反，他强调两种方法的差别，从而导致了瑞利等人后来发现了惰性气体的存在。

三、系统误差的估算

在有些实验中，可以估算由于改变某一因素而引入的系统误差，这对于分析误差的主要来源有参考价值。例如，在测定气体摩尔质量时，可推断由于采用理想气体状态方程所引入的系统误差；在凝固点降低法测摩尔质量时，可推算由于加入晶种而引起的系统误差；在蔗糖转化动力学实验中，可推算由于反应温度偏高所造成的系统误差等。

[例2] 凝固点降低法测摩尔质量实验中，估算由于累计加入晶种 0.1g 所造成的系统误差。

$$M_2=K_t\frac{1000}{\Delta T_t}\times\frac{W_2}{W_1}$$

式中，M_2 为溶质萘的摩尔质量；W_2 为溶质的质量；W_1 为溶剂苯的质量。微分上式，得

$$dM_2=M_2\frac{dW_1}{W_1}$$

M_2 的理论值为 128，实验中 W_1 为 22g，dW_1 为 0.1g，则

$$dM_2=128\times\frac{0.1}{0.2}=0.6$$

即由于加入 0.1g 晶种，使摩尔质量 M_2 产生 +0.6 的系统误差。而该实验摩尔质量 M_2 的实际测量结果在 124～126 之间。在实验测量中存在着 -3 左右的系统误差。由此可见，加入溶剂晶种不是本实验的系统误差的主要来源。

[例3] 在蔗糖转化实验中，估算由于温度偏高 1K 对速率常数 k 所引起的系统误差。由阿累尼乌斯公式

$$k=A\exp\left(-\frac{E_a}{RT}\right)$$

实验时温度在 298K 偏高 1K，活化能 $E_a=46024J\cdot mol^{-1}$，常数 $R=8.314J\cdot K^{-1}\cdot mol^{-1}$，则

$$\frac{\Delta k}{k}=\frac{A\exp\left(-\dfrac{E_a}{RT_2}\right)-A\exp\left(-\dfrac{E_a}{RT_1}\right)}{A\exp\left(-\dfrac{E_a}{RT_1}\right)}=\exp\left[-\frac{E_a}{R}\left(\frac{1}{T_2}-\frac{1}{T_1}\right)\right]^{-1}$$

$$=\exp\left[-\frac{46024}{8.314}\times\left(\frac{1}{298}-\frac{1}{299}\right)\right]^{-1}=6.4\%$$

即由于温度偏高 1K，将引起 k 值 6% 的系统误差。

四、系统误差的减小和消除

在测量过程中，如果存在着较大的系统误差，必须认真地找出产生系统误差的因素，并应尽力设法消除或减少之。

五、消除产生系统误差的根源

从产生系统误差的根源上消除系统误差是最根本的方法。它要求实验者对测量过程中可能产生系统误差的各种环节做仔细分析，找出原因，并在测量前加以消除，如为了防止仪器的调整误差，在测量前要正确和严格地调整仪器。如果系统误差是由外界条件变化引起的，应该在外界条件比较稳定的时候进行测量。

六、采用修正方法消除系统误差

这种方法是预先将仪器的系统误差检定出来，做出误差表或误差曲线。然后取与误差数值大小相同，符号相反的值作为修正值，进行修正。即

$$x_{真}=x_{测}+x_{修}$$

如天平砝码不准确，应该采用标准砝码进行校核，确定每个砝码的修正值。在称量时就应该加上相应的砝码修正值，这就克服了称量造成的系统误差。

七、对消法消除系统误差

这种方法要求进行两次测量。使两次读数时出现的系统误差大小相等，符号相反。两次测量值的平均值作为测量结果，以消除系统误差。

和系统误差的计算一样困难，很难找到一个普遍有效的方法来消除系统误差。这是因为造成系统误差的各个因素没有内在的联系。要克服它们，只能采用各个击破的方法。

第二节　偶　然　误　差

在实验时即使采取了最完善的仪器，选择了最恰当的方法，经过了十分精细的观测。所测得的数据也不可能每次重复，在数据末尾的一或两位上仍会有差别，即存在着一定的误差。

偶然误差虽可通过改进仪器和测量技术、提高实验操作的熟练程度来减小，但有一定的限度。所以说，偶然误差的存在是不可避免的。偶然误差是由于相互制约、相互作用的一些偶然因素造成的，它时大时小，时正时负，方向不一定，大小和符号一般服从正态分布规律。偶然误差可以采取多次测量、取平均值的方法来消除，而且测量次数越多，平均值就越接近"真实值"。

一、算术平均值

$$\bar{x}=\frac{x_1+x_2+x_3+\cdots+x_n}{n}$$

式中，x_1，x_2，$\cdots$，x_n 为测量值；n 为测量次数。

二、偶然误差分类

1. 平均误差

$$\delta = \frac{\sum |d_i|}{n} \qquad (i=1,2,3\cdots)$$

d_i 为测量值与平均值 $\bar{x}$ 的偏差，具体计算如下。

$$d_1 = x_1 - \bar{x}, \ d_2 = x_2 - \bar{x}, \ \cdots, \ d_n = x_n - \bar{x}$$

2. 标准误差

标准误差又称均方根误差，其定义为

$$\delta = \sqrt{\frac{\sum d_i^2}{n-1}}$$

式中

$$\sum d_i^2 = (x_1 - \bar{x})^2 + (x_2 - \bar{x})^2 + \cdots + (x_n - \bar{x})^2$$

3. 或然误差

或然误差 p，它的含义是：在一组测量中若不计正负号，误差大于 p 的测量值与误差小于 p 的测量值，将各占测量次数的 50%，即误差落在 $+p$ 和 $-p$ 之间的测量次数，占总测量次数的一半。

以上三种误差之间的关系为

$$p : \delta : \sigma = 0.675 : 0.799 : 1.00$$

或

$$p = 0.675 \sqrt{\frac{\sum d_i^2}{n-1}}$$

平均误差的优点是计算简便，但用这种误差表示时，可能会把质量不高的测量掩盖住。标准误差对一组测量中的较大误差或较小误差感觉比较灵敏，因为它是表示精度的较好方法，在近代科学中多采用标准误差。

4. 过失误差

除了上述两类误差外，还有所谓"过失误差"。这种误差是由于实验者犯了某种不应该犯的错误所引起的。这种错误在测量中应尽量避免。

测量结果的精度可表示为 $\bar{x} \pm \sigma$ 或 $\bar{x} \pm \delta$，σ、δ 越小，表示测量的精度越高。也可用相对误差来表示

$$\sigma_{相对} = \frac{\sigma}{\bar{x}} \times 100\% \quad 或 \quad \delta_{相对} = \frac{\delta}{\bar{x}} \times 100\%$$

测量结果表示为 $\bar{x} \pm \sigma_{相对}$ 或 $\bar{x} \pm \delta_{相对}$。

[**例 4**] 连续测定某酸溶液的浓度（$mol \cdot L^{-1}$），得到表 2-1 中数据。请据此计算平均值、平均误差和标准误差。

表 2-1　测定某酸溶液浓度的各项数值

样品号	$c/mol \cdot L^{-1}$	$x_i - \bar{x}$	$(x_i - \bar{x})^2$	样品号	$c/mol \cdot L^{-1}$	$x_i - \bar{x}$	$(x_i - \bar{x})^2$
1	0.1025	0.0000	0.00000000	7	0.1024	-0.0001	0.00000001
2	0.1026	$+0.0001$	0.00000001	8	0.1022	-0.0003	0.00000009
3	0.1025	0.0000	0.00000000	9	0.1025	$+0.0000$	0.00000000
4	0.1027	$+0.0002$	0.00000004	10	0.1023	-0.0002	0.00000004
5	0.1026	$+0.0001$	0.00000001	计算值	$\bar{x}=0.1025$	$\sum|x_i - \bar{x}|=0.0012$	$\sum(x_i-\bar{x})^2=$ 0.00000024
6	0.1023	-0.0002	0.00000004				

算术平均值　　　　　　　　　　$\bar{x} = 0.1025$

平均误差　　　　　　　　　　$\delta = \pm \dfrac{0.0012}{10} = \pm 0.00012$

标准误差 $\sigma=\pm\sqrt{\dfrac{0.00000024}{9}}=\pm0.00016$

5. 绝对误差与相对误差

绝对误差是测量值与真实值间差异，相对误差是绝对误差与真实值之比。

$$绝对误差＝测量值－真实值$$

$$相对误差＝\frac{绝对误差}{真实值}$$

绝对误差的单位与被测量值是相同的，而相对误差则是无因次的，因此不同物理量的相对误差可以互相比较。另外，绝对误差的大小与被测量值的大小无关，而相对误差和被测量值的大小及绝对误差的数值都有关系。因此，不论是比较各种测量的精度，或是评定测量的质量，采用相对误差都更为合理。

6. 偏差

在化学实验中，如果不知道真实值，通常可用多次平行计算结果的算术平均值代替，按上述方法计算所得称为偏差。

$$绝对偏差＝个别测定值－算术平均值$$

$$相对偏差＝\frac{绝对偏差}{算术平均值}\times100\%$$

偏差的大小反映了单位测量结果的精密度。

第三节　偶然误差的统计规律

一、误差的正态分布

如果采用多次重复测量的数值作图，以横坐标表示偶然误差。以纵坐标表示各个误差出

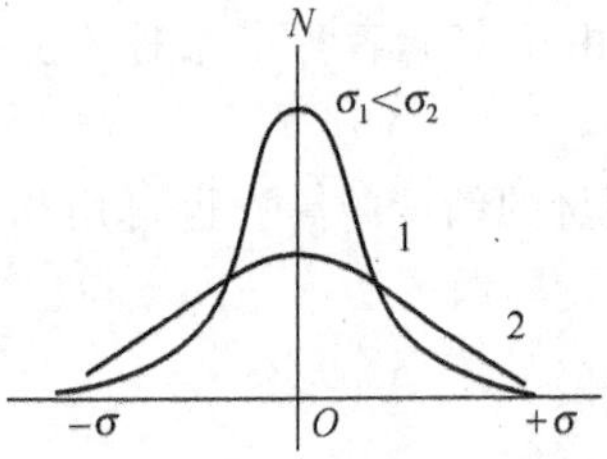

图 2-1　误差的正态分布

现的次数，则可得到如图 2-1 的曲线。图中各条曲线（曲线 1、曲线 2）代表用同一方法在相同条件下的测量结果。当测量条件改变后，测量的误差也随之改变，这时曲线的形状也就不同了。由图 2-1 可知，误差越大，即测量的精确度越差时，曲线越扁平，反之曲线越陡峭。

只能当测量次数非常多的时候才能得到图 2-1 的曲线，但一般测量次数不可能很多，在此情况下只能作比较粗略的图。其作图步骤见 [例 5]。

[**例 5**]　用卡尺测量同一个钢球的直径，其测量值、平均值和偏差 d 列于表 2-2。

表 2-2　某钢球直径的各项数据

直径/cm	偏差/cm	直径/cm	偏差/cm	直径/cm	偏差/cm	直径/cm	偏差/cm
1.25	0.00	1.25	0.00	1.25	0.00	1.23	−0.02
1.26	+0.01	1.21	−0.04	1.24	−0.01	1.24	−0.01
1.24	−0.01	1.27	+0.02	1.24	−0.01	1.22	−0.03
1.23	−0.02	1.23	−0.02	1.28	+0.03	1.25	0.00
1.27	+0.02	1.30	+0.05	1.25	0.00	1.26	+0.01
1.26	+0.01	1.22	−0.03	1.28	+0.03	1.27	+0.02
1.26	+0.01	1.29	+0.04	1.22	−0.03		
1.24	−0.01	1.26	+0.01	1.27	+0.02		

1. 作测量数据的分散图

以刚球的直径为纵坐标，以实验的次序为横坐标，把相应的测量值标在图上；通过平均值 1.25 作一平行于横轴的直线，最后由各个测量值的点作垂线与直线连接起来。如图 2-2 所示。

2. 作带区间的分散图

在图 2-2 中，把全部数据点分成 10 个等距的区间，如图 2-3 所示。在划分区间时必须注意两条原则：①平均值所在的区间包含的测量点不能少于其他区间；②各区间的宽度必须相同。

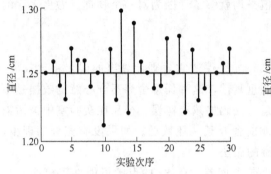

图 2-2　测量数据的分散图　　　　图 2-3　带区间的分散图

3. 作方框分布图

即以每个区间所包含的测量次数为纵坐标，以区间宽度为横坐标作图，如图 2-4 所示。

方框分布图很接近于正态分布。可以设想，如果实验次数不止 30 次，而是 3000 次或者更多，这时可把区间不断细分，方框图的形状将逐渐趋近于一条曲线——正态分布曲线。若把纵坐标的偶然误差出现的测量次数 N 改为相对测量数 Y，即 $\frac{N_i}{\sum N_i}$ 时，则曲线的纵轴可视为测量值所出现的概率，横轴可视为该测量值误差的大小。

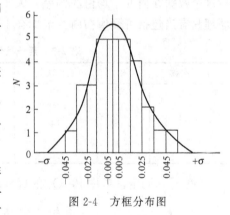

图 2-4　方框分布图

图 2-4 中的算术平均值为 1.25cm，即 $\sigma=0$，非常接近于正态分布曲线的最可几值。因此，算术平均值也就叫做"最佳值"。此外，从曲线的形态也可见该值。

图 2-4 的曲线的特征如下。

① 误差小的数据出现的概率大。

② 由于曲线对称，故大小相等，符号相反的正负误差数目近于相等。

③ 极大的正、负误差出现的概率很小，故大误差一般不会出现，即大误差有一定界限。

前面所讨论的误差值均指单次测量值的误差，其意义是在一组测量中，某一个测量值与平均值相差某一量时的概率的大小。下面我们将引入平均误差的概念。平均误差是指某一量值的概率的大小，所谓有"总平均值"，指在有限测量次数的平均值。测量次数不等的各类平均值，均存在与总平均值有不同程度的误差。平均值的偶然误差是与测量次数 n 的平方根成反比，其公式如下：

11

$$\delta_{\text{平}} = \pm \frac{\sum d_i}{n \sqrt{n}} = \pm \frac{\delta}{\sqrt{n}}$$

$$\sigma_{\text{平}} = \pm \sqrt{\frac{\sum d_i^2}{n(n-1)}} = \pm \frac{\sigma}{\sqrt{n}}$$

$$p_{\text{平}} = \pm 0.675 \frac{\sigma}{\sqrt{n}}$$

可见，取 4 个测量值的平均值后，它的准确度比单个测量值高 2 倍。9 个测量平均值的准确度比单个测量值高 3 倍。一般取 4 个测量值平均就够了，因为对一个物理量做更多次的测量，对其准确度的提高不起明显作用。

二、可疑测量值的舍弃

在测量过程中，经常发现有个别数据很分散，如果保留它，则计算出的误差将比较大，初学者多倾向于舍弃这些数据，企图获得较好的重复性，这种任意舍弃不合心意的数据是不科学的。在实验过程中，只有当能充分证明称量时砝码加减有错误、样品在实验室中被污染或溅出损失以及在实验中有其他过失误差时，才能舍弃某一坏数据。如果没有充分的理由，则只能根据误差理论决定数据的取舍，才是正确的做法。

由正态分布曲线的积分计算可知，一组数据包含偏差大于 3σ 的点的可能性（概率）小于 1%。所以从一组相当多的数据中，偏差大于 3σ 的数据，可以认为是由于过失误差所造成的，应予舍弃。并有 99% 以上的把握认为这个数据是不合理的。

另一个舍弃可疑值的近似方法是乔文涅（Chauvenet）原理。该原理指出，某数据与包括这个数据在内的平均值的偏差，大于这组数据或然误差的 K 倍时，此数据可舍弃。这个原理只有当包括可疑值在内，至少有 4 个以上数据时才能应用。K 的数值列于表 2-3 中。

表 2-3 某一具体乔文涅原理舍弃可疑值的方法

测量次数	K	测量次数	K	测量次数	K	测量次数	K
5	2.44	10	2.91	20	3.32	40	3.70
6	2.57	12	3.02	22	3.38	50	3.82
7	2.68	14	3.12	24	3.43	100	4.16
8	2.76	16	3.20	26	3.47	200	4.48
9	2.84	18	3.26	30	3.55	500	4.88

［例 6］ 测定铁矿中 Fe_2O_3 的百分数列于表 2-4 中，请判断最后一个数据能否舍弃。

表 2-4 某一铁矿中六组 Fe_2O_3 含量的偏差值

样品号	Fe_2O_3 的百分含量	与平均值的偏差	样品号	Fe_2O_3 的百分含量	与平均值的偏差
1	50.33	-0.04	4	50.33	-0.01
2	50.25	-0.09	5	50.34	0.00
3	50.27	-0.07	6	50.55	$+0.21$

算术平均值　　　　　　　　$\bar{x} = 50.34$

偏差　　　　　　　　　　　$d_6 = 50.55 - 50.34 = 0.21$

单次测量值的或然误差

$$p = 0.675 \times \sqrt{\frac{0.04^2 + 0.09^2 + 0.07^2 + 0.01^2 + 0.21^2}{5}} = 0.073$$

由表 2-3 知，当 $n = 6$ 时，$K = 2.57$，即

$$pK = 0.073 \times 2.57 = 0.19$$

因为 $pK < 0.21$，所以应该舍弃 50.55 这个数据。在舍弃可疑值后，重新计算留下的 5 个数据的 x 和 p，它们分别为 50.33 和 0.061。

第四节　间接测量结果的误差计算

在大多数情况下，要对几个物理量进行测量。通过函数关系加以运算，才能得到所需的结果，这就称为间接测量。在间接测量中，每个直接测量值的精确度都会影响最后结果的精确度。下面将分别讨论从直接测量的误差来计算间接的平均误差和标准误差。

一、间接测量结果的平均误差

间接测量结果的平均误差见表 2-5。

表 2-5　间接测量结果的平均误差

函数关系	绝对误差	相对误差	函数关系	绝对误差	相对误差
$\mu = x + y$	$\pm(\lvert dx \rvert + \lvert dy \rvert)$	$\pm\left(\dfrac{\lvert dx \rvert + \lvert dy \rvert}{x+y}\right)$	$\mu = \dfrac{x}{y}$	$\pm\left(\dfrac{y\lvert dx \rvert + x\lvert dy \rvert}{y^2}\right)$	$\pm\left(\dfrac{\lvert dx \rvert}{x} + \dfrac{\lvert dy \rvert}{y}\right)$
$\mu = x - y$	$\pm(\lvert dx \rvert + \lvert dy \rvert)$	$\pm\left(\dfrac{\lvert dx \rvert + \lvert dy \rvert}{x-y}\right)$	$\mu = x^n$	$\pm(nx^{n-1}dx)$	$\pm\left(n\dfrac{dx}{x}\right)$
$\mu = xy$	$\pm(x\lvert dy \rvert + y\lvert dx \rvert)$	$\pm\left(\dfrac{\lvert dx \rvert}{x} + \dfrac{\lvert dy \rvert}{y}\right)$	$\mu = \ln x$	$\pm\left(\dfrac{dx}{x}\right)$	$\pm\left(\dfrac{dx}{x\ln x}\right)$

设直接测量的数据为 x 及 y，其绝对误差为 dx 及 dy，而最后结果为 μ，其函数关系可表示为

$$\mu = F(x, y)$$

微分后

$$du = \left(\frac{\partial F}{\partial x}\right)_y dx + \left(\frac{\partial F}{\partial y}\right)_x dy$$

因此在运算过程中，测量误差 dx、dy 就会影响最后的结果 u，使函数 u 具有 du 的误差。这个微分式是计算间接测量值误差的基本公式。部分函数的平均误差列于表 2-5。

有关百分误差的计算，可参考表 2-5 进行计算。例如

$$u = \frac{x}{y}$$

相对误差为

$$\frac{\Delta u}{u} = \frac{\Delta x}{x} + \frac{\Delta y}{y}$$

百分误差则为

$$\frac{\Delta u}{u} \times 100 = \frac{\Delta x}{x} \times 100 + \frac{\Delta y}{y} \times 100$$

下面将举例加以说明。

[例 7]　在物理化学实验中以溶剂的凝固点降低测量摩尔质量时，有

$$M = \frac{1000 K_f W_B}{W_A \Delta T_f} = \frac{1000 K_f W_B}{W_A (T_f^* - T_f)}$$

这里直接测量的数值为 W_B，W_A，T_f^*，T_f。

令溶质质量 $W_B = 0.300$，在分析天平上的绝对误差 $\Delta W_B = 0.0002$ g，溶剂质量 $W_A = 20.00$ g，在粗天平上称量的绝对误差 $\Delta W_A = 0.05$ g。

测量凝固点用贝克曼温度计，精确度为 0.002，测出溶剂的凝固点 T_f^*，3 次分别为 5.801、5.790、5.802，则

$$\overline{T}_f^* = \frac{5.801+5.790+5.802}{3} = 5.798$$

每次测量偏差为

$$\Delta T_{f_1}^* = |5.798-5.801| = 0.003$$
$$\Delta T_{f_2}^* = |5.798-5.790| = 0.008$$
$$\Delta T_{f_3}^* = |5.798-5.802| = 0.004$$

平均绝对误差为

$$\Delta \overline{T}_f^* = \frac{0.003+0.008+0.004}{3}$$
$$= 0.005$$

同样测出溶液的凝固点，3 次分别为 5.500、5.504、5.495。按上述方法计算，得 $T_f = 5.500$，$\Delta \overline{T}_f = 0.003$。这样，凝固点降低数值为

$$\Delta T_f = T_f^* - T_f = (5.798\pm0.005)-(5.500\pm0.003)$$
$$= 0.298\pm0.008$$

由上述数据的相对误差为

$$\frac{\Delta(\Delta T_f)}{\Delta T_f} = \frac{0.008}{0.298} = 0.027$$

$$\frac{\Delta W_B}{W_B} = \frac{0.0002}{0.3} = 6.6\times10^{-4}$$

$$\frac{\Delta W_A}{W_A} = \frac{0.05}{20} = 25\times10^{-4}$$

测定摩尔质量 M 的相对误差为

$$\frac{\Delta M}{M} = \frac{\Delta W_A}{W_A} + \frac{\Delta W_B}{W_B} + \frac{\Delta(\Delta T_f)}{\Delta T_f}$$

因此，测定摩尔质量时，最大相对误差为 3.0%。这一计算表明，凝固点降低法测摩尔质量时，相对误差决定于测量温度的精确度。若溶质的量较多，ΔT_f 可较大。相对误差可以减小，却同时增加了系统误差。实际上不能使摩尔质量测得更准确些。

计算结果表明，提高称量的精确度不能增加测定摩尔质量的精确度，过分精确的称量是（如用天平称溶剂的质量 W_A）不适宜的。而实验的关键在于温度的读数。因此，在实际操作中，有时为了避免过冷现象的出现，影响温度读数，而加入少量固体溶剂作为晶种，反而能获得较好的结果。可见，事先了解各个所测量的误差及其影响，就能指导我们选择正确的实验方法，选用精密度相当的仪器，抓住测量的关键，得到较好的结果。

[例 8]　在物理化学实验室中利用惠斯登电桥测量电阻时，电阻 R_x 可由式

$$R_x = R_0 \frac{l_1}{l_2} = R_0 \frac{L-l_2}{l_2}$$

式中，R_0 为已知电阻；L 为滑线电阻的全长；l_1、l_2 为滑线电阻的两臂之长。间接测量 R_x 的绝对误差决定于直接测量 l_2 的误差，即

$$\mathrm{d}R_x = \frac{\partial R_x}{\partial l_2}\mathrm{d}l_2 = \frac{\partial\left(R_0\frac{L-l_2}{l_2}\right)}{\partial l_2}\mathrm{d}l_2 = \frac{R_0 L}{l_2^2}\mathrm{d}l_2$$

相对误差为

$$\frac{\mathrm{d}R_x}{R_x}=\frac{R_0L}{l_2^2}\times\frac{\mathrm{d}l_2}{R_0}\times\frac{L-l_2}{l_2}=\frac{L}{(L-l_2)l_2}\mathrm{d}l_2$$

因为 L 是常数，所以当 $(L-l_2)l_2$ 为最大时，相对误差最小，即

$$\frac{\mathrm{d}}{\mathrm{d}l_2}(L-l_2)l_2=0$$

得

$$L-2l_2=0$$

即 $l_2=\frac{L}{2}$ 时分母最大，所以在 $l_1=l_2$ 时，可得最小的相对误差，即电桥滑线电阻的读数 A 应选在 500 左右最合适。这一结论能帮助我们选择最有利的实验条件。当然在用电桥测量电阻时，除读数本身引起的误差外，尚有其他因素。

对误差进行分析，还能指导我们正确地选取处理数据的方法，使同样的实验条件下，得到较可靠的结果。

[例9] 用 X 射线粉末法求立方晶胞常数 α，是先通过衍射角 θ 的数值，依据公式 $2d\sin\theta=n\lambda$ 求出晶面间距离 d_{hkl}，则

$$\alpha=d_{hkl}\sqrt{h^2+k^2+l^2}$$

设测定时衍射角的绝对误差 $\Delta\theta$，其对 α 的结果影响如何？

由于

$$\alpha=\frac{n\lambda}{2\sin\theta}\sqrt{h^2+k^2+l^2}$$

$$\mathrm{d}\alpha=-\alpha\cot\theta\mathrm{d}\theta$$

则

$$\left|\frac{\mathrm{d}\alpha}{\alpha}\right|=\cot\theta\mathrm{d}\theta$$

由此可见，虽然测定衍射角的误差同样都为 $\Delta\theta$。但在不同的角度（θ）下，对晶胞常数 α 的相对误差的影响不同：θ 小时，$\cot\theta$ 大，而 θ 大时，$\cot\theta$ 小，相对误差也小；当 $\theta=90°$ 时，$\cot\theta$ 为 0，相对误差最小。因此，为了准确地求出晶胞常数 α，常常选取 θ 比较大的衍射线来计算 α，或者作 $\alpha\text{-}\cos\theta$ 图，外推至 $\cos\theta$ 为 0 时，求出 α 的数值来。

二、间接测量结果的标准误差

设直接测量的数据为 x 和 y，其函数关系为

$$u=F(x,y)$$

则函数 u 的标准误差为

$$\sigma_u=\sqrt{\left(\frac{\partial u}{\partial x}\right)^2\sigma_x^2+\left(\frac{\partial u}{\partial y}\right)^2\sigma_y^2}$$

对于部分函数的标准误差列于表 2-6。

表 2-6 部分函数的标准误差

函数关系	绝 对 误 差	相 对 误 差	函数关系	绝 对 误 差	相 对 误 差
$u=x\pm y$	$\pm\sqrt{\sigma_x^2+\sigma_y^2}$	$\pm\frac{1}{\lvert x\pm y\rvert}\sqrt{\sigma_x^2+\sigma_y^2}$	$u=x^n$	$\pm nx^{n-1}\sigma_x$	$\pm\frac{n}{x}\sigma_x$
$u=xy$	$\pm\sqrt{y^2\sigma_x^2+x^2\sigma_y^2}$	$\pm\sqrt{\frac{\sigma_x^2}{x^2}+\frac{\sigma_y^2}{y^2}}$	$u=\ln x$	$\pm\frac{\sigma_x}{x}$	$\pm\frac{\sigma_x}{x\ln x}$
$u=\frac{x}{y}$	$\pm\frac{1}{y}\sqrt{\sigma_x^2+\frac{x^2}{y^2}\sigma_y^2}$	$\pm\sqrt{\frac{\sigma_x^2}{x^2}+\frac{\sigma_y^2}{y^2}}$			

[例 10] 溶质的摩尔质量 M 可由溶液的沸点升高值 ΔT_b 测定。设以苯为溶剂,萘为溶质。用贝克曼温度计测得纯苯的沸点为 $2.975℃ \pm 0.003℃$,而溶液中含苯 $87.0g \pm 0.1g$ (W_A),含萘 $10.54g \pm 0.001g(W_B)$,溶液沸点为 $3.210℃ \pm 0.003℃$,试由下列公式计算萘摩尔质量及估算其标准误差。

$$M = 2.53 \times \frac{100W_B}{W_A \Delta T_b}$$

由函数标准误差的公式,可得

$$\sigma_m = \sqrt{\left(\frac{\partial M}{\partial W_B}\right)^2 \sigma_B^2 + \left(\frac{\partial M}{\partial W_A}\right)^2 \sigma_A^2 + \left(\frac{\partial M}{\partial \Delta T_b}\right)^2 \sigma^2 \Delta T_b}$$

$$\frac{\partial M}{\partial W_B} = \frac{2.53 \times 1000}{W_A \Delta T_b} = \frac{2.53 \times 1000}{87.0 \times 0.235} = 124$$

$$\frac{\partial M}{\partial W_A} = \frac{2.53 \times 1000 W_B}{\Delta T_b} \times \frac{1}{W_A^2} = \frac{2.53 \times 1000 \times 1.054}{0.235 \times 87.0^2} = 1.5$$

$$\frac{\partial M}{\partial \Delta T_b} = \frac{2.53 \times 1000 W_B}{W_A} \times \left(\frac{1}{\Delta T_b}\right)^2 = \frac{2.53 \times 1000 \times 1.054}{87.0 \times 0.235^2} = 555$$

$$\sigma_M = \sqrt{124^2 \times 0.001^2 + 1.50^2 \times 0.1^2 + 555^2 \times (0.003 + 0.003)^2} = 3.3$$

$$M = 2.53 \times \frac{1000 \times 1.054}{87.0 \times 0.235} = 130$$

萘的摩尔质量最后应表示为 130 ± 3。

第五节　测量结果的正确记录和有效数字

测量的误差问题紧密地与正确记录测量结果联系在一起,由于测得的物理量或多或少都有误差,那么一个物理量的数值和数学上的数值就有着不同的意义。例如

数学上　　$1.35 = 1.35000\cdots$

物理上　　$(1.35 \pm 0.01)m \neq (1.3500 \pm 0.0001)m$

因为物理量的数值不仅能反映出量的大小、数据的可靠程度,而且还反映了仪器的精确程度和实验方法,如 $(1.35 \pm 0.01)m$ 可用普遍米尺测量,而 $(1.350 \pm 0.001)m$ 则能采用更精确的仪器才可以。因此,物理量的每一位都有实际意义。有效数字的位数指明了测量精度的幅度,它包括测量中可靠的几位和最后估计的一位数。

现将与有效数字有关的一些规则和概念综述如下。

(1) 误差(绝对误差和相对误差)一般只有一位有效数字,至多不超过两位。

(2) 任何一物理量的数据,其有效数字的最后一位,在位数上应与误差的最后一位对齐,如 1.35 ± 0.01(正确);1.351 ± 0.01(缩小了结果的精确度);1.3 ± 0.01(夸大了结果的精确度)。

(3) 有效数字的位数越多,数值的精确程度也越大,即相对误差越小,如 $(1.35 \pm 0.01)m$,三位有效数字,相对误差 0.7%;$(1.3500 \pm 0.0001)m$,五位有效数字,相对误差 0.007%。

(4) 有效数字的位数与十进位制单位的变换无关,与小数点的位数无关。

如 $(1.35 \pm 0.01)m$,与 $(135 \pm 1)cm$ 完全一样,反映了同一实际情况,都有 0.7% 的误差。但在另一种情况下,例如 158000 这个数值就无法判断后面 3 个 "0" 究竟是用来表示有效数字的,还是用以标志小数点位置的。为了避免这种困难,我们常常采用指数表示法。例

如 158000 若表示三位有效数字，则可以写成 1.58×10^5，若表示四位有效数字，则可写成 1.580×10^5。又如 0.0000000135 只有三位有效数字，则可写成 1.35×10^{-8}。

所以指数表示法不但避免了与有效数字的定义发生矛盾。也简化了数值的写法，便于计算。

(5) 若第一位的数值等于或大于 8，则有效数字的总位数可以多算一位。例如 9.15 虽然实际上只有三位有效数字，但在运算时，可以看作四位。

(6) 计算平均值时，若为 4 个数或超过 4 个数平均，则平均值的有效数字位数可以增加一位。

(7) 任何一次直接量度值都要记到仪器刻度的最小估计读数，即记到第一位可疑数字。如用滴定管时，最小刻度数为 0.1mL，它的最后一位估读数要记到 0.01mL。

(8) 加减运算时，将各位数值列齐，对舍去的数，可先按四舍五入进位，然后进行加减运算，如

$$
\begin{array}{r}
0.254 \\
21.2 \\
+\ 1.23 \\
\hline
22.7
\end{array}
\qquad
\begin{array}{r}
21.21 \\
-\ 0.2234 \\
\hline
20.99
\end{array}
$$

乘除运算时，所得的积或商的有效数字，应以各值中有效数字位数最少的值为标准，如 $2.3 \times 0.524 = 1.2$，$5.32 \div 2.801 = 1.90$。

用对数作运算时，对数尾部的位数应与真数的有效数字相等。

第六节 数据的表达

实验结果的表示法主要有三种方式：列表法、作图法和方程式法。现分述其应用及表达时应注意的事项。

一、列表法

做完实验后，所获得的大量数据，应该尽可能整齐地、有规律地列表表达出来，使得全部数据能一目了然，便于处理、运算，容易检查而减少差错。列表时应注意以下几点。

(1) 每一个表都应有简明而又完备的名称。

(2) 在表的每一行或每一列的第一栏，要详细地写出名称、单位。

(3) 在表中的数据应化为最简单的形式表示，公共的乘方因子应在第一栏的名称下注明。

(4) 在每一行中数字排列要整齐，位数和小数点要对齐。

(5) 原始数据可与处理的结果并列在一张表上，而把处理方法和运算公式在表下注明。

二、作图法

利用图形表达实验结果有许多好处：首先它能直接显示出数据的特点，像极大、极小、转折点等；其次能够利用图形作切线、求面积，可对数据作进一步处理。作图法用处极为广泛，其中重要的有以下几种。

(1) 求内插值 根据实验所得的数据，做出函数间相互的关系曲线，然后找出与某函数相应的物理量的数值。例如，在溶解热的测定中，根据不同浓度下的积分溶解热曲线，可以直接找出该盐溶解在不同量的水中所放出的热量。

(2) 求外推值 在某些情况下，测量数据间的线性关系可外推至测量范围以外，求某一函数的极值，此种方法称为外推法。例如，强电解质无限稀释溶液的摩尔电导率 Λ_m 的值，

不能由实验直接测定，但可直接测定浓度很稀的溶液的摩尔电导率，然后作图外推至浓度为0，即得无限稀释溶液的电导率。

（3）作切线求函数的微商　从曲线的斜率求函数的微商，在数据处理中是经常应用的。例如，利用积分溶解热的曲线作切线，从其斜率求出某一定浓度下的微分溶解热，就是很好的例子。

（4）经验方程　若函数和自变数有线性关系

$$y = mx + b$$

则以相应的 x 和 y 的实验数值（x_i, y_i）作图，作一条尽可能连结诸实验点的直线，由直线的斜率和截距，可求出方程式中 m 和 b 的数值来。对指数函数可取其对数作图，则仍为线性关系，例如，反应速率常数 k 与活化能 E_a 的关系式（阿累尼乌斯公式）

$$k = Z\exp\left(-\frac{E_a}{RT}\right)$$

若根据不同温度 T 下的 k 值，作 $\lg k$ 对 $1/T$ 的图，则可得一条直线，由直线的斜率和截距，可分别求出活化能 E_a 和碰撞频率 Z 的数值。其他的非线性函数关系经过线性变换，也可做类似处理。

（5）求面积计算相应的物理量　例如，在求电量时，只要以电流和时间作图，求出曲线所包围的面积，即得电量的数值。

（6）求转折点和极值　这是作图法最大的优点之一，在许多情况下都用它。例如，最低恒沸点的测定、相界的测定等都用此法。

作图法的广泛应用，要求我们认真掌握作图技术。下面列出作图的一般步骤及作图规则。

（1）坐标纸和比例尺的选择　直角坐标纸最为常用；有时半对数坐标纸或全对数（lg-lg）坐标纸也被选用；在表达三组分体系相图时，使用三角坐标纸。

在用直角坐标纸作图时，以自变数为横轴，因变数为纵轴。横轴与纵轴的读数一般不一定从零开始，视具体情况而定。坐标轴上比例尺的选择极为重要。由于比例尺的改变，曲线形状也将跟着改变，若选择不当，可使曲线的某些相当于极大、极小或转折点的特殊部分看不清楚，比例尺的选择应遵守下述规则。

① 要能表示出全部有效数字，以使从作图法求出的物理量的精确度与测量的精确度相适应。

② 图纸每小格所对应的数值应便于迅速、简便地读数，便于计算，即坐标的分度要合理。如1、2、5等，切忌3、7、9或小数。

③ 在上述条件下，考虑充分利用图纸的全部面积，使全图布局匀称、合理。

④ 若作的图是直线，则比例尺的选择应使其斜率接近于1。

（2）画坐标轴　选定比例尺，画上坐标轴，在轴旁注明该轴所代表的名称和单位。在纵轴左面及横轴下面每隔一定距离写下该处变数应有的值，以便作图及读数。但不应该将实验值写于坐标轴旁或代表点旁，横轴读数自左向右，纵轴自下而上。

（3）作代表点　将相当于测得数量的各点绘于图上。在点的周围画上圆圈、方块或其他符号。其面积大小应代表测量的精确度。若测量的精确度很高，圆圈应做得小一点；反之应该大一点。在一张图纸上如有数组不同的测量值时，各组测量值的代表点应用不同符号表示，以示区别，并须在图上注明。

（4）连曲线　作出各个代表点后，用曲线板或曲线尺，连出尽可能接近诸实验点的曲线。曲线应光滑均匀，细而清晰，曲线不必通过所有的点。但各点在曲线两旁分布，在数量上和远近程度应近似相等。代表点和曲线间的距离表示了测量的误差，曲线与代表点的距离应该尽可能小。并且曲线两侧各代表点和曲线间距离之和也应近于相等。在作图时也存在着作图误差，所以作图技术的好坏，也将影响实验结果的准确性。

（5）写图名　写上清楚完备的图名及坐标轴上的比例尺。图上除图名、比例尺、曲线、坐标轴外，一般不再写其他的文字及作其他辅助线，以免使主要部分反而不清楚。数据也不要写在图上，但在报告上应有相应的完整的数据。有时候图线为直线而欲求其斜率时，应在直线上取两点，平行于坐标轴画出虚线，并加以计算。

做好一张图，另一个关键是正确地选用绘图仪器，"工欲善其事，必先利其器"。绘图所用的铅笔应该削尖，才能使线条明晰清楚，画线时应该用直尺或曲线尺辅助，不能光凭手来描绘。选用的直尺或曲线板应该透明，才能全面地观察实验点的分布情况，作出合理的线条来。

在曲线上作切线，通常用下述两个方法。

（1）若在曲线的指定点 Q 上作切线，可应用镜像法，先作该点法线，再作切线。方法是取一平而薄的镜子，使其边缘 AB 放在曲线的横截面上，绕 Q 转动，直到镜外曲线与镜像中曲线成一光滑的曲线时，沿 AB 边画出的直线就是法线，通过 Q 作 AB 的垂线即为切线。如图 2-5(a) 所示。

（2）在所选择的曲线段上作两条平行线 AB 及 CD，作两线段中点的连线，交曲线于 Q，通过 Q 作与 AB 或 CD 的平行线即为 Q 点的切线。如图 2-5(b) 所示。

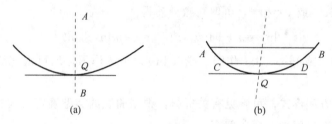

图 2-5　作切线的方法

最后，因为图是用形象来表达科学的语言，作图时应该注意联系基本实验原理。例如，恒沸混合物，其组成随外界条件而变化，在 T-x 图上并不出现奇异点，因此这时气相线和液相线在恒沸点时是光滑的相切，而不是突变的相交。

三、方程式法

一组实验数据用数学方程式表示出来，不但表达方法简单、记录方便，也便于求微分、积分或内插值。经验方程式是客观规律的一种近似描写，它是理论探讨的线索和根据。许多经验方程式中的系数的数值与某一物理量是相应的。因此为了求得某一物理量，将数据归纳总结成经验方程式，也是非常必要的。

求方程式有以下两类方法。

1. 图解法

在 x-y 的直角坐标图纸上，用实验数据作图，若得一直线，则可用方程 $y = mx + b$ 表示。而 m、b 可用下两法求出。

（1）截距斜率法　将直线延长交于 y 轴，截距为 b，而直线与 x 轴的夹角为 θ，则

$m=\tan\theta$。

（2）端值法　在直线两端选两点：(x_1,y_1) 和 (x_2,y_2)，将它代入 $y=mx+b$，即得

$$\begin{cases} y_1=mx_1+b \\ y_2=mx_2+b \end{cases}$$

解此方程组，即得 m 和 b。

在许多情况下，直接用原来变数作图，并非直线；而需加以变换，另选变数，使其成直线。

例如，表示液体或固体的饱和蒸气压 p 与温度 T 并非线性关系，只有它的克劳修斯-克拉贝龙方程的积分形式才是线性关系。

克劳修斯-克拉贝龙方程的积分形式：

$$\lg\frac{p}{p^{\ominus}}=-\frac{\Delta H_m}{2.303R}\times\frac{1}{T}+B$$

作 $\lg(p/p^{\ominus})$-$1/T$ 图，由直线斜率可求得 $-\Delta H_m/2.303R$，这样就可求汽化热或升华热。

又如，固体在溶液中吸附，吸附量 Γ 和吸附物的平衡浓度 c 有如下关系。

$$\frac{c}{\Gamma}=\frac{c}{\Gamma_{\infty}}+\frac{1}{\Gamma_{\infty}K}$$

作 $\frac{c}{\Gamma}$-c 图，即得直线。由直线斜率可求 Γ_{∞}，进一步求算每个分子的截面积或吸附剂的比表面积。

指数方程 $y=be^{mx}$ 或 $y=bx^m$，可取对数，使得

$$\ln y=mx+\ln b \quad 或 \quad \ln y=m\ln x+\ln b$$

这样，若以 $\ln y$（或 $\lg y$）对 x 作图，或以 $\ln y$ 对 $\ln x$ 作图，均可得直线方程，进而求出 m 和 b。

若不知曲线的方程形式，可参见有关资料，根据曲线的类型确定公式的形式，然后将曲线方程变换成直线方程或表达成多项式。

2. 计算法

不用作图而直接由测量数据计算。设实验得到的几组数值：(x_1,y_1)，(x_2,y_2)，(x_3,y_3)，…，(x_n,y_n)，代入 $y=mx+b$，得

$$\begin{cases} y_1=mx_1+b \\ y_2=mx_2+b \\ \vdots \quad\quad \vdots \quad\quad \vdots \\ y_n=mx_n+b \end{cases}$$

由于测定值有偏差，若定义

$$\delta_i=b+mx_i-y_i \quad (i=1,2,3\cdots)$$

式中，δ_i 为第 i 组数据的残差。对残差的处理有以下不同的方法。

（1）平均法　这是最简单的方法。令经验公式中残差的代数和为零。即

$$\sum_{i=1}^{n}\delta_i=0$$

计算时把上式分成数目相等的两组，按下式叠加起来，得到下面两个方程，解之即得 m、b。

$$\sum_1^k \delta_i = kb + m \sum_i^k x_i - \sum_i^k y_i = 0 \quad \text{和} \quad \sum_{k+1}^n \delta_i = 0$$

（2）最小二乘法 这是较为准确的处理方法。根据是使残差的平方和为最小。即

$$\Delta = \sum_1^n \delta_i^2 = \text{最小}$$

在最简单情况下

$$\Delta = \sum_1^n (b + mx_i - y_i)^2 = \text{最小}$$

由函数有极值的条件可知，必有 $\dfrac{\partial \Delta}{\partial b}$ 和 $\dfrac{\partial \Delta}{\partial m}$ 等于零，由此得出两个方程式

$$\begin{cases} \dfrac{\partial \Delta}{\partial b} = 2 \sum_1^n (b + mx_i - y_i) = 0 \\ \dfrac{\partial \Delta}{\partial m} = 2 \sum_1^n x_i (b + mx_i - y_i) = 0 \end{cases}$$

即

$$\begin{cases} nb + m \sum_1^n x_i = \sum_1^n y_i \\ b \sum_1^n x_i + m \sum_1^n x_i^2 = \sum_1^n x_i y_i \end{cases}$$

解之，可以得 m 和 b 值。

$$\begin{cases} m = \dfrac{n \sum x_i y_i - \sum x_i \sum y_i}{n \sum x_i^2 - (\sum x_i)^2} \\ b = \dfrac{\sum y_i}{n} - m \dfrac{\sum x_i}{n} \end{cases}$$

求出方程后，最好能选择一两个数据代入公式，加入核对验证。若相距太远，还可改变方程的形式或调整常数，重新求更准确的经验方程式。

第七节 直线斜率和截距的误差分析

在很多实验中要对测量数据进行线性回归处理（即直线拟合），由回归直线的斜率和截距求算实验最终结果。例如，液体饱和蒸气压的测定中求蒸发热、交流电桥法测电解质溶液的电导、静态重量法测定固体比表面积等，均属于这类处理方法。这种数据的处理方法和由函数关系直接计算实验结果是不同的。显然，它们的误差计算方法也不同。后者的误差可由函数的误差传递公式进行直接计算。而前者的误差只能通过回归直线的误差来推算。

设测得一组 x，y 数据，它们分别为

$$x_1, x_2, x_3, \cdots, x_n$$
$$y_1, y_2, y_3, \cdots, y_n$$

其直线回归方程为

$$\hat{y} = mx + b$$

若 x 没有误差或 x 的误差比 y 的误差小很多时，则剩余标准误差 $\sigma_{\hat{y}}$ 为

$$\sigma_{\hat{y}}=\sqrt{\frac{\sum(mx_i+b-y_i)^2}{n-2}}$$

$\sigma_{\hat{y}}$ 值越小，说明回归直线的精度越高。该回归直线的斜率和截距的误差分别为：

$$\sigma_m=\sqrt{\frac{n\sigma_y^2}{n\sum x_i^2-(\sum x_i)^2}}$$

$$\sigma_b=\sqrt{\frac{\sigma_y^2\sum x_i^2}{n\sum x_i^2-(\sum x_i)^2}}$$

如果 y 没有误差或 y 的误差比 x 的误差小很多时，则回归直线方程的形式应改变为

$$\hat{x}=m'y+b'$$

则 $\sigma_{m'}$、$\sigma_{b'}$ 的误差表达式也相应变化。

这里所讨论的斜率和截距的误差，是指由最小二乘法直线拟合的误差。如果是通过直线作图来求直线的斜率和截距，这时直线斜率和截距的误差将分别大于 σ_m、σ_b。这是因为在作图时又引入了人为的作图误差。

[例 11] 在液体的饱和蒸气压的测定实验中，测得蒸气压 p 和沸点 T，按下式进行直线拟合，并由直线的斜率求取蒸发热 $\Delta_{vap}H_m$。

$$\ln\frac{p}{p^\ominus}=-\frac{\Delta_{vap}H_m}{RT}+b=\frac{m}{T}+b$$

$$\Delta_{vap}H_m=-mR$$

设有表 2-7 的实验数据：

表 2-7　蒸气压和沸点的某一测量实验数据

T/K	p/kPa	T/K	p/kPa
349.00	99.04	335.00	63.56
345.30	88.39	332.70	58.88
343.00	82.26	327.60	49.51
337.90	69.89	323.00	42.15

在实验中求得：$dT=0.01K$，$dp=66.65Pa$。

首先应对 x、y 的误差进行比较，以确定误差计算公式。

设 $x=1/T$，$y=\ln p$

$$dx=d\frac{1}{T}=\frac{dT}{T^2}=\frac{0.01}{349^2}\times 8\times 10^{-8}$$

则

$$dy=d(\ln p)=\frac{66.65}{99040}=1\times 10^{-3}$$

由于 $dy \gg x$，则拟合方程形式采用

$$\ln p=\frac{m}{T}+b$$

由最小二乘法求出斜率 $\Delta_{vap}H_m$ 和 m

$$m=\frac{n\sum x_i y_i-\sum x_i\sum y_i}{n\sum x_i^2-(\sum x_i)^2}=-3705$$

$$\Delta_{vap}H_m = -mR$$
$$= 3705 \times 8.314$$
$$= 30.80 \text{kJ} \cdot \text{mol}^{-1}$$

由公式得：

$$\sigma_{\hat{y}} = 7.5 \times 10^{-3}$$
$$\sigma_m = 40$$
$$\sigma_{\Delta_{vap}H_m} = R\sigma_m = 0.33 \text{kJ} \cdot \text{mol}^{-1}$$

则实验结果可表示为

$$\Delta_{vap}H_m = (30.80 \pm 0.33) \text{kJ} \cdot \text{mol}^{-1}$$

思 考 题

1. 计算下列各值，注意有效数字。

(1) $2 \times 12.01115 + 15.999 + 6 \times 1.00797$

(2) $1.2760 \times 4.17 - 0.2174 \times 0.101 + 1.7 \times 10^{-2}$

(3) $\dfrac{13.25 \times 0.00110}{9.740}$

2. 下列数据是用燃烧热分析、测定碳元素的相对原子质量的结果：

12.0085	12.0101	12.0102
12.0091	12.0106	12.0106
12.0092	12.0095	12.0107
12.0095	12.0096	12.0101
12.0095	12.0101	12.0111
12.0106	12.0102	12.0112

(1) 最后一个数据 12.0112 能否舍弃？

(2) 求碳元素的相对原子质量的平均值和标准误差。

3. 设一钢球的质量为 10mg，钢球的密度为 $7.85 \text{g} \cdot \text{mL}^{-1}$，设测定半径时，其标准误差为 0.015mm，测定质量时标准误差为 0.05mg，问测定此钢球的精确度（标准误差）是多少？

4. 在 629K 测定 HI 的解离度 α 时，得到下列数据：

0.1914, 0.1953, 0.1968, 0.1956, 0.1937,

0.1949, 0.1948, 0.1954, 0.1947, 0.1938

解离度 α 与平衡常数的关系为

$$2HI \Longrightarrow H_2 + I_2 \qquad K = \left[\frac{\alpha}{2(1-\alpha)}\right]^2$$

试求 629K 时平衡常数 K 及其标准误差。

5. 利用苯甲酸的燃烧热测定氧弹的热容 C，可用式

$$C = \frac{26460G + 6694g}{t} - 4.184D$$

求算式中，26460 和 6694 分别代表苯甲酸和燃烧丝的燃烧热（$J \cdot g^{-1}$），实验所得数据如下：苯甲酸质量 $(1.1800 \pm 0.0003)g$（即 G）；燃烧丝质量 $(0.0200 \pm 0.0003)g$（即 g）；量热器中含水 $(1995 \pm 2)g$（即 D）；测得温度升高值为 $(3.140 \pm 0.005)℃$（即 t）。试计算氧弹的热容及其标准误差，并讨论引起实验的主要误差是什么？

6. 物质的摩尔折射度 R，可按下式计算：

$$R = \frac{n^2 - 1}{n^2 + 2} \times \frac{M}{\rho}$$

已知苯的摩尔质量 $M = 78.08$，密度 $\rho = (0.879 \pm 0.001) \text{g} \cdot \text{mL}^{-1}$，折射率 $n = 1.498 \pm 0.002$，试求苯的摩尔折射度及其标准误差。

7. 表 2-8 给出同系列中的 7 个碳氢化合物的沸点（T）数据：

表 2-8　同系列的 7 个碳氢化合物的沸点数据

碳氢化合物	沸点(T)/K	碳氢化合物	沸点(T)/K
C_4H_{10}	273.8	C_8H_{18}	397.8
C_5H_{12}	309.4	C_9H_{20}	429.2
C_6H_{14}	342.2	$C_{10}H_{22}$	447.2
C_7H_{16}	368.0		

摩尔质量 M 和沸点 T 符合下列公式：

$$T = aM^b$$

（1）用作图法确定常数 a 和 b。

（2）用最小二乘法确定常数 a 和 b，并与（1）中结果相比较。

第三章 实验基本技术

第一节 常用玻璃仪器简介

使用玻璃仪器时必须了解以下事项。

① 玻璃仪器易碎，使用时要轻拿轻放。

② 玻璃仪器除烧杯、烧瓶和试管外，都不能直接加热。

③ 锥形瓶、平底烧瓶不耐压，不能用于减压蒸馏。

④ 带活塞的玻璃仪器如分液漏斗等用过后洗净后在活塞和磨口间垫上小纸片，以防黏结。

⑤ 温度计测量温度范围不能超过其刻度范围。也不能把温度计当搅拌棒使用，温度计用后应缓慢冷却，不能立即用冷水冲洗。以免炸裂或汞柱断线。

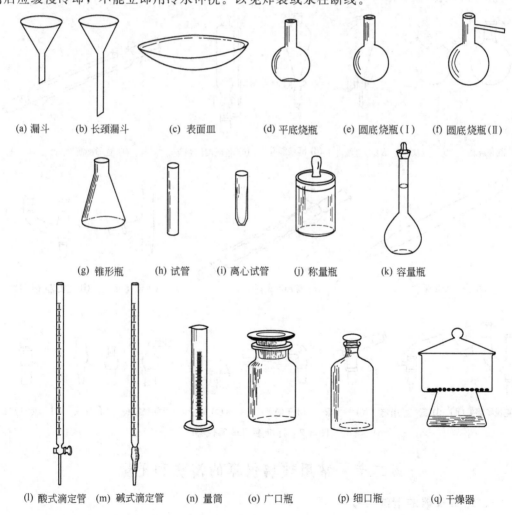

(a) 漏斗　　(b) 长颈漏斗　　(c) 表面皿　　(d) 平底烧瓶　　(e) 圆底烧瓶(Ⅰ)　　(f) 圆底烧瓶(Ⅱ)

(g) 锥形瓶　　(h) 试管　　(i) 离心试管　　(j) 称量瓶　　(k) 容量瓶

(l) 酸式滴定管　(m) 碱式滴定管　　(n) 量筒　　(o) 广口瓶　　(p) 细口瓶　　(q) 干燥器

图 3-1

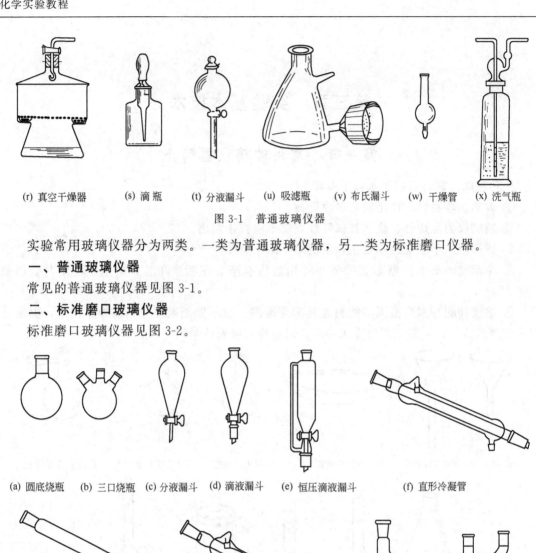

(r) 真空干燥器　(s) 滴瓶　(t) 分液漏斗　(u) 吸滤瓶　(v) 布氏漏斗　(w) 干燥管　(x) 洗气瓶

图 3-1　普通玻璃仪器

实验常用玻璃仪器分为两类。一类为普通玻璃仪器，另一类为标准磨口仪器。

一、普通玻璃仪器

常见的普通玻璃仪器见图 3-1。

二、标准磨口玻璃仪器

标准磨口玻璃仪器见图 3-2。

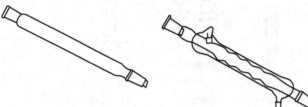

(a) 圆底烧瓶　(b) 三口烧瓶　(c) 分液漏斗　(d) 滴液漏斗　(e) 恒压滴液漏斗　(f) 直形冷凝管

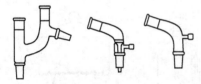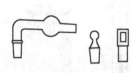

(g) 空气冷凝管　　　(h) 球形冷凝管　　　(i) 蒸馏头　(j) 克氏蒸馏头(Ⅰ)

(k) 克氏蒸馏头(Ⅱ)　(l) 真空接引管　(m) 接引管　(n) 干燥管　(o) 塞子　(p) 导气接头　(q) 接头　(r) 温度计套管

图 3-2　标准磨口玻璃仪器

第二节　常用玻璃仪器的清洗和干燥

一、玻璃仪器的清洗

化学实验中经常使用各种玻璃仪器，用不干净的仪器进行实验，会影响实验结果的准确性，因此必须保证仪器的干净。

清洗玻璃仪器的方法很多，主要根据实验的要求、污物的性质和粘污的程度来选用。附在仪器上的污物，一般分为三类：尘土和其他不溶性物质、可溶性物质以及油污和其他有机物质。针对这些情况可分别用下列清洗方法。

1. 用自来水刷洗

这种方法可洗去可溶性物质、尘土和其他不溶性物质，但对油污和其他有机物就很难洗去。刷洗时应先刷洗仪器的外表面。

2. 用去污粉、合成清洗剂刷洗

用本法前先用自来水刷洗，然后在湿润的仪器上，洒上少许去污粉和合成清洗剂，再用毛刷擦洗后再用自来水冲洗仪器内外的去污粉或清洗剂。用此法洗油污和有机物质时，若油污和有机物质仍洗不干净，可用热的碱液洗。

3. 用铬酸洗液洗

在进行精确的定量实验时，对仪器的洁净程度要求很高，所用仪器形状特殊，如口径小，管细的仪器不便刷洗，这时用洗液洗。

洗液具有强的氧化性、强酸性，能把仪器洗干净，但对衣服、皮肤、桌面橡皮等腐蚀性也很强，使用时要特别小心。

清洗方法：往仪器内小心加入少量洗液，然后将仪器倾斜，慢慢转动，使仪器内壁全部为洗液所湿润。再转动仪器，使洗液在仪器内壁多流动几次，将洗液流回原来的容器中，最后用自来水洗去残留洗液。

洗液使用时应注意：①被清洗的器皿不宜有水，以免稀释而失效；②洗液呈绿色表明失效而不能使用；③洗液瓶的瓶塞要塞紧，以防吸水而失效；④用去离子水淋洗。

经上述方法洗净的仪器，仍然会沾有自来水带来的 Ca^{2+}、Mg^{2+}、Fe^{3+}、Fe^{2+}、Cl^- 等离子，如果实验中不允许这些离子存在，应用去离子水（蒸馏水）淋洗内壁 $2\sim3$ 次。每次用水尽量少些，符合少量多次的原则。

除以上清洗方法外，还可根据污物的性质选用适当的试剂与所粘污物产生化学反应形成可溶性物质，再刷洗除去。如 $AgCl$ 沉淀，可选用氨水清洗；硫化物沉淀可选用硝酸加盐酸清洗；二氧化锰沉淀选用 HCl 或浓 H_2SO_4 清洗。

洗净的仪器倒置使器壁上只留下一层均匀的水膜，水在器壁上无阻地流动。若局部排水或有水流拐弯现象，表示洗得不够干净。

在定性、定量实验中，由于杂质的引进会影响实验的准确性，对仪器的洁净程度要求较高。但在有些情况下，如一般的无机制备、性质实验或者药品本身不纯，这时对仪器洁净程度的要求不高，仪器只要刷洗干净，用不着要求不挂水珠，也不必用蒸馏水荡洗。工作中应根据实际情况决定清洗的程度。

二、仪器的干燥

实验用的仪器除要求洗净外，有些实验还要求仪器干燥，不附有水膜。如用于精确称量中的盛器，用于计量或盛有一定浓度溶液的仪器等。仪器的干燥有下列方法可采用。

1. 晾干

不急用的仪器，洗净后要倒置在实验柜内或仪器晒晾架，任其自然干燥。

2. 烘干

将洗净的仪器，尽量倒干水后，放进烘箱内，温度控制在 105℃ 左右烘干。仪器放进烘箱口应朝下，并在烘箱的最下层放一瓷盘，承接从仪器上滴下的水，以免水滴在电热丝上，损坏电热丝。木塞、橡皮塞不能与仪器一同干燥，玻璃塞虽可同时干燥，但应从仪器上取下来，以免烘干后卡住，取不下来。

3. 烤干

烧杯、蒸发皿等可放在石棉网上，用小火焰烤干。试管可用试管夹夹住后，在火焰上来回移动，直至烤干，但试管口必须低于管底，以免水珠倒流到灼热部位，使试管炸裂，待烤到不见水珠后，将管口朝上赶尽水汽。

4. 用有机溶剂干燥

加一些易挥发的有机溶剂（常用酒精和丙酮）到洗净的仪器中，把仪器倾倒并转动，使仪器壁上的水和有机溶剂互相溶解、混合，然后倒出有机溶剂，少量残留在仪器中的混合物很快挥发而干燥。如用电吹风吹，则干得更快。带有刻度的计量仪器，不能用加热的方法进行干燥，因加热会影响这些仪器的精密度。

第三节　塞子和玻璃管的加工

一、塞子、玻璃

用普通的玻璃仪器（非标准磨口的圆底烧瓶、三口烧瓶、蒸馏瓶、冷凝管、温度计、分液漏斗、氯化钙干燥管、搅拌器封管等）装配成一套实验装置时，一般是用塞子、玻璃管、橡皮管等将这些仪器连接在一起。因此，首先要对所用的塞子和玻璃管进行加工，使它们适合装配工作的需要。这是有机化学实验人员的一项基本技能。

1. 塞子的选择

实验室中常用的塞子是软木塞和橡皮塞。软木塞不易和有机化合物起作用，而橡皮塞易受有机溶剂的侵蚀，在高温下会变形，价格也较贵，所以通常都用软木塞。只有在特殊情况下（例如减压蒸馏操作），才用橡皮塞。

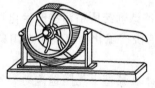

图 3-3　软木塞滚压器

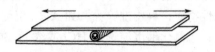

图 3-4　利用木板滚压软木塞

选用软木塞，其表面不要有裂纹和深洞。由于软木塞内部密度不均，在使用前要用软木塞滚压器（图 3-3）把塞子逐步压紧压软。没有滚压器时也可用两块木板代替（图 3-4），滚压塞子不可一下用力过猛，否则会使塞子破裂。经过滚压的软木塞的表面变得柔软富于弹性，内部结构也较均匀密集。经过滚压，塞子的大小应以塞入口 $1/2\sim2/3$ 为准 [图 3-5(b)]。因为软木塞经过滚压直径变小，所以未滚压的塞子应选择稍大一些的，见图 3-5(a)。

橡皮塞不需滚压（老化变硬的橡皮塞不能使用），其大小也以能塞入瓶口 $1/3\sim1/2$ 为宜。

2. 塞子的表面保护

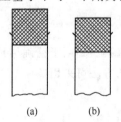

(a)　　(b)

图 3-5　软木塞大小的选择

为了使塞子紧密、耐久和增强对腐蚀性气体（如二氧化氮、氯气、氯化氢、溴和硝酸蒸气等）的耐腐蚀性能，塞子可以用下面的方法处理，以保护其表面。

（1）软木塞 先在 3 份皮胶、5 份甘油和 100 份水的溶液中浸泡 15～20min，溶液的温度保持在 50℃。取出干燥后，再在 25 份凡士林和 75 份石蜡的熔融混合液中浸润几分钟。

（2）橡皮塞 在温度为 100℃ 的熔化的石蜡中浸润 1min。通氯气用的橡皮管也要这样处理。

3. 塞子的钻孔

在装配仪器时常需在塞子中插入冷凝管、温度计、蒸馏瓶的支管、滴液漏斗等，这就需在塞子上钻孔。钻孔用的工具叫钻孔器，一套钻孔器的孔径有 7～10 种大小不同的尺寸。在软木塞上打孔时，钻孔器的外径应比要插入软木塞的管子的外径略小。而在橡皮塞钻孔时，钻孔器应该刚好能套在要插入橡皮塞的管子外面。

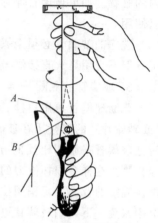

软木塞在钻孔之前必须事先压软，已打了孔的塞子不能再滚压。

钻孔器不是冲压工具，而是切割工具。钻孔器的刃口应该经常修整，以保持锋利，这样钻孔才能得到良好的结果。修整钻孔器可用刮孔刀（图 3-6），把钻孔器套在刮刀的锥体上，用拇指轻推刀片 A，慢慢旋转钻孔器，就能把钻孔器的刃口 B 修整得光滑锋利。修整时不可过分用力，否则会损坏刃口。

钻单孔时，把软木塞放在桌面上，小的一端向上。先用手

图 3-6 钻孔器的修整

指转动钻孔器，在塞子的中心割出印痕［图 3-7(a)］，然后左手扶紧软木塞，用右手握住（或用几个手指捏住）钻孔器，一面按同一个方向均匀地旋转钻孔器，一面略微用力下压［图 3-7(b)、(c)］。这时，钻孔器应始终与桌面保持垂直，如果发现二者不垂直，应及时加以检查和纠正。待钻到软木塞厚度的一半左右时，即按反方向旋转，拔出钻孔器，用铁条弄掉钻孔器里的塞芯和碎屑，再用同样的方法从塞子的另一端钻孔，直到把孔钻通为止。有经验的实验室工作者可以从塞子的一端钻孔，一直把孔钻通，但初学者仍宜练习从两端钻通塞子。

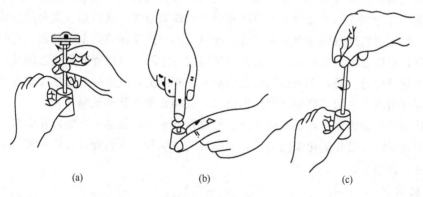

      (a)   (b)   (c)

图 3-7 软木塞钻孔

在一个软木塞上要钻两个孔时，应更加小心，务必使两个孔道笔直且相互平行，否则插入管子后，两根管子就会歪斜或交叉，致使塞子不能使用。橡皮塞钻孔与软木塞钻孔的方法相同，但钻孔器的刀刃必须是非常锋利的，旋入钻孔器时用力不能过大。

钻孔时（特别是橡皮塞的钻孔），为了减少钻孔器与塞子间的摩擦，可用水、肥皂水或甘油水溶液润湿钻孔器的前端。旋入钻孔器的力量，若均匀合适，则塞子的孔道光滑整齐；若不均或过大，会使软木塞的孔道表面粗糙、孔道扭曲、孔径过度缩小或粗细不均。若孔径略小或孔道稍有不光滑，可用圆锉修整。

4. 玻璃管的洗净

玻璃管在加工以前，首先需要洗净。玻璃管内的灰尘，用水冲洗就可洗净。如果管内附着油腻的东西，用水不能洗净时，可把长玻璃管适当地割短，浸在铬酸洗液里，然后取出，用水冲洗。对于较粗的玻璃管，可以用两端缚有线绳的布条通过玻璃管，来回抽拉，擦去管内的脏物。如果玻璃管保存得好，比较干净，也可以不洗，仅用布把玻璃管外面拭净，就可以使用。

洗净的玻璃管必须干燥后才能进行加工，可在空气中晾干，用热空气吹干或在烘箱中烘干，但不宜用灯火直接烤干，以免炸裂。

5. 玻璃管的截断

截断玻璃管可用扁锉、三角锉或小砂轮片。切割时把玻璃管平放在桌子边缘，将锉刀（或砂轮片）的锋棱压在玻璃管要截断处［图3-8(a)］，然后用力把锉刀向前推或向后拉，同时把玻璃管略微朝相反的方向旋转，在玻璃管上划出一条清晰、细直的深痕。不要来回拉锉，因为这样会损坏锉刀的锋棱，而且会使锉痕加粗。要折断玻璃管时，只要用两手的拇指抵住锉痕的背面，再稍用拉力和弯折的合力，就可使玻璃管断开［图3-8(b)］（如果在锉痕上用水蘸一下，则玻璃管更易断开）。断口处应整齐。

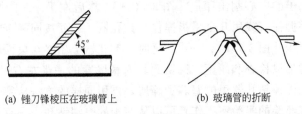

(a) 锉刀锋棱压在玻璃管上   (b) 玻璃管的折断

图 3-8　玻璃管的截断

若需在玻璃管的近管端处进行截断，可先用锉刀在该处割一锉痕，再将一根末端拉细的玻璃棒在煤气灯的氧化焰上加热到红热（截断软质玻璃管时）或白炽（截断硬质玻璃管时），使成珠状，然后把它压触到锉痕的端点处，锉痕会因骤然受强热而发生裂痕；有时裂痕迅速扩展成整圈，玻璃管即自动断开。若裂痕未扩展成一整圈，可以逐次用烧热的玻璃棒的末端压触在裂痕的稍前处引导，直至玻璃管完全断开。实际上，只需待裂痕扩大至玻璃管周长的90％时，即可用两手稍用力将玻璃管向里挤压，玻璃管就会整齐地断开。

玻璃管的断口很锋利，容易割破皮肤、橡皮管或塞子，故必须将断口在火焰中烧熔使变光滑。方法是半断口放在氧化焰的边缘，不断转动玻璃管，烧到管口微红即可。不可烧得太久，否则管口会缩小。

6. 弯玻璃管

连接仪器有时需用弯成一定角度的玻璃管，这要由实验者自己来制作。

玻璃管的质地有软硬之分，软质玻璃管受热易软化，加热不宜过度，否则在弯管时易发生歪扭和瘪陷；硬质玻璃管需用较强的火焰加热。

弯玻璃管时，先在弱火焰中将玻璃管烤热，逐渐调节灯焰使之成强火焰，然后两手持玻璃管，将需要弯曲处放氧化焰（宜在蓝色还原焰之上约 2mm 处）中加热，同时两手等速缓慢地旋转玻璃管，以使受热均匀。为加宽玻璃管的受热面，可将玻璃管斜放在氧化焰中加热，或者在灯管上套一个扁灯头（鱼尾灯头，图 3-9）。当玻璃管受热部分发出黄红光而且变软时，立即将玻璃管移离火焰，轻轻地顺热弯至一定的角度（图 3-10）。如果玻璃管要弯成较小的角度，可分几次弯成，以免一次弯得过多使弯曲部分发生瘪陷或纠结（图 3-11）。分次弯管时，各次的加热部位应稍有偏移，并且要等弯过的玻璃管稍冷后再重新加热，还要注意每次弯曲均应在同一平面上，不要使玻璃管变得歪扭。

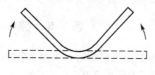
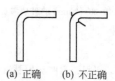

图 3-9 用鱼尾灯头加热玻璃管　　　图 3-10 弯管操作　　　图 3-11 弯成的玻璃管

(a) 正确　　(b) 不正确

在弯管操作时，要注意以下几点：如果两手旋转玻璃管的速度不一致，则玻璃管会发生歪扭，即两臂不在同一平面上；玻璃管如果受热不够，则不易弯曲，并易出现纠结和瘪陷；如果受热过度，玻璃管的弯曲处管壁常常厚薄不均和出现瘪陷；玻璃管在火焰中加热时，双手不要向外拉或向内推，否则管径变得不均；在一般情况下，不应在火焰中弯玻璃管；弯好的玻璃管用小火烘烤一两分钟（退火处理）后，放在石棉网上冷却，不可将热的玻璃管直接放在桌面上。

二、简单玻璃操作

1. 实验目的与要求

（1）在无机化学实验的基础上熟练掌握玻璃管（棒）的截断、烧、弯曲、拉尖嘴。

（2）学会拉制熔点管和沸点管、毛细管。

2. 仪器和药品

酒精喷灯、酒精、玻璃管、玻璃棒。

3. 实验步骤

（1）练习操作[注1]　　领取玻璃管（棒）数根进行如下练习。

① 练习切割玻璃管（棒）。按操作要求把每根玻璃管（棒）切割成数等分。

② 练习加热和转动。按操作要求进行反复练习。

③ 练习拉和弯，按操作要求，反复练习拉、弯的几个动作，直至符合要求。

经过反复练习，基本掌握了以上操作的要点后，可试做一些滴管、毛细管、玻璃钉、沸点外管、搅拌棒、几种角度（30°、75°、90°、120°）的弯管及玻璃沸石。

（2）制作　　领取干净的玻璃管（棒）数根，按操作要求分别做以下玻璃用品。

① 滴管　　用直径 7mm 的玻璃管制作总长度为 150mm 的滴管，要求粗端长 120mm，细端内径为 1.5～2mm，长 30～40mm。粗端烧软后在石棉网上按一下，外缘突出，便于装橡皮头。

② 毛细管　　用直径 10mm 的薄壁拉制成长 150mm，直径 1mm，两端封口的毛细管 50根，装入大试管，备用。

③ 沸点外管　　用直径 10mm 的薄壁管拉制成长 80mm，直径 8mm，一端封口的沸点外管 4 根，装入大试管，备用。

④ 搅拌棒，玻璃钉　用直径 10mm 玻璃棒制作一头为搅拌，一头为玻璃钉的玻璃棒 5 根。

⑤ 弯管　用 3 根直径为 7mm 的玻璃管制作成 30°、75°、90°角的玻璃弯管各 1 根。

⑥ 沸石[注2]　用 1 根直径 7mm 的玻璃管制作沸石。

本实验需时 4h。

注释

[1]　本实验以练习为主，通过反复多次的练习，掌握一些玻璃操作要点。

[2]　取一段玻璃管（棒），在火焰中反复熔拉（拉长后再对叠在一起，造成空隙）几十次后，再拉成毛细管粗细，截成长约 20～30mm 的玻璃沸石，它比一般沸点沾附的液体要少，并且易刮下吸附的固体。

思 考 题

1. 切割、弯曲玻璃管（棒）和拉制毛细管时，应注意哪些问题？
2. 玻璃管（棒），加工完毕后，为什么要退头？

第四节　化学试剂和试剂的取用

一、试管的等级

化学试剂的规格是以其中所含杂质多少来划分的，一般可分为四个等级，其规格和适用范围见表 3-1。

表 3-1　试剂规格和适用范围

等级	名　称	英文名称	符　号	适 用 范 围	标签标志
一级品	优级纯（保证试剂）	guaranteed reagent	G. R.	纯度很高,适用于精密分析工作和科学研究工作	绿色
二级品	分析纯（分析试剂）	analytical reagent	A. R.	纯度仅次于一级品,适用于多数分析工作和科学研究工作	红色
三级品	化学纯	chemical pure	C. P.	纯度较二级差些,适用于一般分析工作	蓝色
四级品	实验试剂,医用生物试剂	laboratorial reagent biological reagent	L. R. B. R. 或 C. R.	纯度较低,适用作实验辅助试剂	棕色或其他颜色 黄色或其他颜色

此外，还有光谱纯试剂、基准试剂、色谱纯试剂等。

光谱纯试剂（符号 S.P.）的杂质含量用光谱分析法已测不出，或者杂质的含量低于某一限度，这种试剂主要用来作为光谱分析中的标准物质。

基准试剂的纯度相当于高于保证试剂。基准试剂用作为滴定分析中的基准物质是非常方便的，也可用于直接配制标准溶液。

在分析工作中，选择试剂的纯度除了要与所用方法相当外，其他如实验用的水、操作器皿也要与之相适应。若试剂都选用 G. R. 级的，则不宜使用普通的蒸馏水或去离子水，而应使用经两次蒸馏制得的重蒸水。所用器皿的质地也要求较高，使用过程中不应有物质溶解到溶液中，以免影响测定的准确性。

二、试剂的取用

1. 液体试剂的取用

从试剂中倾出液体试剂时，把瓶塞倒放在桌上，右手握住瓶子，使试剂瓶标签朝向手心，以瓶靠紧容器边沿，让液体沿着器壁缓缓倾出所需的液体，若使用容器为烧杯，则倾注液体时可用玻璃棒引入［图 3-12(a)］。倒完试剂后，立即将瓶塞塞好，瓶盖盖上。

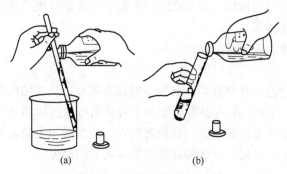

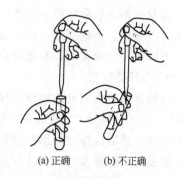

图 3-12　倾注法取液体试剂　　　　　　图 3-13　用滴管将试剂加入试管中

取用滴瓶中的试剂时，先垂直提起滴管，离开液面，紧捏橡皮头，排出空气；然后把滴管伸入试剂中，放松手指，吸入试剂，再提起滴管，取走试剂，往容器（如试管）中滴加试剂时，滴管必须保持垂直，管口不可接触承接容器的内壁。往试管中滴加试剂时，不许将滴管伸入试管中，以免触及试管壁面而沾污药品（图 3-13），滴管加完试剂及时插回原试剂瓶，严禁乱丢乱放。

2. 固体试剂的取用

固体试剂要用干净的药匙取用，药匙的两端分别为大小两个匙，取较多的试剂时用大匙，取少量的试剂用小匙，用过的药匙必须立即洗净擦干，以备取用其他试剂。

不要超过指定用量取药，多取的药品不能倒回原瓶，可放在指定的容器中供他人使用，未指明用量时，应尽量少取。取用试剂后，应立即将瓶盖盖好，拧紧，并将试剂瓶放回原处。

往试管特别是湿试管中加入固体试剂时，可用药匙伸入试管约 2/3 处，或将取出的药品放在一张对折的纸条上，再伸入试管中，块状固体则沿管壁慢慢滑下，见图 3-14。

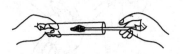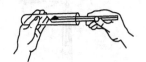

(a) 用药匙往试管里送入固体试剂　　(b) 用纸槽往试管里送入固体试剂　　(c) 块状固体沿管壁慢慢滑下

图 3-14　固体试剂的取用

第五节　容量仪器和溶液配制

一、容量仪器

实验中用于度量液体试剂体积的仪器统称为容量仪器。常见的容量仪器有：量杯、量筒、吸量管、移液管、滴定管等，量杯、量筒、吸量管、滴定管等有分刻度，最小分刻度有 0.1mL 或 0.2mL；移液管、容量瓶等只有刻度，当液体充满到刻度标线时，液体体积恰好与瓶上所注明的体积相等。

容量仪器一般比较细长，其目的之一是为了提高量度的准确性。盛装液体后液面一般都呈弯月形，读取容量时，常以弯月面的最低点为准，即以弯月面最低点与刻度线水平相切的刻度为液体体积的读数。

容量仪器一般除标明容积外，并标有使用温度（如 20℃），不能用来度量与使用温度相差太大的液体，不能加热，更不能作反应器用。

下面分别介绍量筒、吸量管、移液管、滴定管的使用方法。

1. 量筒的使用

量筒是最普通的量取液体的仪器，它是一种厚壁的、有刻度的玻璃圆筒，量筒的体积有 10mL、25mL、50mL、100mL、500mL、1000mL 等数种，实验中应根据所取液体的容量大小来选用。量取液体时，用拇指和食指拿住量筒的上部，让量筒竖直，使视线与量筒内液体弯月面最低点保持水平，然后读出量筒上的刻度，视线偏高或偏低都会造成误差。

2. 容量瓶的使用

容量瓶常用于制备一定体积的、准确浓度的溶液，它是一种细颈梨形的平底玻璃瓶，带有磨口塞子，颈上标有刻度线和使用温度。

容量瓶除有无色的，还有棕色的，供制备避光的溶液。容量瓶的规格有：5mL、10mL、25mL、50mL、100mL、200mL、500mL、1000mL、2000mL。根据制备的溶液量的大小选用。

用容量瓶配制溶液的方法，一般先将溶质在烧杯中用少量溶剂溶解，再沿玻璃棒转移到容量瓶中，烧杯用少量溶剂冲洗 2～3 次，且将冲洗液一并倒入瓶中，而后一边加溶剂一边摇动容量瓶，使溶液逐步稀释。这样，可避免混合后体积的变化，当稀释至溶液面接近标线时，应等待 1～2min，使附在瓶颈内壁的溶剂流下，并待液面上的小气泡消失后，再逐滴加入溶剂恰至刻度，即溶液弯月面最低点和标线相切。这时溶液还是不均匀的，必须将量瓶塞好塞子，反复倒置并用力摇动几次，使溶液充分混合均匀，如图 3-15 所示。

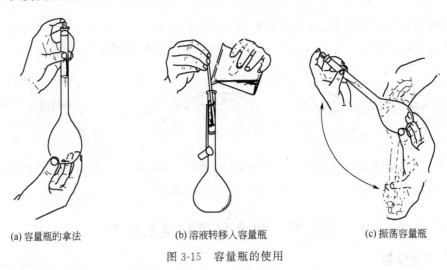

(a) 容量瓶的拿法   (b) 溶液转移入容量瓶   (c) 振荡容量瓶

图 3-15　容量瓶的使用

注意事项：①容量瓶使用前先检查瓶塞是否漏水；②烧杯、容量瓶使用前要洗净，并用蒸馏水漂洗 2～3 次；③配好的溶液不要储存在容量瓶中；④用后及时用水洗净。

3. 移液管的使用

移液管用于量取一定体积的液体，常用有刻度直管式和单标线胖肚式，前者称为吸量管，后者称为移液管，两者的使用方法基本相同。

移液管常用规格：20mL 和 25mL，使用温度 20℃或 25℃。

移液管使用前应把它洗净。即依次用洗液、自来水、蒸馏水洗至内壁不挂水珠为止。然

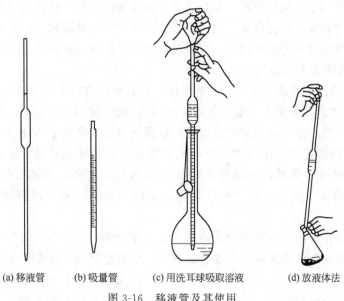

(a)移液管　(b)吸量管　(c)用洗耳球吸取溶液　(d)放液体法

图 3-16　移液管及其使用

后用欲移取的溶液盥洗 2～3 次。

移液管吸取液体时，用右手拇指和中指拿住移液管上端管口下 2～3cm 处，使管下端伸入液面下 2～3cm（不应伸入太深，以免外壁沾有过多液体；但不应太浅，以免液面下降时吸入空气），左手将洗耳球捏紧（赶走空气）后，将洗耳球的小口对准移液管管口并慢慢放松，缓缓地吸上液体。注意移液管中液面上升的情况，也要注意移液管随容器中液面下降而往下伸，当液体从移液管上升到刻度标线以上 1～2cm 时，迅速移开洗耳球，用右手食指堵住上部管口。提起移液管，将移液管下端靠在容器壁上，稍松食指，同时用拇指及中指轻轻转动管身，使液面缓慢，平稳地下降，直到溶液的弯月面最低点与标线相切，立即停止转动并按紧食指，使液体不再流出，取出移液管，移入准备接收溶液的容器中，仍使其出口尖端接触器壁，并让接收容器倾斜而使移液管直立。右手拇指及中指继续拿住移液管，抬起食指，使液体自由地顺器壁流下。待全部液体流尽后约等 15s，然后取出移液管，不要将移液管中最后一滴吹出，见图 3-16。

移液管用完后，应立即放在专用架上，不可在桌上乱放，短时间内不再用它吸取同一溶液时，应立即洗净后放回原处。

4. 滴定管的使用

滴定管是专门用于滴定实验的较精密的玻璃仪器。按容量分为普通滴定管和微量滴定管，普通滴定管最大容量为 100mL，最小分度为 0.02～0.1mL，微量滴定管最大容量 10mL，最小分度可在 0.05mL 以下，微量滴定管的滴定度更精确。无机化学实验中常用普通滴定管。

普通滴定管按使用要求又分为两种：一种是酸式的，另一种是碱式的。酸式滴定管下部带有磨口玻璃活塞，洗涤前要涂上凡士林，并缚以橡皮筋或套橡皮圈，以免活塞

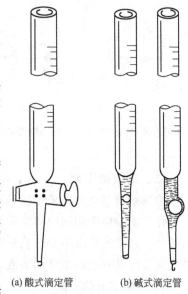

(a)酸式滴定管　(b)碱式滴定管

图 3-17　滴定管

滑出。酸式滴定管用于装酸性溶液、氧化还原性溶液和盐溶液。碱式滴定管下端是用一小段胶管将滴头和管身相接，胶管内放一种比胶管内径稍大的小玻璃球，用于碱性溶液。溶液装满管柱后，需要将胶管中的空气排出，再装足滴定液及调至整数刻度，见图 3-17。

滴定操作之前的准备工作如下。

① 酸式滴定管的旋塞涂凡士林。旋塞涂油、安装和转动的手法见图 3-18。

② 洗涤。当滴定管无明显污染，可用肥皂或洗涤剂刷洗，若仍洗不干净，再用铬酸洗液洗，洗至不挂水珠，然后再用蒸馏水盪洗，最后用待装液荡洗 2～3 次。

③ 装液和排除滴定管下端气泡。将溶液直接从试剂瓶移入滴定管中，到刻度 "0" 以上，开启旋塞或挤压玻璃球，驱逐出滴定管下端的气泡，将酸式滴定管稍微倾斜，开启旋塞，气泡随溶液流出而被逐出，然后将多余的溶液滴出，使管内溶液处在 "0.00" 刻度处。

滴定操作：通常把酸管夹在滴定管的右边，活塞柄向外，碱管夹在左边。开始滴定前，先将悬挂在滴定管尖端的液滴除去，读下初读数，将滴定管的下端尖嘴伸入锥形瓶中，右手持锥形瓶，左手旋动活塞或挤玻璃球处的橡皮管。旋动活塞时，左手要将活动塞拢在手中，用拇指、食指和中指轻轻转动，这样不易将活塞抽出，右手持的锥形瓶要不停地轻轻摇动，滴定时要注意控制溶液滴出的快慢。具体操作方法见图 3-19。

滴定管的读数方法要正确，否则会产生滴定误差。

(a) 旋塞涂油　　　(b) 旋塞安装　　　(c) 转动旋塞

图 3-18　旋塞涂油、安装和转动的手法

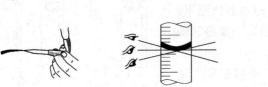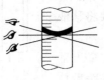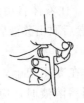

(a) 碱式滴定管逐气泡法　(b) 滴定管读数和读数衬卡　(c) 左手转动旋塞法　(d) 酸式滴定管滴定锥形瓶中溶液

图 3-19　滴定管的操作方法

二、溶液的配制

溶液配制是化学实验中的基本操作之一，是化学工作者应该具备的能力。

化学实验中所用到的溶液有两类：一类是用来验证物质化学性质，或用来控制化学反应的条件，其浓度要求不必准确到四位有效数字，这类溶液称为一般溶液；另一类是用来测定物质含量的具有准确浓度的溶液，称为标准溶液。

1. 一般溶液的配制

配制的溶液浓度有：质量百分浓度、物质的量浓度、比例浓度等。

配制所需的仪器：台秤、量筒、烧杯、试剂瓶、玻璃棒。

（1）由固体试剂配制的百分浓度和物质的量浓度的方法　先计算配制一定质量或一定体积溶液所需固体试剂的用量。用台秤称取所需固体的量，放在烧杯中，再用量筒量取蒸馏水注入烧杯中，搅动，使固体完全溶解，即得所需的水溶液。将溶液倒入试剂瓶里，贴上标签，备用（溶剂水可视为 $100kg \cdot m^{-3}$）。

（2）由液体试剂（或浓溶液）配制比例浓度和物质的量浓度溶液的方法　比例浓度溶液的配制：按体积比，用量筒取液体（或浓溶液）和溶剂的用量，在烧杯中将二者混合，搅动均匀，即得所需的体积比溶液。将溶液转移到试剂瓶里，贴上标签，备用。

物质的量浓度的配制：先用比重计测量液体（或浓溶液）的密度，从有关的表中查出其相应的百分浓度，算出配制一定体积物质的量浓度溶液所需的液体（或浓溶液）的用量，用量筒量取所需的液体（或浓溶液），加到装有蒸馏水（需计量）的烧杯中，搅动使其混合均匀，如果溶液发热，需冷却至室温后，再转入试剂瓶中，贴上标签，备用。

比重计的使用：比重计是用来测定溶液密度的仪器。它是一支中空的玻璃浮柱，上部有刻度线，下部为一重锤，内装铅粒，根据溶液密度的不同而选用相适应的比重计。通常将比重计分为两种，一种是测量密度大于1的液体，称作重表，另一种是测量密度小于1的液体，称作轻表。

液体密度测定时，将欲测液体注入大量筒中，然后将清洁干燥的比重计慢慢放入液体中，为了避免比重计在液体中上下浮动和左右摇摆，与量筒壁接触以致打破，故在浸入时，应该用手扶住比重计的上端，并让它浮在液面上，待比重计不再摇动且不与器壁相碰时，即可读数，读数时视线要与凹面最低处同一水平，见图3-20。用完比重计洗净，擦干，放回原盒内。

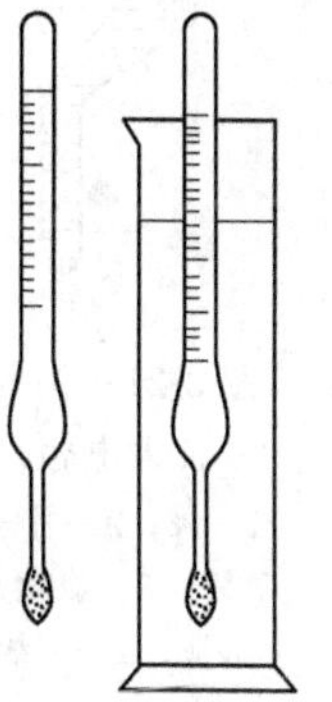

2. 准确浓度溶液（即标准溶液）的配制

所需仪器：分析天平、容量瓶、量筒、称量瓶、烧杯、玻璃棒、试剂瓶等，另外还有标定用的滴定管、锥形瓶、移液管、洗耳球等。

操作要求：耐心细致，处处注意清洁，仪器的洁净度和水质要求高。配制的溶液浓度一般为物质的量浓度。

配制的方法有两种：直接法和间接法。

（1）直接法　当物质的纯度很高，即杂质含量可以忽略不计；化学组成完全与化学式符合；性质稳定。凡符合这些条件的物质才能采取直接法配制溶液。

图3-20　比重计和液体密度的测定

配制方法：先算出配制给定体积的准确浓度溶液所需固体试剂的用量，在分析天平上准确称出它的质量，放在干净的烧杯中，加适量蒸馏水使其完全溶解，将溶液转移到容量瓶中，用少量蒸馏水洗涤烧杯2～3次，每次洗涤均需移入容量瓶中，再加蒸馏水至标线处。盖上塞子将溶液摇匀即成所配溶液。然后将溶液移入试剂瓶中，贴上标签，备用。

（2）间接法　间接法也叫标定法。许多物质不符合上述条件的，如 NaOH 很容易吸收空气中的 CO_2 和水分，因此，称得的物质不能代表纯净 NaOH 的质量，盐酸易挥发也很难知道其中 HCl 的准确含量，$KMnO_4$、$Na_2S_2O_3$ 等均不易提纯，且见光分解，均不易用直接法配成准确浓度的溶液，而要用间接法（或标定法）。

间接配制溶液的方法和直接法相同，但溶液的准确浓度必须用"基准物质"（符合上述条件的物质）或用另一种物质的标准溶液来测定。

第六节 检测仪器的使用

一、酸度计

酸度计（也称 pH 计）是用来测量 pH 值的仪器。实验室常用的酸度计有 pH-25 型、pHS-2 型、pHS-3 型等。它们的原理相同，结构略有差别。下面主要介绍 pH-25 型酸度计。

pH-25 型酸度计是用玻璃电极法测量水溶液酸度（即 pH 值）的仪器，除测量酸度外，还可以测量电池的电动势（mV）。仪器用测量电极（玻璃电极）、参比电极（甘汞电极）测定这一对电极所组成的电池电动势的测量系统。

（一）酸度计的基本原理及结构

1. 实验原理

利用酸度计测 pH 值的方法是电位测定法，它是将测量电极（玻璃电极）与参比电极（甘汞电极）一起浸在被测溶液中，组成一个原电池，由于甘汞电极的电极电势不随溶液的 pH 值变化，在一定温度下是一定值，而玻璃电极的电极电势随溶液 pH 值的变化而变化。所以它们组成的电池的电动势也是随溶液的 pH 值而变化。设电池电动势为 ε，则 25℃时：

$$\varepsilon = E_{甘汞} - E_{玻} = E_{甘汞}^{\ominus} - E_{玻}^{\ominus} + 0.0591 \text{pH}$$

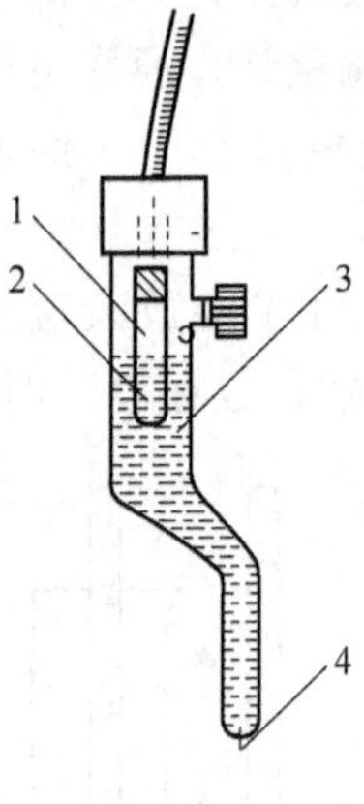

酸度计的主体是一个精密的电位计，用来测量上述原电池的电动势，并直接用 pH 刻度表示出来，因而从酸度计上可以直接读出溶液的 pH 值。

2. 仪器的构造

（1）甘汞电极　通常用的都是饱和甘汞电极（图 3-21），它由金属汞、Hg_2Cl_2 和饱和 KCl 溶液组成。它的电极反应是：

$$Hg_2Cl_2 + 2e \rightleftharpoons 2Hg + 2Cl^-$$

饱和甘汞电极的电极电势不随溶液酸碱性的改变而改变。在一定温度下，它的电极电势是不变的，在 25℃时为 0.245V。

（2）玻璃电极　玻璃电极（图 3-22）的主要部分是头部球泡，它是由特殊的敏感玻璃薄膜组成，薄膜厚度为 0.2mm，它对氢离子有敏感作用，当它浸入被测溶液内，被测溶液的氢离子与电极球泡表面水化层进行离子交换，球泡内层也同样产生电极电势，由于内层离子不变，而外层氢离子在变化，因此，内外层的电势差也在变化，它的大小决定于膜内外溶液的氢离子浓度。

玻璃电极具有以下优点：①使用方便；②可用于测量有颜色的、浑浊的或胶态的溶液的 pH 值；③测定时，pH 值不受氧化剂或还原剂的影响；④所用溶液较少，测量时不破坏溶液本身，测量后溶液仍能使用。

它的缺点是头部球泡非常薄，容易破损。

（3）仪器示意　见图 3-23。

（二）仪器的使用方法

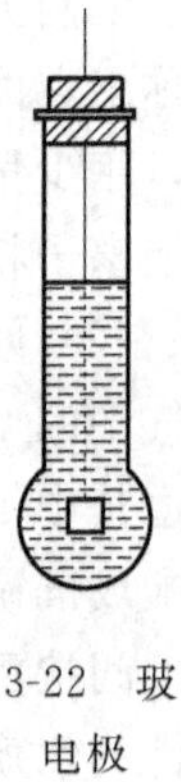

仪器使用前，应先检查电源电压是否与仪器铭牌的要求相符，接地是否良好。然后接通电源，指示灯发亮。将量程开关指在"0～7"或"7～14"的位置上，将仪器预热 30min。

仪器配用 221 型玻璃电极和 222 型甘汞电极。玻璃电极的胶木帽夹在电极

图 3-21　饱和
甘汞电极

1—汞；2—甘汞
和汞；3—氯化钾
溶液；4—棉线

图 3-22　玻璃
电极

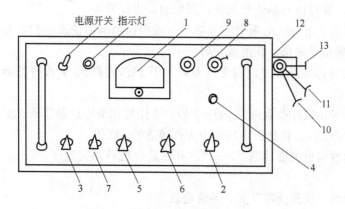

图 3-23　pH-25 型酸度计

1—指示电表；2—零点调节器；3—定位调节器；4—读数开关；5—pH-mV 开关；6—量程选择开关；
7—温度补偿器；8—玻璃电极插孔；9—参比电极接线柱；10—电极大夹子；11—电极小夹子；
12—螺丝（紧固电极夹）；13—螺丝（紧固电极梗）

夹的小夹子 11 上，玻璃电极的插头全部插入 8 内，并用插孔上的小螺丝固定，甘汞电极的金属帽夹在大夹子 10 上，甘汞电极引线在连接柱 9 上。安装玻璃电极时，其下端玻璃球泡必须比甘汞电极陶瓷芯端稍高一些，以免在下移电极或摇动溶液时被碰破，新使用或长期不用的玻璃电极在使用前应浸在蒸馏水内活化 48h。电极插头应保持清洁干燥，切忌与污物接触，使用甘汞电极时应把上面的小橡皮塞及下端橡皮套拔去，以保持液位压差，不用时才把它们套上。

用玻璃电极测定水溶液的 pH 值时，由于电极不对称电位的存在，一般都用比较法进行测定，就是先测一已知 pH 值的缓冲溶液得到一个数，读数之差就是两种溶液的 pH 值之差，因一个是已知的，就可以得出未知溶液的 pH 值，为了方便起见，仪器上安装了定位调节器。实际上就是不对称电位的抵消器，当测量标准缓冲溶液的时候，利用这一调节器，把度数直接指在标准缓冲溶液的 pH 值上面，这样就使得以后测定未知溶液的时候，指针可以直接指出溶液的 pH 值，省略了计算手续，前一步骤称为"校正"，后一步骤称为"测量"，一台已经校正过的仪器在一定时间内可以连续测量很多未知溶液。

校正的操作步骤如下。

（1）将开关 5 置于"pH"挡位置。

（2）将适量的标准缓冲溶液注入试杯，玻璃电极插头插入 8 "—"插口内，玻璃电极的玻璃泡及甘汞电极的毛细管全部浸入溶液，并缓缓摇动试杯。

（3）将温度补偿器 7 指于被测溶液的温度位置，被测溶液与标准缓冲溶液的温度差不能大于 1℃。

（4）根据缓冲溶液的 pH 值，将量程选择开关 6 置于 pH 值，范围在"0～7"或"7～14"。

（5）调节零点调节器，使指针指于 pH＝7 的位置。

（6）按下读数开关 4，使电极接入仪器，如要固定读数开关，则在按下后旋动少许即可。然后调节定位调节器 3，使指针指在标准溶液 pH 值的位置。

（7）放开读数开关，指针应在 pH＝7 处，如有变动，则调节零点调节器，并重复程序核对一次。

（8）校正结束，以蒸馏水冲洗电极，校正后切勿再旋动定位调节器，否则必须重新校正。仪器校正后，就可以开始进行测量，测量的操作步骤如下。

① 用滤纸将附于电极上的剩余溶液吸干，或用被测溶液洗涤电极，然后将电极浸入被测溶液中，并轻轻摇动试杯，使溶液均匀。

② 被测溶液与标准缓冲溶液的温度差若大于1℃，需调节温度补偿器置于被测溶液的温度。

③ 指针在放开读数开关后指于 pH＝7 处，否则应调节零点调节器 2 至 pH＝7 处。

④ 按下读数开关 4，指针所指的值即为该溶液的 pH 值。

⑤ 如指针读数超出刻度范围"0～7"，可将量程选择开关置于"7～14"的位置并重复③、④的步骤。

⑥ 测量完毕后，放开读数开关，冲洗电极。

二、电导仪

电导仪是实验室里常用的一种测量仪器，它除能测定一般液体的电导率外，且能满足测量高纯水电导率的需要，仪器有0～10mV讯号输出，可接自动电子电位差计进行连接记录。

1. 测量原理

在电解质的溶液中，带电的离子在电场的影响下，产生移动而转移电子，因此，具有导电作用。其导电能力的强弱称为电导度 S。因为电导是电阻的倒数，因此，测量电导大小的方法，可用两个电极插入溶液中，以测出二极间的电阻 R，根据欧姆定律，温度一定时，这个电阻值与电极的间距 L(cm) 成正比，与电极的截面积 A(cm^2) 成反比。即

$$R = \frac{PL}{A} \tag{3-1}$$

对于一个电极而言，电极面积 A 与间距 L 都是固定不变的。故 L/A 是个常数，称电极常数，以 Q 表示，故式（3-1）可写成：

$$S = \frac{1}{R} = \frac{1}{PQ} \tag{3-2}$$

式中，$1/P$ 称电导率，以 κ 表示，由式（3-1）知其单位 S/cm。因此式（3-2）变为：

$$\kappa = QS \tag{3-3}$$

在工程上，用这个单位太大而采用 10^{-6} 或 10^{-3} 作为数量级，称 μS/cm 或 mS/cm。显然，1mS/cm ＝ $10^3 \mu$S/cm。测量原理见图 3-24。

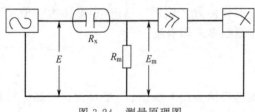

图 3-24　测量原理图

$$E_m = \frac{ER_m}{R_m + R_x} = \frac{ER_m}{R_m + \dfrac{Q}{\kappa}} \tag{3-4}$$

式中　R_x——液体电阻；

R_m——分压电阻。

由式（3-4）可见，当 E、R_m 及 Q 均为常数时，电导率 κ 的变化必将引起 R_m 作相应的变化。所以，通过测量 E_m 的大小，也就是测量液体电导率的高低。

2. 仪器的构造

仪器的电讯元件全部安装在面板上，电路元件集中地安装在一块印刷板上，印刷板上被固定在面板的反面。仪器的外形示意见图 3-25。具体的使用方法如下。

（1）未开电源开关前，观察表针是否指零，如不指零，可调整表头上的螺丝，使表针指零。

（2）将校正、测量开关 K_2 扳在"校正"位置。

（3）插接电源线，打开电源开关，并预热几分钟（待指针完全稳定下来为止），调节"调正"器，使电表满度指示。

（4）当使用①～⑧量程（见表 3-2）来测量电导率低于 $300\mu S/cm$ 的液体时，选用"低周"，这时将 K_3 扳向"低周"即可，当使用⑨～⑫量程来测量电导率在 $300\mu S/cm$ 至 $10^5\mu S/cm$ 范围里的液体时，则将 K_3 扳向高周。

（5）将量程选择开关 K_1 扳到所需的测量范围，如预先不知被测溶液电导率的大小，应先把其扳在最大电导率测量挡，然后逐挡下降，以防表针打弯。

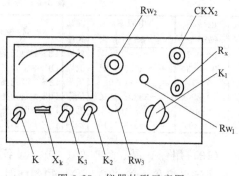

图 3-25　仪器外形示意图

K_3—高周、低周开关；K_2—校正、测量开关；
Rw_3—校正调节器；Rw_2—电极常数调节器；
K_1—量程选择开关；Rw_1—电容补偿调节器；
R_x—电极插口；CKX_2—10mV 输出插口；
K—电源开关；X_k—氖泡

（6）电极的使用。使用时电极夹夹紧电极的胶木帽，并通过电极夹把电极固定在电极杆上。

① 当被测溶液的电导率低于 $10\mu S/cm$，使用 DJS-1 型光亮电极，这时应把 Rw_2 调节在所配套的电极的常数相对应的位置上。例如，若配套电极的常数为 0.95，则应把 Rw_2 调节在 0.95 处，又如若配套电极常数为 1.1，则应把 Rw_2 调节在 1.1 位置上。

② 当被测溶液的电导率在 $10\sim10^4\mu S/cm$ 范围内，则使用 DJS-1 型铂黑电极。应把 Rw_2 调节在所配套的电极的常数相对应的位置上。

③ 当被测溶液的电导率大于 $10^4\mu S/cm$，以至用 DJS-1 型电极测不出时，则选用 DJS-10 型铂黑电极。应把 Rw_2 调节在所配套的电极常数的 1/10 位置上。再将测得的读数乘以 10，即为被测溶液的电导率。

（7）将电极插头插入电极插口内，旋紧插口上的紧固螺丝，再将电极浸入待测溶液中。

（8）接着校正（当用①～⑧量程测量时，校正时 K_3 扳在低周；当用⑨～⑫量程测量时，则校正时 K_3 扳在高周），即将 K_2 扳在"校正"，调节 Rw_3 使指示正满度。注意：为了提高测量精度，当使用" $\times10^3\mu S/cm$，$\times10^4\mu S/cm$ "这两挡时，校正时必须在电导池接妥（电极插头插入插孔，电极浸入待测溶液中）的情况下进行。

（9）此后，将 K_2 扳向测量，这时指示数乘以量程开关 K_1 的倍率即为被测溶液的实际电导率。例如 K_1 扳在 $0\sim0.1\mu S/cm$ 挡，指针指示为 0.6，则被测溶液的电导率为 $0.06\mu S/cm(0.6\times0.1\mu S/cm=0.06\mu S/cm)$，又如 K_1 扳在 $0\sim100\mu S/cm$ 挡，电表指示为 0.9，则被测溶液的电导率为 $90\mu S/cm(0.9\times100\mu S/cm=90\mu S/cm)$，其余类推。

（10）当用 $0\sim0.1\mu S/cm$ 或 $0\sim0.3\mu S/cm$ 这两挡测量高纯水时，先把电极引线插入电极插孔，在电极未浸入溶液之前，调节 Rw_2，使电表指示为最小值（此最小值即电极铂片间的漏电阻，由于漏电阻的存在，使得调 Rw_1 时电表指示不能达到零点），然后开始测量。

（11）如果要了解在测量过程中电导率的变化情况，把 10mS 输出接至自动电子电位差计即可。

（12）当量程开关 K_1 扳在" $\times0.1$ "，K_3 扳在低周。但电导池插口未插接电极时，电表就有指示，这是正常现象，因电极插口及接线有电容存在，只要调节"电容补偿"便可将此指示调为零，但不必这样做，只需待电极引线插入插口后，再将指示调为最小值即可。

表 3-2　各量程情况及相应配套电极

量程	电导率 /(μS/cm)	电阻率 /μS·cm	测量频率	配套电极	量程	电导率 /(μS/cm)	电阻率 /μS·cm	测量频率	配套电极
①	0~0.1	$\infty\sim10^7$	低周	DJS-1 型光亮电极	⑦	0~10^2	$\infty\sim10^4$	低周	DJS-1 型铂黑电极
②	0~0.3	$\infty\sim3.33\times10^6$	低周	DJS-1 型光亮电极	⑧	0~3×10^2	$\infty\sim333.33\times10$	低周	DJS-1 型铂黑电极
③	0~1	$\infty\sim10^6$	低周	DJS-1 型光亮电极	⑨	0~10^3	$\infty\sim10^3$	高周	DJS-1 型铂黑电极
④	0~3	$\infty\sim333.33\times10^2$	低周	DJS-1 型光亮电极	⑩	0~3×10^3	$\infty\sim333.33$	高周	DJS-1 型铂黑电极
⑤	0~10	$\infty\sim10^5$	低周	DJS-1 型光亮电极	⑪	0~10^4	$\infty\sim100$	高周	DJS-1 型铂黑电极
⑥	0~30	$\infty\sim333.33\times10^2$	低周	DJS-1 型铂黑电极	⑫	0~10^5	$\infty\sim10$	高周	DJS-10 型铂黑电极

(13) 用①、③、⑤、⑦、⑨、⑪各挡（表 3-2）时，都看表面上面一条刻度（0~1.0）；而当用②、④、⑥、⑧、⑩各挡时，都看表面下面一条刻度（0~3）。

3. 注意事项

(1) 电极的引线不能潮湿，否则将测不准。

(2) 高纯水被盛入容器后应迅速测量，测量电导率降低很快，因为空气中的 CO_2 溶入水中，变成碳酸根离子 CO_3^{2-}。

(3) 盛被测溶液的容器必须清洁，无离子沾污。

三、库仑仪

1. 仪器原理及方框图

仪器的设计是根据恒电流库仑滴定的原理，但由于电量的积算采用电流对时间的积分，所以对电解电流的恒定精度不要求很高，其电量的积算采用电流对时间的积分，由于电压-频率变换采用集成电路，所以积算精度较高，其被分析物质的含量根据库仑定律计算：

$$W=\frac{Q}{96500}\times\frac{M}{n}$$

式中　Q——电量以库仑计；

M——欲测物质的分子量；

n——滴定过程中被测离子的电子转移数；

W——欲测物质的重量以克计。

随机配用的铂电解池采用了四电极系统，指示电极共三根，电解电极为两根，指示电极为两根相同铂片和一根有砂芯隔离的钨棒电极组成，电流法采用两根相同的铂片组成，电位法为一根铂片和一根有砂芯隔离的钨棒参考电极组成。电解电极为一对铂片和另一根有砂芯隔离的铂丝组成，电解阴极和阳极视哪个是有用电极而定，即有用电极，若为双铂片，则充分考虑电流效率能达 100%，所以双铂片总面积约 900mm^2。以适应做多种元素的库仑分析。

仪器由终点方式选择，由控制电路、电解电流变换电路、电流对时间的积算电路、数字显示四大部分组成。仪器方框图如图 3-26 所示。

2. 工作原理

(1) 终点方式选择控制电路　指示电极由用户自己选用，其中有一铂片，电位法和电流法指示时共用，面板设有"电位、电流"、"上升、下降"琴键开关，任用户根据需要选择。指示电极的信号经过微电流放大器或者微电压放大器进行放大，放大器是采用高输入阻抗的运算放大器，极化电流可以调节并指示，然后经微分电路输出一脉冲信号到触发电路，再推动开关执行电路去带动继电器，使电解回路吸合、释放。

(2) 电解电流变换电路　由电压源、隔离电路及跟随电路组成。电解电流大小可变换射极电阻大小获得，电解电流共有 5mA、10mA、50mA 三挡，由于电解回路与指示回路的电

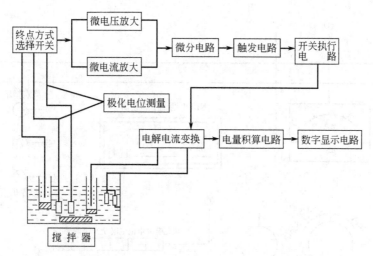

图 3-26　KLT-1 型通用库仑仪方框图

流是分开的，故不会产生电解对指示的干扰，电解电极的极电压最大不超过 15V。

（3）电量积算电路　该电路包括电流采样电路、V-f 转换电路及整型电路、分频电路组成。

由于 V-f 转换电路采用高精度、稳定度好的集成转换电路，所以积分精度可达 $0.2\%\sim0.3\%$。这已满足一般通用库仑分析的要求。该电路的电源也采用 15V 固定集成稳压块，稳定精度高，分频电路一级 5 分频、二级 10 分频组成。

（4）数字显示电路　该电路全采用 CMOS 集成复合块，数码管是 4 位 LED 显示。

3. 仪器使用方法

（1）开启电源前所有琴键全部释放，"工作、停止"开关置"停止"位置，电解电流量程选择根据样品含量大小、样品量多少及分析精度选择合适的挡，电流微调放在最大位置。一般情况下选 10mA 挡。

（2）开启电源开关，预热 10min，根据样品分析需要及采用的滴定剂，选用指示电极电位法或指示电极电流法，把指示电极插头和电解电极插头插入机后相应插孔内，并夹在相应的电极上。把配好电解液的电解杯放在搅拌器上，并开启搅拌，选择适当转速。

（3）例如电解产生 Fe^{2+} 测定 Cr^{6+}，终点指示方式可选择"电位下降"法，接好电解电极及指示电极线（此时电解阴极为有用电极，即中二芯黑线接双铂片，红线接铂丝阴极，大二芯黑夹子夹钨棒参比电极，红夹子夹两指示铂片中的任意一根），并把插头插入主机的相应插孔。补偿电位预先调在 3 的位置，按下启动琴键，调节补偿电位器，使表针指在 40 左右，待指针稍稳定，将"工作、停止"置"工作"挡。如原指示灯处于灭的状态，则此时开始电解计数。如原指示灯是亮的，则按一下电解按钮，灯灭，开始电解，电解至终点时表针开始向左突变，红灯亮，仪器显示数即为所消耗的电量毫库仑数。

再如电解产生碘测定砷时，终点指示方式可选择"电流上升"法。此时需把夹钨棒的黑夹子夹到两指示铂片中的另一根即可。其他接线不变。极化电位钟表电位器预先调在 0.4 的位置，按下启动琴键，按下极化电位琴键，调节极化电位到所需的极化电位值，使 $50\mu A$ 表头至 20 左右，松开极化电位琴键，等表头指针稍稳定，按一下电解按钮，灯灭。开始电解。电解至终点时表针开始向右突变，红灯即亮，仪器读数即为总消耗的电量毫库仑数。

（4）测量其他离子选用的另外的电解池系统可根据有关资料使用。

面板与后盖板上的旋钮、开关接插件的功能说明见仪器面板，如图 3-27 所示。

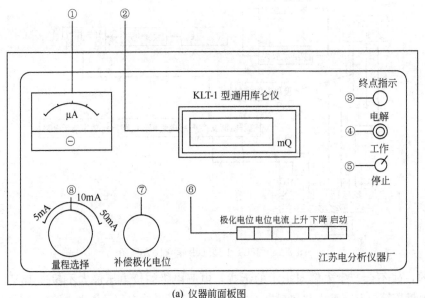

(a) 仪器前面板图

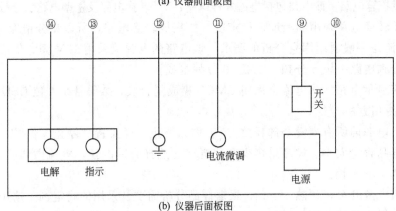

(b) 仪器后面板图

图 3-27　仪器面板图

图 3-27 中，仪器面板的具体名称及作用说明如下。

① 50μA 表，滴定终点等当点变化显示及极化电压显示，当揿下电位或电流挡时，可观察滴定终点等当点变化。同时，在电流法指示终点时按住"极化电位"无锁琴键，表头指示的是加在指示电极两端的极化电位大小，满表在 500mV。

② 4 位 LED 显示毫库仑数。

③ 电解指示灯。停止电解时灯亮，电解时灯灭（工作、停止开关在"工作"位置）。

④ 电解按钮。当指示灯亮时表示电解停止，再电解时必须按一下电解按钮，才能重新开始电解。

⑤ 工作、停止开关。当指示灯灭电解时，此开关需置"工作"位置。在停止挡时仍不电解，实际为"电解"的双重控制。

⑥ 琴键开关。"极化电位"琴键：在采用电流法指示终点时，要知道加在指示电极两端的极化电压时，可在电解之前按下该琴键，表头指示即为极化电压大小。"电位、电流"琴键：为配合指示电极采用的方式选用，指示电极电位法或指示电极电流法分别与电位或电流琴键配合。"上升、下降"琴键：这是配合滴定终点等当点是上升还是下降选择的。"启动"

琴键：琴键释放时指示信号输入端自动短路起到保护作用，计数器不工作，并自动清零，琴键按下后指示回路接通，计数器工作。

⑦ "补偿极化电位"钟表电位器。当工作选择琴键选择电位时，该电位器补偿指示电极电位，使补偿电位和指示电位之和经放大器放大后，不超过放大器的饱和电位。当工作选择琴键选择电流时，该电位补偿为加在指示电极两端的极化电压，长针转一圈约 300mV。

⑧ "量程选择"波段开关。选择电解电流大小，共分 50mA、10mA、5mA 三挡。50mA 挡时，电量为仪器读数×5mC，10mA、5mA 挡时电量读数即为毫库仑数。

⑨ 电源开关。

⑩ 电源插座。内含保险丝管 0.5A，通过插头与交流 220V 电源相连，三芯中顶端为地端。仪器使用时接地端必须有效接地。

⑪ 电流微调。与量程配合使用，可作电流大小微调用。

⑫ 大地接地端。若电源没有地线和接地不良，地线可接此端。

⑬ 指示电极插孔。通过插头与电解电极相连，周边为指示电极正极（配插头红线），中心为指示电极负极（配插头白线）。

⑭ 电解电极插孔。通过插头与电解电极相连，周边为电解阳极（配插头红线），中心为电解阴极（配插头黑线）。

4. 使用仪器注意事项

（1）仪器在使用过程中，拿出电极头或松开电极夹时必须先释放启动琴键，以使仪器的指示回路输入端起到保护作用，不会损坏机内器件。

（2）电解电极及采用电位法指示滴定终点的正负极不能接错，电解电极的有用电极，应视选用什么滴定剂和辅助电解质而定，一般得到电子被还原而成为滴定剂的是电解阴极，为有用电极，如 $Fe^{3+}+e \longrightarrow Fe^{2+}$。失去电子被氧化而成为滴定剂的是电解阳极，为有用电极，如 $2Cl^- -2e \longrightarrow Cl_2$。有用电极为双铂片电极，另一个电解电极为铂丝以砂芯和有用电极隔离，指示电极的正、负极是钨棒为参考电极，另一根铂片为指示电极，指示电极是正电位还是负电位需通过数字电压表测量而定，电解电极插头为中二芯，红线为阳极，黑线为阴极；指示电极插头为大二芯，红线为正极，白线为负极。

（3）电解过程中不要换挡，否则会使误差增加。

（4）量程选择在 50mA 挡时，电量为读数×5mC，10mA 和 5mA 挡时电量读数即为毫库仑数。

（5）电解电流的选择，一般分析低含量时可选择小电流，但如果电流太小，小于 50mA 以下，有时可能终点不能停止，这主要是等当点突变速率太小，而使微分电压太低不能关断。电流下限的选择以能关断为宜。在分析高含量时，为缩短分析时间，可选择大电流，一般以 10mA 为宜，如果需选择 50mA 电解电流时，需先用标准样品标定后分析电解电流效率能否达到 100%，也即电流密度是否太大，一般高含量大电流的选择以电流效率能满足 100% 为宜。

（6）如果用户需选用自制的电解池时，在选用 50mA 电流时，需实际测量电解电流大小，由于电解电极间的阻抗不一样，会使电解电流大于或小于 50mA。

（7）电解电流的测量只要用一般万用表电流挡的正、负表笔与电解池正、负极串联即可测量。

（8）电解至终点时，如果指示灯不亮，电解不终止，有两种可能性，一是终点自动关闭电路发生故障，滴定终点方式选择"电压下降"，这时可顺时针旋动"极化、补偿电位"钟表电位器，使指针向左突变。如果指示灯不亮，就是该电路发生故障，指示灯亮，则说明电路正常。二是电解终点指针下降，较正常慢，终点突跳不明显，致使微分输出电压降压，指示灯不亮，这一般是由于指示电极污染所致。这时可把电极重新处理或更换内充液。

（9）电解回路无电流，这时可检查电解电流插头、夹子有无松动或脱焊等现象，电极铂片与接头是否相通。

（10）揿下启动琴键等当点方式选择下降（或上升），表头指针向左打表（或指针向右打表），这时有两种情况，一是说明电解已至终点，表针已至等当点以下，再加入一些样品，指针即会恢复正常；二是加入样品指针也不会恢复正常，还是打表，这说明指示回路没有接通，必须检查指示电极插头和指示电极铂片与接头有无脱焊、松动、断路等现象。

（11）电解未到终点灯即亮也即电解终点发生误动作，一般有三种原因。

① 外界电压太低，一般低于190V以下即会产生误动作。

② 指示参考电极钨棒与夹子接触点氧化、污染而造成接触不良引起。

③ 聚甲氟乙烯搅拌子破碎，铁芯接触电解液而引起。

四、722型分光光度计

1. 工作原理

溶液中的物质在光的照射激发下，产生对光吸收的效应，这种吸收是具有选择性的。各种不同的物质都有各自的吸收光谱，因此当某单色光通过溶液时，其能量就会被吸收而减弱，光能量减弱的程度和物质的浓度有一定的比例关系，即符合朗伯-比尔定律。

$$T = \frac{I}{I_0}$$

$$\lg \frac{I_0}{I} = KcL$$

$$A = KcL$$

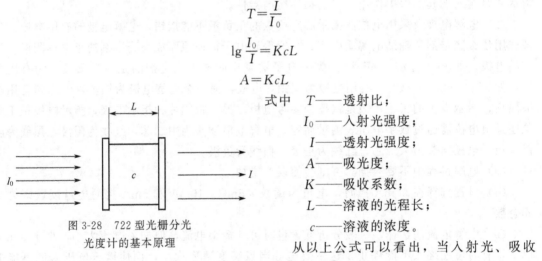

图 3-28　722型光栅分光
光度计的基本原理

式中　T——透射比；

I_0——入射光强度；

I——透射光强度；

A——吸光度；

K——吸收系数；

L——溶液的光程长；

c——溶液的浓度。

从以上公式可以看出，当入射光、吸收系数和溶液的光程长不变时，透射光是根据溶液的浓度而变化的，722型光栅分光光度计的基本原理是根据上述物理光学现象而设计的，见图3-28。

2. 仪器的结构

722型光栅分光光度计由光源室、单色器、试样室、光电管暗盒、电子系数及数字显示器等部件组成，其方框图如图3-29所示。

3. 仪器的使用

（1）使用仪器前，使用者应该首先了解本仪器的结构和工作原理，以及各个操作旋钮的功能，见图3-30和图3-31。在未接通电源前，应该对仪器的安全性进行检查，电源线接线应牢固。通地要良好，各个调节旋钮的起始位置应该正确，然后再接通电源开关。

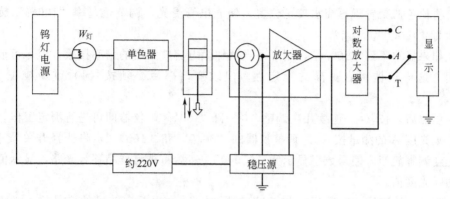

图 3-29 仪器结构方框图

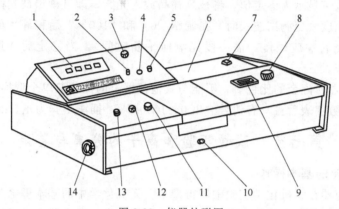

图 3-30 仪器外形图

1—数字显示器；2—吸光度调零旋钮；3—选择开关；4—吸光度调斜率电位器；5—浓度旋钮；
6—光源室；7—电源开关；8—波长手轮；9—波长刻度窗；10—试样架拉手；
11—100％T旋钮；12—0％T旋钮；13—灵敏度调节旋钮；14—干燥器

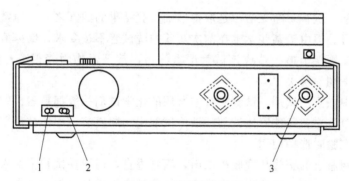

图 3-31 仪器后视图

1—1.5A保险丝；2—电源插头；3—外接插头

　　仪器在使用前先检查一下，放大器暗盒的硅胶干燥筒（在仪器的左侧）如受潮变色，应更换干燥的蓝色硅胶或者倒出原硅胶，烘干后再用。

　　(2) 将灵敏度旋钮调置"1"挡（放大倍率最小）。

　　(3) 开启电源，指示灯亮，选择开关置于"T"，波长调至测试用波长。仪器预热20min。

　　(4) 打开试样室盖（光门自动关闭），调节"0"旋钮，使数字显示为"00.0"，盖上试样室盖，将比色皿架置于蒸馏水校正位置，使光电管受光，调节透过率"100％"旋钮，使数字显示为"100.0"。

（5）如果显示不到"100.0"，则可适当增加微电流放大器的倍率挡数，但尽可能置低倍率挡使用，这样仪器将有更高的稳定性。但改变倍率后必须按（4）重新校正"0"和"100％"。

（6）预热后，按（4）连续几次调整"0"和"100％"，仪器即可进行测定工作。

（7）吸光度 A 的测量按（4）调整仪器的"00.0"和"100％"，将选择开关置于"A"，调节吸光度调零旋钮，使得数字显示为"0.000"，然后将被测样品移入光路，显示值即为被测样品的吸光度值。

（8）浓度 c 的测量。选择开关由"A"旋置"C"，将已标定浓度的样品放入光路，调节浓度旋钮，使得数字显示为标定值，将被测样品放入光路，即可读出被测样品的浓度值。

（9）如果大幅度改变测试波长时，在调整"0"和"100％"后稍等片刻（因光能量变化急剧，光电管受光后响应缓慢，需一段光响应平衡时间），当稳定后，重新调整"0"和"100％"即可工作。

（10）每台仪器所配套的比色皿，不能与其他仪器上的比色皿单个调换。

（11）本仪器数字表后盖，有信号输出 $0\sim1000MV$，插座 1 脚为正，2 脚为负接地线。

第七节 试管实验和离子的分离与鉴定

一、试管实验的基本操作

试管作为反应器在无机化学实验中用得最多。无机化学中的基本理论和元素及其化合物性质的验证实验，一般是在试管中进行的，因此，把这类实验常称为"试管实验"或者"试管反应"。

试管实验的优点：试剂用量少，操作简便，并能立即取得实验结果。为把这类实验做好，必须注意以下几点。

（1）试管清洁 试管干净无沾污是取得准确实验结果的因素之一。通常只要将试管用自来水刷洗数次即可。但由于某些学生在前次实验中洗试管不按要求，倒掉溶液，自来水冲一下，不刷洗就往试管架上搁，造成该试管严重沾污，甚至污物附着很牢，简单刷洗不起作用，请实验者思考如何解决。

（2）往试管中加固液试剂 试管实验中所用的化学试剂一般都是酸、碱、盐、指示剂的水溶液（或酒精溶液）和某些固体试剂。液体试剂用滴瓶盛装，固体试剂用广口瓶盛装，分布在试剂架上，实验时选择使用。

液体试剂用滴瓶上的滴管从滴瓶中取出，滴管垂直，逐滴往试管中加入。用量要事先估计好，不可盲目乱加，更不能认为越多越好，切记反应结果与试剂用量有关。滴管用后插入原试剂瓶中。

（3）试管中反应液的摇荡 几种试液加在一起必须混合均匀，但有些学生偏偏只顾加试剂，而保持试管不动，致使后加试剂在试管液面过量，造成观察错觉，为此要求第一种试剂加过之后，后继滴加的试剂必须边滴边摇匀，使其反应均匀，现象准确。

摇动试管的方法：左手拇指、食指和中指握住试管中上部，右手加液，用左手腕力摇动试管（用五指握住试管上下或左右振荡都是错误的）。如果试液过多（超过 3mL）或是多相反应难以摇动时，必须用玻璃棒搅动使其均匀，在离心试管中的反应，必须用玻璃棒搅动。

（4）试管反应中的加热　任何化学反应只有在一定条件下才能发生，不创造一定的条件反应不会进行，或者进行得慢以至于难以观察出来。因此，必须重视反应条件的控制，温度是反应条件之一。试管中的反应有的在室温下立即进行，伴随的实验现象明显地表现出来；有的要在加热条件下才能进行。

加热方法（图 3-32）可根据反应温度要求进行选择。若反应要求 100℃ 以下，稍热，可选用水浴加热，水浴加热除采用水浴锅外，加热烧杯中的水来代替。还可以在酒精灯上直接加热，但须控制加热时间，避免煮沸状态。若反应要求在煮沸状态下，这时必须在酒精灯焰上直接加热，但应用试管夹夹住试管，夹住部位应离试管口 3～4cm 处，且液量不超过 1/3 试管，试管倾持在火焰上不停地上下移动加热，不要集中加热某一部位，以防暴沸，溅出溶液。加热时试管口不能朝着别人或自己，以免溅出溶液把人烫伤。试管中的固体反应（如分解反应），常用酒精灯直接加热，采用铁架台上的铁夹夹住试管，管口朝下倾斜，酒精灯焰先来回移动，使试管全部预热，然后集中加热固体，使之反应。

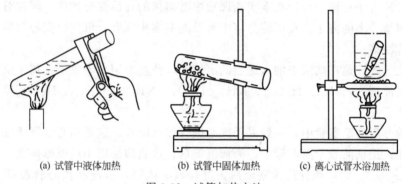

(a) 试管中液体加热　　　(b) 试管中固体加热　　　(c) 离心试管水浴加热

图 3-32　试管加热方法

离心试管中进行的反应一般是沉淀反应，为使沉淀物在热作用下脱水聚沉，便于离心分离，常用水浴加热（离心试管不能直接在火焰上加热）。用一个 250mL 的烧杯装约 2/3 的自来水，加热至所需温度，将离心试管插入热水中即可。

（5）试管反应中的现象观察　化学反应必定产生新物质，新物质产生时的现象表现有：沉淀的生成或溶解、气体的产生或吸收、颜色的变化、特别气味的产生等。各种化学反应的现象表现不尽相同。实验前要针对试管中的具体化学反应，根据所学过的原理，推断反应产物，预测反应现象。这样，就能做到有意识有目的地去观察实验中出现的现象，就不至于当重要的化学现象出现时视而不见，或者见而疑惑不解其因。因此，要求每个实验者在实验前必须进行充分的准备，明确实验目的、原理和步骤。实验时要认真仔细地对变化的全过程进行观察，不能走马观花，或者只看开始和结果，要注意每一个细微的变化。遇上意外现象也不能放过，找出产生的原因。其原因可能是以下方面：①反应条件（浓度、试剂用量、溶液的酸碱性、温度、时间等）没有控制好；②试剂变质；③操作程序颠倒；④试管不干净等。

（6）试纸的使用　实验中常用的试纸有 pH 试纸、淀粉-碘化钾试纸、乙酸铅试纸。它们用于定性检验一些溶液的酸碱性或某些物质是否存在。其使用方法各有所不同，下面分别介绍它们的使用。

① pH 试纸的使用。pH 试纸用于检验溶液的 pH 值。使用时，先将试纸剪成小片，放在洁净的表面皿的近边缘处。每隔约 0.8cm 处放一片，放一圈有若干片，这样使用方便。然后用玻璃棒蘸取试液，靠落在试纸上，试纸显示的颜色与标准比色板比较，确定溶液的

pH 值。切勿将试纸投入溶液中检验。

② 淀粉-碘化钾试纸的使用。这种试纸主要用于检验氧化性气体（Cl_2、Br_2 等）。使用时，将小片试纸用蒸馏水湿润，粘在玻璃棒一端，悬置于试管口的上方，观察试纸颜色的变化。

③ 乙酸铅试纸的使用。这种试纸主要是用于检验反应中是否有 H_2S 气体存在。其使用方法与淀粉-碘化钾试纸的使用方法相同。

二、离子的分离与鉴定的基本操作

分离和鉴定是无机元素定性分析中的两个实验步骤，若试液中各离子对鉴定互不干扰，便可直接分别鉴定，无须分离；若对鉴定彼此有干扰，就要选择适当的分离方法来消除干扰，再做鉴定。

下面介绍分离鉴定中的某些操作。

1. 离子的沉淀分离

离子的分离方法有许多种，在本实验课程中常碰到的有沉淀分离法。沉淀分离法是借助形成沉淀与溶液分离的方法。在沉淀分离中涉及的基本操作有：沉淀、离心沉降、溶液的转移、沉淀的洗涤等。

（1）沉淀　沉淀是在试液中加入适当的沉淀剂，使被鉴定离子或干扰离子沉淀析出的过程。常用的沉淀剂有：HCl、H_2SO_4、$NH_3 \cdot H_2O$、$(NH_4)_2CO_3$、$(NH_4)_2S$ 等，可根据沉淀要求选择使用。

在离子的分离鉴定实验中，一般采用离心试管作反应器，这是离心沉降所要求的。

沉淀操作：把试液置于离心管中，滴加沉淀剂，边滴边加用小玻璃棒搅动，使其混合均

图 3-33　电动离心机

匀，预计反应完全后，进行离心沉降，沉淀在离心管底部，上层为清液，在上层清液中滴加一滴沉淀剂，检验是否沉淀完全，否则再加沉淀剂，搅拌，再离心沉降，直到上层清液加入沉淀剂不再变浑为止。

（2）离心沉降　借助电动离心机的高速转动的离心作用，使沉淀物聚集沉降于离心管底部，与溶液分离。

离心沉降操作：电动离心机（图 3-33）的顶部一般有六个孔，孔内插入塑料套管。使用时，先将盛有固液混合物的离心管放在离心机的塑料套管内；在其对称位置的孔里，放入同样大小的并盛有相同体积水的离心试管，使离心机的两臂重量平衡（防止损坏中心轴），然后盖好盖子，打开旋钮，使转速由小到大（分挡逐步增大）。数分钟后把旋钮分挡逐步旋回到零点位置，离心机逐渐减速到停止，切勿强行阻止。

离心时间和转速由沉淀的性质来决定。结晶形的紧密沉淀，转速 1000r/min，1～2min 停止转动；无定形的疏松沉淀，沉淀时间要长些，转速可提高到 2000r/min。如经 3～4min 后仍不能使其分离，则应设法促使沉淀沉降（如加入电解质或加热等），然后再进行离心分离。

（3）溶液的转移（图 3-34）　经确认沉淀已经完全离心沉降后，用吸管把清液和沉淀分开的过程称为溶液的转移，其方法是：左手拇指、食指和中指持住离心管并向右倾斜；右手拇指、食指和中指持住吸管，捏紧橡皮头，排除空气，然

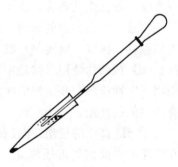

图 3-34　溶液的转移

后将吸管轻轻伸入上层清液，慢慢放松橡皮头，溶液则慢慢吸入管中。随着溶液的减少，将吸管逐渐下移。若一次不能吸净，可重复操作，直至吸净为止，若吸出的溶液需要保留，必须事先准备一支干净的离心管来接收，切勿弃去。

吸管吸取溶液时，切勿在伸入清液以后再捏橡皮头排空气（为什么）；吸管尖端切勿触及沉淀。

（4）沉淀的洗涤　如果要继续鉴定沉淀，必须将沉淀洗涤干净，以便除去未吸干的溶液和沉淀吸附的杂质。常用的洗涤剂是蒸馏水，可往沉淀中加入 15～20 滴蒸馏水，用玻璃棒充分搅拌，离心分离，清液用吸管吸出，弃去。必要时重复洗几次。

2. 离子的鉴定

离子鉴定就是通过化学反应来确定某种元素或其离子是否存在。用来确定试样中某种元素或其离子是否存在的反应称为鉴定反应。下面仅就鉴定反应和某些鉴定操作作简要介绍。

（1）鉴定反应　离子鉴定反应大都是在水溶液中进行的离子反应，要求进行能完全、有足够的速度、用起来方便、而且要有外部特征，此外，还要求反应具有较高的灵敏度和选择性。

反应的外部特征是指沉淀生成或溶解、溶液颜色的改变、气体的排出、特别气味的产生等。无这些特征表现的反应不能作鉴定反应，否则无法鉴定某种离子是否存在。例如，在有 Fe^{3+} 存在的试剂中，加入 NH_4SCN 试剂后溶液即呈红色。就是根据反应前后溶液颜色的改变这些外部特征来判断 Fe^{3+} 的存在。

鉴定反应同一切化学反应一样，只有在一定条件下才能按预定的方向进行。若不注意反应条件，只是机械地照分析步骤去做，常常使得分离不彻底，鉴定不明确，得不出正确的结论。如果头脑中时刻不忘反应条件的重要，那么，在进行分析步骤时，不至于"照方配药"，在失败时能够参照反应条件去找原因。

反应要求的具体条件很多，其主要的有以下几项：①反应物的浓度；②溶液的酸度；③溶液的温度；④溶剂的影响；⑤干扰物质的影响。除此之外，催化剂的存在、反应所用的器皿、甚至试剂加入的顺序等也都是应当加以注意的。

所谓反应的选择性，是指与一种试剂作用的离子种类而言的，能与加入的试剂起反应的离子种类越少，则这一反应的选择性越高。若只对一种离子起反应，则这一反应的选择性最高，该反应为此离子的特效反应，该试剂也就是鉴定此离子的特效试剂。例如，阳离子中有 NH_4^+ 与强碱作用而放出氨气

$$NH_4^+ + OH^- \Longrightarrow NH_3\uparrow + H_2O$$

故该反应是鉴定 NH_4^+ 的特效反应，强碱就是鉴定 NH_4^+ 的特效试剂。

真正的特效反应是不多的。上述鉴定 NH_4^+ 的特效反应也只是在一般阳离子中是特效的，离开这个范围，干扰它的还有 CN^-、氨基汞盐、有机胺类等，因为它们在热的 NaOH 溶液中会产生 NH_3 气。如：

$$CN^- + 2H_2O \xrightarrow{\text{NaOH},\triangle} HCOO^- + NH_3\uparrow$$

因此，特效反应或特效试剂是对一定的情况而言的，利用上述反应鉴定 NH_4^+，就要除去溶液中的 CN^- 等干扰物质，以提高鉴定反应的选择性。通常提高鉴定反应选择性的方法有以下几种：①加入掩蔽剂消除干扰离子；②控制溶液酸度消除干扰离子；③分离干扰离子等。

在离子鉴定中掌握鉴定反应的条件和特效反应是做好离子鉴定实验的重要保证，但有时

并不能完全保证鉴定的可靠性。其原因来自两个方面：①溶剂、辅助试剂或器皿等可能引进外来离子，从而被当作试液中存在的离子而鉴定出来；②试剂失效或反应条件控制不当，因而使鉴定反应的现象不明显或得出否定结果。第一种情况可以通过"空白实验"解决，即以溶剂代替试液，加相同的试剂，以同样的方法进行鉴定，看是否仍能检出。第二种情况可通过作"对照实验"解决，即以已知离子的溶液代替试液。用同法鉴定，如果也得出否定结果，则说明试剂已经失效，或是反应条件控制得不够正确等。空白实验和对照实验对于正确判断分析结果、及时纠正错误有重要意义。

（2）鉴定操作 离子鉴定实验中常用器皿有：离心试管、普通试管、表面皿、点滴板、酒精喷灯等。鉴定反应有的是在离心管或普通试管中进行，也有不少情况是在点滴板的空穴中进行；表面皿用作气室实验，酒精喷灯用作焰色反应。

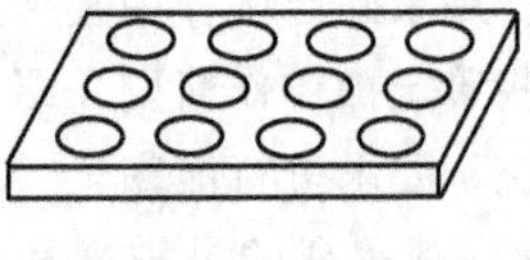

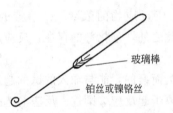

图 3-35 点滴板

① 点滴板的使用 点滴板为瓷质，分白色和黑色两种，板面有 12 凹穴、9 凹穴、6 凹穴等规格。见图 3-35。用于点滴反应，一般不需分离的沉淀反应，尤其是显色反应，白色沉淀用黑色板，有色沉淀用白色板。

使用时，先用自来水刷洗干净，再用蒸馏水荡洗一次，将水沥干，然后按实验要求进行鉴定实验，必须控制试剂滴入孔穴的量，以不漫出进入其他孔穴为限，以防沾污干扰其他试验。

② 气室实验 用两块大小一样的表面皿上下合起来组成一个气室（图 3-36），用于检验反应产生的气体物质（如 NH_3、H_2S 等）。反应物放在下表面皿内，试纸用蒸馏水润湿后贴在上表面皿内，放置（必要时还可放在水浴上加热），观察试纸颜色变化，确定离子的存在。

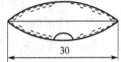

图 3-36 气室

③ 焰色反应 碱金属、碱土金属及其他几种离子的易挥发盐类（如氯化物），在高温时容易被激发而发生其特性光谱线，因此可从火焰颜色的变化来鉴定这些元素，如图 3-37 所示。

玻璃棒
铂丝或镍铬丝

元素	Li	Na	K	Rb	Cs	Be	Mg	Ca	Sr	Ba
颜色	深红	黄	紫	红紫	蓝	白	白	橙红	洋红	绿

图 3-37 焰色反应鉴定元素图

焰色实验操作：进行焰色实验时，先将铂丝（或镍铬丝）的弯头浸入试管中的盐酸（$6mol \cdot L^{-1}$）中，然后取出放在酒精喷灯的氧化焰上灼烧片刻，再浸入盐酸中，再灼烧，如此反复数次，直至火焰无色，此铂丝可算洁净了，此外用它蘸取试液（应加 $6mol \cdot L^{-1}$ HCl）同样灼烧，观察火焰的颜色。

必须注意，用铂丝鉴定一种元素之后，在鉴定另一种元素时，必须用上述方法把铂丝处理干净。

第八节 质量分析基本操作

一、溶液的蒸发（浓缩）、结晶

1. 蒸发（浓缩）

为了使溶质从溶液中析出晶体，常采用加热的方法使水分不断蒸发、溶液不断浓缩而析出晶体。

蒸发通常在蒸发皿中进行，因为它的表面积较大，有利于加速蒸发。注意加入蒸发皿中液体量不得超过其容量的 2/3，以防液体溅出。如果液体量较多，蒸发皿一次盛不下，可随水分的不断蒸发而继续添加液体，不要使蒸发皿骤冷，以免炸裂。

根据物质对热的稳定性可以选用灯焰直接加热。当物质的溶解度较大时，应加热到溶液表面出现晶膜时，停止加热。物质的溶解度较小或高温时溶解度较大而室温时溶解度较小时，不必蒸至液面出现晶膜就可以冷却。

2. 结晶

当蒸发到了一定程度（或饱和程度）时，如将溶液冷却，则有溶质晶体析出。加入一小粒晶体或搅动溶液也能促使晶体析出，但纯度不高，因为连接着大颗粒晶体的间隙中有母液或别的杂质，以致影响了纯度，如将溶液迅速地冷却或加以搅动，则得到的晶体颗粒较小，但纯度较高。

在无机制备中，为了提高置备的纯度，常要求制得较小的晶体。相反，为了研究晶体的形态，则希望得到足够大的晶体。

假如第一次得到的晶体纯度不合乎要求，则可在所得晶体中加可能少的蒸馏水溶解，然后进行蒸发、结晶、分离，这样，第二次结晶得到的晶体一般就能合乎要求。这种操作过程就是重结晶，对有些物质的精制，也可能需要几次重结晶，物质的产量和产率有所下降。

二、过滤操作

在元素的制备和提纯中，分离原料处理后的残渣、提纯中的杂质、最终产品等均需通过过滤来实现。过滤方法有常压过滤和减压过滤。

1. 常压过滤

滤器为锥形玻璃质漏斗，过滤介质为滤纸。

（1）滤器和漏斗的选择　滤纸分定性滤纸和定量滤纸两种，在无机制备和提纯中常用定性滤纸。滤纸一般为圆形，用四方纸盒装。按直径分为 11cm、9cm、7cm 等；按滤纸空隙大小分为快速、中速、慢速三种。根据沉淀的性质选择合适的滤纸，如细晶形沉淀，应选用"慢速"滤纸过滤；胶状沉淀，选用"快速"滤纸过滤；粗晶形沉淀，选用"中速"滤纸过滤。根据沉淀量的多少选择滤纸及漏斗的大小。表 3-3 为北京滤纸厂生产的滤纸规格。

表 3-3　北京滤纸厂生产的滤纸规格

类别	定　量　滤　纸				定　性　滤　纸			
灰分	0.02mg/张				0.2mg/张			
编号	102	103	105	120	127	209	211	214
滤速/(s/100mL)	60～100	100～160	160～200	200～240	60～100	100～160	160～200	200～240
滤速区别	快速	中速	慢速	慢速	快速	中速	慢速	慢速
色带标志	蓝	白	红	橙	蓝	白	红	橙

（2）过滤方法

① 滤纸的折叠　折叠滤纸的手要洗净擦干。先对折并按紧（图 3-38），滤纸的大小应低于漏斗边缘 0.5～1cm 左右，折好的滤纸应与漏斗内壁紧密贴合，若未贴合紧密，适当改变滤纸的折叠角度，直至与漏斗贴紧后，把第二次的折边按紧，取出圆锥形滤纸，将半边为三层滤纸的外层折角撕下一块，这样

图 3-38　滤纸的折叠

内层滤纸可以紧密贴在漏斗内壁上，撕下的那一块滤纸，保留作擦拭烧杯内残留的沉淀用。

② 做水柱　折好的滤纸放入漏斗，用手按紧使之紧合，然后用洗瓶水润湿全部滤纸，用手轻压滤纸赶去滤纸与漏斗壁间的气泡，然后加水至滤纸边缘，此时漏斗颈内应全部充满水形成水柱。滤纸上的水已全流尽后，漏斗颈内的水柱仍能保住，这样，由于液体的重力可起抽滤作用，加快过滤速度。

做好水柱的漏斗应放在漏斗架上，下面用一个洁净的烧杯承接滤液。为了防止滤液外溅，一般都将漏斗颈出口斜口长的一侧贴紧烧杯内壁。漏斗位置高低以过滤过程中漏斗颈的出口不接触为度。

③ 倾斜法过滤　过滤一般分三个阶段进行，第一阶段采用倾斜法把沉淀上层清液先过滤出去，并将烧杯中的沉淀作初步洗涤；第二阶段把沉淀转移到漏斗上；第三阶段清洗烧杯和洗涤漏斗上的沉淀。

采用倾斜过滤目的是为了避免沉淀过早地堵塞滤纸空隙，影响过滤速度。过滤时先将上层清液倾入漏斗中，而不是一开始就将沉淀和溶液搅混后过滤。

过滤时玻棒下面接近三层过滤纸的一边，慢慢倾斜烧杯，使上层清液沿玻棒流入漏斗中，漏斗中的液面不要超过滤纸高度的 2/3，或使液面离滤纸边缘 5mm，以免少量沉淀因毛细管作用越过滤纸上缘，造成损失。暂停倾注时，应沿玻棒将烧杯嘴往上提，逐渐使烧杯直立，这样才能避免留在玻棒端及烧杯嘴上的液滴流往外壁上去，玻棒放回原烧杯时，勿将清液搅混，也不要靠在烧杯嘴处，如图 3-39 所示。

上层清液倾斜完后，把烧杯中的沉淀作初步洗涤。洗涤液的选择应根据沉淀的类型而定，晶形沉淀可用冷的稀的沉淀剂进行洗涤，无定形沉淀用热的电解质溶液作洗涤剂（一般采用易挥发的铵盐溶液）；溶解度较大的沉淀，采用沉淀剂加有机溶剂洗涤沉淀。

洗涤时，沿烧杯内壁周围注入少量洗涤液，每次 20mL 左右，充分搅拌，静置，待沉淀沉降后，按上法倾斜过滤，如此洗涤沉淀 4～5 次。

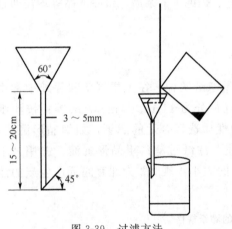

图 3-39　过滤方法

沉淀用倾斜法洗涤后，在盛有沉淀的烧杯中加入少量洗涤液，搅拌混合，全部倾入漏斗中。如此重复 2～3 次，最后，用洗瓶冲洗烧杯壁上附着的沉淀，使之全部转入漏斗中。

沉淀转入漏斗后，再在滤纸上进行最后洗涤，这时，用洗瓶从滤纸边缘稍下一些地方螺旋形向下移动冲洗沉淀，这样可使沉淀集中到滤纸锥体的底部，不可将洗涤液直接冲到滤纸中央沉淀上，以免沉淀外溅，洗涤次数按要求而定。

2. 减压过滤

此法可加速过滤，并能使沉淀抽吸得较干燥，但不宜于过滤胶状沉淀和颗粒太小的沉淀。因为胶状沉淀在加速时易透过滤纸，颗粒太小的沉淀易在滤纸上形成一层密实的沉淀，溶液不易透过，使滤速减慢。

装置如图 3-40 所示，真空泵抽气使抽滤瓶内减压，因而瓶内与布氏漏斗液面上产生压力差，从而加快了过滤速度，抽滤瓶（也叫吸滤瓶）用来承接滤液。布氏漏斗为瓷质，底板上有许多小孔，漏斗管插入单孔橡皮塞，与抽滤瓶相接，漏斗管下方斜口朝向支管。安全瓶是为了防止当关闭真空泵时的操作不当，产生反吸或倒吸现象，弄脏滤液或真空泵油。

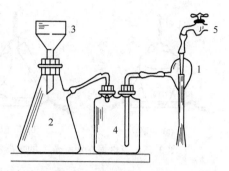

图 3-40 减压过滤装置
1—水泵；2—吸滤瓶；3—布氏漏斗；
4—安全瓶；5—自来水

将滤纸剪成略小于布氏漏斗的内径，放入漏斗，并用（蒸馏水）润湿，稍开管道阀门，使抽滤瓶内减压，滤纸紧贴于漏斗上。然后开始过滤，但固液混合物每次加入量不要超过漏斗总容量的 2/3，抽空量由大到小试着开，并用玻棒将沉淀铺平布满漏斗，继续抽吸至沉淀比较干燥为止。

过滤完后，对沉淀要进行洗涤，先关闭抽气阀门，加入洗涤剂（加入量以全部沉淀完全盖没为限），再稍开抽气阀门，让洗涤剂慢慢透过全部沉淀。最后开大阀门，尽量抽干。重复洗涤操作，直到符合要求为止。

过滤完毕，需停止抽吸时，一定要先放空（即拔下与抽滤瓶相连的橡皮管，再关抽气阀），再取漏斗滤纸上的沉淀。

三、沉淀的洗涤

沉淀全部转移到滤纸上后，需在滤纸上洗涤沉淀，以除去沉淀表面吸附的杂质和残留的母液。洗涤的方法是自洗瓶中先吹出洗涤液，使其充满洗瓶的导出管，然后吹出洗涤液，浇在滤纸的三层部分离边缘稍下的地方，再盘旋地自上而下洗涤，并借此将沉淀集中到滤纸圆锥体的下部（图 3-41），切勿使洗涤液突然冲在沉淀上。

为了提高洗涤效率，每次使用少量洗涤液，洗后尽量沥干，然后再在漏斗上加洗涤液进行下一次洗涤，如此多洗几次。

沉淀洗涤至最后，用干净试管接取约 1mL 滤液（注意不要使漏斗下端触及下面的滤液），选择灵敏而又迅速显示结果的定性反应来检验洗涤是否完成。

过滤与洗涤沉淀的操作，必须不间断地一次完成。若间隔较久，沉淀就会干涸，黏成一团，这样就几乎无法洗涤干净。

盛着沉淀或者滤液的烧杯，都应该用表面皿盖好。过滤时倾注完液体后，也应将漏斗盖好，以防尘埃落入。

将沉淀转移至玻璃坩埚内的方法同上，只是必须同时进行抽滤，见图 3-42。

图 3-41 沉淀在漏斗中的洗涤

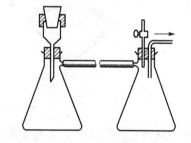

图 3-42 抽气过滤

四、沉淀的干燥和灼烧

1. 坩埚的准备

沉淀的灼烧是在洁净并预先经过两次以上灼烧而恒重的坩埚中进行的。坩埚用自来水洗

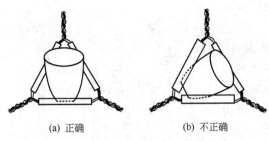

(a) 正确　　　　　　　　(b) 不正确

图 3-43　瓷坩埚在泥三角上的放置法

净后，置于热的盐酸（去 Al_2O_3、Fe_2O_3）或铬酸洗液中（去油脂）浸泡十几分钟，然后用玻璃棒夹出，洗净并烘干、灼烧。灼烧坩埚可在高温炉内进行，也可将坩埚放在泥三角上（图 3-43），下面用煤气灯逐步升温灼烧。空坩埚一般灼烧 10～15min。

灼烧空坩埚的条件必须与以后灼烧沉淀时的条件相同。坩埚灼烧一定时间后，用预热的坩埚钳把它夹出，置于耐火板上稍冷（至红热退出），然后放入干燥器中。太热的坩埚不能立即放进干燥器中，否则与凉的瓷板接触时会破裂。坩埚钳应仰放在桌上。干燥器的使用见图 3-44。

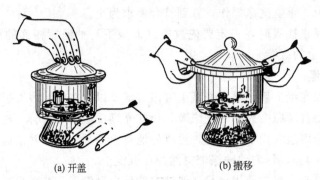

(a) 开盖　　　　　　　　(b) 搬移

图 3-44　干燥器的使用

由于坩埚的大小和厚薄不同，因而充分冷却也不同，一般约需 30～50min。冷却坩埚时干燥器应放在天平室内，同一实验中坩埚的冷却时间应相同（无论是空的还是有沉淀的）。待坩埚冷至室温时进行称量，将称得的质量准确地记录下来，再将坩埚按相同的条件灼烧，冷却，称量，这样直到连续两次称量质量之差不超过 0.3mg，就可认为已达恒重。

2. 沉淀的包裹

对于晶形沉淀，用顶端细而烧圆的玻璃棒，将滤纸的三层部分挑起，再用洗净的手将滤纸和沉淀一起取出，然后按图 3-45 所示的方法包裹。最好包得紧些，但不要用手指压沉淀。

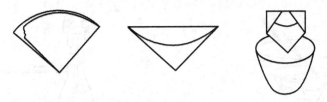

图 3-45　过滤后沉淀的包裹

对于胶状蓬松的沉淀，则在漏斗中进行包裹，即用搅拌棒将滤纸四周边缘向内折，把圆锥体敞口封上，如图 3-46 所示，然后取出，倒转过来，尖头向上，按放在坩埚中。

3. 沉淀的烘干，灼烧

把包裹好的沉淀放在已恒重的坩埚中，将坩埚斜放在泥三角上（其底部放在泥三角的一边，见图 3-43）。然后再把坩埚盖半掩地倚于坩埚口，这样便于利用反射焰将滤纸烟化。

先调节煤气灯火焰，用小火均匀地烘烤坩埚，使滤纸和沉淀慢慢干燥。这时温度不能太

图 3-46 胶状沉淀的包裹

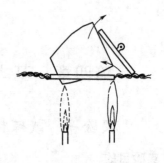

图 3-47 烟化滤纸的操作法

高，否则坩埚会因与水滴接触而炸裂。为了加速干燥，可将煤气灯火焰置于中心之下，加热后热空气流便反射到坩埚内部，而水蒸气从上面逸出。

待滤纸和沉淀干燥后，将煤气灯移至坩埚底部，稍微增大火焰，使滤纸炭化。注意温度不能突然升高，否则坩埚中空气不足，会使滤纸变成整块炭，此大块炭若被沉淀包住，则以后很难完全炭化。炭化时不能让滤纸着火，以免沉淀的微粒扬出。万一着火，应立即移去灯火，盖好坩埚盖，让火焰自行熄灭，切勿用嘴吹灭。

滤纸完全炭化后，逐渐升高温度，继续加热，使滤纸炭化。见图 3-47。炭化也可在温度较高的电炉上进行。

滤纸炭化后，可将坩埚移入高温炉灼烧。根据沉淀性质，灼烧一定时间（如 $BaSO_4$ 为 15min）。冷却后称量，再灼烧至恒重。

五、灼烧后沉淀的称重

称重方法基本上与称重空坩埚时相同，但尽可能称得快些，特别是对灼烧后吸湿性很强的沉淀更应如此。第二次称量时，可以先将砝码、环码按第一次所得称量值放好，然后再放在坩埚内，以加快称量速度。

带沉淀的坩埚，也是连续两次称量的结果相差在 0.3mg 才算达恒重。

第四章　基本操作、验证性实验（Ⅰ）

实验一　酸碱标准溶液的配制和浓度的比较

一、实验目的

1. 练习滴定操作，初步掌握准确确定终点的方法。

2. 练习酸碱标准溶液的配制和浓度的比较。

3. 熟悉甲基橙和酚酞指示剂的使用和终点的变化，初步掌握酸碱指示剂的选择方法。

二、实验原理

浓盐酸容易挥发，$NaOH$ 容易吸收空气中水分和 CO_2，因此不能直接配制准确浓度的 HCl 和 $NaOH$ 标准溶液，只能先配制近似浓度的溶液，然后用基准物质标定其准确浓度。也可用另一已知准确的标准溶液滴定该溶液，再根据它们的体积比求得该溶液的浓度。

酸碱指示剂都具有一定的变色范围。$0.2mol \cdot L^{-1} NaOH$ 和 HCl 溶液的滴定（强碱与强酸的滴定），其突跃范围为 $pH = 4 \sim 10$，应当选用在此范围内变色的指示剂，例如甲基橙或酚酞等。$NaOH$ 溶液和 HAc 溶液的滴定是强碱和弱酸的滴定，其突跃范围处于碱性区域，应选用在此区域内变色的指示剂。

三、实验试剂

浓盐酸、固体 $NaOH$、$0.2mol \cdot L^{-1} HAc$、甲基橙指示剂、酚酞指示剂、甲基红指示剂。

四、实验步骤

（1）$0.2mol \cdot L^{-1} HCl$ 溶液和 $0.2mol \cdot L^{-1} NaOH$ 溶液的配制[注1]　通过计算求出配制 $1000mL$ $0.2mol \cdot L^{-1} HCl$ 溶液所需浓盐酸（相对密度 1.19，约 $12mol \cdot L^{-1}$）的体积（与教师或同学核对一下，计算结果是否正确）。然后用小量筒取此量的浓盐酸，加入纯水中，并稀释成 $1000mL$，贮于玻璃塞细口瓶中，充分摇匀。

同样，通过计算求出配制 $1000mL$ $0.2mol \cdot L^{-1} NaOH$ 溶液所需的 $NaOH$ 量，在台秤上迅速称出（$NaOH$ 置于什么器皿中称？为什么？）所需质量的粒状 $NaOH$，置于烧杯中，立即用 $1000mL$ 纯水溶解，配制成溶液，贮于具橡皮塞的细口瓶中，充分摇匀。

固体 $NaOH$ 极易吸收空气中的 CO_2 和水分，所以称量必须迅速。市售固体 $NaOH$ 因吸收 CO_2 而混有少量 Na_2CO_3，以致在分析结果中引入误差，因此在要求严格的情况下，配制 $NaOH$ 溶液时必须设法除去 CO_3^{2-}，常用方法有以下两种。

① 在台秤上称取一定量固体 $NaOH$ 于烧杯中，用少量水溶解后倒入试剂瓶中，再用水稀释到一定体积（配成所要求浓度的标准溶液），加入 $1 \sim 2mL$ 20% $BaCl_2$ 溶液，摇匀后用橡皮塞塞紧静置过夜，待沉淀完全沉降后，用虹吸管把清液转入另一试剂瓶中，塞好备用。

② 饱和的 $NaOH$ 溶液（50%）具有不溶解 Na_2CO_3 的性质，所以用固体 $NaOH$ 配制的饱和溶液，其中的 Na_2CO_3 可以全部沉下来。在涂蜡的玻璃器皿或塑料容器中先配制饱和的 $NaOH$ 溶液，待溶液澄清后，吸取上层溶液，用新煮沸并冷却的纯水稀释至一定浓度。

配制完毕，在每一贮存试剂的瓶上贴一标签，注明试剂名称、配制日期、用者姓名，并留下空位以备填入此溶液的准确浓度。在配制溶液后均须立即贴上标签，注意应养成此习惯。

长期使用的 NaOH 标准溶液，装入下口瓶中，瓶塞上部最好装一碱石灰管（为什么？）。

（2）NaOH 溶液与 HCl 溶液的浓度比较　按照"滴定管的使用"中介绍的方法洗净酸碱滴定管各一支（检查是否漏水）。先用纯水冲洗滴定管内壁 2～3 次，然后用配制好的盐酸标准溶液敞洗酸式滴定管 2～3 次，再于管内装满该酸溶液；用 NaOH 标准溶液敞洗碱式滴定管 2～3 次，再于管内装满碱溶液，然后排出两滴定管管尖空气泡（为什么要排出空气泡？如何排出？）。

分别将两滴定管液面调至 0.00 刻度，或零点稍下处（为什么？），静置 1min 后，精确读取滴定管内液面位置（能读到小数点后几位？），并立即记录在实验报告上。

取锥形瓶（250mL）或烧杯（250mL、400mL）一只，洗净后放在碱式滴定管下，以每分钟约 10mL 的速度放出约 20mL NaOH 溶液；于锥形瓶或烧杯中，加入一滴甲基橙指示剂，用 HCl 溶液滴定至溶液由黄色变橙色为止，读取 NaOH 及 HCl 溶液的精确读数，记在报告上。反复滴定几次，记下读数，分别求出体积比（V_{NaOH}/V_{HCl}），直至三次测定结果的相对平均偏差在 0.1% 之内，取其平均值。

以酚酞为指示剂，用 NaOH 溶液滴定 HCl 溶液，终点由无色变微红色，其他手续同上。

（3）用 NaOH 溶液滴定 HAc 溶液时使用不同指示剂的比较　用移液管吸取 3 份 25mL 0.2mol·L⁻¹ HAc 溶液于 3 只 25mL 滴定，并比较 3 次滴定所用 NaOH 溶液的体积。

五、记录和计算

见实验报告示例。

六、实验报告示例

在预习时要求在实验记录本上写好下列示例（一）和（二）、画好（三）的表格和做好必要的计算。实验过程中把数据记录在表中，实验后完成计算及讨论（一般实验均要求这样）。

（一）日期　　　　年　　月　　日

（二）方法摘要

（1）配制 1L 0.2mol·L⁻¹ HCl 溶液。

（2）配制 1L 0.2mol·L⁻¹ NaOH 溶液。

（3）以甲基橙、酚酞为指示剂进行 HCl 与 NaOH 溶液的浓度比较滴定，反复练习。

（4）以甲基橙、甲基红、酚酞为指示剂，以 NaOH 溶液滴定 HAc 溶液。

（5）计算 NaOH 溶液与 HCl 的体积比。

（三）记录和计算

（1）0.2mol·L⁻¹ NaOH 溶液和 0.2mol·L⁻¹ HCl 溶液的配制

浓 HCl 溶液体积
固体 NaOH 的质量　}列出算式并计算出答案。

（2）NaOH 溶液与 HCl 溶液的浓度比较　将以甲基橙为指示剂的滴定结果填入表 4-1。

① 以甲基橙为指示剂（单位：mL）。

② 以酚酞为指示剂。

（3）NaOH 溶液滴定 25mL HAc 溶液（单位：mL）

将滴定结果填入表 4-2。

（四）讨论

表 4-1　以甲基橙为指示剂的滴定结果

滴定次序	Ⅰ	Ⅱ	Ⅲ	滴定次序	Ⅰ	Ⅱ	Ⅲ
NaOH 终读数				V_{HCl}	—	—	—
NaOH 初读数				V_{NaOH}/V_{HCl}			
V_{NaOH}	—	—	—	$\bar{V}_{NaOH}/\bar{V}_{HCl}$			
HCl 终读数				个别测定的绝对偏差			
HCl 初读数	—	—	—	相对平均偏差			

表 4-2　NaOH 溶液滴定 HAc 溶液的结果

指示剂	甲基橙	甲基红	酚酞	指示剂	甲基橙	甲基红	酚酞
NaOH 终读数				V_{NaOH}			
NaOH 初读数				$V_{橙}:V_{红}:V_{酚}=$（以 $V_{酚}$ 为 1）			

注释

　[1]　所用标准溶液的浓度应根据测定试样时的要求来确定。此处用 $0.2 mol \cdot L^{-1}$。

思 考 题

　1. 滴定管在装满标准溶液前为什么用此溶液敞洗内壁 2～3 次？用于滴定的锥形瓶或烧杯是否需要干燥？要不要用标准溶液敞洗？为什么？

　2. 为什么不能用直接配制法配制 NaOH 标准溶液？

　3. 配制 HCl 溶液及 NaOH 溶液用的纯水体积，是否需要准确量度？为什么？

　4. 装 NaOH 溶液的瓶或滴定管不宜用玻璃塞，为什么？

　5. 用 HCl 溶液滴定 NaOH 标准溶液时是否可用酚酞作指示剂？

　6. 在每次滴定完成后，为什么要将标准溶液加至滴定管零点，然后进行第二次滴定？

实验二　酸碱溶液浓度的标定

一、实验目的

1. 进一步练习滴定操作。

2. 学习酸碱溶液浓度的标定方法。

二、实验原理

标定酸溶液和碱溶液所用的基准物质有多种，本实验中各介绍一种常用的。

用酸性基准物邻苯二甲酸钾的结构式为 （图）COOH COOK，其中只有一个可电离的 H^+。标定时的反应式为：

$$KHC_8H_4O_4 + NaOH \Longrightarrow KNaC_8H_4O_4 + H_2O$$

用邻苯二甲酸钾作为基准物的优点是：①易于获得纯品；②易于干燥，不吸湿；③摩尔质量大，可相对降低称量误差。

用无水 Na_2CO_3 为基准物标定 HCl 标准溶液的浓度。由于 Na_2CO_3 易吸收空气中的水分，因此采用市售基准试剂级的 Na_2CO_3 时应预先于 180℃ 下充分干燥，并保存于干燥器中。标定时以甲基橙为指示剂。

NaOH 标准溶液与 HCl 标准溶液的浓度一般只需标定一种，另一种则通过 NaOH 溶液与 HCl 溶液的体积比算出。标定 NaOH 溶液还是标定 HCl，要视采用何种标准溶液，测定何种试样而定。原则上，应标定测定时所用的标准溶液，标定时的条件与测定时的条件（例如指示剂和被测成分等）应尽可能一致。

三、实验试剂

$0.2mol \cdot L^{-1}$ HCl 标准溶液、$0.2mol \cdot L^{-1}$ NaOH 标准溶液、邻苯二甲酸氢钾（A.R.）、甲基橙指示剂、酚酞指示剂、甲基红指示剂。

四、实验步骤

（1）NaOH 标准溶液浓度的标定　在分析天平上准确称取 3 份已在 105～110℃烘过 1h 以上的分析纯的邻苯二甲酸氢钾，每份 1～1.5g(怎么计算？)，放入 250mL 锥形瓶或烧杯中，用 50mL 煮沸后刚刚冷却的蒸馏水使之溶解（如果没有完全溶解，可稍微加热）。冷却后加入两滴酚酞指示剂，用 NaOH 标准溶液滴定至微红色半分钟内不褪色，即为终点。3 份测定的相对平均偏差应小于 0.2％，否则应重复测定。

（2）HCl 标准溶液浓度的标定　准确称取已烘干的无水碳酸钠 3 份（其质量按消耗 20～40mL $0.2mol \cdot L^{-1}$ HCl 溶液计，请自己计算），置于 3 只 250mL 锥形瓶中，加水约 30mL，温热，摇动使之溶解，以甲基橙为指示剂，以 $0.2mol \cdot L^{-1}$ HCl 标准溶液滴定至溶液由黄色转变为橙色。记下 HCl 标准溶液的用量，并计算出 HCl 标准溶液的浓度。

五、记录和计算

1. NaOH（或 HCl）溶液的标定

可将具体的标定结果填入表 4-3。

表 4-3　NaOH（或 HCl）溶液的标定结果

滴定次序	Ⅰ	Ⅱ	Ⅲ	滴定次序	Ⅰ	Ⅱ	Ⅲ
称量瓶＋$KHC_8H_4O_4$（前）/g				个别测定的绝对误差			
称量瓶＋$KHC_8H_4O_4$（后）/g				相对平均偏差			
$KHC_8H_4O_4$ 的质量/g				$c_{Ⅰ}=\dfrac{m_{Ⅰ}}{V_{NaOH\,Ⅰ} \times 0.2042}$			
NaOH 终读数/mL							
NaOH 初读数/mL				$c_{Ⅱ}=\dfrac{m_{Ⅱ}}{V_{NaOH\,Ⅱ} \times 0.2042}$			
V_{NaOH}/mL							
c_{NaOH}				$c_{Ⅲ}=\dfrac{m_{Ⅲ}}{V_{NaOH\,Ⅲ} \times 0.2042}$			
$\bar{c}_{NaOH}$							

注：表中公式里的 m 为基准物质量。

2. HCl（或 NaOH）标准溶液的浓度

$$c_{HCl} = c_{NaOH} \times \frac{V_{NaOH}}{V_{HCl}}$$

思　考　题

1. 溶解基准物 $KHC_8H_4O_4$ 或 Na_2CO_3 所用水的体积的量度，是否需要准确？为什么？
2. 用酚酞作指示剂进行酸碱滴定时，溶液中存在的 CO_2 对滴定有何影响？如何除去？
3. 称入基准物质的锥形瓶其内壁是否要预先干燥？为什么？
4. 用邻苯二甲酸氢钾为基准物标定 $0.2mol \cdot L^{-1}$ NaOH 溶液时，基准物称取量如何计算？
5. 用 Na_2CO_3 为基准物标定 $0.2mol \cdot L^{-1}$ HCl 溶液时，基准物称取量如何计算？
6. 用邻苯二甲酸氢钾标定 NaOH 溶液时，为什么用酚酞而不用甲基橙作指示剂？
7. 用 Na_2CO_3 为基准物标定 HCl 溶液时，为什么不用酚酞作指示剂？

8. 若基准物 $KHC_8H_4O_4$ 中含有少量 $H_2C_8H_4O_4$，对 NaOH 溶液标定结果有什么影响？

9. 标定 NaOH 溶液可用 $KHC_8H_4O_4$ 为基准物，也可用 HCl 标准溶液作比较。试比较这两种方法的优缺点。

10. $KHC_8H_4O_4$ 是否可用作标定 HCl 溶液的基准物？

实验三 气体常数的测定

一、实验目的

1. 了解测定气体常数的两种方法及操作，验证常温常压下 R 值为常数。

2. 练习气压计及量气管的使用方法。

3. 掌握理想气体方程式的应用。

二、实验原理

在理想气体状态方程式 $PV=nRT$ 中，气体常数 R 的数值可以通过实验来测定。本实验采用两种方法来测定 R 值。请教师根据情况自行选择一种[注1]。

1. 由氢气测定 R 数值

化学反应：
$$Mg + H_2SO_4 === MgSO_4 + H_2 \uparrow$$

精确称取定量的镁条与过量的硫酸反应，在一定温度和压力下可测出反应所放出的氢气的体积。实验时的温度和压力可分别由温度计和气压计测得。氢气的物质的量通过反应中的镁的质量换算求得。由于氢气是在水面上收集的，故氢气中还混有水蒸气。在实验温度下，水的饱和蒸汽压（$P_水$）可在附录中查出。根据分压定律，氢气的气压为：

$$P_{氢气} = P_{大气} - P_水$$

将以上所得各项数据代入 $R = \dfrac{P_{H_2} V_{H_2}}{n_{H_2} T}$，即可计算 R 值。

2. 由氧气测定 R 的数值

化学反应：
$$2Na_2O_2 + 2H_2O \xrightarrow{CuSO_4} 4NaOH + O_2 \uparrow$$

用特定的装置在一定的温度和压力下可以测出反应所放出的氧气的体积。生成的氧气的物质的量可以通过测定反应前后反应装置的质量来求出。氧气的气压由 $P_{氧气} = P_{大气} - P_水$ 求得。

同理，将以上所得各项数据代入 $R = \dfrac{P_{O_2} V_{O_2}}{n_{O_2} T}$ 中即可计算 R 值。

三、仪器和药品

1. 仪器

测定气体常数的装置两套。

装置1(图 4-1)：量气管[注2]、水准管、试管、滴定管夹、铁夹、铁圈、铁架、橡皮圈、导气管、长颈漏斗。

装置2(图 4-2)：滴管、锥型瓶装置、烧瓶、铁夹、铁架、橡皮管、量筒、温度计、气压计、分析天平。

2. 药品

镁（分析纯，0.0300～0.0400g）、Na_2O_2(s)(2～3g)、$CuSO_4$(0.1mol·L^{-1})、H_2SO_4(2mol·L^{-1})。

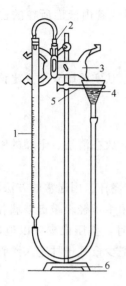

图 4-1 由氢气测 R 值装置

1—量气管；2—反应管；3—滴定管夹；4—水准瓶
（漏斗）；5—铁夹；6—铁架台

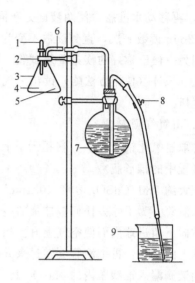

图 4-2 由氧气测 R 值装置

1—滴管（内装 $CuSO_4$）；2—凡士林；3—250mL 锥形瓶；
4—Na_2O_2；5—滴管-锥形瓶装置；6—橡皮管；
7—500mL 烧瓶；8—螺旋夹；9—400mL 烧杯

四、实验步骤

1. 由氢气测 R 值

取两份镁条，用砂纸擦去表面氧化膜，在分析天平上分别准确称出镁条的质量（每根在 $0.0300 \sim 0.0400g$ 之间，精确至 $0.0001g$）。

按图 4-1 装好仪器。量气管内装水，使水位略低于"0"的位置，上下移动水准瓶，以赶走附着在胶管和量气管内壁的气泡，然后塞紧连接反应管和量气管的塞子。

检查装置是否漏气。将水准瓶下移一段距离，然后固定。如果量气管中的水面只在开始时稍有下降，以后（$3 \sim 5min$）便维持恒定，即表示装置不漏气，若继续下降，则有漏气，便应检查和调整装置连接处的密封性。再重复试验，直至不漏气为止。

加酸，放置镁条。取下反应管（试管），用量筒量取 $4mL$ H_2SO_4（$2mol \cdot L^{-1}$）溶液，通过长颈漏斗注入试管底部（切勿使用 H_2SO_4 沾在试管的上半部）。把试管略微倾斜，将一已知重量（不要忘了将重量值记在报告上！）的镁条蘸少许水后，贴在管壁上半部，如图 4-3 所示，确保镁条不与硫酸接触。然后小心地固定试管，塞紧橡皮塞（动作小心！以防镁条掉进酸中）。此时必须再检查一次是否漏气。若不漏气，则调整水准瓶的位置，使量气管内液面与水准瓶内液面在同一水平面上，然后准确读出量气管内液面的弯月面的底部所在位置（至小数点后两位数字），将读数记下。

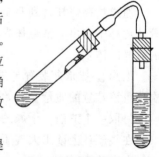

图 4-3 镁条贴在试管壁上半部图示

氢气的发生、收集和体积的量度。松开试管的夹子，稍稍提高试管底部，使稀酸与镁条作用，待镁条落入酸中后，再将试管放回原处。此处量气管内液面开始下降，为了不使量气管内气压增加而造成漏气，在液面下降的同时应慢慢地向下移动水准瓶，使水准瓶内液面随量气管内液面一起下降，直至量气管内液面停止下降时，可将水准瓶固定。待试管冷却至室温（约几分钟），再移动水准瓶，使两液面处于同一水平上，读出量气管内液面所在的位置，然后每隔 2～3min 读数一次，直到读数不变为止。

用另一份已称好的镁条重复试验一次。

从气压计（使用方法略）读出大气压力，并记录室温。从实验附录中查出该温度下的饱和蒸气压。

2. 由氧气测 R 值

称取过氧化钠 Na_2O_2，在粗天平上称取 2～3g Na_2O_2，放在清洁、干燥的锥形瓶中（即滴管装置中的锥形瓶）。

把大约 5mL $CuSO_4$ 溶液（0.1mol·L^{-1}）注入 50mL 烧杯，用通常的方法将 $CuSO_4$ 溶液充满滴管。为了除去任何被捕集的空气，把滴管倒转并用手指轻轻敲击玻璃和橡皮头，以使液体向下留进球内而使空气上升。当所有液体都在球内时，挤压橡皮球以迫使空气排出。保持球上的压强，再把滴管倒转过来并把管尖彻底擦干，把少量凡士林塞入滴管尖口，以防管尖内液滴漏入锥型瓶内的 Na_2O_2 上。

把带有装满 $CuSO_4$ 溶液的滴管的塞子装在锥形瓶上。在塞子的玻璃弯管上接一橡皮管。在分析天平上称量整个滴管-锥形瓶装置的质量[注3]，精确到±0.0001g。

按图 4-2 装好整个装置，事先用自来水注满烧瓶，要使通向锥形瓶的玻璃管不与水接触，而通向烧杯的管子则几乎伸到烧杯的底部。在烧杯内加约 150mL 自来水，松开螺旋夹，在 6 处用吸耳球鼓气入进口管直到出口管完全充满水为止。立即把螺旋夹夹紧，以防由于虹吸使水损失。然后把滴定管装置上的橡皮移去，并把玻璃弯管与进口管连接起来。检查所有的接头处是否都不漏气。

通过松开螺旋夹和抬高烧杯中水平面和烧瓶内水面一样高的方法来使烧瓶中空气的压强达到大气压强。夹紧夹子，把烧杯中的水倒空（但并不需要干燥烧杯）。放回烧杯，再打开夹子。若体系是气密的，则只有微量的水流入烧杯之后就不流了。不要把这水倒掉！若体系漏气，那就要检查所有的连接处，直到发现漏气的地方；然后像前面一样，再调整水平面。

轻轻地挤压滴管上的橡皮球，使 $CuSO_4$ 溶液滴加到 Na_2O_2 上，每次加几滴，约加 5min。控制滴加时间，不要使反应过于激烈。在使压强再度相等之前，任何时候都不要让橡皮管离开 400mL 烧杯。

当烧杯充满 3/4 的水时，停止加入 $CuSO_4$ 溶液，并让体系冷却到室温，记下温度。

通过抬高烧杯直到两个水平面相等时再使烧瓶内气体达到大气压强。关好螺旋夹并将滴管从烧杯中移出。把烧杯内的水倒入 500mL 量筒，读出水的体积。这个体积即代表所产生的氧气的体积。

把滴管-锥形瓶装置与进气管拆开，重新安上橡皮管，用布彻底擦干。在分析天平上再次称量该装置的质量。起始质量与最终质量的差值即是所生成氧气的质量。

另取一个清洁、干燥的锥形瓶，重复以上实验。

在气压计上读出大气压力。并在附录中查出实验温度下的水的饱和蒸气压。

本实验需时 3h。

注释

[1] 实验室根据情况准备其中一套。装置 1 用于氢气，装置 2 用于氧气。

[2] 量气管可用碱式滴定管代替。

[3] 滴管-锥形瓶装置的高度要以在天平上能称量为准。

思　考　题

1. 如果量气管中所装的水气泡未赶尽或装置漏气，对实验各有什么影响？将造成什么误差？
2. 在氢气 R 值实验中读取体积读数时，为什么必须使水准瓶和量气管两者水面相平？
3. 在氧气测定 R 值实验中，为什么生成的氧气质量可用锥形瓶-滴管装置的前后质量差来表示？假设所放出的气体不是氧气而是氢气，是否也可以这样来表示？

实验四　电离平衡和缓冲溶液

一、实验目的

1. 进一步巩固理解电解质电离的特点和影响平衡移动的因素。
2. 巩固 pH 值概念，掌握酸碱指示剂和 pH 试纸的使用。
3. 学习缓冲溶液的配制试验及其性质。

二、仪器和药品

1. 仪器

烧杯（50mL 2 个）、量筒（10mL 2 个）、试管、玻璃棒、pH 计、离心机、表面皿。

2. 药品

HAc($0.1mol \cdot L^{-1}$，$1mol \cdot L^{-1}$，$2mol \cdot L^{-1}$)、NaAc($0.1mol \cdot L^{-1}$，$1mol \cdot L^{-1}$，s)、NH_4Cl(饱和溶液，$0.1mol \cdot L^{-1}$，s)、$NH_3 \cdot H_2O$($0.1mol \cdot L^{-1}$，$2mol \cdot L^{-1}$)、Na_2HPO_4 ($0.1mol \cdot L^{-1}$)、NaH_2PO_4 ($0.1mol \cdot L^{-1}$)、$MgCl_2$ ($0.1mol \cdot L^{-1}$，$1mol \cdot L^{-1}$)、$FeCl_3$ ($0.1mol \cdot L^{-1}$)、HCl($0.1mol \cdot L^{-1}$)、NaOH($0.1mol \cdot L^{-1}$，$1mol \cdot L^{-1}$)、精密 pH 试纸 (pH 5~10) 或 pH 计、酚酞、甲基橙、甲基红。

三、实验步骤

1. 同离子效应

取两只试管，各加入 1mL 蒸馏水，2 滴 $2mol \cdot L^{-1}$ 氨水及 1 滴酚酞指示剂，摇匀，溶液呈何色？在一试管中加入少许 NH_4Cl(s)，摇动后与另一试管比较，有何变化？为什么？

用弱酸及其盐按前述的方法进行实验，指示剂可以不更换吗？

取两只试管，各加入 5 滴 $0.1mol \cdot L^{-1} MgCl_2$ 溶液，在其中一支试管再加入 5 滴饱和 NH_4Cl 溶液，另一支加入 5 滴水，然后分别在这两支试管中加入 5 滴 $2mol \cdot L^{-1} NH_3 \cdot H_2O$，观察两试管发生的现象有何不同？为什么？

2. 缓冲溶液的配制和性质

（1）配制　通过计算，把配制下列三种缓冲溶液所需各组分的毫升数值填入表 4-4（总体积为 10mL）。

表 4-4　三种缓冲溶液配制结果

缓冲溶液	pH 值	各组分的毫升数	pH 值(实验值)	缓冲溶液	pH 值	各组分的毫升数	pH 值(实验值)
甲	4			丙	10		
乙	7						

按照表 4-4 中用量，配制甲、乙、丙三种缓冲溶液；用 pH 试纸测定它们的 pH 值，填入表中。试比较实验值与计算值是否相符（溶液留用）。

配制仪器：量筒、烧杯、小玻璃棒，量筒和烧杯应选用何种规格？洗过后的湿的量筒和烧杯对所盛溶液的浓度带来何种影响？如何避免？

（2）性质

① 取两只试管各加入 3mL 蒸馏水，用 pH 试纸测其 pH 值，然后分别加入 $0.1mol \cdot L^{-1}$ HCl 和 $0.1mol \cdot L^{-1}$ NaOH 溶液各 3 滴，再用 pH 试纸测其 pH 值，比较 pH 值的改变。

② 将配制的甲、乙、丙三种缓冲溶液依次各取 3mL，分别加入 $0.1mol \cdot L^{-1}$ 的 HCl 和 $0.1mol \cdot L^{-1}$ 的 NaOH 溶液各 3 滴，搅匀，测 pH 值填入表 4-5 中。

表 4-5　三种缓冲溶液测量 pH 值

缓冲溶液	试管标号	取量/mL	pH 值	加入酸或碱的量/滴	加酸或碱后的 pH 值
甲	1	3			
	2	3			
乙	3	3			
	4	3			
丙	5	3			
	6	3			

③ 用 3 支试管分别取甲、乙、丙三种缓冲溶液各 3mL，再各 1mL 蒸馏水，摇匀，分别测定 pH 值。

根据以上实验结果，说明缓冲溶液的性质。

（3）缓冲容量

① 缓冲容量与缓冲剂浓度的关系　取两支干净的试管，一支加入 $0.1mol \cdot L^{-1}$ HAc 和 $0.1mol \cdot L^{-1}$ NaAc 溶液各 1mL，另一支试管加入 $1mol \cdot L^{-1}$ HAc 和 $1mol \cdot L^{-1}$ NaAc 溶液各 1mL，搅匀后，测定两管内溶液的 pH 值（是否相同）。再在两管中滴加甲基红指示剂（变色范围：$pH=4.4 \sim 6.2$，$pH < 4.4$ 为红色，$pH > 6.2$ 为黄色），然后在两管中分别加入 $1mol \cdot L^{-1}$ NaOH 溶液（每滴加 1 滴均需摇匀），直至溶液的颜色变为黄色，记录各管所滴加数，解释之。

② 缓冲容量与缓冲组比值的关系

仪器：50mL 烧杯两个（编号）、10mL 量筒 2 个，烧杯要洗净干燥，量筒要盥洗。

缓冲剂：$0.1mol \cdot L^{-1}$ NaH_2PO_4 和 $0.1mol \cdot L^{-1}$ Na_2HPO_4。

按表 4-6 中的用量，配制 $H_2PO_4^- / HPO_4^{2-}$ 比值为 1：1 和 1：9 的两种缓冲溶液，搅匀，用精密 pH 试纸（或 pH 计）测量 pH 值，将结果填入表 4-7。解释所观察的结果。

表 4-6　$H_2PO_4^- / HPO_4^{2-}$ 不同比值的两种缓冲溶液

烧杯编号	各组分的毫升数	$H_2PO_4^- / HPO_4^{2-}$	烧杯编号	各组分的毫升数	$H_2PO_4^- / HPO_4^{2-}$
1	5mL NaH_2PO_4-5mL Na_2HPO_4	1：1	2	1mL NaH_2PO_4-9mL Na_2HPO_4	1：9

表 4-7　表 4-6 的测量值

烧杯编号	pH 值	加 NaOH 后 pH 值	烧杯编号	pH 值	加 NaOH 后 pH 值
1			2		

③ 缓冲溶液的应用　用 $NH_3 \cdot H_2O$-NH_4Cl 缓冲溶液来分离 Fe^{3+} 和 Mg^{2+}。可提供 $0.1mol \cdot L^{-1}$ $NH_3 \cdot H_2O$、$0.1mol \cdot L^{-1}$ NH_4Cl、$0.1mol \cdot L^{-1}$ $FeCl_3$、$0.1mol \cdot L^{-1}$ $MgCl_2$。

配制含 Fe^{3+} 和 Mg^{2+} 的混合溶液 10mL，使混合溶液中的 Fe^{3+} 和 Mg^{2+} 的浓度均为 $0.01mol \cdot L^{-1}$。

缓冲溶液的 pH 值应选多大能够达到分离的目的？如何配制？怎样进行这一分离实验？本实验需时 3h。且反应所用的氨水要新配。

思 考 题

1. 如何正确使用 pH 试纸，做到既节约又能使结果正确。

2. 缓冲溶液的制备和性质的各个小实验中都要用到 10mL 的小量筒，在使用中应注意哪些问题？

3. 在试管实验中，经常遇到的一种操作"逐滴加入"或者"滴加"某种试剂，怎样正确操作滴管？同时还需进行的一个动作是什么？

4. 应如何正确选用和配制合乎要求的缓冲溶液？

实验五 电离平衡 HAc 电离度和电离常数的测定

方法一 常规测定方法

一、实验目的

1. 熟悉弱电解质的电离平衡以及同离子效应。

2. 掌握 pH 计的原理及其使用。

二、实验步骤

测定不同浓度乙酸溶液 pH 值的具体步骤如下。

（1）用吸管分别吸取 25.00mL、5.00mL、2.5mL 0.10mol·L^{-1}（需标定）HAc 溶液于 3 个 50mL 容量瓶中，用蒸馏水稀释到刻度，摇匀。编号为 2、3、4，0.10mol·L^{-1} HAc 溶液的编号为 1。

（2）同离子效应 分别吸取 25.00mL 0.10mol·L^{-1} HAc 溶液、5.00mL 0.10mol·L^{-1} NaAc 溶液于同一个 50mL 容量瓶中，用蒸馏水稀释到刻度，摇匀。编号为 5，测定 pH 值。

三、数据处理

计算每份溶液的 $[H^+]$、HAc 的 K_a 和 α。

测定数据、计算结果以表格列出。

思 考 题

1. 如果测得 $3.60×10^{-5}$ mol·L^{-1} HAc 溶液的 pH 值为 4.75，计算电离常数 K_a。

2. 由实验结果说明乙酸浓度与电离度、平衡常数的关系，强电解质乙酸钠的存在对电离度、电离常数有何影响？

3. 还有哪些方法可以测定弱电解质的电离常数？

方法二 目视比色法

一、实验目的

1. 了解缓冲溶液的缓冲作用。

2. 查阅 pH＝3.0～4.0 缓冲溶液的配制方法。

3. 掌握目视比色法。

二、实验步骤

1. 配制一系列标准缓冲溶液

在 6 支 25mL 比色管中，按表 4-8 或查阅到的方法配制标准缓冲溶液，加入甲基橙指示剂 1 滴，用蒸馏水稀释到刻度，混合均匀。

表 4-8　标准缓冲溶液

编号	0.20mol·L⁻¹ Na₂HPO₄ 溶液的体积/mL	0.10mol·L⁻¹ 柠檬酸溶液的体积/mL	pH 值	编号	0.20mol·L⁻¹ Na₂HPO₄ 溶液的体积/mL	0.10mol·L⁻¹ 柠檬酸溶液的体积/mL	pH 值
1	4.10	15.90	3.00	4	6.44	13.56	3.60
2	4.94	15.06	3.20	5	7.10	12.90	3.80
3	5.70	14.30	3.40	6	7.70	12.30	4.00

2. pH 值的测定

在 3 支干净的 25mL 比色管中，分别加入 12.50mL、6.30mL、1.30mL 0.1mol·L⁻¹ HAc 溶液。各加入甲基橙指示剂 1 滴，用蒸馏水稀释至刻度，混合均匀。与标准缓冲溶液系列进行比色，测出各份溶液的 pH 值。

三、数据处理

由测得的 pH 值计算每份溶液的 $[H^+]$、K_a 和 α，将测得的数据和计算结果以表格形式列出。

思　考　题

1. 测得已知浓度乙酸溶液的 pH 值后，如何计算乙酸的电离常数 K_a 和电离度 α？在乙酸、乙酸钠的体系中如何计算乙酸的 K_a、α？

2. 如果改变所测溶液的温度，其电离度和电离常数有无变化？

方法三　电　导　法

一、实验目的

1. 熟悉电导、电导率、摩尔电导率、极限摩尔电导率的概念。

2. 掌握 DDS-11A 型电导率仪的使用。

3. 熟悉电离度 α 与摩尔电导率 Λ_m 的关系。

二、实验步骤

1. 配制不同浓度的乙酸溶液

将 5 只烘干的 100mL 烧杯编号，按表 4-9 配制溶液。

表 4-9　乙酸溶液的配制与电导率测定

编号	0.100mol·L⁻¹ HAc 溶液的体积/mL	H₂O 的体积/mL	HAc 溶液浓度	电导率 κ /S·m⁻¹	编号	0.100mol·L⁻¹ HAc 溶液的体积/mL	H₂O 的体积/mL	HAc 溶液浓度	电导率 κ /S·m⁻¹
1	48.00	0			4	6.00	42.00		
2	24.00	24.00			5	3.00	45.00		
3	12.00	36.00							

2. 测定不同浓度乙酸溶液的电导率

用少量蒸馏水冲洗电极 3 次，再用待测溶液冲洗 3 次，按 DDS-11A 型电导率仪的使用方法，由稀到浓测定各种浓度 HAc 溶液的电导率。

三、数据处理

1. 计算各种浓度乙酸溶液的摩尔电导率 Λ_m，将结果填入表 4-10。

表 4-10　HAc 溶液的极限摩尔电导率

温度 T/K	273	291	298	303
$\Lambda_m/S \cdot m^2 \cdot mol \cdot L^{-1}$	0.0245	0.0349	0.03907	0.04218

2. 计算电离度 α。

根据 Λ_m 测定各温度下的 Λ_∞ 值，计算各种浓度 HAc 溶液的电离度 α。

由电离度 α 计算 K_a。

将测定数据与计算结果以表格形式列出。

思　考　题

试比较 pH 法、目视比色法、电导率法测定弱电解质乙酸电离常数 K_a 的特点。

实验六　食用白醋中 HAc 含量的测定

一、实验目的

1. 了解强碱滴定弱酸的反应原理及指示剂的选择。

2. 熟练滴定操作及移液管和容量瓶等的正确使用。

二、实验原理

食用白醋中主要成分为乙酸，并且还含有硫酸盐、氯化物等杂质。乙酸是较弱酸，可用标准 NaOH 溶液滴定，以酚酞作指示剂，从而测得其中乙酸的含量。

三、实验试剂

邻苯二甲酸氢钾（$KHC_8H_4O_4$）基准物质，$0.1\ mol \cdot L^{-1}$ NaOH 溶液，0.5％乙醇溶液的酚酞指示剂，工业乙酸试液。

四、实验步骤

（1）$0.1mol \cdot L^{-1}$ NaOH 溶液的标定　准确称取邻苯二甲酸氢钾 0.4～0.6g 三份，分别置于 250mL 锥形瓶中，各加入 25mL 热水溶解后，加入 4 滴酚酞指示剂，用 NaOH 溶液滴定溶液，刚好由无色变为粉红色 30s 内不褪色，即为终点。根据所消耗 NaOH 溶液的体积，计算 NaOH 标准溶液的浓度。

（2）试液中乙酸含量的测定　用一洁净的 250mL 容量瓶配制乙酸未知液，以蒸馏水稀释至刻度，摇匀后，移取 25.00mL 该未知液于 250mL 锥形瓶中（移取 3 份），加入 4 滴酚酞指示剂，用 NaOH 标准溶液滴定至溶液刚好出现淡红色，并在 30s 内不褪色，即为终点。根据所消耗 NaOH 溶液的体积，计算试液中乙酸的含量（$g \cdot L^{-1}$）。

思　考　题

用酸碱滴定法测定乙酸含量的依据是什么？

实验七　工业纯碱中总碱度的测定（酸碱滴定法）

一、实验目的

1. 掌握碱灰中总碱度的测定的原理和方法。

2. 熟悉酸碱滴定法选用指示剂的原则。

3. 学习用容量瓶把固体试样制备成试液的方法。

二、实验原理

碱灰为不纯的碳酸钠，由于制造方法的不同，其中所含的杂质也不同。如从氨法制成的碳酸钠就可能含有 $NaCl$、Na_2SO_4、$NaOH$、$NaHCO_3$ 等，用酸滴定时，除其中主要成分 $NaHCO_3$ 被中和外，其他碱性杂质如 $NaOH$ 或 $NaHCO_3$ 等也都被中和。因此这个测定的结果是碱的总量，通常以 Na_2O 的百分含量来表示。用 HCl 溶液滴定 Na_2CO_3 时，其反应包括以下两步：

$$Na_2CO_3 + HCl \rightleftharpoons NaHCO_3 + NaCl$$
$$NaHCO_3 + HCl \rightleftharpoons NaCl + H_2CO_3$$
$$\quad\quad\quad\quad\quad\quad \downarrow H_2O + CO_2 \uparrow$$

$0.05mol \cdot L^{-1}$ 碳酸钠（或碳酸钾）溶液的 pH 值为 11.6；当中和成 $NaHCO_3$ 时，pH 值为 8.3；在全部中和后，其 pH 值为 3.7。由于滴定的第一等当点（pH=8.3）的突跃范围比较小，终点不敏锐。因此采用第二等当点，以甲基橙为指示剂，溶液由黄色到橙色时即为终点。

三、实验试剂

甲基橙为指示剂，$0.1mol \cdot L^{-1}$ HCl 标准溶液。

四、实验步骤

准确称取碱灰试样约 $1.6 \sim 2.2g$（应称至小数点后第几位？），置于 100mL（或 250mL）烧杯内，加水少许使其溶解，必要时可稍微加热促使溶解。待冷却后，将溶液移入 250mL 容量瓶中，并以洗瓶吹洗烧杯的内壁和搅棒数次，每次的洗涤液应全部注入容量瓶中。最后用纯水稀释到刻度，摇匀。

用移液管吸取 25mL 上述试液 $2 \sim 3$ 份，分别置于 250mL 锥形瓶中，各加甲基橙指示剂 $1 \sim 2$ 滴，用 HCl 标准溶液滴定溶液至橙色，即为终点。

思 考 题

1. 碱灰的主要成分是什么？还含有哪些主要杂质？为什么说这个测定是"总碱量"的测定？
2. "总碱量"的测定应选用何种指示剂？终点如何控制？为什么？
3. 此处称取碱灰试样，要求称准至小数点后第几位？为什么？
4. 本实验中为什么要把试样溶解成至 250mL 后再吸出 25mL 进行滴定？为什么不直接称取 $0.16 \sim 0.22g$ 进行滴定？
5. 若以 Na_2CO_3 形式表示总碱量，其结果的计算公式应怎样？
6. 假设某种碱灰试样含 100% 的 Na_2CO_3，以 Na_2O 表示的总碱量为多少？

实验八　碱液中的 $NaOH$ 及 Na_2CO_3 含量的测定（双指示剂法）

一、实验目的

1. 了解双指示剂法测定碱液中 $NaOH$ 和 Na_2CO_3 含量的原理。
2. 了解混合指示剂的优点和使用。

二、实验原理

碱液中 $NaOH$ 和 Na_2CO_3 的含量，可以在同一份试液中用两种不同的指示剂进行测定，即所谓"双指示剂法"。此法方便、快速，在生产中应用普遍。

常用的两种指示剂是酚酞和甲基橙。在试液中先加酚酞，用 HCl 标准溶液滴定至红色刚刚褪去。由于酚酞的变色范围在 pH=8~10，因此此时不仅 $NaOH$ 被滴定，Na_2CO_3 也

被滴定成 $NaHCO_3$，记下此时 HCl 标准溶液的耗用量 V_1，再加入甲基橙指示剂，开始溶液呈黄色，滴定至橙色，此时 $NaHCO_3$ 被滴定成 H_2CO_3，记下 HCl 标准溶液的耗用量 V_2[注1]。根据 V_1、V_2 可以计算出试液中 NaOH 和 Na_2CO_3 的含量，计算公式如下：

$$X_{NaOH} = \frac{(V_1 - V_2)c_{HCl}M_{NaOH}}{V_{试}}$$

$$X_{Na_2CO_3} = \frac{2V_2 c_{HCl}M_{NaOH}}{2V_{试}}$$

式中，c 为浓度，$mol \cdot L^{-1}$；M 为物质的摩尔质量，$g \cdot L^{-1}$；X 为含量，$g \cdot L^{-1}$。

由于以酚酞作指示剂时，从红色到无色的变化不敏锐，本实验中改用甲酚红和百里酚蓝混合指示剂。甲酚红的变色范围为 6.7(黄)～8.4(红)，百里酚蓝的变色范围为 8.0(黄)～9.6(蓝)，混合后的变色点是 8.3，酸色呈黄色，碱色呈紫色，在 pH＝8.2 时为樱桃色，变色敏锐。

三、实验试剂

$0.5mol \cdot L^{-1}$ HCl 标准溶液、甲酚红和百里酚蓝混合指示剂、甲基橙指示剂、酚酞指示剂。

四、实验步骤

1. 混合指示剂法

用移液管吸取碱液试样 10mL[注2]，加甲酚红和百里酚蓝混合指示剂 5 滴，用 0.5 $mol \cdot L^{-1}$ HCl 标准溶液滴定，开始溶液呈红紫色，滴定至樱桃色即为终点（樱桃色要以白色磁板或纸张为背景从侧面看，若从上往下看则呈浅灰色，呈樱桃色时再加 1 滴 HCl 标准溶液，即为黄色），记下体积 V_1。然后再加 2 滴甲基橙指示剂，此时溶液仍呈黄色，继续以 HCl 标准溶液滴定至橙色，即达终点，记下体积 V_2。

2. 双指示剂法

以酚酞为指示剂，测出 V_1，其他步骤均同上，只是把甲酚红和百里酚蓝混合指示剂改为加 1～2 滴 1％酚酞指示剂。试比较以上用混合指示剂与用酚酞指示剂滴定时终点的变化情况。

注释
[1] 注意 HCl 标准溶液总的耗用总量为 V_1+V_2。
[2] 必要时也可采用固体试样，这时要用天平称出质量，然后加水溶解，稀释成 10％左右的试液。

思 考 题

1. 碱液中的 NaOH 及 Na_2CO_3 的含量是怎样测定的？
2. 如何判断碱液的组成（即 NaOH、Na_2CO_3、$NaHCO_3$ 三种组分中含哪两种？其相对量为多少）？
3. 试比较采用酚酞指示剂与甲酚红和百里酚蓝混合指示剂的优缺点。
4. 如欲测定碱液的总碱度，应采用何种指示剂？试拟出测定步骤及 $Na_2O(g \cdot L^{-1})$ 表示总碱度的计算公式？
5. 试液的总碱度，是否宜于以百分含量表示？
6. 现有某含有 HCl 和 CH_3COOH 的试液，欲测定其中 HCl 和 CH_3COOH 的含量，试拟订一分析方案。

实验九 EDTA 标准溶液的配置和标定

一、实验目的

1. 学习 EDTA 标准溶液的配置和标定。

2. 掌握配位滴定的特点。

3. 熟悉钙指示剂或二甲酚橙指示剂的使用及其终点变化。

二、实验原理

乙二胺四乙酸（EDTA，常用 H_4Y 表示）难溶于水，常温下其溶解度为 $0.2g \cdot L^{-1}$（约 $0.0007mol \cdot L^{-1}$），在分析中不适用，通常使用其二钠盐配制标准溶液。乙二胺四乙酸二钠盐的溶解度为 $120g \cdot L^{-1}$，可配制成 $0.3mol \cdot L^{-1}$ 以上的溶液，其水溶液的 $pH \approx 4.8$，通常采用间接法配置标准溶液。

标定 EDTA 溶液常用的基准物有 Zn、ZnO、$CaCO_3$、Bi、Cu、$MgSO_4 \cdot 7H_2O$、Hg、Ni、Pb 等。通常选用其中与被测物组分相同的物质作基准物，这样，滴定条件较一致，可减少误差。

EDTA 溶液若用于测定石灰石或白云石中 CaO、MgO 的含量，则宜用 $CaCO_3$ 为基准物。

首先可加 HCl 溶液与之作用，其反应如下：

$$CaCO_3 + 2HCl == CaCl_2 + CO_2 + H_2O$$

然后转移到容量瓶中并稀释，制成钙标准溶液。吸取一定量钙标准溶液，调节酸度至 $pH \geqslant 12$，用钙指示剂作指示剂，以 EDTA 溶液滴定至酒红色变纯蓝色，即为终点。其变色原理如下。

钙指示剂（常以 H_3Ind 表示）在水溶液中按下式电离：

$$H_3Ind \rightleftharpoons 2H^+ + HInd^{2-}$$

在 $pH \geqslant 12$ 的溶液中，$HInd^{2-}$ 与 Ca^{2+} 形成比较稳定的配离子，反应如下：

$$HInd^{2-} + Ca^{2+} \rightleftharpoons CaInd^- + H^+$$
$$\text{纯蓝色} \qquad\qquad \text{酒红色}$$

所以在钙标准溶液中加入钙指示剂时，溶液呈酒红色。当用 EDTA 溶液滴定时，由于 EDTA 溶液能与 Ca^{2+} 形成比 $CaInd^-$ 配离子更稳定的配离子，因此在滴定终点附近，$CaInd^-$ 配离子不断转化为比较稳定的 CaY^{2-} 配离子，而钙指示剂则被游离了出来，其反应可表示如下：

$$CaInd^{-1} + H_2Y^{2-} + OH^- \rightleftharpoons CaY^{2-} + HInd^{2-} + H_2O$$
$$\text{酒红色} \qquad\qquad\qquad \text{无色} \qquad \text{纯蓝色}$$

由于 CaY^{2-} 无色，所以到达终点时溶液由酒红色转变为纯蓝色。

用此法测定钙，若有 Mg^{2+} 共存〔在调节溶液酸度为 $pH \geqslant 12$ 时，Mg^{2+} 将形成 $Mg(OH)_2$ 沉淀〕，此共存的少量 Mg^{2+} 不仅不干扰钙的测定，而且使终点比 Ca^{2+} 单独存在时更敏锐。当 Ca^{2+}、Mg^{2+} 共存时，终点由酒红色到纯蓝色，当 Ca^{2+} 单独存在时，则由酒红色到紫蓝色。所以测定单独存在的 Ca^{2+} 时，常常加入少量 Mg^{2+} 溶液。

EDTA 溶液若用于测定 Pb^{2+}、Bi^{3+}，则宜用 ZnO 或金属锌为基准物，以二甲酚橙为指示剂。在 $pH \approx 5 \sim 6$ 的溶液中，二甲酚橙指示剂本身显黄色，与 Zn^{2+} 的配合物呈紫红色。EDTA 与 Zn^{2+} 形成更稳定的配合物，因此用 EDTA 溶液滴定至终点时，二甲酚橙被游离了出来，溶液由紫红色变为黄色。

配位滴定中所用的纯水，应不含 Fe^{3+}、Al^{3+}、Cu^{2+}、Ca^{2+}、Mg^{2+} 等杂离子。

三、实验试剂

1. 以 $CaCO_3$ 为基准物时所用的试剂

乙二胺四乙酸二钠（s，A.R.）、CaCO₃（s，G.R. 或 A.R.）、(1+1)NH₃·H₂O、镁溶液（溶解 1g MgSO₄·7H₂O 于水中，稀释至 200mL）、10％ NaOH、钙指示剂（固体指示剂）。

2. 以 ZnO 为基准物时所用试剂

ZnO(G.R. 或 A.R.)、(1+1)HCl、(1+1)NH₃·H₂O、二甲酚橙指示剂、20％六亚甲基四胺溶液。

四、实验步骤

1. 0.02mol·L⁻¹ EDTA 溶液的配制

在天平上称取乙二胺四乙酸二钠 7.6g，溶解于 300～400mL 的温水中，稀释至 1L，若浑浊，应过滤。转移至 100mL 细口瓶中，摇匀。

2. 以 CaCO₃ 为基准物标定 EDTA 溶液

（1）0.02mol·L⁻¹ 标准钙溶液配制　置碳酸钙基准物于瓶中，在 110℃ 干燥 2h，置干燥器中冷却后，准确称取 0.5～0.6g（称准至小数点后第四位，为什么？）于 250mL 烧杯中，盖以表面皿，加水润湿，再从杯嘴边逐滴加入（注意！为什么？）[注1]数毫升 (1+1)HCl 至完全溶解，加热煮沸，用纯水把可能溅到表面皿上的溶液淋洗入杯中，待冷却后移入 250mL 容量瓶中，稀释至刻度，摇匀。

（2）标定　用移液管移取 25mL 标准钙溶液，置于 250mL 锥形瓶中，加入约 25mL 水、2mL 镁溶液、10mL 10％ NaOH 溶液及约 10mg（米粒大小）钙指示剂，摇匀后用 EDTA 溶液滴定至由红色变至蓝色，即为终点。

3. 以 ZnO 为基准物标定 EDTA 溶液

（1）锌标准溶液的配制　准确称取在 800～1000℃ 灼烧过的（需 20min 以上）基准物 ZnO[注2]0.5～0.6g 于 100mL 烧杯中，加少量水润湿，然后逐滴加入 (1+1)HCl，边加边搅至完全溶解为止。然后，定量转移入 250mL 容量瓶中，稀释至刻度并摇匀。

（2）标定　移取 25mL 锌标准液于 250mL 锥形瓶中，加约 30mL 水、2～3 滴二甲酚橙指示剂，先加 (1+1)NH₃·H₂O[注4]至溶液由黄色刚变为橙色（不能多加）时，然后滴加 20％六亚甲基四胺至溶液呈稳定的紫红色再多加 3mL[注3]，用 EDTA 溶液滴定至溶液由红紫色变为亮黄色，即为终点。

五、记录和计算

自拟。

六、注意事项

1. 配位反应的速度较慢（不像酸碱反应能在瞬间完成），故滴定时加入 EDTA 溶液的速度不能太快，特别是近终点时，应逐滴加入，并充分振摇。

2. 配位滴定时，加入指示剂的量是否恰当对于终点的观察十分重要，宜在实践中总结经验，加以掌握。

注释

[1]　目的为了防止反应过于激烈而产生 CO₂ 气泡，使 CaCO₃ 飞溅损失。

[2]　也可用金属锌作基准物。

[3]　此处六亚甲基四胺是用缓冲剂，它在酸性溶液中能生成 (CH₂)₆N₄H⁺，此共轭酸与过量的 (CH₂)₆N₄ 构成缓冲溶液，从而能使溶液的酸度稳定在 pH=5～6 范围内。

[4]　先加入氨水调节酸度，为了节约六亚甲基四胺，因六亚甲基四胺价格较昂贵。

思 考 题

1. 为什么通常使用乙二胺四乙酸二钠盐配制 EDTA 标准溶液，而不用乙二胺四乙酸？

2. 以 HCl 溶液溶解 CaCO₃ 基准物时，操作中应注意些什么？

3. 以 CaCO₃ 为基准物标定 EDTA 溶液时，加入镁溶液的目的是什么？

4. 以 CaCO₃ 为基准物、以钙指示剂为指示剂标定 EDTA 溶液时，应控制溶液的酸度为多少？为什么？怎样控制？

5. 以 ZnO 为基准物，以二甲酚橙为指示剂标定 EDTA 溶液浓度的原理是什么？溶液的酸度应控制在何 pH 范围？若溶液为酸强性，应怎样调节？

6. 配位滴定法与酸碱滴定法相比，有哪些不同点？操作中应注意哪些问题？

7. 如果 EDTA 溶液在长期贮存中因侵蚀玻璃而含有少量 CaY²⁻、Mg²⁺，则在 pH＝10 的氨水溶液中用 Mg²⁺ 标定和 pH＝4～5 的酸性介质中用 Zn²⁺ 标定，所得结果是否一致？为什么？

实验十　自来水的硬度测定

一、实验目的

1. 了解水的硬度的测定意义和常用的硬度表示方法。

2. 掌握 EDTA 法测定水的硬度的原理和方法。

3. 掌握铬黑 T 和钙指示剂的应用，了解金属指示剂的特点。

二、实验原理

一般含有钙镁盐类的水叫硬水（硬水和软水尚无明确的界限，硬度小于 5.6 度的一般可称软水），硬度有暂时硬度和永久硬度之分。

（1）暂时硬度　水中含有钙、镁的酸式碳酸盐，遇热即成碳酸盐沉淀而失去硬性。反应如下：

$$Ca(HCO_3)_2 \xrightarrow{\triangle} CaCO_3(完全沉淀) + H_2O + CO_2 \uparrow$$

$$Mg(HCO_3)_2 \xrightarrow{\triangle} MgCO_3(不完全沉淀) + H_2O + CO_2 \uparrow$$
$$\qquad\qquad \xrightarrow{+H_2O} Mg(OH)_2 \downarrow + CO_2 \uparrow$$

（2）永久硬度　水中含有钙、镁的硫酸盐、氯化物、硝酸盐，在加热时也不沉淀（但在锅炉运行温度下，溶解度低的可析出成为炉垢）。

暂时硬度和永久硬度的总和称为"硬度"，由镁离子形成的硬度称为"镁硬"，由钙离子形成的硬度称为"钙硬"。

水中钙、镁离子的含量，可用 EDTA 法测定。钙硬测定原理与以 CaCO₃ 为基准物标定 EDTA 标准溶液浓度相同。总硬则以铬黑 T 为指示剂，控制溶液的酸度为 pH≈10，以 EDTA 标准溶液滴定之。由 EDTA 的浓度和用量，可计算出水的总硬，由总硬减去钙硬即得镁硬。

水的硬度有多种表示方法，随各国的习惯有所不同。有将水中的盐类都折算成 CaCO₃ 而以 CaCO₃ 的量作为硬度标准的；也有将盐类合算成 CaO 而以 CaO 的量来表示的。本书采用我国常用的表示方法：以度（°）计，1 硬度单位表示十万水分中含一份 CaO（即 10^{-5} CaO）。

$$硬度(°) = \frac{c_{EDTA} V_{EDTA} M_{CaO}/1000}{V_水} \times 10^5$$

式中　c_{EDTA}——EDTA 标准溶液的浓度，$mol \cdot L^{-1}$；

　　　V_{EDTA}——滴定时用去的 EDTA 标准溶液的体积，mL（若此量为滴定总硬所耗用的，则所得硬度为总硬，若此量为滴定钙硬时所耗用的，则所得硬度为钙硬）；

　　$V_水$——水样体积，mL；

　　M_{CaO}——CaO 的摩尔质量，$g \cdot mol^{-1}$。

三、实验试剂

0.02mol·L^{-1}EDTA 标准溶液、NH_3-NH_4Cl 缓冲溶液（pH≈10）、10% NaOH 溶液、钙为指示剂、铬黑 T 为指示剂。

四、实验步骤

（1）总硬度的测定　量取澄清的水样 100mL[注1]（用什么量器？为什么？）放入 250mL 或 500mL 锥形瓶中，加入 5mL NH_3-NH_4Cl 缓冲液[注2]，摇匀。再加入约 0.01g 铬黑 T 固体指示剂，再摇匀，此时溶液呈酒红色，以 0.02mol·L^{-1} EDTA 标准溶液滴定至纯蓝色，即为终点。

（2）钙硬度的测定　量取澄清水样 100mL，放入 250mL 锥形瓶内，加 4mL 10% NaOH 溶液，摇匀，再加入约 0.01g 钙指示剂，再摇匀。此时溶液呈红色。用 0.02mol·L^{-1}EDTA 标准溶液滴定至呈纯蓝色，即为终点。

（3）镁硬度的测定　由总硬度减去钙硬即得镁硬。

注释

[1] 此取样量仅适用于硬度按 $CaCO_3$ 计算为 10^{-5}～2.5×10^{-4} 的水样。若硬度大于 $2.5\times10^{-4}CaCO_3$，则取样量相应减少。

若水样不是澄清的，必须过滤之。过滤所用的仪器和滤纸必须是干燥的。最初和最后的滤液宜弃去。非属必要，一般不用纯水稀释水样。

如果水中有铜、锌、锰等离子存在，则会影响测定结果。铜离子存在时会使滴定不明显；锌离子参与反应，使结果偏高；锰离子存在时，加入指示剂时会马上变成灰色，影响滴定。遇此情况，可在水样中加入 1mL 2% Na_2S 溶液，使铜离子成 CuS 沉淀，将其过滤；锰的影响可借助盐酸羟胺溶液消除。若有 Fe^{3+}、Al^{3+} 存在，可用三乙醇胺掩蔽。

[2] 硬度较大的水样，在加缓冲液后常析出 $CaCO_3$、$(MgOH)_2CO_3$ 微粒，使滴定终点不稳定。遇此情况，可于水样中加适量稀 HCl 溶液，摇匀后，再调至近中性，然后加缓冲液，则终点稳定。

思 考 题

1. 如果对硬度测定中的数据要求保留两位有效数字，应如何量取 100mL 水样？

2. 用 EDTA 法怎样测出总硬？用什么指示剂？产生什么反应？终点变色如何？试液的 pH 值应控制在什么范围？应如何控制？测定钙硬又如何？

3. 如何得到镁硬？

4. 用 EDTA 法测定水硬时，哪些离子的存在有干扰？如何消除？

5. 当水样中 Mg^{2+} 含量低时，以铬黑 T 作指示剂测定水中 Ca^{2+}、Mg^{2+} 总量，终点不明确，因此常在水样中先加入少量 MgY^{2-} 配合物，再用 EDTA 滴定，终点就敏锐。这样做对测定结果有无影响？说明其原理。

实验十一　焊锡中铅、锡的测定

一、实验目的

1. 掌握配位滴定法中的返滴定与置换滴定法。

2. 了解试样的溶解与分析方法。

3. 了解干扰离子的掩蔽剂——邻菲罗啉（又称邻二氮菲）的作用。

二、实验步骤

1. 0.01mol·L^{-1} $Pb(NO_3)_2$ 标准溶液的配置

称取约 1.3g $Pb(NO_3)_2$ 溶于少量水中，加入 12 滴 6mol·L^{-1} HNO_3，稀释至 400mL。

2. Pb(NO₃)₂ 标准溶液与 EDTA 标准溶液的比较

吸取 25.00mL 已知准确浓度的 0.01mol·L⁻¹ EDTA 于锥形瓶中，加入 5mL 30％六亚甲基四胺、2 滴 0.2％二甲酚橙指示剂，加水至 100mL。用 Pb(NO₃)₂ 溶液滴定，当溶液从黄色变为红色即为终点。计算 Pb(NO₃)₂ 标准溶液的浓度。

3. 试样分析

(1) 准确称取 0.25～0.30g 试样一份，加入 20mL 浓 HCl 和 3mL 30％ H₂O₂ 摇匀，开始时反应很缓慢，片刻后反应加快，待反应变缓和后，逐渐加热并保持在微沸状态，直至试样完全溶解，稍冷，此时可能会有白色固体析出。加入 7mL 0.15％邻菲罗啉溶液，充分摇荡，加入 25mL 0.1mol·L⁻¹ EDTA 标准溶液，煮沸 1min。前面若有白色固体析出，这时会因形成 Pb-EDTA 配合物而溶解，溶液变为清晰。加 100mL 蒸馏水稀释，冷却后，小心转移到 250mL 容量瓶中，稀释至标线。立即移取 25.00mL 上述溶液，置于锥形瓶中，将溶液稀释至 80mL 后，加入 15mL 30％六亚甲基四胺缓冲溶液、2 滴 0.2％二甲酚橙指示剂，用 Pb²⁺标准溶液滴定溶液从黄色到红色。记录 Pb²⁺标准溶液所消耗的体积（V_1）。再加 2g NH₄F 放置约 10min，此时溶液应为黄色。再用 Pb²⁺标准溶液滴定到黄色变为稳定的红色（约 1min）即终点。记录 Pb²⁺标准溶液消耗的体积数（V_2）。

(2) 空白测定　为了清除由于差减法计算 Pb 含量所引起的误差，与试样测定的同时作一份空白实验。测定步骤除了不加试样外，其他各步骤均与试样测定相同，直至空白溶液稀释至 250mL 为止。吸取 10.00mL 空白溶液，置于锥形瓶中，将溶液冲稀至 80mL 后，加入 15mL 30％六亚甲基四胺、2 滴 0.2％二甲酚橙指示剂，用 Pb²⁺标准溶液滴定至溶液从黄色到红色。记录 Pb²⁺标准溶液用于滴定空白试样所消耗的体积（V_2），按下式计算 Pb 的质量分数 w_{Pb}。

$$w_{Pb} = \frac{(V_空 \times 2.5 - V_1 - V_2)c_{Pb^{2+}} M_{Pb^{2+}}}{m_样(1/10)} \times 100\%$$

Sn 的计算公式自拟。

三、注意事项

1. 试样不宜称量过多，试样颗粒尽可能薄细。

2. 溶解开始的温度不宜过高，以防过氧化氢过早分解。如有必要，可补加过氧化氢，并防止盐酸过分蒸发。

3. 不同牌号的试样，根据所含的杂质的不同，采用掩蔽剂及其用量也可稍有不同。

4. 加入 0.1mol·L⁻¹ EDTA 的浓度和体积对 Pb 的 w_{Pb} 的影响较大，配制 0.1mol·L⁻¹ EDTA 必须保证完全溶解。

5. 试样稀释至 250mL 后，应立即移取到锥形瓶中，放置时间太长，可能会有白色固体析出在容量瓶中。

6. 空白溶液加入 0.1mol·L⁻¹ EDTA 的步骤必须与试样溶液同时进行。

7. 测定第二个终点时，当逐滴加入 Pb²⁺标准溶液后，溶液先呈现暂时的粉红色或红色，但又逐渐变回黄色时，表示已临近终点。

思　考　题

1. 在试样溶解过程中，如果试样尚未完全溶解，而又有许多白色沉淀析出是何原因？如何避免？

2. 试样溶解后稍冷，可能析出的白色固体是什么？加入 0.1mol·L⁻¹ EDTA 并加热后，白色固体物为什么会溶解？

3. 试样中含有微量铜、锌等杂质，对测定有干扰，实验中是如何消除的？

4. 氟化铵的作用是什么？加入氟化铵后，溶液颜色为什么从红色变为黄色？

5. 本实验测定锡和铅的方法，分析属于配位滴定法中的哪一种？

6. 本实验中哪些步骤容易引起误差？

7. 在配位滴定法测定金属离子中，何种情况下采用返滴定法？何种情况下采用置换滴定法？举例说明之。

实验十二　硫代硫酸钠标准溶液的配制和标定

一、实验目的

1. 配制 $0.05mol \cdot L^{-1}$ 的硫代硫酸钠标准溶液。

2. 滴定分析法标定硫代硫酸钠标准溶液。

二、实验步骤

用台秤称取 $Na_2S_2O_3 \cdot 5H_2O$ 12.5g 和 Na_2CO_3 0.5g，溶于 1000mL 经煮沸后冷却了的蒸馏水中，转移到试剂瓶中，摇匀，静置一周后，过滤备用。

标定：利用配制的 $K_2Cr_2O_7$ 标准溶液来进行标定，用移液管移取 25.00mL 该 $K_2Cr_2O_7$ 标准溶液 3 份，分别置于 250mL 锥形瓶中，加入 5mL $3mol \cdot L^{-1}$ HCl、1g KI，摇匀，置于暗处 5min。待反应完全后，用蒸馏水稀释至 50mL。用 $Na_2S_2O_3$ 溶液滴定至黄绿色，加入 2mL 淀粉溶液，继续滴定至溶液蓝色消失呈现浅绿色即为终点，记下所消耗的 $Na_2S_2O_3$ 溶液体积，计算 $Na_2S_2O_3$ 溶液的浓度（mol/L）。

$$c_{Na_2S_2O_3} = \frac{6m_{K_2Cr_2O_7}}{V_{Na_2S_2O_3} \times 0.2942}$$

式中　　0.2942——$K_2Cr_2O_7$ 的毫摩尔质量，g/mmol；

m——准确称取 $K_2Cr_2O_7$ 的质量，g；

V——滴定时硫代硫酸钠标准溶液的用量，mL。

实验十三　铜合金中铜的测定

一、实验目的

1. 掌握间接碘量法的基本原理，注意滴定过程及终点的观察和判据。

2. 了解碘量法中碘化钾所起的作用。

3. 掌握测定时酸度的调节和控制。

二、实验步骤

配制和标定 $0.1mol \cdot L^{-1}$ $Na_2S_2O_3$ 标准溶液。

试样的测定：准确称取试样 $0.10 \sim 0.15g$ 两份，分别置于具磨口塞的 250mL 锥形瓶中。加入 5mL HCl(1:1)、5mL 30% H_2O_2，加热，待试样完全溶解后，继续加热片刻，以破坏多余的 H_2O_2。稍冷后，滴加氨水（1:1）至溶液微呈浑浊，再滴加 HAc(1:1) 至溶液澄清并多加 1mL，加水稀释至 100mL。如试样中含有 Fe^{3+}，需加 1g NH_4F。加 1.5g KI，立即用 $0.1mol \cdot L^{-1}$ $Na_2S_2O_3$ 标准溶液滴定至溶液呈浅黄色，加入 2mL 0.5% 淀粉溶液，继续滴定至蓝色褪去。再加 10mL 10% KSCN，旋摇碘瓶，蓝色重新出现。最后在激烈旋转的情况下，继续滴定至蓝色消失即为终点。计算 Cu 的质量分数 w_{Cu}。

三、注意事项

1. 如含铜量较低，可适当增加称量。

2. 所加入的过氧化氢一定要赶尽，否则结果无法测准。

3. 控制好加热温度，使样品完全溶解，过氧化氢分解完全，但不可将溶液烧干。溶解与冷却过程中锥形瓶切不可加磨口塞。

4. 在弱酸性溶液中（pH≈4），I^- 被 Cu^{2+} 氧化生成碘。

5. 碘化钾在酸性溶液中，易被空气氧化成碘，碘易挥发，放置时间长了造成误差，所以碘化钾应在滴定前加入。

思 考 题

1. 查出 $E^{\ominus}(Cu^{2+}/Cu^+)$、$E^{\ominus}(Cu^{2+}/Cu_2I_2)$ 和 $E^{\ominus}(I_2/I^-)$，解释为什么铜（Ⅱ）能氧化 I^- 而生成碘？
2. 试样溶解后为什么要破坏多余的过氧化氢？如何判断过氧化氢已经完全分解？
3. 测定溶液中的 pH 值为什么要控制在微酸性？酸性过高或过低对测定有什么影响？实验中如何调节溶液至微酸性？
4. 说明氯化铵的作用。
5. 为什么要在滴定至终点时加入硫氰酸钾溶液？过早加入对测定有什么影响？
6. 写出有关的反应方程式。
7. 碘量法测定中引起误差的主要因素有哪些？
8. 为避免或减少碘量法可能引起的误差，在实验中应采取哪些措施？

实验十四　苯酚含量的测定

一、实验目的

1. 掌握溴酸钾-碘量法测定苯酚含量的原理。

2. 熟悉测定空白值的意义和方法。

二、实验步骤

1. $0.016mol \cdot L^{-1}$ KBrO₃-KBr 标准溶液的配制

准确称取 0.7g 已干燥过的 $KBrO_3$，置于 100mL 小烧杯中，加 2.5g KBr，以少量水溶解后，定量转移到 250mL 容量瓶中，用蒸馏水稀释至刻度，摇匀，根据 $KBrO_3$ 实际称量，计算其准确浓度。

2. 苯酚含量的测定

（1）吸取 25.00mL 待测苯酚溶液两份，分别放入碘量瓶中，再用另一吸管加入 25.00mL KBrO₃-KBr 混合液，加 10mL HCl(1：1) 酸化，迅速将瓶塞塞紧，充分摇匀，放置 5～10min，充分摇荡 1～2min，再加入 15mL 10% KI 溶液，迅速塞紧瓶塞，充分摇匀后，放置 5min，小心吹洗瓶塞和瓶壁，立即用硫代硫酸钠标准溶液滴定至溶液呈淡黄色，加 2mL 0.5% 淀粉溶液，然后继续滴定至蓝色消失。滴定用去硫代硫酸钠溶液的体积为 V_1。

（2）另取两份 25.00mL 蒸馏水代替苯酚试样，分别置于 250mL 碘瓶中进行空白测定（略去在加 KI 之前摇荡 1～2min 的步骤），消耗硫代硫酸钠的体积为 V_2（取其平均值），计算苯酚的含量（以 $g \cdot L^{-1}$ 表示）。

三、注意事项

1. 必须先加入 KBrO₃-KBr 混合液后再进行酸化，酸化后得到含有三溴苯酚沉淀的棕黄色悬浊液。如果在加盐酸后溶液不呈棕黄色，表示无过量溴，须重新取样分析，适当增加溴酸钾-溴化钾混合液的用量。

2. 加盐酸或碘化钾溶液时，不要把瓶塞全拿开，而是稍松开瓶塞，使溶液沿瓶口与瓶塞间的缝隙流入。加入溶液的动作要快，加入后立即塞紧瓶塞（如为碘瓶，此时加水封住瓶口），以免溴（或碘）逸出而损失。要放置足够的时间使反应完全。瓶口、瓶塞上沾有的溶液在滴定前要吹洗入瓶中。

3. 加盐酸后要充分摇荡，在放置的过程中也应摇荡几次，使三溴苯酚悬浊液中的不溶物充分摇碎。便于后续反应的完全进行。每次摇荡时，尽可能不要把内溶物摇溅到塞子上。

4. 在过量溴存在下，苯酚与溴反应生成三溴苯酚时，还发生以下反应：

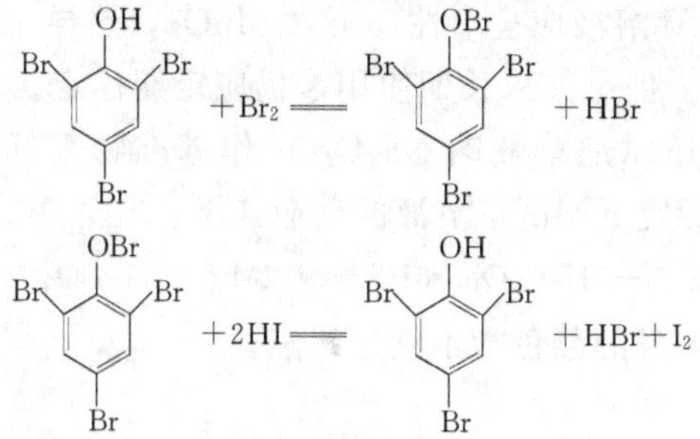

此反应多生成 1mol I_2，所以反应的中间过程不影响分析结果，但酸性溶液中加入碘化钾后，应静置 5min，以保证溴化三溴苯酚完全分解。

5. 本法测定苯酚溶液的质量浓度以 $1g \cdot L^{-1}$ 左右为宜。

6. 若溴酸钾纯度不高，不能配成准确浓度的溴酸钾溶液时，可先配制成近似浓度，然后再用已知准确浓度的硫代硫酸钠标准溶液做空白试验，由下式计算苯酚含量〔质量浓度 $\rho_{C_6H_5OH}$ $(g \cdot L^{-1})$〕：

$$\rho_{C_6H_5OH} = \frac{\frac{1}{6} \times c_{Na_2S_2O_3}(V_2-V_1)M_{C_6H_5OH}}{25.00}$$

$$M_{C_6H_5OH} = 94.11g \cdot mol^{-1}$$

思　考　题

1. 如何测定苯酚的含量？
2. 能否直接用溴标准溶液滴定苯酚？
3. 本实验中能否用硫代硫酸钠标准溶液直接滴定过量的溴？
4. 试从有关反应方程式推出苯酚、溴酸钾与硫代硫酸钠的物质的量之比？
5. V_1 和 V_2 分别代表什么？两者哪个更大？拟出计算苯酚含量（以 $g \cdot L^{-1}$ 表示）的计算公式。
6. 加入过量溴酸钾-溴化钾混合液是否要定量？
7. 从空白实验的结果，如何计算出硫代硫酸钠标准溶液的浓度？它与通常使用工作基准试剂标定标准溶液的浓度有何不同？优点何在？
8. 溴酸钾-溴化钾法测定苯酚含量的步骤中，哪些容易引起误差？应如何避免？
9. 根据实验结果，每份苯酚试样取量多少克？加入等物质的量溴酸钾应是多少克？实验中实际上加入的溴酸钾是否过量？过量多少克？

实验十五　高锰酸钾标准溶液的配制和标定

一、实验目的

1. 了解高锰酸钾标准溶液的配制方法和保存条件。

2. 掌握用 $Na_2C_2O_4$ 作基准物标定高锰酸钾溶液浓度的原理、方法及滴定条件。

二、实验原理

市售的高锰酸钾常含有少量杂质，如盐酸、氯化物及硝酸等，因此不能用精确称量的高锰酸钾来配制其准确浓度的溶液。$KMnO_4$ 氧化力强，还易和水中的有机物、空气中的尘埃及氨等还原性物质作用；$KMnO_4$ 能自行进行分解，如下式所示：

$$4KMnO_4 + 2H_2O = 4MnO_2\downarrow + 4KOH + 3O_2\uparrow$$

分解的速度随溶液的 pH 值而改变。在中性溶液中，分解很慢，但 Mn^{2+} 和 MnO_2 的存在能加速其分解，见光则分解地更快。可见，$KMnO_4$ 溶液的浓度容易改变，必须正确地配制和保存。正确配制和保存溶液应呈中性，不含 MnO_2，这样，浓度就比较稳定，放置数月后浓度大约只降低 0.5%。但是如果长期使用，仍应定期标定。

$KMnO_4$ 标准溶液用还原剂草酸钠 $Na_2C_2O_4$ 作基准物来标定。$Na_2C_2O_4$ 不含结晶水，容易精制。用 $Na_2C_2O_4$ 标定 $KMnO_4$ 溶液的反应如下：

$$2MnO_4^- + 5H_2C_2O_4 + 6H^+ = 2Mn^{2+} + 10CO_2\uparrow + 8H_2O$$

滴定时利用 MnO_4^- 本身的颜色指示滴定终点。

三、实验试剂

$KMnO_4(s)$、$Na_2C_2O_4$(A.R.或基准试剂)、$1mol \cdot L^{-1}$ H_2SO_4 溶液。

四、实验步骤

1. $0.02mol \cdot L^{-1}$ $KMnO_4$ 溶液的配制

称取计算量的 $KMnO_4$，溶于适量的水中，加热煮沸 $20\sim30min$(随时加水，以补充蒸发损失)。冷却后在暗处放置 $7\sim10d$[注1]，然后用玻璃砂芯漏斗或微孔玻璃漏斗过滤除去 MnO_2 等杂质。滤液贮于洁净的棕色瓶中，放置暗处保存。如果溶液经煮沸并在水浴上保温 $1h$，经冷却后过滤，则不必长期放置，就可以标定浓度。

2. $KMnO_4$ 溶液浓度的标定

准确称量计算（称准至 $0.0002g$）的烘过的 $Na_2C_2O_4$ 基准物于 $250mL$ 锥形瓶中，加水约 $10mL$ 溶液，再加 $30mL$ $1mol \cdot L^{-1}$ H_2SO_4 溶液[注2]并加热至 $75\sim85℃$[注3]，立即用标定的 $KMnO_4$ 溶液滴定[注4]（不能沿瓶壁滴入）至呈粉红色 30s 不褪为终点[注5]。

重复 $2\sim3$ 次。根据滴定所消耗的 $KMnO_4$ 溶液体积和基准物的质量，计算 $KMnO_4$ 溶液的浓度。

注释

[1] 加热及放置时均应盖上表面皿，以免掉入尘埃。

[2] $KMnO_4$ 作氧化剂，通常是在强酸溶液中反应，滴定过程中若发现产生棕色浑浊，是酸度不足引起的，应立即加入 H_2SO_4 补救，但若已经达到终点，则加 H_2SO_4 已无效，这时应重做。

[3] 加热可使反应加快，但不应加热至沸腾，否则容易引起部分草酸分解。正确的温度是 $75\sim85℃$，在滴定至终点时，溶液温度不应低于 $60℃$。

[4] $KMnO_4$ 溶液应装在玻塞滴定管中（为什么？）。由于 $KMnO_4$ 溶液颜色很深，不易观察溶液弯月面的最低点，因此应该从液面最高上读数。

[5] 滴定时，第一滴 $KMnO_4$ 溶液褪色很慢，在第一滴 $KMnO_4$ 溶液还没有褪色之前，不要加入第二滴，等几滴 $KMnO_4$ 溶液已经起作用后，滴定的速度就可以稍快些，但不能让 $KMnO_4$ 溶液像流水似的流下去，近终点时更需小心缓慢滴入。$KMnO_4$ 滴定的终点是不大稳定的，这是由于空气中含有还原性气体及尘埃等杂质，落入溶液能使 $KMnO_4$ 慢慢分解，而使粉红色消失，所以经 30s 不褪色，即可认为终点已到。

实验十六　由白钨矿制备三氧化钨

一、实验目的

1. 掌握酸法分解白钨矿制备三氧化钨的原理和操作方法。

2. 加深对钨的氧化物、钨酸和钨酸盐性质的认识。

3. 了解钨、钼化合物在性质上的差异和在分离上的应用。

二、实验原理

本实验制取三氧化钨是以白钨矿为原料。白钨矿的主要成分为钨酸钙，另外还含有少量钼酸钙以及硅、铁、磷、砷等杂质。在 $80\sim90℃$ 时，浓盐酸和白钨矿作用，生成黄色的钨酸（简称黄钨酸）和钼酸。其反应方程式为：

$$CaWO_4+2HCl=\!=\!=H_2WO_6+CaCl_2$$
$$CaMoO_4+2HCl=\!=\!=H_2MoO_4+CaCl_2$$

在盐酸中，黄钨酸的溶解度很小，而钼酸的溶解度较大。因此，在盐酸中生成的黄钨酸沉淀可与钼酸初步分离。钙、铁、磷和砷等杂质分别生成可溶性的氯化钙、氯化铁、磷酸和砷酸，采用过滤方法除去。但二氧化硅和未分解的钨酸钙仍留在沉淀中。黄钨酸沉淀易溶于氨水，可与不溶于氨水的二氧化硅和未分解的钨酸钙分离。浓缩钨酸铵溶液，溶解度较小的仲钨酸铵 $5(NH_4)_2O·12WO_3·5H_2O$ 即从溶液中结晶析出：

$$12(NH_4)_2WO_4=\!=\!=5(NH_4)_2O·12WO_3·5H_2O+14NH_3\uparrow+2H_2O$$

此时，未除尽的钼则形成溶解度较大的钼酸铵而留在溶液中。

最后把仲钨酸铵晶体灼烧成三氧化钨。其反应方程式为：

$$5(NH_4)_2O·12WO_3·5H_2O=\!=\!=12WO_3+10NH_3+10H_2O$$

三、实验步骤

1. 分解白钨矿

将 10g 研细（在 0.1mm 以下）的白钨矿放在小烧杯中，加入 15mL 浓盐酸、1mL 浓硝酸，搅拌均匀后，在烧杯上盖以表面皿，放在水浴上加热半小时，反应过程中要经常搅拌。反应完毕后，减压过滤，弃去溶液，沉淀用热水洗涤 2 次，然后再用 1% 热盐酸洗涤 3 次（每次约 5mL），观察反应产物的颜色和状态。

2. 仲钨酸铵的制备

往沉淀中加 30mL 8mol·L^{-1} NH$_3$·H$_2$O，在水浴上微热 15min，并不断搅拌。待钨酸全部溶解后，减压过滤。用 2% 氨水（每次 5~10mL）洗涤残渣两次，弃去残渣，把溶液放在蒸发皿内，于水浴上浓缩至溶液表面有微晶出现，冷却、待晶体全部析出后过滤，抽干。观察产物的颜色和状态。

3. 三氧化钨的制备

把仲钨酸铵晶体放在坩埚中灼烧半小时。待产物冷却后，观察其颜色和状态，并称重和计算产率。

实验十七 配合物的生成和性质

一、实验原理

（1）配（位）离子是由中心离子和配位体组成的结构较复杂的而又用途广泛的一类重要化合物。配离子可带正电荷或负电荷。

配合物与复盐不同。在水溶液中，配合物离解出来的配离子很稳定，只有很少部分电离成简单离子或粒子（中心离子和配合体），而复盐则几乎全部电离成为简单离子。例如：

复盐 $NH_4Fe(SO_4)_2=\!=\!=NH_4^++Fe^{3+}+2SO_4^{2-}$

配合物 $[Cu(NH_3)_4]SO_4=\!=\!=[Cu(NH_3)_4]^{2+}+SO_4^{2-}$

$$C[Cu(NH_3)_4^{2+}] \Longrightarrow Cu^{2+} + 4NH_3$$

配离子的配合平衡常数称为该配位离子的不稳定常数，其倒数称为稳定常数。例如：

$$\frac{c_{Cu^{2+}}(c_{NH_3})^4}{c_{Cu(NH_3)_4^{2+}}} = K_{不稳}$$

而

$$\frac{c_{Cu(NH_3)_4^{2+}}}{c_{Cu^{2+}}(c_{NH_3})^4} = K_{稳}$$

配位离子的配离平衡可向生成更难离解或更难溶解物质的方向移动。

生成配合物后，其性质往往与原物质大不相同，如 AgCl 难溶于水，但易溶于水等。

(2) 环状结构的配合物叫螯合物，也称内配位化合物。许多金属的螯合物具有特征颜色，难溶于水而易溶于有机溶剂。分析化学中常以此类螯合物形成作为检验某离子金属离子的特征反应而定性、定量地检其存在。例如丁二肟与 Ni^{2+} 在碱环境里生成鲜桃红色难溶于水的螯合物——丁二肟合镍：

鲜桃红色沉淀

反应式如下：

鲜桃红色沉淀

二、仪器和药品

1. 仪器

试管（普通、离心）、烧杯、玻璃棒、洗瓶、玻璃吸管、离心机。

2. 药品（溶液浓度单位为 $mol \cdot L^{-1}$）

$AgNO_3(0.1)$、$CuCl_2(0.5)$、$FeCl_3(0.1)$、$NH_4Fe(SO_4)_2(0.1)$、$HgCl_2(0.1)$、$BaCl_2$(1)、$NaCl(0.1)$、$KBr(0.1)$、$KI(0.1)$、$KSCN(0.1)$、$K_3[Fe(CN)_6](0.1)$、$NiSO_4(0.1)$、$K_4P_2O_7(2)$、$Na_2CO_3(0.1)$、$NaF(0.1)$、$Na_2S(0.1)$、$Na_2S_2O_3$(1，饱和)、C_2H_5OH(95%)、$(C_2H_5)_2O$ 液、丁二肟 (1%)、HCl(浓)、$NH_3 \cdot H_2O$(2, 6)、NaOH(0.1, 6)。

三、实验步骤

1. 配合物的制备

(1) 正配位离子　在一只小烧杯中加入约 10mL $0.1mol \cdot L^{-1}$ $CuSO_4$ 溶液，加入氨水 (6mol·L⁻¹)，直至生成的碱式盐 $[Cu(NH_3)_4]SO_4$（天蓝色）沉淀溶解为止，观察深蓝色溶液生成。溶液保留作以下几个实验。取少量溶液溶于一支试管中，加入 2mL 酒精（以降低配合物在溶液中的溶解度），观察深蓝色晶体 $[Cu(NH_3)_4]SO_4 \cdot H_2O$ 析出，离心分离，吸出溶液，观察警惕颜色，然后滴加氨水使晶体溶解。将溶液倒入烧杯，留做后面实验。

(2) 负配位离子　取一支试管，加入 1~2 滴 $0.1mol \cdot L^{-1}$ $HgCl_2$ 溶液，然后逐滴加入 $0.1mol \cdot L^{-1}$ KI 溶液，直至最初生成的 HgI_2 沉淀溶解为止。注意观察沉淀的颜色并与溶液比较。

2. 配合物的组成

(1) 取两支试管，各加入数滴 $0.1 mol \cdot L^{-1}$ $CuSO_4$ 溶液，然后分别加入 2 滴 $1 mol \cdot L^{-1}$ $BaCl_2$ 和 $0.1 mol \cdot L^{-1}$ 的 NaOH 溶液，观察现象（两者是检验 SO_4^{2-} 和 Cu^{2+} 的方法）。

(2) 另取两支试管，各加入前面制备的 $[Cu(NH_3)_4]SO_4 \cdot H_2O$ 溶液。分别加入 2 滴 $1 mol \cdot L^{-1}$ $BaCl_2$ 和 $0.1 mol \cdot L^{-1}$ NaOH 溶液，观察现象，是否都有沉淀生成。

根据上面实验结果，说明 $CuSO_4$ 和 NH_3 所形成的配合物的组成。

3. 配位离子的离解

(1) 在两支试管中各加入数滴 $0.1 mol \cdot L^{-1}$ $CuSO_4$ 溶液，再分别加入 2 滴 $1 mol \cdot L^{-1}$ 的 Na_2S 和 $6 mol \cdot L^{-1}$ 的 NaOH，观察现象。

(2) 另取两支试管，各加入前面制备的硫酸四氨合铜溶液。分别加入 2 滴 $1 mol \cdot L^{-1}$ Na_2S 和 $6 mol \cdot L^{-1}$ NaOH，观察现象，并解释之。

4. 配位离子与简单离子的区别

在三支试管中分别加入 5 滴 $0.1 mol \cdot L^{-1}$ $FeCl_3$、$0.1 mol \cdot L^{-1}$ $NH_3 Fe(SO_4)_2$ 和 $0.1 mol \cdot L^{-1}$ $K_3[Fe(CN)_6]$，分别加入 1 滴 $0.1 mol \cdot L^{-1}$ KSCN，观察并比较颜色。

5. 配位离子的转化

(1) 在一支试管中加入约 5 滴 $0.5 mol \cdot L^{-1}$ $CuCl_2$，逐滴加入浓 HCl，观察溶液颜色的变化；然后再逐滴加入去离子水，观察溶液颜色并与以前比较。

(2) 在三支试管中分别加入 2 滴 $0.1 mol \cdot L^{-1}$ $FeCl_3$，加水稀释，再加入 1 滴 $0.1 mol \cdot L^{-1}$ KSCN，然后逐滴加入 $0.1 mol \cdot L^{-1}$ NaF，观察溶液颜色并比较之。

6. 配离子平衡与溶（解）沉（淀）平衡

在 1 支大试管中，加入 2 滴 $0.1 mol \cdot L^{-1}$ 的 $AgNO_3$，然后依次进行下列实验，写出每一步骤生成物的化学式。

① 滴加 $0.1 mol \cdot L^{-1}$ Na_2CO_3 至刚生成沉淀。

② 滴加 $2 mol \cdot L^{-1}$ 氨水至沉淀溶解。

③ 加入 1 滴 $0.1 mol \cdot L^{-1}$ NaCl 至生成沉淀。

④ 滴加 $6 mol \cdot L^{-1}$ 氨水至沉淀刚溶解。

⑤ 加入 1 滴 $0.1 mol \cdot L^{-1}$ KBr 至生成沉淀。

⑥ 滴加 $1 mol \cdot L^{-1}$ $Na_2S_2O_3$，边滴加边摇荡至沉淀刚溶解。

⑦ 加入 1 滴 $0.1 mol \cdot L^{-1}$ KI 至生成沉淀。

⑧ 滴加饱和 $Na_2S_2O_3$，边滴加边摇荡至沉淀刚溶解。

⑨ 滴加 $0.1 mol \cdot L^{-1}$ Na_2S 至生成沉淀。

注：每步只加到刚生成沉淀或刚溶解即可，若溶液量太大，可弃去部分继续实验。

7. 螯合物的生成

(1) 向试管中加入约 $0.1 mol \cdot L^{-1}$ $CuSO_4$ 溶液，然后逐滴加入 $2 mol \cdot L^{-1}$ $K_4 P_2 O_7$，观察生成的焦磷酸铜浅蓝色沉淀。继续加入溶液至沉淀 $K_4 P_2 O_7$ 溶解形成深蓝色透明溶液。

(2) 向试管中加入 2 滴 $0.1 mol \cdot L^{-1}$ $NiSO_4$ 及约 1mL 去离子水，再加入 2 滴 $2 mol \cdot L^{-1}$ 氨水。然后加入 2 滴 1% 丁二肟溶液，观察生成鲜红色沉淀；再加上 1mL 乙醚，摇荡，观察现象。

思　考　题

1. 配位离子是如何形成的？它与简单离子有何区别？如何证明？

2. 怎样根据实验结果推测氨配位离子的组成和离解？

3. 配位化合物与复盐有何区别？如何证明？

4. 本实验有哪些因素可使配位离子的配离平衡发生移动？请举例说明。若往溶液中加入 KI 溶液，情况如何？试分别讨论。

5. $AgCl$、$Cu_2(OH)_2SO_4$ 都能溶于过量氨水，PbI_2 和 HgI_2 都能溶于过量 KI 溶液中，为什么？它们各生成什么物质？

6. 什么叫螯合物？有些什么特征？

实验十八　氯化铅的溶度积和溶解热测定

一、实验目的

1. 掌握有关难溶电解质的溶度积原理及测定方法。

2. 熟悉盐类溶解热测定的一种方法。

二、实验原理

在饱和溶液中，难溶电解质在固相和液相之间存在着动态平衡。

例如
$$PbCl_2(s) \Longrightarrow Pb^{2+}(aq) + 2Cl^-(aq)$$

在一定温度下，难溶电解质的饱和溶液中离子浓度（确切地说应是离子活度）的乘积为一常数，称为溶度积（K_{sp}）。例如氯化铅在 25℃时的溶度积为

$$K_{sp} = [Pb^{2+}][Cl^-]^2 = 1.7 \times 10^{-5} \tag{4-1}$$

式中，$[Pb^{2+}]$、$[Cl^-]$ 分别为平衡时 Pb^{2+} 和 Cl^- 的浓度，$mol \cdot L^{-1}$。

在不同温度下，难溶电解质的 K_{sp} 是不同的。按

$$\Delta rG = \Delta rG^\ominus + RT\ln K_{sp} \tag{4-2}$$

可推导出 K_{sp} 与绝对温度 T 的关系式为

$$\lg K_{sp} = -\frac{\Delta rH^\ominus}{2.303R} \times \frac{1}{T} + \frac{\Delta rS^\ominus}{2.303R} \tag{4-3}$$

式中，$\Delta rH^\ominus$ 为标准焓变化，$kJ \cdot mol^{-1} \cdot L^{-1}$；$R$ 为气体常数，$8.314J \cdot mol^{-1} \cdot K^{-1}$；$\Delta rS^\ominus$ 为标准熵变化，$J \cdot mol^{-1}$。

由于在室温至 100℃ 的温度范围内，$\Delta rH^\ominus$ 和 $\Delta rS^\ominus$ 随温度变化而改变不大，可以把它们视为常数。

因此，在式（4-3）中，$\lg K_{sp}$ 对 $1/T$ 作图应为一条直线，所得直线斜率为 $-\frac{\Delta rH^\ominus}{2.303R}$。由斜率可求得 $\Delta rH^\ominus$。

三、实验步骤

1. 测定室温时 $PbCl_2$ 的溶度积

用移液管向一个干燥的大试管中加入 0.70mL 1.0mol·L^{-1} 的 KCl 溶液，再加入 10.00mL 0.10mol·L^{-1} Pb(NO$_3$)$_2$ 溶液。充分振荡，观察有无沉淀生成。若无沉淀，继续向试管中加入 0.10mL 1.0mol·L^{-1} KCl 溶液，充分振荡，观察有无沉淀，依次试验下去（如果无沉淀，再加 0.10mL 1.0mol·L^{-1} KCl 溶液），直至产生的沉淀不再消失。在实验报告上做好各次实验记录。

2. 溶度积与温度的关系

向干燥的大试管中加入 10.00mL 0.10mol·L^{-1} Pb(NO$_3$)$_2$ 溶液和 1.50mL 1.0 mol·

L^{-1} KCl 溶液。将大试管上端用铁夹固定，大试管下端的溶液部位浸在用烧杯做的水浴中。大试管口装一个双孔软木塞，中间孔插温度计，边缘孔插入带环搅拌棒。

开始加热水浴，同时小心搅拌溶液。当沉淀接近溶解完时，溶液温度的上升速度要慢一些，记下沉淀刚好完全溶解时的温度。也可以先加热使沉淀全部溶解，再缓慢冷却，观察并记录刚出现结晶时的温度。

继续向大试管中加入 0.50mL 1.0mol·L^{-1} KCl 溶液，重复上述操作，完成第 2 号试验。同样，依次完成第 3、4 号试验，分别把这些沉淀刚溶解的温度记录在实验报告上。

实验十九　碳、硅、锡、铅、卤素

一、实验目的

1. 通过实验进一步掌握同族元素、氢氧化物酸碱性的递变规律。

2. 进一步认识溶液酸度对氧化还原反应方向的影响。

3. 认识硫代酸盐的形成和性质。

二、仪器和药品

1. 仪器

试管（普通、离心）、离心机、烧杯（200～250mL）。

2. 药品（溶液浓度单位为 mol·L^{-1}）

As$_2$O$_3$(s)、PbO$_2$(s)、氯水、碘水、H$_2$S、SbCl$_3$(0.1)、BiCl$_3$(0.1)、SnCl$_2$(0.1)、SnCl$_4$(0.1)、HgCl$_2$(0.1)、Pb(NO$_3$)$_2$(0.1)、MnSO$_4$(0.1)、AgNO$_3$(0.1)、Na$_2$S(0.1)、K$_2$CrO$_4$(0.1)、NaAc(饱和)、H$_2$SO$_4$(1)、HNO$_3$(2，6)、HCl(2，6，浓)、NaOH(2，6)、NH$_3$·H$_2$O(2，6)、Pb(Ac)$_2$ 试纸、淀粉-KI 试纸。

三、实验步骤

1. 氢氧化物的酸碱性

（1）实验原理　砷、锑、铋氧化物及其水合物的酸碱性变化具有明显的规律，即酸碱性依次减弱，碱性依次增强。

① As(Ⅲ)、Sb(Ⅲ)、Bi(Ⅲ) 的氧化物和氢氧化物。As(Ⅲ) 的氧化物和氢氧化物分别为 As$_2$O$_3$ 和 H$_3$AsO$_3$，Sb(Ⅲ) 的氧化物和氢氧化物分别为 Sb$_2$O$_3$ 和 Sb(OH)$_3$，这四种物质都显两性，但前两者以酸性为主，后两者以碱性为主。Bi(Ⅲ) 的氧化物和氢氧化物分别为 Bi$_2$O$_3$ 和 Bi(OH)$_3$，显碱性。

② Sn(Ⅱ)、Pb(Ⅱ) 的氢氧化物。Sn(Ⅱ) 的氢氧化物为 Sn(OH)$_2$，显两性；Pb(Ⅱ) 的氢氧化物为 Pb(OH)$_2$，也显两性，但以碱性为主。

由于 Sb$_2$O$_3$、BiO$_3$、SnO、PbO 都不溶于水，因此，它们的氢氧化物不能从相应的氧化物制得，只能用可溶性盐加碱制得。

（2）实验步骤

① 将实验室提供的 As$_2$O$_3$(s) 用角匙分成两份，分别加入两支试管中。一支加入 6mol·L^{-1} HCl，另一支加入 2mol·L^{-1} NaOH，观察溶解情况，讨论 As$_2$O$_3$ 的酸碱性。

② 用 0.1mol·L^{-1} SbCl$_3$、2mol·L^{-1} NaOH 制备 Sb(OH)$_3$，并实验它与 2mol·L^{-1} HCl 和 2mol·L^{-1} NaOH 的作用情况。

③ 用 0.1mol·L^{-1} BiCl$_3$ 按②相同的方法制备 Bi(OH)$_3$，并试验 Bi(OH)$_3$ 与 NaOH 和 HCl 的作用情况。根据以上实验结果，比较 As(Ⅲ)、Sb(Ⅲ)、Bi(Ⅲ) 的氢氧化物的酸碱

性, 其规律如何递变?

④ 供给 $SnCl_2$($0.1mol \cdot L^{-1}$)、NaOH($2mol \cdot L^{-1}$)、HNO_3($2mol \cdot L^{-1}$), 试验 $Sb(OH)_3$ 酸碱性。

⑤ 用 $0.1mol \cdot L^{-1}$ $Pb(NO_3)_2$ 代替 $SnCl_2$ 进行同样的实验。

2. 砷、锑、铋的氧化还原

(1) 实验原理　As、Sb、Bi 有氧化值为 +3、+5 两个系列化合物。

酸性介质中, 氧化值为 +5 的化合物有氧化性, 按 As(V)、Sb(V)、Bi(V) 的顺序增强。如 As(V) 只能把 I^- 氧化成 I_2, 而 Sb(V) 不仅能氧化 Cl^-, 而且还能把 Mn^{2+} 氧化成 MnO_4^-。再从电极电位看:

$$H_3AsO_4 + 2H^+ + 2e == H_3AsO_3 + H_2O \qquad \varphi_A^\ominus = 0.56V$$

$$H[Sb(OH)_6] + 3H^+ + 2e == SbO^+ + 5H_2O \qquad \varphi_A^\ominus = 0.64V$$

$$NaBiO_3 + 6H^+ + 2e == Bi^{3+} + Na^+ + 3H_2O \qquad \varphi_A^\ominus = 1.8V$$

碱性介质中, 氧化值为 +3 的化合物的还原性按 As(III)、Sb(III)、Bi(III) 顺序减弱。如 I_2 能氧化 As(III) 为 As(V), Bi(III) 必须用强氧化剂才能氧化为 Bi(V), 在微酸性和近中性介质中, I_2 氧化 As(III) 为 As(V), 而在强酸性介质中则是 As(V) 氧化 I^- 为 I_2。

$$H_3AsO_4 + 2HI == H_3AsO_3 + I_2 + H_2O$$

$$E^\ominus = \varphi_{H_3AsO_4/H_3AsO_3}^\ominus - \varphi_{I^-/I_2}^\ominus = 0.56 - 0.54 = 0.02$$

$E^\ominus$ 值很小, 表明正逆反应都不完全, 若提高 c_{H^+}, 有助于正反应进行, 若降低 c_{H^+}, 则反应逆向进行。

酸度影响氧化还原反应是一个带有普遍性的现象, 必须十分注意。

(2) 实验步骤

① 取前一实验制得的 Na_3AsO_3 溶液的一半 (另一半留用), 滴加碘水, 观察现象; 然后滴加浓 HCl, 又有何变化?

② 分别制备亚锑酸钠溶液($Na[Sb(OH)_4]$)和适量银氨溶液($[Ag(NH_3)_2]^+$)。

③ 将两溶液混合, 加热观察现象。

写反应方程式, 本实验证明 Sb(III) 的何种性质?

④ 用两支离心试管制备两份 $NaBiO_3$ 沉淀。分别加入约 $0.5mol \cdot L^{-1}$ $BiCl_3$($0.1mol \cdot L^{-1}$), 再滴加 $6mol \cdot L^{-1}$ NaOH 和氯水, 搅匀, 水浴加热, 观察产物的颜色和状态, 离心沉降, 弃去清液, 洗涤两次, 将沉淀分成两份, 再进行下一实验。

a. 滴加浓 HCl(注意搅动), 检验气相产物。

b. 加 1~2 滴 $MnSO_4$ 溶液, 再加入适量 $6mol \cdot L^{-1}$ HNO_3 搅动, 水浴加热, 观察现象(可用于检验 Mn^{2+})。

3. Sn(II) 的还原性和 Pb(IV) 的氧化性

(1) 实验原理　锡、铅是 IV$_A$ 族中的两个金属元素, 可以形成氧化值为 +2 和 +4 两个系列的化合物。Sn 的氧化值为 +4 的化合物比 +2 的化合物稳定, 故氧化值为 +2 的化合物具有较强还原性; Pb 的氧化值为 +2 的化合物比 +4 的化合物稳定, 故氧化值为 +4 的化合物具有强的氧化性, 下面列出锡、铅的元素电位图供参考。

$$\varphi_A^\ominus \qquad Sn^{4+} \xrightarrow{\;0.15\;} Sn^{2+} \xrightarrow{\;-0.136\;} Sn$$

$$PbO_2 \xrightarrow{\;1.455\;} Pb \xrightarrow{\;-0.126\;} Pb$$

$$\underline{\qquad 1.69 \qquad} PbSO_4 \xrightarrow{\;-0.359\;}$$

$$\varphi_B^\ominus \qquad Sn(OH)_6^{2-} \xrightarrow{\;-0.90\;} Sn(OH)_4^{2-} \xrightarrow{\;-0.91\;} Sn$$

$$PbO_2 \xrightarrow{\;1.69\;} PbO \xrightarrow{\;-0.54\;} Pb$$

（2）实验步骤

① 取 $0.1mol \cdot L^{-1}$ $HgCl_2$ 溶液 1 滴，慢滴 $0.1mol \cdot L^{-1}$ $SbCl_2$ 溶液，观察沉淀颜色变化 $[Hg_2Cl_2(白) \longrightarrow Hg(黑)]$，写出反应式（检验 Hg^{2+} 和 Sn^{2+} 的反应）。

② 取 $SnCl_2$ 溶液 1 滴，滴加稍过量的 $2mol \cdot L^{-1}$ $NaOH$ 溶液，然后滴加 3～5 滴 $BiCl_3$ 溶液，观察产物的颜色和状态（检验 Bi^{3+} 的反应）。

③ 取少量 $PbO_2(s)$，加入适量浓 HCl，检验气相产物。

④ 取 $0.1mol \cdot L^{-1}$ $KMnO_4$ 1 滴和 $6mol \cdot L^{-1}$ HNO_3 1mL，再加入少量 $PbO_2(s)$，摇匀，稍热，待静置澄清，观察液相的颜色，确认起了何种变化（可用于检验 Mn^{2+}）？

（3）实验思考

① $SnCl_2$、$HgCl_2$、$BiCl_3$ 三种溶液配制时，应当注意什么？

② 实验步骤①中的反应是在何种酸碱条件下进行的？改在相反的介质中进行，情况如何？结果是否相同？

③ 把实验步骤②改在酸性介质中进行，实验步骤④改在碱性介质中进行，情况如何？（用实验和 $\varphi^\ominus$ 值确定答案）。氧化还原反应中的酸碱条件是否时刻引起你的注意？

④ 在 $SnCl_2$ 溶液中经常放些锡粒，为什么？但在可溶性铅盐溶液中却不放铅粒，从实验原理中的电位图看，说明不放铅粒的道理。

⑤ 实验步骤④不用 HNO_3 而改用 HCl 有何弊病？用 H_2SO_4 行吗？

4. 硫化物和硫代酸盐

（1）As(Ⅲ)、Sb(Ⅱ)、Bi(Ⅱ) 的硫化物及硫代硫酸盐

① 用三支离心试管分别取 Na_3ASO_3（前面自制留下的）（加适量 $6mol \cdot L^{-1}$ HCl 酸化）、$SbCl_3$ 溶液、$BiCl_3$ 溶液，再分别滴加 H_2S 水，摇匀，观察沉淀的颜色，离心沉降，弃去清液，洗涤沉淀 1～2 次，供下面实验用。

② 在三硫化物沉淀中滴加 $1mol \cdot L^{-1}$ Na_2S 溶液，搅动，观察哪些硫化物被溶解了？

③ 被 Na_2S 溶解了的离心试管中，加入 $2mol \cdot L^{-1}$ HCl 有何变化？检验气相产物。

（2）锡、铅的硫化物

① 用 $0.1mol \cdot L^{-1}$ $SnCl_2$ 和 H_2S 水制备两份 SnS 沉淀，然后分别试验沉淀对 $1mol \cdot L^{-1}$ Na_2S 和 $2mol \cdot L^{-1}$ HCl 的作用。

② 用 $0.1mol \cdot L^{-1}$ $SnCl_4$ 和 H_2S 水制备两份沉淀，然后分别试验沉淀对 Na_2S 和浓 HCl 的作用，讨论 SnS_2 的性质。

③ 用 $0.1mol \cdot L^{-1}$ $Pb(NO_3)_2$ 和 H_2S 水制备两份 PbS 沉淀，然后分别试验沉淀对 Na_2S 和浓 HCl 的作用，讨论 PbS 的性质。

5. 几种难溶铅盐

（1）氯化铅（$PbCl_2$）　用 2 滴 $0.1mol \cdot L^{-1}$ $Pb(NO_3)_2$ 和 $2mol \cdot L^{-1}$ HCl 作用生成 $PbCl_2$ 白色沉淀，试验沉淀在受热后的溶解情况，当溶液冷却后溶解情况又怎样？常利用

$PbCl_2$ 在冷、热时的溶解度不同来分离溶液中的 Pb^{2+}。

(2) 铬酸铅 （$PbCrO_4$） 用 2 滴 $Pb(NO_3)_2$ 溶液和 $0.1mol \cdot L^{-1}$ K_2CrO_4 作用制备 $PbCrO_4$ 黄色沉淀，试验沉淀在 $2mol \cdot L^{-1}$ HNO_3 和 NaOH 中的溶解情况。常利用生成黄色 $PbCrO_4$ 沉淀来鉴定 Pb^{2+} 或 CrO_4^{2-}，并常用 $PbCrO_4$ 溶于碱的特性来区别其他难溶黄色铬酸盐。

(3) 硫酸铅 （$PbSO_4$） 用 2 滴 $Pb(NO_3)_2$ 溶液与 $1mol \cdot L^{-1}$ H_2SO_4 作用制备白色 $PbSO_4$ 沉淀，并试验 $PbSO_4$ 在饱和 NaAc 中的溶解情况，微热，搅动。

本实验需时 3h。

思 考 题

1. 一般教科书指出，在碱性介质 AsO_3^{3-} 能把 I_2 还原为 I^-。本实验中第一个实验就是按照这样做的 [即在 Na_3AsO_3 溶液中（碱性）加碘水进行反应]，其实验原理中建议在微酸介质中进行，你觉得这一反应在何种介质中进行更合理，更能真实地反映 AsO_3^{3-} 的还原性？

2. 用亚锑酸钠 $Na[Sb(OH)_4]$ 代替亚砷酸钠，按第一个实验的方法进行试验，是否得到相同的结果？能真实反映 $Na[Sb(OH)_4]$ 的还原性吗？

3. 第三个实验中，水浴加热后，沉淀仍为白色或很浅的黄色，这时可用滴管吸去上层清液，重加 Cl_2 水，加热时，间断性搅动，这样处理后反应程度增大，黄色加深，这样做为了克服哪些因素的影响？

4. 在实验前必须清楚下列问题：上述硫化物的颜色，对 Na_2S 和酸的溶解情况，溶解得到的产物是什么，硫代酸盐和硫代酸具有何种性质？

5. 用于制备硫化物的盐溶液的用量不宜太多，一般在 5 滴以下，当进行试验硫化物性质前，要不要离心沉降、洗涤沉淀等操作，请分析确定。

6. $PbCl_2$ 的溶解度随温度升高显著增大，冷却后析出针状晶体。$PbCl_2$ 能溶于中等浓度的 HCl 溶液形成配离子 $PbCl_4^{2-}$，$PbCrO_4$ 溶于 NaAc 溶液分别形成配离子 $Pb(OH)_3^-$ 和 $Pb(Ac)_3^-$。

7. $PbCl_2$、$PbCrO_4$、$PbSO_4$ 沉淀的生成实验中，试剂用量不宜太大，一般用 2 滴左右，在离心管中进行。离心沉降操作自己视情况而定。

实验二十 氮、磷及其化合物

一、实验目的

1. 掌握铵根离子的检验方法，试验亚硝酸、硝酸和硝酸盐的主要性质。

2. 试验磷酸盐的主要化学性质。

3. 试验硫的不同氧化态化合物的性质。

二、实验步骤

1. 铵根离子的检验

(1) 取几滴铵盐溶液置于一表面皿中心，在另一块小表面皿中心黏附一小块湿润的 pH 试纸，然后在铵盐溶液中滴加 $6mol \cdot L^{-1}$ NaOH 溶液至呈碱性，迅速将粘有 pH 试纸的表面皿盖在盛有试液的表面皿上作成"气室"。将此气室放在水浴上微热，观察 pH 试纸的变化。

(2) 取几滴铵盐 （例如 NH_4Cl） 溶液于小试管中，加入 2 滴浓度为 $2mol \cdot L^{-1}$ 的 NaOH 溶液，然后再加 2 滴奈斯勒试剂 （$K_2[HgI_4]$），观察红棕色沉淀的生成。反应方程式为：

$$NH_4Cl + 2K_2[HgI_4] + 4KOH \longrightarrow \left[O {\overset{Hg}{\underset{Hg}{\Big\backslash\!\!\!/}}} NH_2 \right] I\downarrow + KCl + 7KI + 3H_2O$$

2. 亚硝酸的生成和性质 （亚硝酸及其盐有毒，注意勿进入口内!）

（1）**亚硝酸的生成和分解** 把盛有约 1mL 的饱和 $NaNO_2$ 溶液的试管置于冰水中冷却，然后加入约 1mL 浓度为 $3mol \cdot L^{-1}$ 的 H_2SO_4 溶液，混合均匀，观察有浅蓝色亚硝酸溶液的生成。将试管自冰水中取出并放置一段时间，观察亚硝酸在室温下的迅速分解：

$$2HNO_2 \underset{冷}{\overset{热}{\rightleftharpoons}} H_2O + N_2O_3 \underset{冷}{\overset{热}{\rightleftharpoons}} H_2O + NO + NO_2$$

（2）**亚硝酸的氧化性** 取 0.5mL 浓度为 $0.1mol \cdot L^{-1}$ KI 溶液于小试管中，加入几滴 $1mol \cdot L^{-1}$ 的 H_2SO_4 使其酸化，然后逐滴加入 $0.1mol \cdot L^{-1}$ $NaNO_2$ 溶液，观察 I_2 的生成。此时 NO_2^- 还原为 NO。写出反应方程式。

（3）**亚硝酸的还原性** 取 0.5mL 的 $0.1mol \cdot L^{-1}$ $KMnO_4$ 溶液于小试管中，加入几滴 $1mol \cdot L^{-1}$ H_2SO_4 使其酸化，然后加入 $0.1mol \cdot L^{-1}$ $NaNO_2$ 溶液，观察现象，写出反应方程式。

3. 硝酸根离子棕色环试验

在小试管中注入 10 滴 $0.5mol \cdot L^{-1}$ $FeSO_4$ 溶液和 $0.5mol \cdot L^{-1}$ $NaNO_3$ 溶液，摇匀。然后斜持试管，沿着管壁慢慢滴入 1 滴管浓硫酸，由于浓硫酸的密度较上述液体大，浓硫酸流入试管底部，形成两层，这时两层液体界面上有一棕色环。其反应方程式如下：

$$Fe^{2+} + NO === [Fe(NO)]^{2+}（棕色）[亚硝酰合铁（Ⅱ）离子]$$

4. 正磷酸盐的性质

（1）用 pH 试纸分别试验 $0.1mol \cdot L^{-1}$ 的 Na_3PO_4、Na_2HPO_4 和 NaH_2PO_4 溶液的酸碱性。然后分别取此三种溶液各 10 滴，倒入三支试管中，各加入 10 滴 $AgNO_3$ 溶液，观察黄色磷酸银沉淀的生成。再分别用 pH 试纸检查它们的酸碱性，前后对比各有什么变化？试加以解释。

（2）分别取 $0.1mol \cdot L^{-1}$ Na_3PO_4、Na_2HPO_4 和 Na_2HPO_4 溶液于三支试管中，各加入 $0.1mol \cdot L^{-1}$ $CaCl_2$ 溶液，观察有无沉淀产生？加入氨水后，又各有什么变化？再分别加入 $2mol \cdot L^{-1}$ 盐酸后，再各有什么变化？

比较 $Ca_3(PO_4)_2$、$CaHPO_4$ 和 $Ca(H_2PO_4)_2$ 的溶解性，说明它们之间相互转化的条件。写出相应的反应方程式。

5. 偏磷酸根、磷酸根和焦磷酸根的性质和鉴定

（1）在 $0.1mol \cdot L^{-1}$ H_3PO_4 溶液和 $0.1mol \cdot L^{-1}$ $K_4P_2O_7$ 溶液中，各加入 $0.1mol \cdot L^{-1}$ $AgNO_3$ 溶液，有何现象发生？离心分离，弃去溶液，往沉淀中注入 $2mol \cdot L^{-1}$ HNO_3，沉淀是否溶解。

（2）在 HPO_3（可自制）、H_3PO_4 和 $K_4P_2O_7$ 溶液中，各注入 $2mol \cdot L^{-1}$ 乙酸和 1‰蛋清水溶液，有何现象发生？

（3）磷酸根离子的鉴定

① 磷酸银沉淀法（见正磷酸盐的性质中第一部分）

② 磷酸铵镁法 在 2 滴试液中滴入数滴镁铵试剂，则有白色沉淀生成。若试液为酸性，可用浓氨水调至碱性后再试验。其反应方程式如下：

$$PO_4^{3-} + NH_4^+ + Mg^{2+} === MgNH_4PO_4 \downarrow$$

③ 磷钼酸铵法 在三滴试液中，滴入 1 滴 $6mol \cdot L^{-1}$ HNO_3 和 8～10 滴 $0.1mol \cdot L^{-1}$ $(NH_4)_2MoO_4$ 溶液，即有黄色沉淀产生，其反应方程式如下：

$$PO_4^{3-} + 12MoO_4^{2-} + 3NH_4^+ + 24H^+ === (NH_4)_3PO_4 \cdot 12MoO_3 \cdot 6H_2O \downarrow + 6H_2O$$

6. 硫代硫酸盐的性质

(1) 往 $0.1mol \cdot L^{-1} Na_2S_2O_3$ 溶液中滴加碘水，溶液的颜色有什么变化？写出反应方程式。

(2) 往 $0.1mol \cdot L^{-1} Na_2S_2O_3$ 溶液中滴加 $2mol \cdot L^{-1}$ 盐酸加热，观察有什么变化？写出反应方程式。$S_2O_3^{2-}$ 遇酸会发生分解，常用于检出 $S_2O_3^{2-}$ 的存在。

(3) 在试管中加 $0.5mL$ 的 $0.1mol \cdot L^{-1} AgNO_3$ 溶液，再加几滴 $0.1mol \cdot L^{-1} Na_2S_2O_3$ 溶液，先产生白色沉淀：

$$2Ag^+ + S_2O_3^{2-} = Ag_2S_2O_3 \downarrow$$

沉淀由白变黄、变棕，最后变黑：

$$Ag_2S_2O_3 + H_2O = H_2SO_4 + Ag_2S \downarrow$$

这是 $Na_2S_2O_3$ 的特征反应。

7. 过二硫酸盐的氧化性

把 $5mL$ 的 $1mol \cdot L^{-1} H_2SO_4$、$5mL$ 蒸馏水和 4 滴 $0.002mol \cdot L^{-1} MnSO_4$ 溶液混合均匀后，再加入 1 滴浓 HNO_3，把这一溶液分成两份。往一份溶液中加 1 滴 $0.1mol \cdot L^{-1}$ $AgNO_3$ 溶液和少量 $K_2S_2O_8$ 固体，使其微热，溶液的颜色有什么变化？另一份溶液中只加少量 $K_2S_2O_8$ 固体，使其微热，溶液的颜色有什么变化？

$$5S_2O_8^{2-} + 2Mn^{2+} + 8H_2O = 10SO_4^{2-} + 2MnO^{4-} + 16H^+$$

比较上面两个实验的结果有什么不同，为什么？

实验二十一 ds 区元素（铜、银、锌、镉、汞） 化合物的性质与应用

一、实验目的

1. 试验并掌握铜、银、锌、镉、汞的主要化合物的主要性质。

2. 进一步学习氢氧化物 S-pH 图的应用。

3. 认识 CuI 和 Hg(Ⅰ) 稳定存在的条件。

二、仪器和药品

1. 仪器

试管（普通、离心）、离心机、烧杯（100mL）。

2. 药品（溶液浓度单位为 $mol \cdot L^{-1}$）

铜屑、NaCl(s)、SO_2、水、$CuSO_4$(0.1)、$CuCl_2$(0.5)、KI(0.1)、$SnCl_2$(0.1)、$ZnSO_4$(0.1)、$CdSO_4$(0.1)、$AgNO_3$(0.1)、$HgNO_3$(0.1)、$Hg_2(NO_3)_2$(0.1)、NaCl(0.1)、KBr(0.1)、Na_2SO_3(0.1)、$Na_2S_2O_3$(0.1)、$K_4[Fe(CN)_6]$(0.1)、10%葡萄糖、双硫腙（打萨宗）、H_2SO_4(1)、HNO_3(2，6)、HCl(2，6，浓)、NaOH(2，6)、$NH_3 \cdot H_2O$(2，6)。

三、实验步骤

1. 铜的化合物

(1) Cu(Ⅰ) 的化合物

① 氧化亚铜的生成和性质 用试管取约 $0.5mL$ $CuSO_4$($0.1mol \cdot L^{-1}$) 溶液，滴加 $6mol \cdot L^{-1}$NaOH 至生成的沉淀完全溶解，再加入约 $0.5mL$(10%) 的葡萄糖溶液，混匀，微热，观察记录现象。

离心分离并用蒸馏水洗涤沉淀 $1\sim2$ 次，将沉淀分成 3 份，分别进行实验：a. 滴入

$1mol \cdot L^{-1} H_2SO_4$；b. 滴入 $6mol \cdot L^{-1} HCl$；c. 滴入 $6mol \cdot L^{-1} NH_3$ 水。观察现象，总结 Cu_2O 的性质。

② 氧化亚铜的生成和性质　用试管取 $1mL CuCl_2$（$0.5mol \cdot L^{-1}$）溶液，加少许铜屑和 $5 \sim 8$ 滴浓 HCl，水浴加热并间断性地摇动至清液呈暗棕色时，用滴管加入蒸馏水中检验。如有白色沉淀生成，则把全部溶液倒入一个盛有 $50mL$ 蒸馏水的 $100mL$ 烧杯中，铜屑不要倒进去，待沉淀沉降后，倾出溶液，再用蒸馏水洗涤沉淀 2 次，洗液倾出后，用滴管分次取沉淀进行下列实验：a. 将少许沉淀暴露在空气中；b. 加浓 HCl；c. 加 $6mol \cdot L^{-1} NH_3$ 水。观察现象，总结 $CuCl_2$ 的性质。

③ 碘化亚铜的生成　用试管取约 $0.5mL$ 的 $0.1mol \cdot L^{-1} CuSO_4$ 溶液，滴加 $0.1 mol \cdot L^{-1}$ KI，观察反应情况，在用 $0.1mol \cdot L^{-1} Na_2S_2O_3$ 消除碘，再观察 CuI 的颜色和状态。

④ 实验思考

a. Cu_2O 的颜色。由于同一方法掌握的条件不同，晶粒大小各异，所以呈现的颜色是多样的，如有黄、橙黄、鲜红、深棕色。

b. Cu_2O 与 H_2SO_4 和 HCl 作用的实验中，为什么后者的产物能稳定原来的氧化值，而前者不能。

c. Cu_2O 与氨水作用生成的无色 $Cu(NH_3)_2^+$ 很快被空气氧化为深蓝色的 $Cu(NH_3)_4^{2+}$，可用碱性 $SnCl_2$ 溶液即 $Sn(OH)_4^{2-}$ 还原（或用保险粉、$Na_2S_2O_4$）。

d. 实验 c. 的反应：

$$2Cu^{2+} + 4I^- \Longrightarrow 2CuI\downarrow + I_2$$
$$\phantom{2Cu^{2+} + 4I^- \Longrightarrow 2Cu}白$$

反应中 Cu^{2+} 氧化了 I^-，因而生成 CuI，从标准电位看：

$$Cu^{2+} + e^- \Longrightarrow Cu^+ \qquad \varphi^\ominus = 0.17V$$
$$I_2 + 2e^- \Longrightarrow 2I^- \qquad \varphi^\ominus = 0.535V$$

Cu^{2+} 不能氧化 I^-，上述反应不能进行，事实上，不仅能进行，而且进行得很完全。请问能把理论与事实统一起来吗？

（2）$Cu(Ⅱ)$ 的化合物

① 氢氧化铜的生成和性质　用三支试管取 3 份 $Cu(OH)_2$ 沉淀，然后分别进行下列实验：a. 滴入 $1mol \cdot L^{-1} H_2SO_4$；b. 滴入 $6mol \cdot L^{-1} NaOH$；c. 滴入 $2mol \cdot L^{-1} NH_3$ 水。观察现象，总结 $Cu(OH)_2$ 的性质。

② 氧化铜的生成和性质　用试管制取 $Cu(OH)_2$ 沉淀，然后加热（$70 \sim 90℃$），观察沉淀的颜色的改变。再实验黑色 CuO 对 $1mol \cdot L^{-1} H_2SO_4$ 的作用。

③ $Cu(Ⅱ)$ 的配合物　向 $0.1mol \cdot L^{-1} CuSO_4$ 溶液中加入少量的 $NaCl(s)$，观察沉淀颜色的改变；再加入过量 $2mol \cdot L^{-1} NH_3 \cdot H_2O$，溶液颜色又如何变化？比较 $Cu(H_2O)_4^{2+}$、$CuCl_4^{2-}$ 和 $Cu(NH_3)_4^{2+}$ 的稳定性。

2. 银的化合物

（1）制备 Ag_2O，并实验 Ag_2O 分别与 HNO_3 和 $NH_3 \cdot H_2O$ 的作用情况。

（2）制备 $AgCl$、$AgBr$、AgI 沉淀，分别试验对 $6mol \cdot L^{-1} NH_3 \cdot H_2O$ 的作用和对 $0.1mol \cdot L^{-1} Na_2SO_3$ 的作用（实验步骤自己设计）。

（3）Ag^+ 的氧化性——银镜反应　取 $0.1mol \cdot L^{-1} AgNO_3$ $1mL$ 于洁净的试管中，再滴加 $2mol \cdot L^{-1} NH_3$ 水至起初生成的沉淀溶解为止〔即 $Ag(NH_3)_2^+$〕，然后加入适量

(0.5mL)10％葡萄糖溶液，水浴加热，观察银镜的形成（实验完成后试管壁的银层用 HNO_3 处理，倒入回收瓶）。

3. 锌、镉汞的化合物

(1) 氢氧化物或氧化物的生成和性质

① 制备 $Zn(OH)_2$，并实验 $Zn(OH)_2$ 的两性。

② 制备 $Cd(OH)_2$，并实验 $Cd(OH)_2$ 的两性。

③ 用 $0.1mol \cdot L^{-1}$ $Hg(NO_3)_2$ 与 $2mol \cdot L^{-1}$ NaOH 作用制备 HgO；再试验 HgO 在 $2mol \cdot L^{-1}$ HNO_3 中的溶解情况。

根据实验结果，总结 $Zn(OH)_2$、$Cd(OH)_2$、HgO 酸碱性的递变规律。

(2) Zn^{2+}、Cd^{2+}、Hg^{2+}、Hg_2^{2+} 与氨水反应

① 实验原理　Zn^{2+} 和 Cd^{2+} 与 $NH_3 \cdot H_2O$ 作用形成正常的配合物 $Zn(NH_3)_4^{2+}$ 和 $Cd(NH_3)_4^{2+}$；Hg^{2+} 和 Hg_2^{2+} 不和 NH_3 形成正常的配合物，也得不到 $Hg(OH)_2$、$Hg_2(OH)_2$、HgO、Hg_2O，而是白色沉淀的氯化氨基汞（NH_2HgCl）、氯化氨基亚汞（NH_2Hg_2Cl），后者又歧化为氯化氨基汞 NH_2HgCl 和 Hg。

② 实验步骤

a. 取两支试管，分别用 $0.1mol \cdot L^{-1}$ $ZnSO_4$ 和 $CdSO_4$ 与 $2mol \cdot L^{-1}$ NH_3 水作用，观察反应过程中的现象。

b. 按 a. 的方法用 $Hg(NO_3)_2$ 溶液与 $2mol \cdot L^{-1}$ NH_3 水作用，观察现象。

(3) $Hg(II)$ 和 $Hg_2(I)$ 的氧化性

① 实验原理　$Zn(II)$ 和 $Cd(II)$ 没有明显的氧化性，而 $Hg(II)$ 和 $Hg_2(I)$ 的氧化性较显著。例如，逐滴加入 $ZnCl_2$ 于 $HgCl_2$ 溶液中，会出现以下分步还原反应：

$$2HgCl_2 + Sn^{2+} = Hg_2Cl_2 \downarrow + Sn_4^+ + 2Cl^-$$
$$Hg_2Cl_2 + Sn^{2+} = 2Hg \downarrow + Sn_4^+ + 2Cl^-$$

在前面实验做过这一试验，这是鉴定 Hg^{2+} 或 Sn^{2+} 的反应。又如，把饱和 SO_2 水逐滴加入 $HgCl_2$ 溶液中，也发生类似的反应。

$$2HgCl_2 + SO_2 + H_2O = Hg_2Cl_2 \downarrow + H_2SO_4 + 2HCl$$
$$2Hg_2Cl_2 + SO_2 + H_2O = 2Hg \downarrow + H_2SO_4 + 2HCl$$

另外，以汞作还原剂能将 $HgCl_2$ 还原为 Hg_2Cl_2。

$$HgCl_2 + Hg = Hg_2Cl_2$$

$HgCl_2$ 和 Hg 混合在一起研磨，反应可以实现。

② 实验步骤　按照实验原理的指导，试验 $Hg(II)$ 和 $Hg_2(I)$ 的氧化性。

(4) Hg_2^{2+} 的性质

① 实验原理　在酸性溶液中，Cu^{2+} 不像 Cu^+ 那样，Hg_2^{2+} 不发生歧化反应，而发生逆歧化反应。借此可以制备 $Hg_2(I)$ 的化合物。例如，震荡 Hg 和 $Hg(NO_3)_2$ 的混合液以制备 $Hg_2(NO_3)_2$。

$Cu(I)$ 的难溶物或配合物比较稳定，易发生歧化反应。

例如：

$$Hg_2^{2+} + 2OH^- = HgO \downarrow + Hg \downarrow + H_2O$$
$$\text{黄色}$$
$$Hg_2^{2+} + 4I^-（过量） = [HgI_4]^{2-} + Hg \downarrow$$

$$Hg_2^{2+} + H_2S \Longrightarrow HgS + Hg\downarrow$$

$$Hg_2^{2+} + NH_3 \cdot H_2O \Longrightarrow NH_2HgCl\downarrow + Hg\downarrow + HCl + H_2O$$

汞的元素电位图：

$$\varphi_A^{\ominus} \quad Hg^{2+} \xrightarrow{0.920} Hg_2^{2+} \xrightarrow{0.789} Hg$$

② 实验步骤

a. 试验 $Hg_2(NO_3)_2$ 与 $2mol \cdot L^{-1}$ NaOH 的反应情况。

b. 试验 $Hg_2(NO_3)_2$ 与 $0.1mol \cdot L^{-1}$ KI 的反应情况。

注：KI用量应先少量后过量。

③ 实验思考

a. Cu(Ⅰ)、Cu(Ⅱ)、Ag(Ⅰ)、Zn(Ⅱ)、Cd(Ⅱ)、Hg(Ⅱ)、Hg(Ⅰ) 的氢氧化物，常温下能稳定存在的有哪些？

b. Cu(Ⅰ) 能稳定存在什么条件下？Hg(Ⅰ) 的不稳定条件是什么？

c. Cu^{2+} 不被 H_2SO_3 还原，但盐酸中却能，为什么？

d. 计算 $0.01mol \cdot L^{-1}$ Zn^{2+} 和 Cd^{2+} 溶液中，通入 H_2S、ZnS 和 CdS 沉淀生成时和沉淀完全时的 c_{H^+} 是多少？

（5）Cu^{2+}、Ag^+、Zn^{2+}、Cd^{2+}、Hg^{2+} 混合离子的分离与鉴定

① Cu^{2+} 的鉴定

方法一：在盐酸条件下，Cu^{2+} 与 $K_4[Fe(CN)_6]$ 反应，产生红棕色 $Cu_2[Fe(CN)_6]$ 沉淀，示有 Cu^{2+}，此法必须先除 Fe^{3+}。

方法二：Cu^{2+} 与 NH_3 水作用。溶液呈深蓝色 $Cu[(NH_3)_4]^{2+}$，示有 Cu^{2+}。

② Ag^+ 的鉴定 Ag^+ 与 Cl^- 作用生成 AgCl 白色沉淀，用氨水溶解。再滴加 KI，若为黄色 AgI 沉淀，示有 Ag^+。

③ Zn^{2+} 的鉴定 在弱碱条件下，Zn^{2+} 与打萨宗（HDZ）生成粉红色的螯合物，示有 Zn^{2+}。

$$Zn^{2+} + 2HDZ \Longrightarrow [Zn(DZ)_2] + 2H^+$$
$$\text{粉红色}$$

注：打萨宗溶液的配制应以 0.1g 打萨宗溶于 1L CCl_4 中即成。

④ Cd^{2+} 的鉴定 Cd^{2+} 与 S^{2+} 生成 CdS 黄色沉淀。

⑤ Hg^{2+} 的鉴定 用 Hg^{2+} 与 $SnCl_2$ 分步还原反应来鉴定。

（6）Cu^{2+}、Ag^+、Zn^{2+}、Cd^{2+}、Hg^{2+} 混合离子的分离与鉴定 只要求设计实验步骤简图，交指导教师检查，不要求实验。

本实验需时 3h。

实验二十二 d区元素（铬、锰、铁、钴、镍）化合物的性质与应用

一、实验目的

1. 试验并掌握铬和锰的主要化合物的主要特征。

2. 学习运用氢氧化合物的 S-pH 图，在氢氧化合物的生成和酸碱性试验中，合理选择酸、碱试剂的浓度和用量。

3. 学习运用化合物性质相关图，合理选择反应路线和反应介质。

4. 进一步学习运用元素电位图，合理选择氧化剂、还原剂、介质和分析反应产物。

二、仪器和药品

1. 仪器

试管（普通、离心）。

2. 药品（溶液浓度单位为 mol・L⁻¹）

$K_2S_2O_3(s)$、$KClO_3(s)$、$MnO_2(s)$、$KOH(s)$、$Cr_2(SO_4)_3(0.1)$、$K_2Cr_2O_7(0.1)$、$K_2CrO_4(0.1)$、$3\% H_2O_2$、$NaNO_2(0.5)$、$Pb(NO_2)_2(0.1)$、$MnSO_4(0.1)$、$AgNO_3(0.1)$、$Na_2SO_3(0.1)$、$KMnO_4(0.1)$、$NH_4Cl(2)$、乙醚、水、氯水、$H_2SO_4(1, 浓)$、$HNO_3(6)$、$HCl(2)$、$HAc(2)$、$NaOH(2, 6)$、pH 试纸。

三、实验内容

1. 铬化合物的性质

（1）Cr(Ⅲ) 的氢氧化合物　试验 $Cr(OH)_3$ 的两性。

（2）铬的常见化合物之间的转化

① 实验步骤

a. 试验 CrO_4^{2-} 与 $Cr_2O_7^{2-}$ 之间的转化。

b. 由 Cr^{3+} 转变 $Cr_2O_7^{2-}$。

方法一：选取氧化性比 $Cr_2O_7^{2-}$ 强的氧化剂，在酸性介质中直接氧化。

方法二：选取常用氧化剂，在碱性介质中将 $Ce(OH)_4^-$ 氧化成 CrO_4^{2-} 后再被酸化。

按指定的两条途径分别把实验步骤设计出来，课前交老师检查。

c. 由 CrO_4^{2-} 转变为 Cr^{3+}。

方法一：在碱性介质中，将 CrO_4 还原成 $Cr(OH)_4^-$ 再酸化。再选择一种合适的常用还原剂使其还原？

方法二：在酸性介质中，CrO_4^{2-} 变为 $Cr_2O_7^{2-}$，再用常见还原剂还原成 Cr^{3+}。

按你选定的途径，把实验步骤设计出来。

② 实验思考

a. 阅读教材及相应参考书，弄清铬的常见化合物的性质，把实验步骤设计好。

b. 在实验步骤 b. 的方法二中选用的氧化剂，要是在酸化时又能做还原剂（如 H_2O_2），酸化前必须除去。怎样除去？不除有何危害？

c. 通过本实验学会氧化还原反应中的介质和氧化剂、还原剂的选择。

（3）Cr^{3+} 和 CrO_4^{2-}（或 $Cr_2O_7^{2-}$）的鉴定

① 实验步骤

a. Cr^{3+} 的鉴定　取 $0.10 mol・L^{-1} Cr_2(SO_4)_3$ 溶液 3 滴，滴加 $2 mol・L^{-1}$ NaOH 至形成 $Cr(OH)_4^-$ 深绿色，加数滴 $3\% H_2O_2$，形成 CrO_4^{2-} 溶液黄色，再加数滴 $0.1 mol・L^{-1}$ $Pb(NO_3)_2$，出现黄色沉淀。

b. CrO_4^{2-}（或 $Cr_2O_7^{2-}$）的鉴定　取 3 滴 $0.1 mol・L^{-1}$ K_2CrO_4（或 $K_2Cr_2O_7$），用 $6 mol・L^{-1}$ HNO_3 酸化，加 10 滴乙醚和 10 滴 $3\% H_2O_2$，摇匀，观察现象。利用这个实验可以鉴定 $Cr_2O_7^{2-}$ 或 H_2O_2。

② 实验思考

a. 在 Cr^{3+} 的鉴定实验中，可能溶液会出现短暂的红棕色，那是过量的 H_2O_2 使 CrO_4^{2-}

继续氧化，结果生成棕红色的过氧化合物 CrO_4^{2-}，在碱性溶液中不稳定，能迅速分解，最终形成 CrO_4^{2-}。

b. 在酸性溶液中，$Cr_2O_7^{2-}$ 和 H_2O_2 反应生成易溶于乙醚的 CrO_5（过氧化铬）蓝紫色。

$$Cr_2O_7^{2-}+4H_2O+2H^+ \Longrightarrow 2CrO_5+5H_2O$$

CrO_5 不稳定，易分解，在乙醚中稍稳定。

$$4CrO_5+12H^+ \Longrightarrow 4Cr^{3+}+7O_2+6H_2O$$

2. 锰化合物的性质

（1）实验原理 锰是 ⅦB 族元素，锰有氧化值 0、+2、+3、+4、+5、+6、+7，但较常见的是 0、+2、+4、+6、+7，其中以 +2 和 +4 较稳定。锰化合物的主要性质是氧化还原性质，现将锰的电位图列出如下：

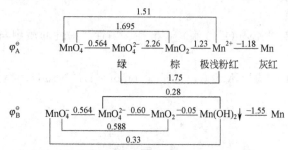

上图有助于我们了解锰的一些重要性质和分析氧化还原产物。

① Mn（Ⅶ）和 Mn（Ⅵ）在 $\varphi_A^\ominus$ 图中均以酸根形式出现，表明 $HMnO_4$ 和 H_2MnO_4 均为强酸；在碱性介质中，Mn（Ⅱ）以 $Mn(OH)_2$ 形式出现，表明 $Mn(OH)_2$ 为难溶碱；MnO_2 在酸性介质中均以同一形式出现，表明 MnO_2 不表现明显的酸性。

② 在酸性条件下，以 Mn^{2+} 最稳定，氧化值高于 +2 的锰化合物为强氧化剂，被还原产物都力图变为 Mn^{2+}；氧化值低于 +2 的金属锰是强还原剂。在碱性介质中，$Mn(OH)_2$ 易被氧化成 MnO_2。

③ 近中性（弱酸或弱碱）条件下 MnO_2 最稳定，氧化值高于 +4 的锰化合物作氧化剂都趋向变为 MnO_2。

④ MnO_4^{2-} 仅存在于强碱介质中（pH>13.5）。介质的碱性减弱，MnO_4^{2-} 就发生歧化反应。

$$MnO_4^{2-}+H_2O \Longrightarrow 2MnO_4+MnO_2 \downarrow +4OH^-$$

⑤ MnO^{4-} 不论什么条件下，均是强氧化剂，它的还原产物因介质的性质不同而异。

$$MnO_4^- + 还原剂 \begin{cases} \xrightarrow{酸性介质} Mn^{2+} \\ \xrightarrow{近中性介质} MnO_2 \\ \xrightarrow{强碱性介质} MnO_4^{2-} \end{cases}$$

（2）实验步骤

① $Mn(OH)_2$ 的生成和性质 用四支试管制备 4 份 $Mn(OH)_2$ 沉淀，然后按以下顺序进行实验：a. 振荡，有何变化；b. 注入 $2mol \cdot L^{-1}HCl$；c. 注入 $2mol \cdot L^{-1}NaOH$；d. 注入 $2mol \cdot L^{-1}NH_4Cl$。观察溶解情况，归纳 $Mn(OH)_2$ 的性质。

② MnO_2 的生成和性质

a. 取数滴 $0.1mol \cdot L^{-1}KMnO_4$ 溶液，再逐滴加入 $0.1mol \cdot L^{-1}MnSO_4$ 溶液，观察产

物的颜色和状态。

b. 在上述实验的混合物中，用 $1mol \cdot L^{-1} H_2SO_4$ 酸化，再逐渐加入 $0.1mol \cdot L^{-1}$ Na_2SO_3 溶液，观察沉淀是否消失？

c. 在盛有少许 $MnO_2(s)$ 的试管中，小心注入约 2mL 浓 H_2SO_4，小心加热，观察沉淀量的减少或消失（取决量多少），检验气相产物。

d. 在干燥试管中混合少量固体 $KClO_3$、MnO_2、KOH（它们的质量比约为 1∶2∶3），加热熔融冷却后，加入约 5mL 蒸馏水，使熔块溶解，然后过滤，滤液呈何颜色？

③ K_2MnO_4 的性质 取上面的滤液（滤液中的绿色物质为 MnO_4^{2-}），验证下列反应的可逆性：

$$3MnO_4^{2-} + H_2O \rightleftharpoons 2MnO_4^- + MnO_2 + 4OH^-$$

④ $KMnO_4$ 的性质

a. 试验 $0.1mol \cdot L^{-1} KMnO_4$（2 滴）在酸性、中性、碱性介质中与 Na_2SO_3 溶液的反应（注意试剂用量）。

b. 取 5 滴 $0.1mol \cdot L^{-1} KMnO_4$，加适量 $6mol \cdot L^{-1} NaOH$，稍热，观察溶液颜色的变化。

本实验需时 3h。

思 考 题

1. 根据 $Cr(OH)_3$ 难溶于水的特性，应该怎样制备 $Cr(OH)_3$？

2. pH 值在 6～10 之间 $Cr(OH)_3$ 沉淀；pH＜6，$Cr(OH)_3$ 溶解成 Cr^{3+}；pH＞10，$Cr(OH)_3$ 溶解为 $Cr(OH)^{4-}$。在制备 $Cr(OH)_3$ 时，对碱的浓度和用量做何考虑？

3. 怎样使上述反应正向进行？又怎样使反应逆向进行？正逆反应的现象如何？

4. 根据实验结论 $Mn(Ⅵ)$ 化合物即锰酸盐的性质？

5. $Mn(Ⅵ)$ 处于锰的中间的氧化值，表明既有氧化性又有还原性？你能用实验验证这一特性吗（选择合适的介质条件和氧化剂或还原剂）？

3. Fe(Ⅱ) 的还原性

在酸性介质中，用试管取约 0.5mL Br_2 水，用 $1mol \cdot L^{-1} H_2SO_4$ 酸化，然后滴加 $(NH_4)Fe(SO_4)_2$ 溶液，检验 $Fe(Ⅱ)$ 的氧化产物。

在碱性介质中，用试管取约 1mL 蒸馏水，加 5 滴 $1mol \cdot L^{-1} H_2SO_4$，煮沸，赶尽空气，加少许 $(NH_4)Fe(SO_4)_2$，使其溶解成稀溶液。试管底部不能有晶体沉淀。用另一试管取 $1mol \cdot L^{-1} NaOH$ 溶液，煮沸，冷却后，用一长滴管吸取 $NaOH$ 溶液，插入前一试管中，直至底部，慢慢放出 $NaOH$ 溶液（操作时注意避免带入空气），观察产物颜色和状态。然后震荡试管，再放置一段时间，观察又有何变化？

试验产物留下面实验用。

4. Co(Ⅱ) 和 Ni(Ⅱ) 的还原性

在酸性介质中，用试管取约 $0.5mol \cdot L^{-1} CoCl_2$ 溶液，加两滴 $1mol \cdot L^{-1} H_2SO_4$，滴入少许氯水，观察有何变化？

在碱性介质中，用两支试管分别取约 $0.5mol CoCl_2$ 溶液，各加入适量 $2mol \cdot L^{-1}$ $NaOH$ 溶液，一份置于空气中，观察变化；另一份加入适量氯水，观察变化。

后者产物留下面实验用。

用 $NiSO_4$ 溶液按 3 相同的方法，实验 Ni(Ⅱ) 在酸性、碱性介质中的还原性（第二份溶液留作下面实验用）。

5. Fe(Ⅱ)、Co(Ⅱ)、Ni(Ⅱ) 化合物的还原性

在上面留下来的 $Fe(OH)_3$、$Co(OH)_3$、$Ni(OH)_3$ 沉淀里各加入适量浓盐酸，振荡后各有何变化？并用 KI-淀粉试纸检查气相产物。

在上述制得的 $FeCl_3$ 溶液中，加入适量 $1mol \cdot L^{-1}$ KI 溶液，再注入适量 CCl_4，振荡后观察现象。

综合 1、2 两部分的实验结果，总结 Fe(Ⅱ)、Co(Ⅱ)、Ni(Ⅱ) 化合物的还原性和 Fe(Ⅱ)、Co(Ⅱ)、Ni(Ⅱ) 化合物的氧化性的变化规律。

用试管取 $0.5mol \cdot L^{-1}$ $FeCl_2$ 溶液，加少许铁屑（除油、除锈），滴加 $1mol \cdot L^{-1}$ H_2SO_4，缓慢煮沸片刻，放置，加 1mL 水，任铁屑沉淀。用少许清液，用 KSCN 溶液检验 Fe^{3+}。

本实验中的反应，常用于保存或再生 Fe^{2+} 溶液。

6. 铁、钴、镍的配合物

（1）氨配合物

① 用两支试管分别取 0.5mol $(NH_4)Fe(SO_4)_2$ 和 $FeCl_3$ 溶液，再分别滴加 $6mol \cdot L^{-1}$ $NH_3 \cdot H_2O$，直至过量，观察反应情况，所得的产物是什么？

② 用两支试管分别取 $0.5mol \cdot L^{-1}$ $CoCl_2$ 和 $NiSO_4$ 溶液，分别加入少许 NH_4Cl（饱和），再分别滴加 $6mol \cdot L^{-1}$ $NH_3 \cdot H_2O$，直至过量。观察反应情况，所得产物是什么？放置，观察颜色变化。

根据实验结果，比较生成氨配合物的难易。

（2）硫氰配合物

① 用两支试管分别取 0.5mL $(NH_4)Fe(SO_4)_2$ 和 $FeCl_3$ 溶液，再滴加适量的 $0.1mol \cdot L^{-1}$ KSCN 溶液，观察反应情况，所得产物是什么？

② 用试管取约 1mL $CoCl_2$（$0.1mol \cdot L^{-1}$）溶液，再滴加 $1mol \cdot L^{-1}$ KSCN 溶液［或用 KSCN(s)］，再加 0.5mL 戊醇，振荡后观察水相和有机相的颜色。这个反应可用来鉴定 Co^{2+}。

（3）铁氰配合物

① 用试管取约 0.5mL $0.1mol \cdot L^{-1}$ $K_4[Fe(CN)_6]$，滴加数滴 I_2 水充分振荡后，滴加数滴 $(NH_4)Fe(SO_4)_2$ 和溶液，有何现象发生？

② 用试管取约 0.5mL $(NH_4)Fe(SO_4)_2$，滴加数滴 I_2 水，充分振荡后，将溶液分成两份，并各滴加数滴 KSCN 溶液，然后向其中一支试管中加入约 0.5mL（3%）H_2O_2，观察现象。

试从配合物的生成对电极电位的改变来解答为什么 $[Fe(CN)_6]^{4-}$ 能把 I_2 还原成 I^-，而 Fe^{2+} 则不能。

镍与丁二酮肟的配合物：用试管取约 0.5mL $NiSO_4$ 溶液，加 $6mol \cdot L^{-1}$ $NH_3 \cdot H_2O$，再滴加数滴丁二酮，观察现象。这是鉴定 Ni^{2+} 的特征反应。

7. Co^{2+} 和 Fe^{2+} 混合液中 Co^{2+} 的鉴定

混合液的制备：取 $0.1mol \cdot L^{-1}$ $CoCl_2$ 和 $FeCl_3$ 各 5 滴，混合均匀即成。

Co^{2+} 的鉴定路线：Fe^{3+} 不经分离，用 KSCN 鉴定 Co^{2+}，鉴定方法自拟。

本实验需时 3h。

思 考 题

1. 弄清铁、钴、镍氧化值为 +2 和 +3 的氢氧化物的颜色、酸碱性和对水的溶解性。

2. 综合前面的实验，找出 Fe(II)、Co(II)、Ni(II) 和 Fe(III)、Co(III)、Ni(III) 的稳定存在的条件。

3. 比较 Fe^{3+}、Fe^{2+}、Co^{2+}、Ni^{2+} 的氨合能力；总结这些离子与 SCN^- 的作用情况（Ni^{2+} 与 SCN^- 不能形成稳定的配合物，故未安排实验）。

4. I_2 不能氧化 Fe^{2+} 而能氧化 $[Fe(CN)_6]^{4-}$，为什么？Fe^{3+} 能氧化 I^-，当有大量的 F^- 存在下，I^- 不被氧化，为什么？这个道理曾在哪个实验中说明过？

5. Co^{2+} 在溶液中稳定，不被空气氧化，当形成 $Co(OH)_2$ 和 $Co(NH_3)_6^{2+}$ 却易被空气氧化，为什么？

6. 在形成 $Co(NH_3)_6^{2+}$ 和 $Ni(NH_3)_6^{2+}$ 的实验中，为什么要加入 NH_4Cl？

实验二十三　硫化钠的提纯

一、实验目的

1. 提纯工业级 Na_2S 固体。

2. 掌握用乙醇重结晶 Na_2S 的基本原理。

3. 学习回流装置的安装及基本操作。

二、实验原理

硫化钠是一种常用试剂，它被广泛用于涂料、染料、印染、制革、医药和食品等工业。Na_2S 是无色晶体，常见的水合晶体是 $Na_2S_6 \cdot H_2O$ 和 $Na_2S_9 \cdot H_2O$，见光和在空气中会变成黄色或砖红色，在空气中极易潮解，易溶于水，可溶于热乙醇，不溶于乙醚。工业硫化钠

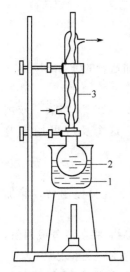

图 4-4　回流加热装置
1—水浴；2—圆底
烧瓶；3—冷凝管

含有较多的重金属硫化物及煤粉等，除碱金属硫化物和 $(NH_4)_2S$ 以外，其他硫化物一般均微溶于水或难溶水及热乙醇，据此性质用乙醇回流使 Na_2S 溶解，趁热过滤，冷却，使 $Na_2S \cdot xH_2O$ 析出，与杂质分离。

三、仪器和药品

工业级 Na_2S、工业级 95％乙醇、化学级 95％乙醇、250mL 圆底烧瓶一只、30mL 长冷凝管一支、水浴锅一只、十字架与夹子两副。

四、实验步骤

按图 4-4 所示训练回流装置的组装操作，所组装仪器的重心应在同一垂直线上，水平固定夹要互相平行。称量研细的工业级 Na_2S 15.0g，将之放入圆底烧瓶中，加 7mL 热水溶解，再加 150mL 工业乙醇，按图由下至上组装，随后通入冷凝水，往水浴锅里加水，液面略高于烧瓶内的液面，加热，使水浴锅内的水保持沸腾（注意加水，保持水浴液面高出乙醇液面），回流 40min。停止加热，静置，当 Na_2S 的乙醇溶液停止沸腾时，取下烧瓶，用二层滤纸趁热减压过滤，滤液转入 250mL 烧杯内，搅拌至浑浊，用薄膜密盖杯口，冷却放置一周结晶。用倾析法将母液转移至 250mL 圆底烧瓶内，晶体用少量化学纯 95％乙醇洗涤两次、抽滤、吸干、称重，放于指定回收瓶内，Na_2S 晶体洗涤液并入母液中待回收。

思 考 题

1. 回流装置应该按怎样的顺序组装？回流时为什么必须先加冷却水后加热？

2. Na$_2$S 重结晶为何选用乙醇作溶剂？为何要采用加热回流熔解操作。

3. 为何工业 Na$_2$S 常呈红褐色或棕黑色，并说明醇化后的 Na$_2$S 溶液放置光照又会逐渐转黄的现象。Na$_2$S 晶体应该如何保存？

实验二十四　氯化钠的提纯

一、实验目的

1. 通过沉淀反应，了解提纯氯化钠的方法。

2. 练习台秤和煤气的使用以及过滤、蒸发、结晶、干燥等基本操作。

二、实验原理

粗盐中含有不溶性杂质（如泥沙等）和可溶性杂质（主要是 Ca^{2+}、Mg^{2+}、K$^+$ 和 SO$_4^{2-}$）。不溶性杂质可用溶解和过滤的方法除去；可溶性杂质可用下列方法除去。

在粗盐溶液中加入过量的 BaCl$_2$ 溶液时，即可将 SO$_4^{2-}$ 转化为难溶解的 BaSO$_4$ 沉淀而除去。

$$Ba^{2+} + SO_4^{2-} \Longrightarrow BaSO_4 \downarrow$$

将溶液过滤，除去 BaSO$_4$ 沉淀。再加入 NaOH 和 Na$_2$SO$_4$ 溶液，由于发生下列反应

$$Mg^{2+} + 2OH^- \Longrightarrow Mg(OH)_2 \downarrow$$
$$Ca^{2+} + CO_3^{2-} \Longrightarrow CaCO_3 \downarrow$$
$$Ba^{2+} + CO_3^{2-} \Longrightarrow BaCO_3 \downarrow$$

食盐溶液中的杂质 Mg^{2+}、Ca^{2+} 以及沉淀 SO$_4^{2-}$ 使加入的过量 Ba^{2+} 相应转化为难溶的 Mg(OH)$_2$、CaCO$_3$、BaCO$_3$ 沉淀而通过过滤的方法除去。

过量的 NaOH 和 Na$_2$CO$_3$ 可以用纯盐酸中和除去。

少量可溶性的杂质（如 KCl）由于含量很少，在蒸发浓缩和结晶过程中留在溶液中，不会和 NaCl 同时结晶出来。

三、仪器和药品

1. 仪器

台秤、烧杯（150mL）、普通漏斗、漏斗架、布氏漏斗、吸滤瓶、蒸发皿（100mL）、石棉网。

2. 药品

粗食盐（s）、HCl(2mol·L^{-1})、NaOH(2mol·L^{-1})、BaCl$_2$(1mol·L^{-1})、Na$_2$CO$_3$(1mol·L^{-1})、(NH$_4$)$_2$C$_2$O$_4$(0.5mol·L^{-1})、镁试剂、pH 试纸、滤纸。

四、实验步骤

1. 粗盐的提纯

在台秤上，称取 8g 粗食盐，放入小烧杯中，加 30mL 蒸馏水，用玻璃棒搅动，并加热使其溶解。至溶液沸腾时，在搅动下一滴一滴加入 1mol·L^{-1} BaCl$_2$ 溶液至沉淀完全（约 2mL），继续加热，使 BaSO$_4$ 颗粒长大而易于过滤和沉淀。为了试验沉淀是否完全，可将烧杯自石棉网上取下，待沉淀沉降后，在上层清液中加入 1～2 滴 BaCl$_2$ 溶液，观察澄清液中是否还有浑浊现象，如果无浑浊现象，说明 SO$_4^{2-}$ 已完全沉淀；如果仍有浑浊现象，则需继续滴加 BaCl$_2$ 溶液，直至上层清液再加一滴 BaCl$_2$ 后，不再产生浑浊现象为止。沉淀完全后，继续加热 5min，以使沉淀颗粒长大而易于沉降，用普通漏斗过滤。

在滤液中加入 1mL 2mol·L^{-1} NaOH 和 3mL 1mol·L^{-1} Na$_2$SO$_3$，加热至沸。待沉淀

沉降后，在上层清液中滴加 $1mol \cdot L^{-1} Na_2CO_3$ 溶液至不再产生沉淀为止。用普通漏斗过滤。

在滤液中逐滴加入 $2mol \cdot L^{-1} HCl$，并用玻璃棒蘸取滤液在 pH 试纸上试验，直至溶液微成酸性为止（$pH \approx 6$）。

将溶液倒入蒸发皿中，用小火加热蒸发，浓缩至稀粥状为止，但切不可将溶液蒸发至干。

冷却后，用布氏漏斗过滤，尽量将结晶抽干。将结晶放在蒸发皿中，在石棉网上用小火加热干燥。

称出产品的质量，并计算产量百分率。

2. 产品纯度的检验

取少量（约 1g）提纯前和提纯后的食盐，分别用 5mL 蒸馏水溶解，然后各盛于 3 支试管中，组成 3 组，对照检验它们的纯度。

（1）SO_4^{2-} 的检验　在第一组溶液中，分别加入 2 滴 $1mol \cdot L^{-1} BaCl_2$ 溶液，比较沉淀产生的情况，在提纯的食盐溶液中应该无沉淀产生。

（2）Ca^{2+} 的检验　在第二组溶液中，各加入 2 滴 $0.5mol \cdot L^{-1}$ 草酸铵 $(NH_4)_2C_2O_4$ 溶液，在提纯的食盐溶液中应无白色难溶的草酸钙 CaC_2O_4 沉淀产生。

（3）Mg^{2+} 的检验　在第三组溶液中，各加入 2～3 滴 $1mol \cdot L^{-1} NaOH$ 溶液，使溶液呈碱性（用 pH 试纸试验），再加入 2～3 滴"镁试剂"，在提纯的食盐溶液中应无天蓝色沉淀产生。

镁试剂是一种有机染料，它在酸性溶液中呈红色或紫色，但被 $Mg(OH)_2$ 沉淀吸附后，则呈天蓝色，因此可以用来检查 Mg^{2+} 的存在。

本实验需时 4h。

实验二十五　由废铁屑制备莫尔盐

一、实验目的

1. 了解化合物制备方法。

2. 练习制备反应过程中的一些基本实验操作。

3. 练习水浴加热和减压过滤的操作。

4. 了解产品限量分析方法。

二、实验原理

莫尔盐的化学组成为硫酸亚铁铵，其化学式为 $(NH_4)_2SO_4 \cdot FeSO_4 \cdot 6H_2O$。它是由 $(NH_4)_2SO_4$ 与 $FeSO_4$ 按 1∶1 结合而成的复盐。其溶解度较小，颜色呈浅绿色，在空气中比较稳定，不像一般亚铁盐那样易被氧化，所以它是常用的含亚铁离子的试剂。

通常 $FeSO_4$ 是由铁屑与稀硫酸作用而得到的。根据 $FeSO_4$ 的量，加入一定量的 $(NH_4)_2SO_4$，二者相互作用后，经过蒸发浓缩、结晶、冷却和过滤，便可得到莫尔盐晶体。

在制备过程中涉及到的化学反应如下：

$$Fe + H_2SO_4（稀）== FeSO_4 + H_2 \uparrow$$

$$FeSO_4 + (NH_4)_2SO_4 + 6H_2O == (NH_4)_2SO_4 \cdot FeSO_4 \cdot 6H_2O$$

三、实验步骤

1. 铁屑的净化（除去油污）

称取 4g 铁屑放在小烧杯内，加入适量饱和碳酸钠溶液，直接在石棉网上加热 10min。用倾析法除去碱溶液，并用水将铁屑洗净。如果铁屑上仍然有油污，再加适量上述溶液煮，直至铁屑上无油污。

2. 硫酸亚铁的制备

把洗净的铁屑转入 150mL 锥形瓶中，往盛有铁屑的锥形瓶中加入 25mL 3mol·L^{-1} H_2SO_4 溶液，锥形瓶放在自制的水浴上加热，使铁屑与硫酸反应至不再有气泡冒出为止（约 30~40min）。在反应过程中应不时往锥形瓶（和水浴）中加些水，补充被蒸发掉的水分。最后得到硫酸亚铁溶液，趁热减压过滤，称量残渣，计算实际参与反应的铁的克数。

3. 硫酸亚铁铵的制备

往盛有硫酸亚铁溶液的 100mL 烧杯中，加入 9.5g 硫酸铵固体和 25mL 左右水（最终体积控制在 50~60mL），搅拌，并在水浴上加热，使硫酸铵固体全部溶解。若硫酸铵混有泥沙等杂质，将热溶液进行一次减压过滤，并用 5mL 热水洗涤滤纸上的残渣。将吸滤瓶中滤液再快速倾入 100mL 烧杯中，并将此烧杯放在装有热水的 500mL 烧杯中，令溶液慢慢冷却，待硫酸亚铁铵晶体析出。用倾析法除去母液，将晶体放在表面皿上晾干。观察晶体颜色，晶形。最后称重，并计算理论产量和产率。

4. 产品检验

（1）铁（Ⅲ）的限量分析 称 1g 样品置于 25mL 比色管中，用 15mL 不含氧的蒸馏水溶解之，加入 2mL 3mol·L^{-1} HCl 溶液和 1mL KSCN 溶液，继续加不含氧的蒸馏水至比色管 25mL 刻度线，摇匀，所呈现的红色不得深于标准。

（2）标准 取含有下列数量 Fe^{3+} 的溶液 15mL。

Ⅰ级试剂：0.05mL；Ⅱ级试剂：0.10mL；Ⅲ级试剂：0.20mL。

然后与样品同样处理（标准由实验教员准备）。

四、实验所需数据

$FeSO_4$、$(NH_4)_2SO_4·FeSO_4$ 和 $(NH_4)_2SO_4$ 在不同温度下的溶解度分别见表 4-11 和表 4-12。

表 4-11 硫酸亚铁在不同温度下的溶解度/(g/100g 水)

结晶成分	$FeSO_4·7H_2O$						$FeSO_4·4H_2O$			$FeSO_4·H_2O$		
温度/℃	0	10	20	30	40	50	57	60	65	70	80	90
溶解度	15.65	20.51	26.5	32.9	40.2	48.6	—	—	—	50.9	43.6	37.3

表 4-12 硫酸亚铁氨在不同温度下的溶解度/(g/100g 水)

温度/℃	0	10	40	50	70
溶解度	12.5	17.2	33.0	40.0	52.0

$(NH_4)_2SO_4$ 在 70℃时溶解为 89.6g/100g 水。

实验二十六 由软锰矿制备高锰酸钾

一、实验目的

1. 掌握从软锰矿制备高锰酸钾的方法。

2. 熟悉 Mn(Ⅳ)、Mn(Ⅵ)、Mn(Ⅶ)化合物的性质。

3. 熟悉高锰酸钾在不同的温度下溶解度。

4. 掌握重结晶原理。

二、实验步骤

1. 锰酸钾的制备

将 8g $KClO_3$、16g KOH 放入铁坩埚中，混合均匀。小火加热，一手用坩埚钳夹住铁坩埚，一手用铁棒搅拌。待混合物熔融后，把 11g MnO_2 粉慢慢加进去。随着 MnO_2 的不断加入，熔融物的黏度逐渐加大，这时应大力搅拌，以防结块。如反应剧烈时熔融物溢出时，可将铁坩埚移离火焰。在反应物快要干涸时，应不断搅拌，使呈颗粒状，应不结成大块粘在坩埚壁上为宜。反应物干涸后，提高温度强热 5min，此时应适当搅动。

冷却，取出反应物，在研钵中研细。在烧杯中用 40mL 自来水浸取，搅拌，加热使其溶解，静置片刻，倾出上层清液于另一烧杯中。依次用 20mL 自来水、20mL 4% KOH 溶液重复浸取。合并 3 次浸取液，连同熔渣一起，趁热减压过滤，滤液留作电解用。

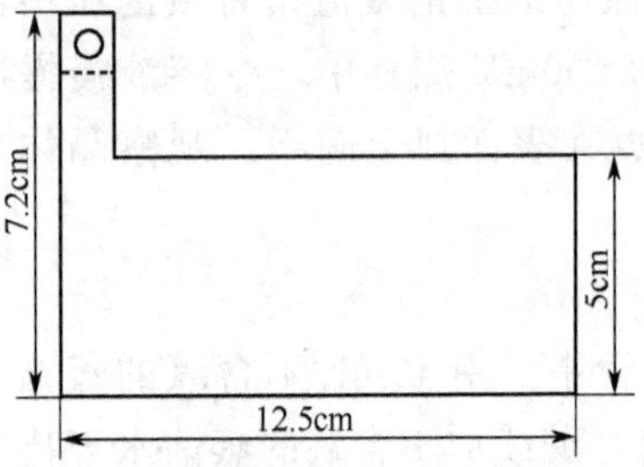

2. 锰酸钾的电解

阳极为镍片，尺寸如图 4-5 所示，卷成圆筒状。从虚线处向下折成 90℃，由小孔处固定到电极插座上；阴极为铁丝（直径约 2mm），其总面积约为阳极的 1/25。

把 K_2MnO_4 溶液倒入烧杯（电解槽）中，加热至 333K，放入电极，通直流电，控制阳极电流密度为

图 4-5 锰酸钾电解阳极镍片

10mA/cm², 阴极电流密度为 250mA/cm²，电解槽电压为 2.5～3.0V。阴极上可观察到有气体放出，$KMnO_4$ 则在阳极逐渐析出并沉于槽底，墨绿色的溶液转化为紫红色。2h 后停止通电，取出电极，用冷水冷却电解液，使其充分结晶，过滤，称量。

3. 高锰酸钾的重结晶

根据 $KMnO_4$ 在水中的溶解度，用重结晶法提纯粗产品。将提纯产品放在表面皿上放进烘箱，在 353K 以下干燥 1h。冷却，称量。

注：在烘干过程中绝对不能在产品中混入纸屑或其他可燃物质，以免发生危险。

思 考 题

1. 如何过滤强碱性溶液？
2. 写出电解时两个电极上的反应。
3. 根据高锰酸钾溶解度数据，计算重结晶时溶解每克产品所需的水量。

第五章　综合性、设计性实验（Ⅰ）

实验二十七　三氯化六氨合钴的制备及其组成的确定

一、实验目的

1. 了解钴（Ⅱ）、钴（Ⅲ）化合物的性质。

2. 熟悉沉淀滴定法——莫尔法。

3. 掌握电导、电导率、摩尔电导率以及 DDS-11A 型电导率仪的使用。

4. 熟悉全部电离的配合物，例如解离为配离子和一价离子的配合物，它的电离类型与摩尔电导率之间的实验规律。

二、实验步骤

1. 三氯化六氨合钴的制备

在锥形瓶中，将 4g NH_4Cl 溶于 8.4mL 水中，加热至沸，加入 6g 研细的 $CoCl_2 \cdot 6H_2O$ 晶体，溶解后，加 0.4g 活性炭，摇动锥形瓶，使其混合均匀。用冷水冷却后，加入 13.5mL 浓氨水，再冷至 283K 以下，用滴管逐滴加入 13.5mL 5％ H_2O_2 溶液，水浴加热至 323～333K，保持 20min，并不断旋摇锥形瓶。然后用水浴冷却至 273K 左右，吸滤，不必洗涤沉淀，直接把沉淀溶于 50mL 沸水中（水中含 1.7mL 浓 HCl）。趁热吸滤，慢慢加入 6.7mL 浓 HCl 于滤液中，即有大量橘黄色晶体析出，用冰浴冷却后过滤。晶体以冷的 2mL 2mol·L^{-1} HCl 洗涤，再用少许乙醇洗涤，吸干。晶体在水浴上干燥，称量，计算产率。

2. 三氯化六氨合钴（Ⅲ）组成的测定

（1）氨的测定　准确称取 0.2g 左右的试样，加入 250mL 锥形瓶中，加 80mL 水溶解，然后加入 10mL 10％ NaOH 溶液。在另一锥形瓶中准确加入 30～35mL 0.5mol·L^{-1} HCl 标准溶液，放入冰浴中冷却。

按图 5-1 装配仪器，从漏斗加 3～5mL 10％ NaOH 溶液于小试管中，漏斗柄下端插入液面约 2～3cm。加热试样液，开始可用大火，当溶液近沸时改用小火，保持微沸状态，蒸馏 1h 左右，即可将溶液中氨全部蒸出。蒸馏完毕，取出插入 HCl 溶液中的导管，用蒸馏水冲洗导管内外（洗涤液流入氨吸收瓶中）。取出吸收瓶，加 2 滴 0.1％甲基红溶液，用 0.5mol·L^{-1} NaOH 标准溶液滴定过剩的 HCl，计算氨的含量。

（2）钴的测定　准确称取 0.17～0.22g 试样两份，分别加 20mL 水溶解，再加入 3mL 10％ NaOH。加热，有棕黑色沉淀产生，沸腾后小火加热 10min，使试样完全分

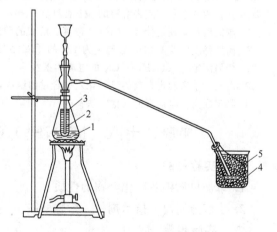

图 5-1　氨的蒸馏装置

1—样品液；2—10％ NaOH 溶液；3—切口橡皮塞；
4—冰浴；5—标准盐酸溶液

解。稍冷后加入 3.5~4mL 6mol·L^{-1}HCl，滴加 1~2 滴 30％ H$_2$O$_2$，加热至棕黑色沉淀全部溶解，溶液成透明的浅红色，赶尽 H$_2$O$_2$。冷后准确加入 35~40mL 0.05mol·L^{-1}EDTA 标准溶液，加 10mL 30％六亚甲基四胺后，仔细调节溶液的 pH 值为 5~6，加 2~3 滴 0.2％二甲酚橙，用 0.05mol·L^{-1}ZnCl$_2$ 标准溶液滴定，当试样溶液由橙色变为紫红色即为终点。计算钴的含量。

氯的测定步骤如下。

① AgNO$_3$ 溶液的浓度约为 0.1mol·L^{-1}，计算滴定所需的试样量。

② 准确称取试样两份，分别加 25mL 水，配制成试样量。

③ 加 1mL 5％的 K$_2$CrO$_4$ 溶液为指示剂，用 0.1mol·L^{-1}AgNO$_3$ 标准溶液滴定至出现淡红棕色不再消失为终点。

④ 由滴定数据，计算氯的含量。

由以上分析氨、钴、氯的结果，写出产品的实验式。

3. 三氯化六氨合钴电离类型的测定

(1) 配制 250mL 稀度（所谓稀度，即溶液的稀释程度，为物质的量浓度的倒数，如稀度为 128，表示 128L 中含有 1mol 溶质）为 128 的试样溶液，再用此溶液配制稀度分别为 256、512、1024 的试样液各 100mL，用 DDS-11A 型电导率仪测定溶液的电导率 κ。

(2) 确定电离类型　按 $\Lambda_\infty = \kappa \dfrac{10^{-3}}{c}$ 计算摩尔电导率，确定 [Co(NH$_3$)$_6$]Cl$_3$ 的电离类型。

思 考 题

1. 在 [Co(NH$_3$)$_6$]Cl$_3$ 的制备过程中，氯化铵、活性炭、过氧化氢各起什么作用？影响产品质量的关键在哪里？

2. [Co(NH$_3$)$_6$]$^{3+}$ 与 [Co(NH$_3$)$_6$]$^{2+}$ 比较，哪个稳定，为什么？

3. 氨的测定原理是什么？氨测定装置中，漏斗下端插入氢氧化钠液面下，以及橡皮塞切口的原因是什么？

4. 测定钴含量时，样品液中加入 10％氢氧化钠，加热后产生棕黑色沉淀，这是什么化合物？加入 6mol·L^{-1}盐酸、30％过氧化钠，加热至溶液呈浅红色，这是什么化合物？用什么方法测定钴含量？为什么要用 30％六亚甲基四胺将溶液的 pH 值调至 5~6？

5. 氯的测定原理是什么？CrO$_4^{2-}$ 浓度、溶液的酸度对分析结果有何影响，合适的条件是什么？

6. 何谓稀度？若配 250mL 稀度为 128 的 [Co(NH$_3$)$_6$]Cl$_3$ 溶液，计算应准确称取该化合物的量。

7. 如何测定 [Co(NH$_3$)$_6$]Cl$_3$ 的电离类型？

8. 由实验结果确定自制的三氯化六氨合钴的组成，并分析与理论值有差别的原因。

9. 测定配离子电荷有何其他方法？

实验二十八　Ni(NH$_3$)$_x$Cl$_y$ 的制备和组成的测定

一、实验目的

1. 掌握单质镍及其化合物的性质。

2. 了解金属离子指示剂——紫脲酸胺。

二、实验步骤

1. Ni(NH$_3$)$_x$Cl$_y$ 的制备

在 3g 镍片中分批加入 13mL 浓 HNO$_3$，水浴加热（在通风橱内进行），视反应情况再补加 3～5mL HNO₃。待镍片近于全部溶解后，用倾析法将溶液转移至另一烧杯中，并在冰盐浴中冷却。慢慢加入 20mL 浓氨水至沉淀完全（此时溶液的绿色变得很淡或近于无色）。减压过滤，并用 2mL 冷却过的浓氨水洗涤沉淀 3 次。

将所得的潮湿沉淀溶于 20mL 6mol·L⁻¹ 的 HCl 溶液中，并用冰盐浴冷却，然后慢慢加入 60mL NH₃·H₂O-NH₄Cl 混合液（每 100mL 浓氨水中含 30g NH₄Cl）。减压过滤，依次用浓氨、水、乙醇、乙醚洗涤沉淀，并置于空气中干燥，称量后保存待用。

2. 组成分析

（1）Ni²⁺ 的测定　准确称取 0.25～0.30g 产品两份，分别用 50mL 水溶解，加入 15mL pOH＝10 的 NH₃·H₂O-NH₄Cl 缓冲溶液，以紫脲酸胺作指示剂，用 0.05mol·L⁻¹ 的 EDTA标准溶液滴定至溶液由黄色变为紫红色。

（2）NH₃ 的测定　准确称取 0.2～0.25g 产品两份，分别用 25mL 水溶解后加入 3.00mL 6mol·L⁻¹HCl 溶液，以甲基红为指示剂，用 0.5mol·L⁻¹NaOH 标准溶液滴定。

取 3.00mL 上述所用的 6mol·L⁻¹HCl 溶液，以甲基红作指示剂，仍用 0.5mol·L⁻¹ NaOH 标准溶液滴定。

（3）Cl⁻ 的测定　准确称取 0.25～0.30g 产品两份，分别用 25mL 水溶解后加入 3mL 6mol·L⁻¹HNO₃ 溶液，用 2mol·L⁻¹NaOH 溶液将溶液的 pH 值调至 6～7。加入 1mL 5% K₂CrO₄ 溶液作指示剂，用 0.1mol·L⁻¹AgNO₃ 标准溶液滴定，刚好出现浅红色浑浊即为终点。

根据滴定数据，计算 Ni²⁺、NH₃、Cl⁻ 的数量。

（4）电离类型的确定　配制稀度为 1000 的产品溶液 250mL，用 DDS-11A 型电导率仪测溶液的电导率 κ，并按 $\Lambda_\infty = \kappa \dfrac{10^{-3}}{c}$ 计算摩尔电导率。

思 考 题

1. 用配位滴定法（紫脲酸胺为指示剂）测定 Ni²⁺，为什么要加入 pH＝10 的缓冲液？
2. 说明实验测定氨含量的原理？
3. 本实验中氨的测定方法能否用于测定三氯化六氨合钴中的氨？
4. 还有哪些方法可以测定 Ni²⁺ 的含量？

实验二十九　草酸合铜酸钾的制备和组成测定

一、实验目的

1. 掌握 Cu²⁺ 的配位测定。

2. 熟悉氧化还原滴定——高锰酸钾法。

二、实验步骤

1. 草酸合铜酸钾的制备

4g CuSO₄·5H₂O 溶于 8mL 90℃的水中，另取 12g K₂C₂O₄·H₂O 溶于 44mL 90℃的水中，趁热在激烈搅拌下迅速将 K₂C₂O₄ 溶液加入 CuSO₄ 溶液中，冷至 10℃有沉淀析出，减压过滤，用 8mL 冷水分两次洗涤沉淀，在 50℃烘干产品。

2. 组成分析

（1）结晶水的测定　将两个干净的坩埚放入烘箱中，在 150℃下干燥 1h，然后放在干燥器内冷却 0.5h，称量。同法，再干燥 0.5h，冷却，称量，直至恒重。

准确称取 0.5～0.6g 产物两份，分别放入两个已恒重的坩埚中，在与空坩埚相同的条件下干燥，冷却，称量，直至恒重。

(2) 铜含量测定　准确称取 0.17～0.19g 产物两份，用 15mL $NH_3 \cdot H_2O$-NH_4Cl 缓冲溶液（pH＝10）溶解，再稀释至 100mL。以紫脲酸胺作指示剂，用 $0.02mol \cdot L^{-1}$ 的 EDTA 标准液滴定至溶液由亮黄色变至紫色，即为终点。

(3) 草酸根含量的测定　准确称取 0.21～0.23g 产物两份，分别用 2mL 浓氨水溶解后，加入 22mL $2mol \cdot L^{-1} H_2SO_4$ 溶液，此时会有淡蓝色沉淀出现，稀释至 100mL，水浴加热至 343～358K，趁热用 $0.02mol \cdot L^{-1} KMnO_4$ 标准溶液滴定至微红色（1min 内不褪色）。沉淀在滴定过程中逐渐消失。

根据以上分析结果，计算 H_2O、Cu^{2+} 和 $C_2O_4^{2-}$ 含量，并计算出产物的实验式。

三、扩展实验

在测定 $C_2O_4^{2-}$ 含量时，加入 $2mol \cdot L^{-1} H_2SO_4$ 后有沉淀出现，请自行设计实验，先定性鉴定沉淀为何物，再确定该沉淀的组成。

思　考　题

列举测定 Cu^{2+}、$C_2O_4^{2-}$ 的其他方法。

实验三十　铁化合物的制备及其组成测定

一、实验目的

1. 掌握 Fe(Ⅱ)、Fe(Ⅲ) 化合物的性质。

2. 熟悉 Fe^{2+}、Fe^{3+} 的鉴定方法。

二、实验步骤

1. 黄色化合物 $Fe_x(C_2O_4)_y \cdot zH_2O$ 的制备

称取 7.5g $H_2C_2O_4 \cdot 2H_2O$ 固体溶于 75mL 水中（溶液甲）。称取 15g $Fe(NH_4)_2(SO_4)_2 \cdot 6H_2O$ 固体溶于 60mL 蒸馏水中，再加约 1.5mL $2mol \cdot L^{-1} H_2SO_4$ 溶液酸化，放在水浴上加热到溶解（溶液乙）。

在搅拌条件下把溶液甲加到溶液乙中，加完后把混合液放在水浴上加热，静置，待产物完全沉淀后，抽滤。用 45mL 蒸馏水分 3 次洗涤产物，再用 10mL 丙酮分 2 次洗涤产物，抽干，沸水浴烘干，称量，保存待用。

2. 绿色化合物 $K_xFe_y(C_2O_4)_z \cdot wH_2O$ 的制备

称取 2g 自制的黄色化合物，加入 5mL 蒸馏水配成悬浮液，边搅拌边加入 3.2g $K_2C_2O_4 \cdot H_2O$ 固体。水浴加热到 313K 并保持此温度，滴加 10mL 30% H_2O_2 溶液，此时会有棕色沉淀析出。加热溶液至沸，将 1.2g $H_2C_2O_4 \cdot 2H_2O$ 固体慢慢加入至体系成亮绿色透明溶液，若有浑浊，可趁热过滤。往清液中加 8mL 95% 乙醇，如产生浑浊，微热可使其溶解，放在暗处。待其析出晶体，抽滤，用 5mL 1∶1 乙醇溶液洗涤产物。再加 5mL 丙酮洗涤产物，抽干，称量，将产物置于棕色瓶中待用。

3. 产物的性质实验

(1) 将 0.5g 自制的黄色产物配成 5mL 溶液（可加 $2mol \cdot L^{-1} H_2SO_4$ 微热溶解）。

① 检验铁的价态。

② 在酸性介质中试验与 $KMnO_4$ 溶液的作用，观察现象并检验反应后铁的价态。再加 1 小片 Zn 片，反应后再次检验铁的价态。

（2）取 1g 自制的绿色产物，加 10mL 蒸馏水，配成溶液，做以下试验。

① 取 2 滴溶液，加入 1 滴 $2mol \cdot L^{-1}$ HCl 溶液，检验铁的价态。

② 在酸性介质中，试验与 $KMnO_4$ 溶液的作用，观察现象，检验铁的价态。再加 1 小片 Zn 片，反应后再次检验铁的价态。

通过以上试验，确定黄色和绿色化合物中的价态。当它们分别与 $KMnO_4$ 溶液和 Zn 片作用时，铁的价态有何变化？

4. 黄色化合物的组成测定

（1）准确称取 0.18～0.23g 自制黄色产物两份，分别加 25mL $2mol \cdot L^{-1}$ H_2SO_4 溶液溶解，欲加速溶解可微微加热（低于 313K）。在 343～358K 的水浴上，用 $KMnO_4$ 标准溶液滴定至终点。

（2）在上述滴定液中加 2g Zn 粉和 5mL $2mol \cdot L^{-1}$ H_2SO_4 溶液（若 Zn 和 H_2SO_4 不足，可补加，也可加热）。几分钟后，用滴管吸出 1 滴溶液，在点滴板上用 KSCN 溶液检验。若只显极浅红色，表明 Fe^{3+} 已被完全还原成 Fe^{2+}，过滤（玻璃漏斗、脱脂棉）除去过量 Zn 粉。用 10mL 稀 H_2SO_4 溶液洗涤沉淀，合并洗涤液和滤液，用 $KMnO_4$ 标准溶液滴定至终点。

根据上述实验结果，计算黄色化合物的化学式。

5. 绿色化合物的测定

（1）取绿色化合物 1～1.5g，放入烘箱。在 110℃ 干燥 1.5～2h，放入干燥器内冷却待用。

（2）准确称取 0.18～0.22g 干燥过的试样两份，分别用与测定黄色产物组成相同的方法测出铁及草酸根的含量。

（3）用重量法测定产物中结晶水的含量，试样量为 0.5～0.6g，脱水温度为 110℃，第一次干燥时间 1h，第二次干燥时间 20min。根据称量结果，计算每克无水化合物所对应的结晶水的物质的量。

根据实验结果，计算绿色化合物的化学式。

思　考　题

1. 为什么制备黄色化合物时，要将溶液甲加到溶液乙中？为什么要用蒸馏水和有机溶剂洗涤产物？不洗或洗涤不彻底对后续实验有何影响？

2. 在制备绿色化合物时，中间生成的棕色沉淀是何物？写出制备过程中的反应方程式。

3. 制备绿色化合物的最后一步是加入乙醇使产品析出，能否用蒸发浓缩的方法来代替？

4. 如何分析 Fe^{3+} 的含量。

5. 写出分析产物组分含量时发生的反应，拟定计算组分含量的计算式。

实验三十一　水泥中铁、铝、钙和镁的测定

一、实验目的

1. 了解复杂物试样的预处理。水泥中一般含硅、铁、铝、钙和镁等，将水泥与固体氯化铵混匀后加酸分解，其中硅成硅酸胶沉淀下来，经过滤、洗涤后弃去。滤液分别用于测定铁、铝、钙和镁。

2. 熟悉酸效应在配位滴定中的重要意义。

3. 了解指示剂磺基水杨酸、PAN（吡啶偶氮萘酚）、酸性铬蓝 K-萘酚绿 B。

4. 掌握查 Fe^{3+}、Al^{3+}、Ca^{2+}、Mg^{2+} 与 EDTA 配合物的稳定常数，配位滴定时允许的最低 pH 值。在单组分体系中，配位滴定法测定 Fe^{3+}、Al^{3+}、Ca^{2+}、Mg^{2+} 含量的方法。当 Ca^{2+}、Mg^{2+} 共存时，测定含量的方法。

5. 在几种离子共存的体系中，选择滴定的可能性，提高配位滴定选择性的途径。

二、实验步骤

1. 试样的溶解与分离

准确称取 0.8g 试样，加入 5～6g NH_4Cl，用平头玻璃棒充分搅拌均匀。用滴管加入浓 HCl 至试样全部润湿（约 4mL），再滴加 4～5 滴浓 HNO_3 搅拌均匀，并轻轻碾压块状物，直至无小黑粒为止，盖上表面皿（边沿留一缝隙），放在沸水浴中加热 15min，取下。加热水约 60mL，搅拌并压碎块状物后立即用中速滤纸过滤。沉淀尽量留于原烧杯中，用热水洗涤沉淀，将其盛于 500mL 容量瓶中冷却至室温，用水稀释至标线，摇匀，供测 Fe^{3+}、Al^{3+}、Ca^{2+}、Mg^{2+} 用。

2. Fe_2O_3 的测定

吸取滤液 100mL 两份，分别放于 400mL 烧杯中，用水稀至 150mL，加数滴浓 HNO_3 并加热煮沸，待冷至约 343K 时，以 1:1 氨水调节 pH 值至 2.0～2.5，加 0.5mL 10% 磺基水杨酸，趁热以 0.02mol·L^{-1} EDTA 标准溶液滴定至溶液由紫红色变为亮黄色为止。记下消耗 EDTA 标准溶液的体积 V_1，计算 Fe_2O_3 的 $w_{Fe_2O_3}$。

3. Al_2O_3 的测定

在测定 Fe^{3+} 后的两份试液中，分别从滴定管放入 20mL 0.02mol·L^{-1} EDTA 标准溶液，加热至 333～343K，保持 1～3min，滴加 1:1 氨水至 pH 值约为 4，加入 20mL HAc-NaAc 缓冲溶液（pH=4.2），煮沸后取下冷却，加入 10 滴 0.3% PAN 指示剂，以 0.02 mol·L^{-1} $CuSO_4$ 标准溶液滴定至紫红色（临近终点时注意剧烈摇动，并慢慢滴定）。记下消耗的 $CuSO_4$ 标准溶液体积 V_2。计算 Al_2O_3 的 $w_{Al_2O_3}$。

4. EDTA 标准溶液与 $CuSO_4$ 标准溶液体积比（k）的测定

由滴定管准确放出 20mL 0.02mol·L^{-1} EDTA 标准溶液，加 20mL HAc-NaAc 缓冲溶液，加热至约 353K，加 8 滴 0.3% PAN 指示剂，用 0.02mol·L^{-1} $CuSO_4$ 标准溶液滴定至紫红色为止。平行测定两份。

$$k = \frac{\text{EDTA 标准溶液体积 } V_1}{CuSO_4 \text{ 标准溶液体积 } V_2}$$

计算 Al_2O_3 的 $w_{Al_2O_3}$。

5. CaO 测定

吸取 25.00mL 滤液两份，分别置于 250mL 锥形瓶中，加水稀释至 125mL，加 4～5mL 1:2 三乙醇胺（此时 pH 约 9～10），加 4～5mL 20% NaOH 溶液，加 5～6 滴 0.5% 钙指示剂。然后用 EDTA 标准溶液滴至溶液由酒红色变为纯蓝色即为终点。记下消耗 EDTA 溶液的体积 V_3。计算 CaO 的 w_{CaO}。

6. MgO 测定

吸取 25.00mL 滤液两份，分别置于 250mL 锥形瓶中，加水稀释至 125mL，加 1mL 10% 酒石酸钾钠溶液，4～5mL 1:2 三乙醇胺溶液，在摇动下滴加 1:1 氨水，调节溶液 pH=10，加 20mL $NH_3 \cdot H_2O$-NH_4Cl 缓冲溶液（pH＝10），少许酸性铬蓝 K-萘酚绿 B 混合指示剂，用 EDTA 标准溶液滴定至溶液由红色变为纯蓝色（此为 Ca^{2+}、Mg^{2+} 含量），记下消耗 EDTA 标准溶液的体积 V_4。计算 MgO 的 w_{MgO}。

三、注意事项

1. 滴定 Fe^{3+} 时应保持温度在 333K 以上，温度太低，需有过量的 EDTA 才能使磺基水杨酸起变化，即使在 333K 以上滴定，在近终点时仍需剧烈摇动并缓慢滴定，否则易使结果偏高。

2. EDTA 滴定 Fe^{3+} 时，溶液的最高允许酸度为 pH＝1.5，若 pH＜1.5，则配位不完全，结果偏低；pH＞3 时，Al^{3+} 有干扰，使结果偏高，一般滴定 Fe^{3+} 时的 pH 应控制在 1.5～2.5 为宜。

3. Al^{3+} 在 pH＝4.3 的溶液中可能形成氢氧化铝沉淀，因此必须先加 EDTA 标准溶液，然后再加 HAc-NaAc 缓冲液。

4. 从 Al^{3+} 的条件稳定常数可知，应在 pH＝4～5 之间滴定 Al^{3+}。在不分离 Ca^{2+}、Mg^{2+} 的情况下，利用酸效应可以避免 Ca^{2+}、Mg^{2+}，特别是 Ca^{2+} 的干扰，滴定适宜的 pH 在 4.2 左右。

思 考 题

1. 叙述在 Fe^{3+}、Al^{3+}、Ca^{2+}、Mg^{2+} 共存的体系中测定各组分含量的原理。

2. 为什么在配位滴定 Fe^{3+}、Al^{3+}、Ca^{2+}、Mg^{2+} 时，必须严格控制 pH？在测定 Fe^{3+}、Al^{3+} 的 pH 时，Ca^{2+}、Mg^{2+} 会不会干扰 Fe^{3+}、Al^{3+} 的测定？

3. 解释实验中 EDTA 滴定 Fe^{3+} 的终点由紫红色变为亮黄色。

4. AlY^- 无色、CuY^{2-} 淡蓝色，试分析在测定 Fe^{3+} 后的溶液中滴定 Al^{3+} 时，溶液颜色的变化过程。

5. 滴定 Fe^{3+}、Al^{3+} 时，应分别控制什么样的温度范围？为什么需要在热溶液中滴定？

6. 若 Fe^{3+} 的测定结果不准确，对铝的测定结果有什么影响？

7. 说明三乙醇胺、酒石酸钾钠的作用。

8. 在测定钙镁时，为什么先加三乙醇胺，后调 pH 值？

9. 讨论还可用哪些方法来测定水泥中的 Fe^{3+}、Al^{3+}、Ca^{2+}、Mg^{2+}。

实验三十二　无氰镀锌液的成分分析

一、实验目的

在电镀工业中，随着镀层种类以及对镀层质量要求不同，所采用的电镀液成分也有所不同。本实验主要测定氨三乙酸-氯化铵镀锌液中氯化锌和硫脲的含量。

1. 了解有机物硫脲的测定——间接碘量法。

2. 熟悉锌含量的测定，铵盐中氮含量的测定。

二、实验步骤

1. 氯化锌的测定

吸取 10.00mL 镀锌液两份，分别置于 250mL 锥形瓶中，用 50mL 水，加 5mL 缓冲液，以铬黑 T 为指示剂，用 $0.01mol \cdot L^{-1}$ EDTA 标准溶液测定 $ZnCl_2$ 含量（以 $g \cdot L^{-1}$ 表示）。

2. 氯化铵的测定

吸取 10.00mL 镀锌液两份，分别加 20mL 水，加 3 滴 0.1％甲基红指示剂，用 $0.1mol \cdot L^{-1}$ NaOH 标准溶液滴定至溶液变为纯黄色，不计毫升数。

加 10mL 20％中性甲醛溶液，摇匀，放置 5min，加 5 滴 1％酚酞指示剂，继续用

$0.1mol \cdot L^{-1}$ NaOH 标准溶液滴定至纯黄色变为金黄色，再加 5mL 20% 中性甲醛溶液，若溶液从金黄色又变为纯黄色，继续以 $0.1mol \cdot L^{-1}$ NaOH 标准溶液滴至金黄色，如此反复，直至加入甲醛后，不再变为纯黄色为止，记下消耗 NaOH 标准溶液的毫升数，计算 NH_4Cl 质量浓度（$g \cdot L^{-1}$）。

3. 硫脲的测定

（1）$0.05mol \cdot L^{-1}$ I_2 标准溶液浓度的标定 吸取 25.00mL 已标定的 $0.1mol \cdot L^{-1}$ $Na_2S_2O_3$ 标准溶液两份，分别置于 250mL 锥形瓶中，加 30mL 水及 2mL 0.5% 淀粉指示剂，以配制好的 I_2 标准溶液滴定至溶液呈蓝色为终点。计算 I_2 的浓度 c_{I_2}。

（2）硫脲的测定 吸取 10.00mL 镀锌液两份，分别置于 250mL 带磨口塞锥形瓶中，加入 25.00mL $0.05mol \cdot L^{-1}$ I_2 标准溶液、2g KI，摇匀并使其溶解，加 10mL 5% NaOH 溶液，放置 5～10min，加 10mL $6mol \cdot L^{-1}$ HCl 溶液，放置 2min，用 $0.1mol \cdot L^{-1}$ $Na_2S_2O_4$ 标准溶液滴定至溶液呈淡黄色，再加 5mL 0.5% 淀粉指示剂，滴定至溶液呈无色为终点。计算硫脲质量浓度（$g \cdot L^{-1}$）。

三、注意事项

1. 根据硫脲含量不同，可以改变取样量或加入的碘量，使滴定溶液中有足够过量的碘。

2. 碘和硫代硫酸钠溶液已由实验室配制，硫代硫酸钠溶液的浓度可由实验室提供，也可由学生自己标定。

思 考 题

1. 还有什么方法可以测定氯化锌的含量？
2. 测定硫脲的主要来源是什么？应采取什么措施？
3. 用配位法测定氯化锌含量（以铬黑 T 为指示剂）的反应条件是什么？如何控制？
4. 如何测定氯化铵的氮含量？是否可用其他办法进行测定？
5. 写出测定硫脲中的有关反应式。如何计算硫脲的含量？

实验三十三　铋、铅混合液中 Bi^{3+}、Pb^{2+} 的连续滴定

一、实验原理

Bi^{3+} 和 Pb^{2+} 均能与 EDTA 形成稳定的 1：1 配合物，lgK 分别为 27.94 和 18.04。根据混合离子分步滴定的条件：当 $c_{M_1} = c_{M_2}$，TE❶ 为 ±0.1，$\Delta\rho_M$❷ 为 ±0.2 时，则 $\Delta lgk_{My} = 6$。而 BiY 与 PbY 两者的稳定常数相差很大，故可利用控制 pH 值分别进行滴定。通常在 pH≈1 时滴定 Bi^{3+}，pH＝5～6 时滴定 Pb^{2+}。

在 pH≈1 时，以二甲酚橙作指示剂，Bi^{3+} 与二甲酚橙形成紫红色配合物（Pb^{2+} 在此条件下不与指示剂作用），用 EDTA 滴定至溶液突变为亮黄色即为 Bi^{3+} 的终点。在此溶液中加入六亚甲基四胺，调节溶液的 pH 值为 5～6，此时 Pb^{2+} 与二甲酚橙形成紫红色配合物，用 EDTA 滴定至溶液再变为亮黄色即为 Pb^{2+} 的终点。

二、实验试剂

1. EDTA 标准溶液 $0.02mol \cdot L^{-1}$ 同实验九配制。

---

❶ TE 为滴定的终点误差。

❷ M 为金属离子。

2. 铅标准溶液 0.02mol·L^{-1}。准确称取干燥的分析纯 Pb(NO$_3$)$_2$ 1.6～1.9g 置于 100mL 烧杯中，加入 1∶3 HNO$_3$ 5mL，加水溶解后，定量转移至 250mL 容量瓶中，用水稀释至刻度，计算铅标准溶液的浓度（mol·L^{-1}）。

3. 二甲酚橙：0.2%水溶液。

4. 六亚甲基四胺：20%水溶液。

5. HNO$_3$：1∶3。

三、实验步骤

1. EDTA 溶液的标定

移取 25.00mL 铅标准液于 250mL 锥形瓶中，加入 0.2%二甲酚橙指示剂 2 滴，加入 20%六亚甲基四胺溶液调至溶液呈现稳定的紫红色后，再过量 5mL，用 EDTA 标准溶液滴定至溶液由紫红色变为亮黄色即为终点。根据滴定所用去的 EDTA 毫升数和铅标准溶液的浓度，计算 EDTA 的浓度（mol·L^{-1}）。

2. 铋、铅的连续滴定

移取试液 25.00mL 于 250mL 锥形瓶中，加入水 25mL、0.2%二甲酚橙指示剂 1 滴，用 EDTA 标准溶液滴定至溶液由紫红色变为亮黄色即为测定 Bi^{3+} 的终点。根据所耗 EDTA 的毫升数及 EDTA 的浓度计算试液中 Bi^{3+} 的含量（mg·mL^{-1}）。

于滴定 Bi^{3+} 后的溶液中，补加二甲酚橙指示剂 1 滴，用 20%六亚甲基四胺溶液调至溶液呈现稳定的紫红色后，再过量 5mL，此时溶液的 pH 值约为 5～6，再用 EDTA 滴定至溶液由紫红色变为亮黄色，即为测定的终点。根据所耗 EDTA 溶液的毫升数及 EDTA 的浓度计算试液中 Pb^{2+} 的含量（mg·mL^{-1}）。

四、注意事项

1. 滴定 Bi^{3+} 时，若酸度过低，Bi^{3+} 将水解，产生白色浑浊。

2. 滴定至近终点时，滴定速度要慢，并充分摇动溶液，以免滴过终点。

思 考 题

滴定 Pb^{2+} 以前为何要调节 pH 值为 5～6？为什么要用六亚甲基四胺（$K_b = 1.4 \times 10^{-9}$）而不用氨或碱来中和溶液里的酸？

实验三十四 分光光度法测定甲基橙的离解常数

一、实验目的

掌握分光光度法测定一元弱酸（或弱碱）的离解常数的原理、方法、测定步骤及实验数据的处理方法。

二、实验原理

甲基橙是一种有机弱酸，在不同 pH 值下发生结构变化反应：

$$K_a = \frac{[H^+][In^-]}{HIn} \tag{5-1}$$

根据吸光度 A 的加和性，在一定波长 λ 下，则：

$$A_\lambda = A_{\lambda,\text{HIn}} + A_{\lambda,\text{In}^-} \tag{5-2}$$

设 $A_{\lambda,\text{HIn}}^0$ 为 $[\text{HIn}] = c_{\text{HIn}}$ 时的吸光度，$A_{\lambda,\text{In}^-}^0$ 为 $[\text{In}^-] = c_{\text{HIn}}$ 时的吸光度，则在一定 $[\text{H}^+]$ 浓度时：

$$[\text{HIn}] = \delta_{\text{HIn}} c_{\text{HIn}} = \frac{[\text{H}^+]}{[\text{H}^+] + K_a} c_{\text{HIn}}; \quad [\text{In}^-] = \delta_{\text{In}^-} c_{\text{HIn}} = \frac{K_a}{[\text{H}^+] + K_a} c_{\text{HIn}}$$

$$A_{\lambda,\text{HIn}} = A_{\lambda,\text{HIn}}^0 \frac{[\text{H}^+]}{[\text{H}^+] + K_a}; \quad A_{\lambda,\text{In}^-} = A_{\lambda,\text{In}^-}^0 \frac{K_a}{[\text{H}^+] + K_a}$$

$$A_\lambda = \frac{A_{\lambda,\text{HIn}}^0 [\text{H}^+] + A_{\lambda,\text{In}^-}^0 K_a}{[\text{H}^+] + K_a} \tag{5-3}$$

整理后，取负对数，得：

$$pK_a = \lg \frac{A_\lambda - A_{\text{In}^-}^0}{A_{\text{HIn}}^0 - A_\lambda} + \text{pH} \tag{5-4}$$

甲基橙的离解常数：

(1) 以不同 pH 值条件下，相同 c_{HIn} 的光吸收曲线，在 HIn 的最大吸收波长 510nm 处作 A_{HIn} 的平行线，从直线与各曲线的交点查得 A_{HIn}^0、$A_{\text{In}^-}^0$ 值及各不同 pH 值的 A_λ 值，代入式（5-4），计算 pK_a 值，其平均值即为测定结果。

(2) 作图法

方法一：以 A_λ 对 pH 作图（见图 5-2），取 $\dfrac{A_{\text{HIn}}^0 + A_{\text{In}^-}^0}{2}$ 值处所对应的 pH 值，即等于 pK_a 值。因为 $\lg \dfrac{A_\lambda - A_{\text{In}^-}^0}{A_{\text{HIn}}^0 - A_\lambda} = 0$，即 $A_\lambda - A_{\text{In}^-}^0 = A_{\text{HIn}}^0 - A_\lambda$

$$pK_a = \lg \frac{A_\lambda - A_{\text{In}^-}^0}{A_{\text{HIn}}^0 - A_\lambda} + \text{pH}$$

方法二：以 $\lg \dfrac{A_\lambda - A_{\text{In}^-}^0}{A_{\text{HIn}}^0 - A_\lambda}$ 对 pH 作图，当 $\lg \dfrac{A_\lambda - A_{\text{In}^-}^0}{A_{\text{HIn}}^0 - A_\lambda} = 0$ 时，$\text{pH} = pK_a$。

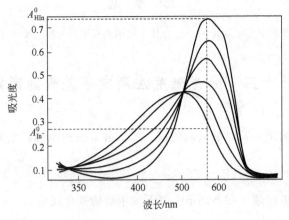

图 5-2 实验测量图

实验三十五 邻二氮杂菲分光光度法测定铁

一、实验目的

1. 了解分光光度法测定物质含量的一般条件及其选定方法。

2. 掌握邻二氮杂菲分光光度法测定铁的方法。

3. 了解 723 型（或 722 型）分光光度计的构造和使用方法。

二、实验原理

1. 光度法测定的条件

分光光度法测定物质含量时应注意的条件主要是显色反应的条件和测量吸光度的条件。显色反应的条件有显色剂用量、介质的酸度、显色时溶液的温度、显色时间以及干扰物质的消除方法等；测量吸光度的条件包括应选择的入射光波长、吸光度范围和参比溶液等。

2. 邻二氮杂菲-亚铁配合物

邻二氮杂菲是测定微量铁的一种较好试剂。在 pH＝2～9 的条件下，Fe^{2+} 与邻二氮杂菲生成极稳定的橘红色配合物，反应式如下：

此配合物的 $\lg K_{稳}＝21.3$，摩尔吸光系数 $\varepsilon_{510}＝1.1×10^4$。

在显色前，首先用盐酸羟胺把 Fe^{3+} 还原成 Fe^{2+}，其反应式如下：

$$2Fe^{3+}+2NH_2OH \cdot HCl \longrightarrow 2Fe^{2+}+N_2+2H_2O+4H^++2Cl^-$$

测定中，控制溶液酸度在 pH＝5 左右较为合适。酸度高时，反应进行较慢；酸度太低，则 Fe^{2+} 水解，影响显色。

Bi^{3+}、Cd^{2+}、Hg^{2+}、Ag^+、Zn^{2+} 等离子与显色剂生成沉淀，Ca^{2+}、Cu^{2+}、Ni^{2+} 等离子与显色剂形成有色配合物。因此当这些离子共存时，应注意它们的干扰作用。

三、实验试剂

$100\mu g \cdot mL^{-1}$ 的铁标准溶液：准确称取 0.864g 分析纯 $NH_4Fe(SO_4)_2 \cdot 12H_2O$，置于一烧杯中，以 30mL $2mol \cdot L^{-1}$ HCl 溶液溶解后移入 1000mL 容量瓶中，以水稀释至刻度，摇匀。

$10\mu g/mL$ 的铁标准溶液：由 $100\mu g/mL$ 的铁标准溶液准确稀释 10 倍而成。

盐酸羟胺固体及 10% 溶液（因其不稳定，需临时配制）；0.1% 邻二氮杂菲溶液（新配制）；$1mol \cdot L^{-1}$ NaAc 溶液。

四、实验步骤

1. 条件试验

（1）吸收曲线的测绘 准确移取 $10\mu g \cdot mL^{-1}$ 铁标准溶液 5mL 于 50mL 容量瓶中。加入 10% 盐酸羟胺 1mL，摇匀，稍冷，加入 $1mol \cdot L^{-1}$ NaAc 溶液 5mL 和 0.1% 邻二氮杂菲溶液 3mL，以水稀释至刻度，在 723 型（或 722 型）分光光度计上，用 2cm 比色皿，以水为参比溶液，用不同的波长（从 570nm 开始到 430nm 为止）每隔 10nm 或 20nm 测一次吸光度（其中从 530～490nm，每隔 10nm 一次）。然后以波长为横坐标、吸光度为纵坐标绘制出吸收曲线，从吸收曲线上确定该测定的适宜波长。

（2）邻二氮杂菲-亚铁配合物的稳定性 用上述溶液继续进行滴定，其方法是在最大吸收波长（510nm）处，每隔一定时间测定其吸光度，例如在加入显色剂后立即测定一次吸光度，经 30min、90min、120min 后，再各测一次吸光度，然后以时间（t）为横坐标，吸光

度 A 为纵坐标绘制 A-t 曲线。此曲线表示了该配合物的稳定性。

（3）显色剂浓度试验　取 50mL 容量瓶（或比色管）7 个，编号，用 5mL 移液管准确移取 10μg/mL 铁标准溶液 5mL 于容量瓶中，加入 1mL 10％盐酸羟胺溶液，经 2min 后，再加入 5mL 1mol·L^{-1} NaAc 溶液，然后分别加入 0.1％邻二氮杂菲溶液 0.3mL、0.6mL、1.0mL、1.5mL、2.0mL、3.0mL 和 4.0mL，用水稀释至刻度，摇匀。在分光光度计上，用适宜波长（例如 510nm）、2cm 比色皿，以水为参比，测定上述溶液的吸光度。然后以加入的邻二氮杂菲试剂的体积为横坐标，吸光度为纵坐标，绘制曲线，从中找出显色剂的最适宜加入量。

（4）溶液酸度对配合物的影响　准确移取 100μg·mL^{-1} 铁标准溶液 5mL 于 100mL 容量瓶中，加入 5mL 2mol·L^{-1} HCl 溶液和 10mL 10％盐酸羟胺溶液，经 2min 后加入 0.1％邻二氮杂菲溶液 30mL，用水稀释至刻度，摇匀，备用。取 50mL 容量瓶 7 只，编号，用移液管分别准确移取上述溶液 10mL 于各容量瓶中。在滴定管中装 0.4mol·L^{-1} NaOH 溶液，然后依次在容量瓶中加入 0.4mol·L^{-1} NaOH 溶液 0.0、2.0mL、3.0mL、4.0mL、6.0mL、8.0mL 及 10.0mL[注1]，以水稀释至刻度，摇匀，使各溶液的 pH 从小于等于 2 开始逐步增加到 12 以上。测定各容量瓶中溶液的 pH 值，先用 pH=1~14 广泛 pH 试纸粗略确定其 pH 值，然后进一步用精密 pH 试纸确定其较准确的 pH 值。同时在分光光度计上用适宜波长（例如 510nm）、2cm 液槽、水为空白测定各溶液的吸光度 A。最后以 pH 值为横坐标，吸光度为纵坐标，绘制 A-pH 曲线。从曲线上找出适宜的 pH 范围。

根据上面条件试验的结果，拟出邻二氮杂菲分光光度法测定铁的分析步骤，并讨论之。

2. 铁含量的测定

（1）标准曲线的测定　取 50mL 容量瓶（或比色管）6 只，分别移取（务必准确量取，为什么？）10μg·mL^{-1} 铁标准溶液 2.0mL、4.0mL、6.0mL、8.0mL 和 10.0mL 置于 5 只容量瓶中（或比色管）中，另一容量瓶中不加铁标准溶液（配制空白溶液，作参比）。然后各加 1mL 10％盐酸羟胺，摇匀，经 2min 后，再各加 5mL 1mol·L^{-1} NaAc 溶液及 3mL 0.1％邻二氮杂菲，以水稀释至刻度，摇匀。在分光光度计上，用 2cm 比色皿在最大吸收波长（510nm）处，测定各溶液的吸光度。以铁含量为横坐标，吸光度为纵坐标，绘制标准曲线。

（2）未知液中铁含量的测定　吸取 5mL 未知液代替标准溶液，其他步骤均同上，测定吸光度。由未知液的吸光度在标准曲线上查出 5mL 未知液中的铁含量，然后以每毫升未知液中含铁多少微克表示结果。

注：（1）、（2）两项的溶液配制和吸光度测定宜同时进行。

五、记录和计算（供参考）

1. 记录

比色皿＿＿＿＿＿＿＿＿＿＿＿　　光源电压＿＿＿＿＿＿＿＿＿＿＿＿＿＿＿

2. 绘制曲线

（1）吸收曲线；（2）A-t 曲线；（3）A-c 曲线；（4）标准曲线。

3. 对各项测定结果进行分析并做出结论：例如从吸收曲线可得出，邻二氮杂菲铁配合物在波长 510nm 处吸光度最大，因此测定铁时宜选用的波长为 510nm 等。

（1）吸收曲线的绘测　将吸收曲线的绘制值填入表 5-1。

表 5-1 吸收曲线的绘制值

波长/nm	吸光度 A	波长/nm	吸光度 A
570		500	
550		490	
530		470	
520		450	
510		430	

（2）邻二氮杂菲-亚铁配合物的稳定性　将不同时间放置后的吸光度填入表 5-2 中呼应栏。

表 5-2 邻二氮杂菲-亚铁配合物不同放置时间的吸光度

放置时间 t/min	吸光度 A	放置时间 t/min	吸光度 A
0		90	
30		120	

（3）显色剂浓度的试验　在不同显色剂量下测得不同的吸光度值填入表 5-3 中。

表 5-3 显色剂浓度的试验值

容量瓶(或比色管)号	显色剂量/mL	吸光度 A	容量瓶(或比色管)号	显色剂量/mL	吸光度 A
1	0.3		5	2.0	
2	0.6		6	3.0	
3	1.0		7	4.0	
4	1.5				

（4）标准曲线的测定与铁含量的测定　将不同标准溶液含量及不同含铁量下测得的吸光度值填入表 5-4 中，并计算未知液的值。

表 5-4 标准曲线的测定与铁含量的测定

试液编号	标准溶液的量/mL	总含铁量/μg	吸光度 A	试液编号	标准溶液的量/mL	总含铁量/μg	吸光度 A
1	0	0		5	8.0	80	
2	2.0	20		6	10.0	100	
3	4.0	40		未知液			
4	6.0	60		(记下号数)			

注释

[1]　如果按本操作步骤准确加入铁标准溶液及盐酸，则此处加入的 $0.4mol \cdot L^{-1}$ NaOH 的量能使溶液的 pH 值达到要求；否则会略有出入，因此实验时，最好先加入几毫升 NaOH（例如 3mL、6mL），以 pH 试纸确定该溶液的 pH 值，然后据此再确定其他几只容量瓶应加 NaOH 溶液的量。

思 考 题

1. 邻二氮杂菲分光光度法测定铁的适宜条件是什么？

2. Fe^{3+} 标准溶液在显色前加盐酸羟胺的目的是什么？若测定一般铁盐的总铁量，是否需要加盐酸羟胺？

3. 若用配制已久的盐酸羟胺溶液，对分析结果将带来什么影响？

4. 怎样选择本实验中各种测定的参比溶液？

5. 在本实验的各项测定中，加入某种试剂的体积要比较准确，而某种试剂的加入量则不必准确度量，为什么？

6. 溶液的酸度对邻二氮杂菲铁的吸光度影响如何？为什么？

7. 根据自己的实验数据，计算在最适宜波长下邻二氮杂菲亚铁配合物的摩尔吸光系数。

实验三十六　水中微量氟的测定（离子选择电极法）

一、实验目的

1. 了解用 F^- 选择电极测定水中微量氟的原理和方法。

2. 了解总离子强度调节缓冲溶液的意义和作用。

3. 掌握用标准曲线法和标准加入法测定水中微量 F^- 的方法。

二、实验原理

离子选择电极是一种电化学传感器，它将溶液中特定离子的活度转换成响应的电位。用氟离子选择电极（简称氟电极，它是 LaF_3 单晶敏感膜电极，内装 $0.1mol \cdot L^{-1}$ NaCl-NaF 内参比溶液和 Ag-AgCl 内参比电极）测定 F^- 浓度的方法与测定 pH 值的方法相似。当氟电极插入溶液时，其敏感膜对 F^- 产生响应，在膜和溶液间产生一定的膜电位：

$$\Delta\varphi = K - \frac{2.303RT}{F}\lg a_{F^-}$$

在一定条件下，膜电位 $\Delta\varphi$ 与 F^- 活度的对数值成直线关系。当氟电极（作指示电极）与饱和甘汞电极（参比电极）插入被测溶液中组成原电池时，电池的电动势 E 在一定条件下与 F^- 活度的对数值成直线关系：

$$E = K' - \frac{2.303RT}{F}\lg a_{F^-}$$

式中，K' 值为包括内外参比电极的电位、液接电位等的常数。通过测量电池电动势可以测定 F^- 的活度。当溶液的总离子强度不变时，离子的总活度为一定值，故 $E = K'' - \frac{2.303RT}{F}\lg c_{F^-}$，$E$ 与 F^- 的浓度 c_{F^-} 的对数成直线关系。因此，为了测定 F^- 的浓度，常在标准溶液与试样溶液中同时加入相等的足够量的惰性电解质作总离子强度调节缓冲溶液，使它们的总离子强度相同。

当 F^- 浓度在 $1 \sim 10^{-6} mol \cdot L^{-1}$ 范围内时，氟电极电位与 pF（F^- 浓度的负对数）成直线关系，可用标准曲线或标准加入法进行测定。

氟电极只对游离的 F^- 有响应。在酸性溶液中，H^+ 和部分 F^- 形成 HF 或 HF_2^-，会降低 F^- 的浓度。在碱性溶液中，LaF_3 薄膜与 OH^- 发生交换作用而使溶液中 F^- 浓度增加。因此，溶液的酸度对测定有影响，氟电极适宜于测定 pH 值范围为 $5 \sim 8$（视 F^- 浓度大小而定）。

氟电极的最大优点是选择性好。除能与 F^- 生成稳定配合物或难溶沉淀的元素（如 Al、Fe、Zr、Th、Ca、Mg、Li 及稀土元素等）会干扰测定（通常用柠檬酸、EDTA、DCTA、磺基水杨酸及磷酸盐等掩蔽）外，10^3 倍以上的 Cl^-、Br^-、I^-、SO_4^{2-}、HCO_3^-、NO_3^-、Ac^-、$C_2O_4^{2-}$ 及 $C_4H_4O_6^{2-}$ 等阴离子均不干扰。加入总离子强度调节缓冲剂[注1]，可以起到控制一定的离子强度和酸度，以及掩蔽干扰离子等多种作用。

注：水中微量氟也可用氯离子选择电极测定。

三、仪器和试剂

1. 仪器

pH-2 型或 pHS-1 型精密酸度计，HDF 型或 7601 型氟电极，232 型或 222 型甘汞电极，电磁搅拌器。

2. 试剂

0.100mol·L^{-1}氟标准溶液：准确称取于120℃干燥2h并冷却的分析NaF 4.19g，溶于去离子水中，转入1L容量瓶中，稀释至刻度，储于聚乙烯瓶中。

TISAB（总离子强度调节缓冲液）：于1000mL烧杯中，加入500mL去离子水和57mL冰醋酸、58g NaCl、12g柠檬酸钠（Na$_3$C$_6$H$_5$O$_7$·2H$_2$O），搅拌至溶解。将烧杯放在冷水浴中，缓缓加入6mol·L^{-1}NaOH溶液，直至pH值在5.0～5.5之间（约125mL，用pH计检查），冷至室温，转入1000mL容量瓶中，用去离子水稀释至刻度。

四、实验步骤

1. 使用离子选择电极一般注意事项

（1）电极在使用前应按说明书要求进行活化、清洗。电极的敏感膜应保持清洁和完好，切勿沾污或受到机械损伤。

（2）固态膜电极钝化后，用M$_5$（06号）金相砂纸抛光，一般可恢复原来的性能，或在绒布上放少量优质牙膏或牙粉，用以摩擦氟电极，也可使氟电极活化。

（3）测定时应按溶液从稀到浓的次序进行。在浓溶液中测定后应立即用去离子水将电极清洗到空白电位值[注2]，再测定稀溶液，否则将严重影响电极的寿命和测量准确度（有迟滞效应）。电极也不宜在浓溶液中长时间浸泡，以免影响检出下限。

（4）电极使用后，应清洗至电位为空白电位值，擦干。按要求保存。

2. 氟电极的准备

氟电极在使用前，宜在纯水中浸泡数小时或过夜，或在10^{-3}mol·L^{-1}NaF溶液中浸泡1～2h，再用去离子水洗到空白电位为300mV左右。电极晶片勿与坚硬物碰擦，晶片上如有油污，用脱脂棉依次以酒精、丙酮轻拭，再用去离子水洗净。电极在连续使用期间的间隙内，可浸泡在水中；长期不用，则风干后保存。

电极内装电解质溶液，为防止晶片内侧附着气泡而使电路不通，在电极使用前，可让晶片朝下，轻击电极杆，以排除晶片上可能附着的气泡。

3. 标准曲线法

（1）吸取5mL 0.100mol·L^{-1}氟标准溶液于50mL容量瓶中，加入5mL TISAB溶液，用去离子水稀释至刻度，混匀。此溶液为10^{-2}mol·L^{-1}氟标准溶液。用逐级稀释法配制浓度为10^{-3}mol·L^{-1}、10^{-4}mol·L^{-1}、10^{-5}mol·L^{-1}及10^{-6}mol·L^{-1} F$^-$溶液的标准系列。逐级稀释时只需加入4.5mL TISAB溶液。

（2）将标准系列溶液由低浓度到高浓度依次转入干塑料烧杯中，插入氟电极和参比电极，在电磁搅拌器搅拌4min后，停止搅拌半分钟，开始读取平衡电位，然后每隔半分钟读一次数，直至3min内不变为止[注3]。

（3）在半对数坐标纸作E-[F$^-$]图，即得标准曲线。或在普通坐标纸上作E-lga_{F^-}图。

（4）取自来水样25mL（若含量较高，应稀释后再吸取）于50mL容量瓶中，加50mL TISAB溶液，用去离子水稀释至刻度，摇匀。在与标准曲线相同的条件下测定电位。从标准曲线上查出F$^-$浓度，再计算自来水样含F$^-$浓度。

4. 标准加入法

标准加入法是先测定试液的电位E_1，然后将一定量标准溶液加入此试液中，再测定其电位E_2。根据下式计算含氟量：

$$c_x(氟) = \frac{\Delta c}{10^{(E_2 - E_1)/S} - 1}$$

式中，Δc 为增加的 F^- 浓度；S 为电极响应斜率，又叫级差（浓度改变 10 倍所引起的电位 E 值变化）。

在理论上，$S = \frac{2.303RT}{nF}$（25℃，$n=1$ 时，$S=59mV/pF$），与实验测定值常有出入，因此最好进行测定，以免引入误差。测定的最简单的方法是借稀释一倍的方法以测得实际响应斜率。即测出 E_1 和 E_2 后的溶液，用空白溶液稀释一倍，然后再测得其电位 E_3，则电极在试液中的实际响应斜率为：

$$S = \frac{E_2 - E_3}{\lg 2} = \frac{E_2 - E_3}{0.301}$$

具体测定步骤如下。

(1) 准确吸取 50mL 自来水于 100mL 容量瓶中，加入 10mL TISAB，用去离子水稀释至刻度，摇匀，吸取 50mL 于干塑料烧杯中，测定电位 E_1。

(2) 在上述试样中准确加入 0.5mL 浓度约为 10^{-3} mol·L^{-1} 的氟标准溶液[注4]，混匀，继续测定其电位 E_2。

(3) 在测定过 E_2 的试样中，加 5mL TISAB 溶液及 45mL 去离子水，混匀，测定其电位 E_3。

根据测定结果，计算自来水中氟含量，并与标准曲线法测得的结果进行比较。

注释

[1] 总离子强度调节缓冲溶液，通常由惰性电解质、金属配位剂（作掩蔽剂）及 pH 缓冲剂组成。根据试样的不同情况，配加不同总离子强度调节缓冲溶液。不同的总离子强度调节的缓冲溶液，掩蔽干扰离子的效果不同，而且影响电极的灵敏度。

[2] 氟电极的空白电位，即电极在不含 F^- 的去离子水中的电位，约为 300mV。

[3] 电位平衡时间随 F^- 浓度减少而延长。在同一数量级内测定水样，一般在几分钟内可达平衡。在测定中，待平衡电位在 3min 内无明显变化即可。达到平衡电位所需时间与电极状况、溶液温度等有关。

[4] 为保证准确度，标准溶液浓度应远大于未知液的浓度（c_s 应为 $100c_x$），而且加入标准溶液后增加的浓度应尽量与未知溶液原来的浓度接近。

思 考 题

1. 用氟电极测定 F^- 浓度的原理是什么？

2. 用氟电极测得的是 F^- 的浓度还是活度？如果要测定 F^- 的浓度，应该怎么办？

3. 氟电极在使用前应该怎样处理？达到什么要求？

4. 总离子强度调节缓冲溶液应包括哪些组分？各组分的作用怎样？

5. 比较标准曲线法和标准加入法的优缺点和应用条件。用此两种方法所测结果有无差异？

6. 用普通坐标纸和半对数坐标纸所作 E-c 曲线是否一样？为什么？

实验三十七 硼酸的电位滴定（线性滴定法）

一、实验目的

学习用线性滴定法确定极弱酸的滴定终点。

二、实验原理

酸碱滴定的 pH-V 曲线，都是呈"S"形的，在等当点附近出现 pH 突跃，由此确定滴定终点。但对极弱酸或极弱碱、电离常数相差较小的多元酸（碱）或混合酸（碱），等当点附近没有突跃，确定终点就很困难，甚至不可能。线性滴定法可将滴定曲线改变成直线，这就可解决上述问题，而且在等当点附近不必逐点进行测定，在整个滴定过程中，只要测定数点，能作直线就行了，这些点可远离等当点。这是本法的优点，但计算比较复杂，若能用计算机，就可使计算简化。

用强碱滴定极弱酸，例如硼酸（$K_a = 5.8 \times 10^{-10}$），根据电离平衡、物料平衡、电荷平衡和化学计量关系，可推导出 Ingman 公式[注1]：

$$V_e - V = K_f a_{H^+} V + \frac{V_0 + V}{c_B}(K_f a_{H^+} + 1)([H^+] - [OH^-]) \tag{5-5}$$

式中　V_e——等当点时消耗的滴定剂体积，mL；

　　　V_0——被滴定溶液的初始体积，mL；

　　　V——加入滴定剂的体积，mL；

　　　c_B——滴定剂的浓度，$mol \cdot L^{-1}$；

　　　K_f——硼酸的形成常数，$K_f = \dfrac{1}{K_a}$；

　　　a_{H^+}——氢离子活度。

在等当点后，$[H^+]$ 很小，可忽略不计，式（5-5）可简化为：

$$V_e - V = -\frac{V_0 + V}{c_B}[OH^-] \tag{5-6}$$

根据滴定所得 pH 值和 V 的数据，应用式（5-5）和式（5-6），计算出相应的 $V_e - V$ 为纵坐标，V 为横坐标，绘出滴定曲线，如图 5-3 所示，图中两条直线与 V 轴的交点，即为终点时滴定剂的体积 V_e。

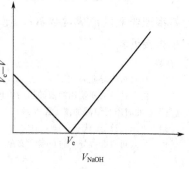

图 5-3　NaOH 滴定 H_3BO_3 的曲线

三、仪器和试剂

1. 仪器

酸度剂 1 台、饱和甘汞电极和玻璃电极各一支。

2. 试剂

$0.1mol \cdot L^{-1}$ NaOH 标准溶液（不含 CO_3^{2-}）、$0.1mol \cdot L^{-1}$ H_3BO_3 溶液、$1mol \cdot L^{-1}$ KNO_3（或 KCl）溶液、pH＝9.18 硼砂标准缓冲溶液。

四、实验步骤

1. 用 pH＝9.18 标准缓冲溶液将酸度剂定位。

2. 准确吸取约 $0.1mol \cdot L^{-1}$ H_3BO_3 溶液 5mL 置于干燥的 150mL 烧杯中，加入 $1mol \cdot L^{-1}$ KNO_3 溶液 10.0mL，用滴定管加入蒸馏水至溶液总体积为 100mL[注2]。插入玻璃电极和饱和甘汞电极，开动电磁搅拌器，读出初始 pH 值。然后以间隔为 0.5mL，分步定量加入 $0.1mol \cdot L^{-1}$ NaOH 标准溶液，每加入一次滴定剂，读出相应的 pH 值。

用测得的 V 和 pH 数据，按公式（5-5）和公式（5-6）计算出相应的 $V_e - V$ 值，并列表5-5。

表 5-5　$V_e - V$ 值的计算与测定

V	pH	[H]	[OH]	$K_f[H]V$[注3]	$\dfrac{V_0 + V}{c_B}$	$[H] - [OH]$	$1 + [H]K_f$	$V_e - V$
0.00								
0.50								
1.00								
1.50								
...								

在坐标纸上绘出 (V_e-V)-V 曲线，找出 V_e，计算硼酸溶液的准确浓度。如果可能，用电子计算机处理所得数据，并且绘出曲线，求得分析结果。

上述应用 Ingman 公式的直线图解法，必须预先知道被滴定酸的形成常数 K_f 值，才能求出滴定结果；如果不知道 K_f 值，可用松下宽等式[注4]：

$$V+\frac{([H^+]-[OH^-])(V_0+V)}{c_B}=\frac{V_e}{1+K_f a_{H^+}}$$

(5-7)

令

$$y=V+\frac{([H^+]-[OH^-])(V_0+V)}{c_B}$$

(5-8)

$$x=a_{H^+}y$$

(5-9)

则式 (5-7) 变成

$$y=V_e-K_f x$$

(5-10)

用上述滴定 H_3BO_3 的实验数据，按式(5-8) 及式 (5-9) 计算出 x、y 值，用 y 作纵坐标，x 值作横坐标作图，可得一直线，如图5-4所示。此直线在 y 轴上的截距，即等当点体积 V_e；直线

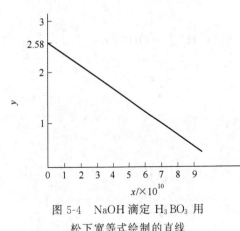

图 5-4　NaOH 滴定 H_3BO_3 用松下宽等式绘制的直线

的斜率即弱酸的形成常数 K_f。比较两种方法测得的 V_e 值，误差多大？测得的 K_f 值与文献值是否接近？

注释

[1] 试自行推导此公式。

[2] 由于计算时要使用溶液的初始体积，并控制一定的离子强度，因此所用的烧杯应预先干燥，所加试剂和水也应准确量取。此时所得溶液的离子强度为 0.1。

[3] 可用 $[H^+]$ 代替 a_{H^+}，计算的结果只影响直线的斜率，不影响直线与横轴相交的位置。

[4] 公式可自行推导，也可参考文献 [松下宽等. 日本化学会志，1976，(8)：1322～1325]。

思　考　题

1. 何谓线性滴定法？它具有哪些优点？

2. 用线性滴定法测定弱酸时，适用的弱酸形成常数 K_f 的范围如何？

3. 怎样用电子计算机处理线性滴定获得的数据？

4. Ingman 等的线性滴定法能否应用于其他几类滴定分析法？

5. 用松下宽等的方法，能否将线性滴定法用于沉淀、配位及氧化还原滴定，并同时测定有关常数 K_{sp}、K_f 等？

实验三十八　排放水中铜、铬、锌及镍的测定

一、实验目的

1. 掌握原子吸收光谱分析法基本原理。

2. 了解原子吸收分光光度计的主要结构，并学习其操作和分析方法。

3. 学习连续测定电镀排放水中铜、铬、锌及镍的方法。

二、实验原理

不同的元素有其一定波长的特征共振线，如铜为 324.8nm、铬为 357.9nm、锌为 213.9nm、镍为 232.0nm，而每种元素的原子蒸气对辐射光的特征谱线有强烈的吸收，吸收的程度与试液中待测元素的浓度成正比。

当不同元素的空心阴极灯作锐线光源时，即辐射出不同的特征谱线。在测定不同元素时，用不同的元素灯，可在同一试液中分别测定几种不同元素，彼此干扰少。这就体现了原子吸收光谱分析法的优越性。

三、仪器和试剂

1. 仪器

原子吸收分光光度计：备有铜、铬、锌、镍空心阴极灯各1只，无油空气压缩机，乙炔供气装置；容量瓶：1000mL 4只、100mL 1只、50mL 6只；吸量管：10mL 1支；移液管：20mL 1支；比色管：50mL 6支。

2. 试剂

金属铜、金属锌、重铬酸钾、硝酸镍（均为一级纯）；氯化铵、硝酸、盐酸等（均为二级纯）；去离子水。

铜标准溶液：溶解1.000g纯金属铜与15mL（1+1）硝酸中，转入容量瓶，用去离子水稀释至1000mL，此溶液浓度为1.00mg铜/1.00mL。

铬标准溶液：溶解重铬酸钾2.828g于200mL去离子水中，转入容量瓶，加（1+1）硝酸3mL，用去离子水稀释至1000mL，此溶液浓度为1.00g铬/1.00mL。

锌标准溶液：溶解1.000g纯金属锌与20mL（1+1）硝酸中，转入容量瓶，用去离子水稀释至1000mL，此溶液浓度为1.00mg锌/1.00mL。

镍标准溶液：溶解4.953g $Ni(NO_3)_2 \cdot 6H_2O$ 于200mL去离子水中，转入容量瓶，加（1+1）硝酸3mL，用去离子水稀释至1000mL，此溶液浓度为1.00mg镍/1.00mL。

混合标准溶液：准确吸收上述铜标准溶液10mL、铬标准溶液10mL、锌标准溶液5mL、镍标准溶液20mL于100mL容量瓶中，用去离子水稀释至刻度。此混合液1mL中含铜100μg、铬100μg、锌50μg、镍200μg。

四、实验步骤

1. 仪器操作条件

由于各种仪器型号不同，性能不同，操作条件不尽相同，需要通过操作条件的选择找出最佳操作条件。以下推荐的仪器工作条件（表5-6），仅供参考。

表5-6　推荐的仪器工作条件

项　　目	铜	锌	镍	铬
波长/nm	324.8	213.9	232.0	357.9
灯电流/mA	3	4	8	8
光谱通带/nm	0.2	0.2	0.2	0.2
火焰	空气-乙炔	空气-乙炔	空气-乙炔	空气-乙炔
空气流量/L·min^{-1}	10.2	10.2	10.2	10.2
乙炔流量/L·min^{-1}	1.2	1.2	1.0	1.4

2. 标准曲线的绘制

吸取混合标准溶液0.0、1.0mL、2.0mL、3.0mL、4.0mL、5.0mL，分别置于6只50mL容量瓶中，每瓶中加入（1+1）盐酸10mL，用去离子水稀释至刻度。按仪器操作条件，测定某一种元素时应换用该元素的空心阴极灯作光源。用1‰盐酸调吸光度为零，测定各瓶溶液中铜、锌、镍的吸光度。

测铬时，先取6支50mL干燥的比色管（或烧杯），每支中加0.2g氯化铵，再分别加入上述 6 个容量瓶中不同浓度的标准混合溶液 20mL。待氯化铵溶解后，用 1% 盐酸调零。依次测定每瓶溶液中铬的吸光度，记录其浓度和相应的吸光度。用坐标纸将铜、锌、镍、铬的含量（μg）与相应的吸光度绘制出每种元素的标准曲线。

3. 排放水中铜、锌、镍和铬的测定

（1）取样 用硬质玻璃或聚乙烯瓶取样。取样瓶先用（1+10）硝酸浸泡一昼夜，再用去离子水洗净。取样时，先用水样将瓶涮洗 2～3 次。然后立即加入一定量的浓硝酸（按每升水样加入 2mL 计算加入量），使溶液的 pH 值约为 1。

（2）试液的制备 取水样 200mL 于 500～600mL 烧杯中，加（1+1）盐酸 5mL，加热浓缩至 20mL 左右，转入 50mL 容量瓶中，用去离子水稀释至刻度，摇匀，用作测定试液。如有浑浊，应用快速定量干滤纸［滤纸应事先用（1+10）盐酸洗过，并用去离子水洗净、晾干］滤入干烧杯中待用。

（3）测定 测定某一元素时应用该元素的空心阴极灯。

铬的测定：于干燥的 50mL 比色管中，加 0.2g 氯化铵，加上述制成的试液 20mL，待其溶解完全后，按仪器操作条件用 1% 盐酸调零，测定铬的吸光度。

铜、锌和镍的测定：取制备试液，按仪器操作条件，用 1% 盐酸调零，分别测定铜、锌、镍的吸光度。

由标准曲线查出每种元素的含量。再计算出每种元素在水样中的浓度（mg·L^{-1}）：

$$某种元素的浓度 = \frac{测得量(\mu g)}{水样体积(mL)}$$

五、实验讨论

1. 若水样中被测定元素浓度太低，则必须用萃取方法才能测定。萃取时可用吡咯烷酮二硫代氨基甲酸铵作萃取配位剂，在萃取液中进行测定。

2. 若水样中含有大量的有机物，则需先消化除去大量有机物后才能测定。试液的制备方法如下：取 200mL 水样于 400mL 烧杯中，在电热板上蒸发至约 10mL，冷却，加 10mL 浓硝酸及 5mL 浓高氯酸，于通风橱内消化至冒浓白烟。若溶液仍不清澈，再加少量硝酸消化，直至溶液清澈为止（注意：消化过程中要防止蒸干）。消化完成后，冷却。加去离子水约 20mL，转入 50mL 容量瓶中，用去离子水稀释至刻度，即可作为试液。

思 考 题

1. 原子吸收光谱分析法测定不同的元素，对光源有什么要求？

2. 为什么要用混合标准溶液来绘制标准曲线？

3. 测铬时，为什么要加入氯化铵？它的作用是什么？

4. 从这个实验了解到原子吸收光谱分析法的优点在哪里？如果用比色方法来测定水样中这四种元素，它和本方法比较，优缺点在哪里？

第六章 研究式实验

一、设计实验

(1) 查阅资料，收集合成与分析方法　了解相关的手册、教材与参考书。根据指定的研究课题，查阅有关资料，如合成方法可查教科书、无机合成类参考书；所需的数据可查化学物理类手册、本书的附录；成熟的分析方法可查教科书、分析化学手册、有关部门出版的分析操作规程、中华人民共和国国家标准、中华人民共和国石油化学工业部部颁标准等。

(2) 拟订、书写方案　在收集资料的基础上，经分析、比较后拟订的合适的实验方案，并按实验目的、原理、试剂（注明规格、浓度、配置方法）、仪器、步骤、有关计算、分析方法的误差来源及采取措施、参考文献等项书写成文。

(3) 审核　设计方案经教师审阅后，只要方法合理仅设计不完善的，教师会退回设计方案，请做修改或重新设计，再交教师审阅。

二、独立完成实验

(1) 实验用试剂均由自己配制。

(2) 以规范、熟练的基本操作，良好的实验素养进行实验。

(3) 实验中需要仔细观察、及时记录（包括实验现象、试剂用量、反应条件、测试数据等）、认真思考。如在实验中发现原设计不完善或出现新问题，应设法改进或解决，以获得满意的结果。

(4) 完成实验报告，对设计的实验方法进行总结。

三、对无机产品的制备部分进行成本核算

四、在实验室范围内介绍各自的实验情况

在交流总结的基础上，了解采用不同的制备方案，在反应条件、流程、仪器设备、能源消耗、环境污染、产率、质量、成本上的差异，从而得出最佳生产流程；了解采用不同的分析方案，在取量、反应条件、误差来源及消除、分析结果准确性上的差异，得出最佳分析方法。

五、写出小论文

建议格式为：①前言；②实验与结果；③讨论；④参考文献。

以下课题可作为研究式实验的题目。

(1) 从铜制备二水合氯化铜。

(2) 从氧化锌制备硫酸锌。

(3) 可分为两部分：①从二氧化锰制备碳酸锰；②从锰渣［生产氢醌时的副产品，含有 MnO_2、$Mn(\mathrm{II})$ 和 $Fe(\mathrm{II})$、$Fe(\mathrm{III})$］生产碳酸锰。

(4) 从铅制备乙酸铅。

(5) 从红磷制备焦磷酸钠。

(6) 三草酸合铬酸钾的合成与组成确定。

(7) 碱式碳酸铜的制备。

(8) 盐酸-硼酸混合酸中各组分含量的测定 $(g \cdot L^{-1})$。

(9) 磷酸氢二钠-磷酸二氢钾混合试样中各组分含量的测定 $(g \cdot L^{-1})$。

（10）铜（Ⅰ）-锌（Ⅱ）混合液中各组分含量的测定（$g \cdot L^{-1}$）。

（11）铁（Ⅲ）-铝（Ⅲ）混合液中各组分含量的测定（$g \cdot L^{-1}$）。

（12）酸牛奶的酸度和钙含量的测定（$mg \cdot L^{-1}$）。

（13）蛋壳中钙含量的测定（$mg \cdot L^{-1}$）。

（14）番茄中维生素 C 含量的测定（$mg \cdot L^{-1}$）。

（15）葡萄糖含量的测定（$g \cdot L^{-1}$）。

（16）氯化镁-氯化钠混合液中各组分含量的测定（$g \cdot L^{-1}$）。

（17）氯化钠-硫酸钠混合液中各组分含量的测定（$g \cdot L^{-1}$）。

为了指导学生进行研究式实验的设计，现列举实例予以说明。

实验三十九　碱式碳酸铜的制备

一、预习

查阅资料以获得下列信息。

1. 碱式碳酸铜的制备方法。

2. 合成原料的化学性质、溶解度数据。

3. 碱式碳酸铜的性质、含量分析方法。

二、设计实验

1. 拟订方案的思路

（1）选择制备方法　从资料获知，既可用固相反应[1]，也可用水溶液中的反应制备碱式碳酸铜[2]。在水溶液中，有可用碳酸盐（铵盐、钠盐的正盐或酸式盐）为原料，与可溶性铜盐进行反应来制备。考虑到在水溶液中进行反应的影响因素较多，可以进行反应条件的探讨。其次，碳酸钠的溶解度大，热稳定性高。所以选择碳酸钠、硫酸铜溶液为原料制备碳酸铜。

（2）选择需试验的反应条件　因反应条件影响产物的组成、质量与反应物的沉降时间，故寻找最佳反应条件是本实验的关键。这里的反应条件是指反应物浓度、两者的比例、反应温度、反应液的 pH 值。当选择了碳酸钠为原料，溶液的 pH 值则基本确定（工业生产中，控制 pH=8）。若选反应物浓度为 $0.5 mol \cdot L^{-1}$，则试验的任务就是寻找反应物的最佳比例、反应的最佳温度。

（3）进一步实验内容　如果还有实验时间，可进行其他试验。如探求反应物的最佳浓度、最佳碳酸盐（同浓度的碳酸钠、碳酸氢钠、碳酸铵、碳酸氢铵溶液中，CO_3^{2-}、$[OH^-]$不同；作为夹杂在沉淀中的 NH_4^+，在受热时易被除去），用不同的可溶性铜盐或者在固相中进行反应。

（4）确定分析方法　铜的分析方法有碘量法、配位滴定法，根据中华人民共和国石油化学工业部部颁标准，用配位滴定法分析。

2. 书写设计方案

具体的设计方案如下。

碱式碳酸铜的制备设计方案

一、实验目的

1. 通过寻求制备碱式碳酸铜的最佳反应条件，学习如何确定实验条件；尝试用已获得的知识和技术解决实际问题。

2. 熟悉铜盐、碳酸盐的性质。

二、实验原理

由于CO_3^{2-}的水解作用，碳酸钠的溶液呈碱性，而且铜的碳酸盐溶解度与氢氧化物的溶解度相近，所以当碳酸钠与硫酸铜溶液反应时，所得的产物是碱式铜[3]：

$$2CuSO_4 + 2NaCO_3 + H_2O \Longrightarrow Cu(OH)_2 \cdot CuCO_3 \downarrow + CO_2 \uparrow + 2Na_2SO_4$$

碱式碳酸铜按$CuO : CO_2 : H_2O$的比例不同而异，反应中形成$2CuCO_3 \cdot Cu(OH)_2$时，为孔雀蓝碱式盐；形成$CuCO_3 \cdot Cu(OH)_2 \cdot xH_2O$。工业产品含$CuO$ 71.90%，也可在66.16%～78.16%的范围之内，为孔雀绿色[2]。因此，反应物的比例关系对产物的沉降时间也有影响。

反应温度直接影响产物粒子的大小，为了得到大颗粒沉淀，沉淀反应在一定的温度下进行，但当反应温度过高时，会有黑色氧化铜生成[2]，使产品不纯，制备失败。

以配位滴定法（pH＝10的缓冲溶液，紫脲氨酸为指示剂）测定铜含量。

三、实验试剂

碳酸钠（C.P.）、硫酸铜（C.P.）、EDTA、氨-氯化铵缓冲溶液、紫脲氨酸指示剂。

四、实验仪器

20mL试管8支（附试管架）、烧杯（250mL 3只、400mL 1只）、布式漏斗、吸滤瓶、滴定管、分析天平。

五、实验步骤

1. 实验条件的探求

（1）$CuSO_4$和Na_2CO_3的比例关系　取试管8支，分成两列。分别取2mL 0.5mol·L^{-1} Na_2CO_3溶液。将各管放在水浴内，并加热水浴至沸。然后依次把$CuSO_4$溶液倒入Na_2CO_3溶液，振荡。观察并记录各管生成沉淀的情况，由实验结果得出在哪种比例下，沉淀转变速度最快，溶液中Cu^{2+}浓度最小。

（2）温度对晶体生成的影响　取试管8支，分成两列。在其中4支管内各加2mL 0.5mol·L^{-1} $CuSO_4$溶液。由（1）得出的最佳比例关系，确定0.5mol·L^{-1} Na_2CO_3溶液在其余4支试管内。实验温度分别为室温、323K、348K、373K。每次从两列中各取1支管，将$CuSO_4$溶液倒入Na_2CO_3溶液中，振荡。观察沉淀的生成及其转变的快慢、沉淀的颜色，由实验结果得出最佳的实验温度。

2. 碱式碳酸铜的制备

分别配置100mL 0.5mol·L^{-1} $CuSO_4$溶液、0.5mol·L^{-1} Na_2CO_3溶液，如溶液不清则需过滤。根据最佳比例和最佳温度，将两种溶液混合制备碱式碳酸铜。观察沉淀颜色、体积等的变化。沉淀下沉后，用倾析法洗涤沉淀数次，吸滤，并用少量冷水洗涤至洗涤液内不含SO_4^{2-}为止。将所得产品放烘箱内烘干，称量，计算产率。

3. 产品Cu含量w_{Cu}的分析（略）

六、有关计算

1. 溶液的配置（略）

2. 理论产量（略）

参 考 文 献

[1]　Ю. В. 卡尔雅金著. 无机化学试剂手册. 化工部图书编辑室译. 北京：化学工业出版社，1964

[2] 天津化工研究所编. 无机盐工业手册（上、下册）. 北京：化学工业出版社，1979，1981

[3] 严宣申，王长富编著. 普通无机化学. 北京：北京大学出版社，1987

实验四十　由二氧化锰制备碳酸锰

一、预习

1. 查阅碳酸锰的制备方法。

2. 了解 Mn(Ⅰ)、Mn(Ⅱ) 化合物的性质。

3. 查有关 Mn(Ⅱ) 盐的溶解度数据。

4. 查中华人民共和国石油化学工业部部颁标准，了解碳酸锰的分析方法。

二、设计实验

1. 拟订方案

（1）选择制备方法　在收集资料的基础上，列出从二氧化锰制备碳酸锰的各种方法。

在选择最佳方案时，应考虑的问题有：①原料的规格、价格、来源；②反应条件苛刻与否，如对温度、催化剂、酸度、溶剂等的要求；③对设备的要求；④对环境的污染程度；⑤生产流程的长短、能源消耗；⑥产率与产品的纯度。

（2）理论计算（以 5g 二氧化锰为原料）　①原料及试剂的用量；②当反应在水溶液中进行时，以简单体系中物质的溶解度为依据，粗略计算试剂的浓度或溶液的总体积应是多少；③理论产量。

（3）中间控制指标的确定因素　①溶液的酸、碱度；②反应温度；③沉淀反应的条件；④除杂的要求，杂质除尽与否的判断；⑤蒸发、浓缩的程度。

（4）分析方法　根据中华人民共和国石油化学工业部部颁标准，用配位滴定法分析锰含量。

2. 书写设计方案

将拟订好的方案按设计实验的栏目要求写成文，请指导老师审阅。

实验四十一　葡萄糖含量的测定

一、预习

1. 查阅资料，收集分析方法。

2. 了解葡萄糖的化学结构式、分子式及其性质，哪些性质能作为定量分析的依据。

3. 各种分析方法所适用的含量范围。

二、设计方案

1. 拟订方案

（1）在比较各种分析方法的基础上，选定分析方法　从资料可知，通常测定葡萄糖含量的方法如下：①次碘酸钠-碘量法；②高碘酸氧化-碘量法或高碘酸氧化-酸碱滴定法；③重铬酸钾氧化-碘量法；④铁氢化钾氧化-碘量法；⑤裴林试剂法；⑥铜试剂法；⑦铈量法；⑧高锰酸钾；⑨重量法；⑩沉淀滴定法；⑪比色法。

比较以上各种方法后，认为对常量分析而言，采用次碘酸钠-碘量法。该法具有准确、迅速、简便、实用、所需的药品和仪器都易得到等优点，因此本设计实验采用次碘酸钠-碘量法。若时间允许，还可用其他方法进行测定，以示比较。

（2）次碘酸钠-碘量法的拟订　应考虑以下几个问题。

①选择测定的反应条件，如酸度、浓度、温度、干扰物质的消除等，使从资料提供的分析方法经适当修改后，能适用于给定的分析体系。

②试样取样，可根据试样的来源和大致含量范围（由教师提示）取量，若未提示含量范围，要通过预试验决定取量的多少。

③试剂的配置和用量。试剂尽量用实验室已有的，试剂用量可根据完成实验的实际需要适当放宽，但以节约为原则，特殊试剂应了解其注意事项。

④确定实验步骤，明确测定的原理及各步骤的作用。

⑤明确实验中的关键或应注意的事项。

⑥实验中的误差来源及应采取的措施。

⑦拟订实验结果的计算公式。

2. 书写设计方案

将拟订的实验方案，按实验目的、原理、主要仪器及试剂、实验步骤（包括取量试验）、注意事项、误差来源及消除、结果处理、参考文献等项书写成文，交教师审阅。

第七章 基本操作、验证性实验（Ⅱ）

实验四十二 洗涤、萃取和蒸馏

一、洗涤、萃取

1. 基本原理

萃取是利用物质在两种不互溶（或微溶）溶剂中溶解度或分配比的不同来达到分离、提取或纯化目的的一种操作。萃取是有机化学实验中用来提取或纯化有机化合物的常用方法之一。应用萃取可以从固体或液体混合物中提取出所需物质，也可以用来洗掉混合物中少量杂质。通常称前者为"抽取"或萃取，后者为"洗涤"。

2. 仪器的选择

液体萃取最通常的仪器是分液漏斗，一般选择容积较被萃取液大 1～2 倍的分液漏斗。

3. 萃取溶剂

萃取溶剂的选择应根据被萃取化合物的溶解度而定，同时要易于和溶质分开，所以最好用低沸点溶剂。一般难溶于水的物质用石油醚等萃取；较易溶者，用苯或乙醚萃取；易溶于水的物质，用乙酸乙酯等萃取。

每次使用萃取溶剂的体积一般是被萃取液的 1/5～1/3，两者的总体积不应超过分液漏斗总体积的 2/3。

4. 操作方法

在活塞上涂好润滑脂，塞后旋转数圈，使润滑脂均匀分布，再用小橡皮圈套住活塞尾部的小槽，防止活塞滑脱。关好活塞，装入待萃取物和萃取溶剂。塞好塞子，旋紧。先用右手食指末节将漏斗上端玻璃塞顶住，再用大拇指及食指和中指握住漏斗，用左手的食指和中指蜷握在活塞的柄上，上下轻轻振摇分液漏斗，使两相之间充分接触，以提高萃取效率。每振摇几次后，就要将漏斗尾部向上倾斜（朝无人处）打开活塞放气，以解除漏斗中的压力。如此重复至放气时只有很小压力后，再剧烈振摇 2～3min，静置，待两相完全分开后，打开上面的玻璃塞，再将活塞缓缓旋开，下层液体自活塞放出，有时在两相间可能出现一些絮状物，也应同时放出。然后将上层液体从分液漏斗上口倒出，但不可以从活塞放出，以免被残留在漏斗颈上的另一种液体所沾污。

乳化现象解决的方法如下。①较长时间静置。②若是因碱性而产生乳化，可加入少量酸破坏或采用过滤方法除去。③若是由于两种溶剂（水与有机溶剂）能部分互溶而发生乳化，可加入少量电解质（如氯化钠等），利用盐析作用加以破坏。另外，加入食盐可增加水相的比例，有利于两相比例相差很小时的分离。④加热以破坏乳状液，或滴加几滴乙醇、磺化蓖麻油等以降低表面张力。

注：使用低沸点易燃溶剂进行萃取操作时，应熄灭附近的明火。

5. 化学萃取

化学萃取（利用萃取剂与被萃取物起化学反应）也是常用的分离方法之一，主要用于洗涤或分离混合物，操作方法和前面的分配萃取相同。例如，利用碱性萃取剂从有机相中萃取出有机酸，用稀酸可以从混合物中萃取出有机碱性物质或用于除去碱性杂质，用浓硫酸从饱和烃中除去不饱和烃，从卤代烷中除去醇及醚等。

6. 液-固萃取

自固体中萃取化合物，通常是用长期浸出法或采用脂肪提取器，前者是靠溶剂长期的浸润溶解而将固体物质中的需要成分浸出来，效率低，溶剂量大。

脂肪提取器是利用溶剂回流和虹吸原理，使固体物质每一次都能被纯的溶剂所萃取，因而效率较高。为增加液体浸溶的面积，萃取前应先将物质研细，用滤纸套包好置于提取器中，提取器下端接盛有萃取剂的烧瓶，上端接冷凝管，当溶剂沸腾时，冷凝下来的溶剂滴入提取器中，待液面超过虹吸管上端后，即虹吸流回烧瓶，因而萃取出溶于溶剂的部分物质。就这样利用溶剂回流和虹吸作用，使固体中的可溶物质富集到烧瓶中，提取液浓缩后，将所得固体进一步提纯。

二、蒸馏

1. 实验目的

（1）熟悉蒸馏和测定沸点的原理，了解蒸馏和测定沸点的意义。

（2）掌握蒸馏和测定沸点的操作要领和方法。

2. 实验原理

液体的分子由于分子运动有从表面逸出的倾向，这种倾向随着温度的升高而增大，进而在液面上部形成蒸气。当分子由液体逸出的速度与分子由蒸气中回到液体中的速度相等，液面上的蒸气达到饱和，称为饱和蒸气。它对液面所施加的压力称为饱和蒸气压。实验证明，液体的蒸气压只与温度有关。即液体在一定温度下具有一定的蒸气压。几种液体的蒸气压-温度曲线见图7-1。

当液体的蒸气压增大到与外界施于液面的总压力（通常是大气压力）相等时，就有大量气泡从液体内部逸出，即液体沸腾。这时的温度称为液体的沸点。

纯的液体有机化合物在一定的压力下具有一定的沸点。利用这一点，我们可以测定纯液体有机物的沸点，测定方法可用常量法。

但是具有固定沸点的液体不一定都是纯的化合物，因为某些有机化合物常和其他组分形成二元或三元共沸混合物，它们也有一定的沸点。

蒸馏是将液体有机物加热到沸腾状态，使液体变成蒸气，又将蒸气冷凝为液体的过程。

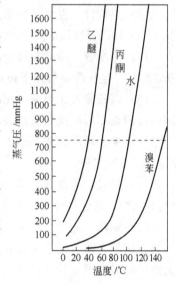

图7-1 蒸气压-温度曲线
（1mmHg≈133Pa）

通过蒸馏可除去不挥发性杂质，可分离沸点差大于30℃的液体混合物，还可以测定纯液体有机物的沸点及定性检验液体有机物的纯度。

3. 仪器和药品

（1）仪器

蒸馏瓶、温度计、直型冷凝管、尾接管、锥形瓶、圆底烧瓶、量筒。

（2）药品

乙醇。

4. 实验装置

主要由汽化、冷凝和接收三部分组成，如图 7-2 所示。

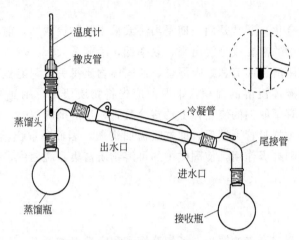

图 7-2　蒸馏装置

（1）蒸馏瓶　蒸馏瓶的选用与被蒸液体量的多少有关，通常装入液体的体积应为蒸馏瓶容积的 1/3～2/3。液体量过多或过少都不宜（为什么？）。在蒸馏低沸点液体时，选用长颈蒸馏瓶；而蒸馏高沸点液体时，选用短颈蒸馏瓶。

（2）温度计　温度计应根据被蒸馏液体的沸点来选，低于 100℃，可选用 100℃温度计；高于 100℃，应选用 250～300℃水银温度计。

（3）冷凝管　冷凝管可分为水冷凝管和空气冷凝管两类，水冷凝管用于被蒸液体沸点低于 140℃；空气冷凝管用于被蒸液体沸点高于 140℃（为什么？）。

（4）尾接管及接收瓶　尾接管将冷凝液导入接收瓶中。常压蒸馏选用锥形瓶为接收瓶，减压蒸馏选用圆底烧瓶为接收瓶。

仪器安装顺序为先下后上，先左后右。卸仪器与其顺序相反。

5. 实验步骤

（1）加料　将待蒸乙醇 40mL 小心倒入蒸馏瓶中，不要使液体从支管流出。加入几粒沸石（为什么？），塞好带温度计的塞子，注意温度计的位置。再检查一次装置是否稳妥与严密。

（2）加热　先打开冷凝水龙头，缓缓通入冷水，然后开始加热。注意冷水自下而上，蒸气自上而下，两者逆流冷却效果好。当液体沸腾，蒸气到达水银球部位时，温度计读数急剧上升，调节热源，让水银球上液滴和蒸气温度达到平衡，使蒸馏速度以 1～2 滴/s 为宜。此时温度计读数就是馏出液的沸点。

蒸馏时若热源温度太高，使蒸气成为过热蒸气，造成温度计所显示的沸点偏高；若热源温度太低，馏出物蒸气不能充分浸润温度计水银球，造成温度计读得的沸点偏低或不规则。

（3）收集馏液　准备两个接收瓶，一个接收前馏分或称馏头，另一个（需称重）接收所需馏分，并记下该馏分的沸程，即该馏分的第一滴和最后一滴时温度计的读数。

在所需馏分蒸出后，温度计读数会突然下降。此时应停止蒸馏。即使杂质很少，也不要蒸干，以免蒸馏瓶破裂及发生其他意外事故。

（4）拆除蒸馏装置　蒸馏完毕，先应撤出热源，然后停止通水，最后拆除蒸馏装置（与安装顺序相反）。

6. 注意事项

（1）冷却水流速以能保证蒸气充分冷凝为宜，通常只需保持缓缓水流即可。

（2）蒸馏有机溶剂均应用小口接收器，如锥形瓶。

思 考 题

1. 什么叫沸点？液体的沸点和大气压有什么关系？文献里记载的某物质的沸点是否即为你所在实验地的沸点温度？

2. 蒸馏时加入沸石的作用是什么？如果蒸馏前忘记加沸石，能否立即将沸石加至将近沸腾的液体中？当重新蒸馏时，用过的沸石能否继续使用？

3. 为什么蒸馏时最好控制馏出液的速度为 1～2 滴/s 为宜？

4. 如果液体具有恒定的沸点，那么能否认为它是单纯物质？

实验四十三　熔点、沸点测定及温度计的校正

一、熔点及其测定

1. 实验目的

（1）了解熔点测定的意义。

（2）掌握熔点测定的操作方法。

（3）了解利用对纯有机化合物的熔点测定校正温度计的方法。

2. 实验原理

（1）熔点　熔点是固体有机化合物固液两态在大气压力下达成平衡的温度，纯净的固体有机化合物一般都有固定的熔点，固液两态之间的变化是非常敏锐的，自初熔至全熔（称为熔程），温度不超过 0.5～1℃。

加热纯有机化合物，当温度接近其熔点范围时，升温速度随时间变化约为恒定值，此时用加热时间对温度作图（图 7-3）。

化合物温度不到熔点时以固相存在，加热使温度上升，达到熔点。开始有少量液体出现，而后固液相平衡。继续加热，温度不再变化，此时加热所提供的热量使固相不断转变为液相，两相间仍为平衡，最后的固体熔化后，继续加热则温度线性上升。因此在接近熔点时，加热速度一定要慢，每分钟温度升高不能超过 2℃，只有这样，才能使整个熔化过程尽可能接近于两相平衡条件，测得的熔点也越精确。

当含杂质时（假定两者不形成固溶体），根据拉乌耳定律可知，在一定的压力和温度条件下，在溶剂中增加溶质，导致溶剂蒸气分压降低（图 7-4 中 $M'L'$），固液两相交点 M' 即

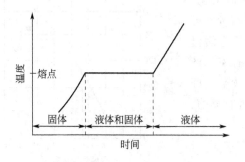

图 7-3　相随时间和温度的变化

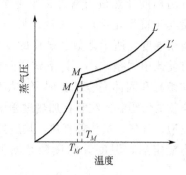

图 7-4　物质蒸气压随温度变化曲线

代表含有杂质化合物达到熔点时的固液相平衡共存点，$T_{M'}$ 为含杂质时的熔点，显然，此时的熔点较纯含量者低。

（2）混合熔点　在鉴定某未知物时，若测得其熔点和某已知物的熔点相同或相近时，不能认为它们为同一物质。还需把它们混合，测该混合物的熔点，若熔点仍不变，才能认为它们为同一物质。若混合物熔点降低，熔程增大，则说明它们属于不同的物质。故此种混合熔点试验是检验两种熔点相同或相近的有机物是否为同一物质的最简便方法。多数有机物的熔点都在 400℃以下，较易测定。但也有一些有机物在其熔化以前就发生分解，只能测得分解点。

3. 仪器和药品

（1）仪器

温度计、B 型管（Thiele 管）。

（2）药品

浓硫酸、苯甲酸、乙酰苯胺、萘、未知物。

4. 实验步骤

（1）样品的装入　将少许样品放于干净表面皿上，用玻璃棒将其研细并集成一堆。把毛细管开口一端垂直插入堆集的样品中，使一些样品进入管内，然后把该毛细管垂直桌面轻轻上下振动，使样品进入管底，再用力在桌面上下振动，尽量使样品装得紧密。或将装有样品、管口向上的毛细管，放入长约 50～60cm 垂直桌面的玻璃管中，管下可垫一表面皿，使之从高处落于表面皿上，如此反复几次后，可把样品装实，样品高度 2～3mm。熔点管外的样品粉末要擦干净，以免污染热浴液体。装入的样品一定要研细、夯实，否则影响测定结果。

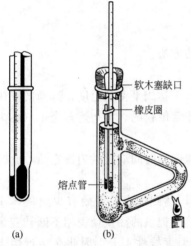

图 7-5　熔点测定装置及熔点管附在温度计上的位置

软木塞缺口
橡皮圈
熔点管
(a)　(b)

（2）测熔点　按图 7-5 搭好装置，放入加热液（浓硫酸），用温度计水银球蘸取少量加热液，小心地将熔点管黏附于水银球壁上，或剪取一小段橡皮圈套在温度计和熔点管的上部。将黏附有熔点管的温度计小心地插入加热浴中，以小火在图 7-5 所示部位加热。开始时升温速度可以快些，当传热液温度距离该化合物熔点约 10～15℃时，调整火焰，使每分钟上升约 1～2℃，越接近熔点，升温速度应越缓慢，每分钟约 0.2～0.3℃。为了保证有充分时间让热量由管外传至毛细管内使固体熔化，升温速度是准确测定熔点的关键；另一方面，观察者不可能同时观察温度计所示读数和试样的变化情况，只有缓慢加热才可使此项误差减小。记下试样开始塌落并有液相产生时（初熔）和固体完全消失时（全熔）的温度读数，即为该化合物的熔距。要注意在加热过程中试样是否有萎缩、变色、发泡、升华、炭化等现象，均应如实记录。

熔点测定后，温度计的读数须对照校正图 7-6 进行校正。

一定要等熔点浴冷却后，方可将硫酸（或液体石蜡）

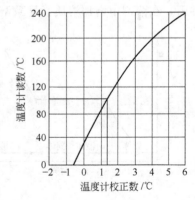

图 7-6　温度计读数的对照校正图

倒回瓶中。温度计冷却后，用纸擦去硫酸方可用水冲洗，以免硫酸遇水发热温度计水银球破裂。

（3）温度计校正　测熔点时，温度计上的熔点读数与真实熔点之间常有一定的偏差。这可能由于以下原因。首先，温度计的制作质量差，如毛细孔径不均匀、刻度不准确。其次，温度计有全浸式和半浸式两种，全浸式温度计的刻度是在温度计汞线全部均匀受热的情况下刻出来的，而测熔点时仅有部分汞线受热，因而露出的汞线温度较全部受热者低。为了校正温度计，可选用纯有机化合物的熔点作为标准或选用一标准温度计校正。

选择数种已知熔点的纯化合物为标准（表7-1），测定它们的熔点，以观察到的熔点作纵坐标，测得熔点与已知熔点差值作横坐标，画成曲线，即可从曲线上读出任一温度的校正值。

表 7-1　熔点法校正温度计时常用的标准样品

样 品 名 称	熔点/℃	样 品 名 称	熔点/℃	样 品 名 称	熔点/℃
水-冰	0	二苯乙二酮	95～96	对苯二酚	173～174
α-萘胺	50	乙酰苯胺	114.3	3,5-二硝基苯甲酸	205
二苯胺	54～55	苯甲酸	122.4	蒽	216.2～216.4
对二氯胺	53	尿素	135	酚酞	262～263
苯甲酸苄酯	71	二苯基羟基乙酸	151	蒽醌	286(升华)
萘	80.6	水杨酸	159	肉桂酸	133
间二硝基苯	90				

5. 注意事项

（1）熔点管必须洁净。若含有灰尘等，可能产生 4～10℃的误差。

（2）熔点管底未封好会产生漏管。

（3）样品粉碎要细，填装要实，否则产生空隙，不易传热，造成熔程变大。

（4）样品不干燥或含有杂质，会使熔点偏低，熔程变大。

（5）样品量太少不便观察，而且熔点偏低；太多会造成熔程变大，熔点偏高。

（6）升温速度应慢，让热传导有充分的时间。升温速度过快，熔点偏高。

（7）熔点管壁太厚，热传导时间长，会产生熔点偏高。

（8）使用硫酸作加热浴液要特别小心，不能让有机物碰到浓硫酸，否则使浴液颜色变深，有碍熔点的观察。若出现这种情况，可加入少许硝酸钾晶体共热后使之脱色。采用浓硫酸作热浴，适用于测熔点在 220℃以下的样品。若要测熔点在 220℃以上的样品，可用其他热浴液。

思　考　题

测熔点时，若有下列情况将产生什么结果？

（1）熔点管壁太厚；（2）熔点管底部未完全封闭，尚有一针孔；（3）熔点管不洁净；（4）样品未完全干燥或含有杂质；（5）样品研得不细或装得不紧密；（6）加热太快。

二、沸点及其测定

1. 实验原理

液体化合物的沸点是它的重要物理常数之一。在使用、分离和纯化过程中，具有很重要的意义。

一个化合物的沸点，就是当它受热时其蒸气压升高，当达到与外界大气压相等时，液体开始沸腾，这时该液体的温度就是该化合物的沸点。根据液体的蒸气压-温度曲线（图7-1）可知，一个物质的沸点与该物质所受的外界压力（大气压）有关。外界压力增大，液体沸腾时的蒸气压加大，沸点升高；相反，若减小外界的压力，则沸腾时的蒸气压也下降，沸点就低。

作为一条经验规律，在 0.1MPa(760mmHg) 附近时，多数液体当压力下降 1.33kPa(10mmHg)，沸点约下降 0.5℃。在较低压力时，压力每降低一半，沸点约下降 10℃。

由于物质的沸点随外界大气压的改变而变化，因此，讨论或报道一个化合物的沸点时，一定要注明测定沸点时外界的大气压，以便与文献值比较。

2. 微量测定沸点的方法

沸点测定分常量法和微量法两种。常量法的装置与蒸馏操作相同。液体不纯时沸程很长（常超过 3℃），在这种情况下无法测定液体的沸点，应先把液体用其他方法提纯后，再进行测定沸点。

微量法测定沸点可用图 7-5 的装置。置 1～2 滴液体样品于沸点管的外管中，液柱高约 1cm。再放入内管，然后将沸点管用小橡皮圈附于温度计旁，放入浴中进行加热。加热时，由于气体膨胀，内管中会有小气泡缓缓逸出，在到达该液体的沸点时，将有一连串的小气泡快速地逸出。此时可停止加热，使浴温自行下降，气泡逸出的速度即渐渐减慢。在气泡不再冒出而液体刚要进入内管的瞬间（即最后一个气泡刚欲缩回至内管中时），表示毛细管内的蒸气压与外界压力相等，此时的温度即为该液体的沸点。为校正起见，待温度降下几度后再非常缓慢地加热，记下刚出现大量气泡时的温度。两次温度计读数相差应该不超过 1℃。

实验四十四 减压蒸馏

减压蒸馏是分离和提纯有机化合物的一种重要方法。它特别适用于那些在常压蒸馏时未达沸点即已受热分解、氧化或聚合的物质。

一、实验原理

液体的沸点是指它的蒸气压等于外界大气压时的温度。所以液体沸腾的温度是随外界压力的降低而降低的。因而若用真空泵连接盛有液体的容器，使液体表面上的压力降低，即可降低液体的沸点。这种在较低压力下进行蒸馏的操作称为减压蒸馏。

减压蒸馏时物质的沸点与压力有关，见温度与蒸气压关系图（图 7-1）。有时在文献中查不到与减压蒸馏选择的压力相应的沸点，则可根据一个经验曲线（图 7-7），找出该物质在此压力下的沸点（近似值），如二乙基丙二酸二乙酯常压下沸点为218～220℃，欲减压至 2.67kPa(20mmHg)，它的沸点应为多少度？可以先在图 7-7 中间的直线上找出相当于218～220℃的点，将此点与右边直线上 2.67kPa(20mmHg) 处的点连成一直线，延长此直线与左边的直线相交，交点所示的温度就是 2.67kPa(20mmHg) 时二乙基丙二酸二乙酯的沸点，约为 105～110℃。

在给定压力下的沸点还可以近似地从下式求出：

$$\lg p = A + \frac{B}{T}$$

式中，p 为蒸气压；T 为沸点（绝对温度）；A、B 为常数。若以 $\lg p$ 为纵坐标，$1/T$ 为横坐标作图，可以近似地得到一直线。因此可从两组已知的压力和温度算出 A 和 B 的数值。再将所选择的压力代入上式算出液体的沸点。

二、实验步骤

1. 减压蒸馏的装置

整个系统可分为蒸馏、抽气（减压）以及在它们之间的保护和测压装置三部分组成。

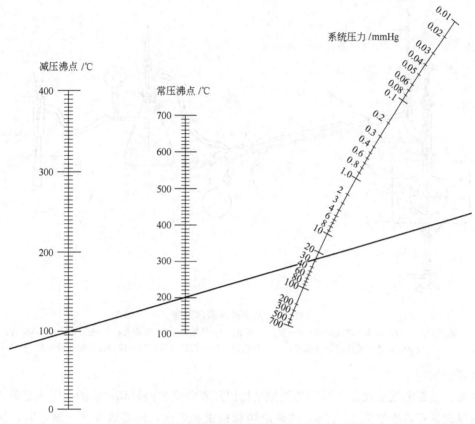

图 7-7　液体在常压和减压下的沸点近似关系图
（1mmHg≈133Pa）

（1）蒸馏部分　图 7-8 中 4 是减压蒸馏瓶〔又称克氏（Claisen）蒸馏瓶〕，在磨口仪器中用克氏蒸馏头配圆底烧瓶代替，有两个颈，其目的是避免减压蒸馏时瓶内液体由于沸腾而冲入冷凝管中。瓶的一颈中插入温度计，另一颈中插入一根毛细管 5。其长度恰好使其下端距瓶底 1～2mm。毛细管上端连有一段带螺旋夹 6 的橡皮管。螺旋夹用以调节进入空气的量，使有极少量的空气进入液体，呈微小气泡冒出，作为液体沸腾的汽化，使蒸馏平稳进行。接收器可用蒸馏瓶或抽滤瓶充当，但切不可用平底烧瓶或锥形瓶。蒸馏时若要收集不同的馏分而又不中断蒸馏，则可用两尾或多尾接液管，多尾接液管的几个分支管用橡皮塞和作为接收器的圆底烧瓶（或厚壁试管）连接起来。转动多尾接液管，就使不同的馏分进入指定的接收器中。

根据蒸出液体的沸点不同，选用合适的热浴和冷凝管。如果蒸馏的液体量不多而且沸点甚高，或是低熔点的固体，也可不用冷凝管，而将克氏瓶的支管通过接液管直接插入接收瓶的球形部分中。蒸馏沸点较高的物质时，最好用石棉绳或石棉布包裹蒸馏瓶的两颈，以减少散热。控制热浴的温度，使它比液体的沸点高 20～30℃左右。

（2）抽气部分　实验室通常用水泵或油泵进行减压。

水泵：是用玻璃或金属制成，其效能与其构造、水压及水温有关。水泵所能达到的最低压力为当时室温下的水蒸气压。例如在水温为 6～8℃时，水蒸气压为 0.93～1.07kPa；在夏天，若水温为 30℃，则水蒸气压为 4.2kPa 左右。

现在有一种水循环泵代替简单的水泵，它还可提供冷凝水，这对用水不易保证的实验室

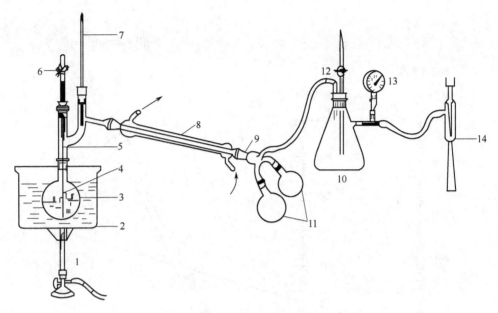

图 7-8　油泵减压蒸馏装置

1—加热器；2—油浴；3—圆底烧杯；4—克氏蒸馏瓶；5—毛细管；6—螺旋夹；7—温度计；8—冷凝管；
9—接引管；10—缓冲用的吸滤瓶；11—接收器；12—二通活塞；13—压力计；14—减压泵

更为方便、实用。

油泵：油泵的效能决定于油泵的机械结构以及真空泵油的好坏（油的蒸气压必须很低）。好的油泵能抽至真空度为 13.3Pa，油泵结构较精密，工作条件要求较严。蒸馏时，如果有挥发性的有机溶剂、水或酸的蒸气，都会损坏油泵。因为挥发性的有机溶剂蒸气被油吸收后，就会增加油的蒸气压，影响真空效能。而酸性蒸气会腐蚀油泵的机件。水蒸气凝结后与油形成浓稠的乳浊液，破坏了油泵的正常工作，因此使用时必须十分注意油泵的保护。一般使用油泵时，系统的压力常控制在 0.67～1.33kPa 之间，因为在沸腾液体表面上要获得 0.67kPa 以下的压力比较困难。这是由于蒸气从瓶内的蒸发面逸出而经过瓶颈和支管（内径为 4～5mm）时，需要有 0.13～1.07kPa 的压力差，如果要获得较低的压力，可选用短颈和支管粗的克氏蒸馏瓶。

（3）保护及测压装置部分　当用油泵进行减压时，为了防止易挥发的有机溶剂、酸性物质和水气进入油泵，必须在馏液接收器与油泵之间依次安装冷却阱和几种吸收塔，以免污染油泵和油，腐蚀机件致使真空度降低。将冷却阱置于盛有冷却剂的广口保温瓶中，冷却剂的选择随需要而定，例如可用冰-水、冰-盐、干冰与丙酮等。后者能使温度降至 −78℃。若用铝箔将干冰-丙酮的敞口部分包住，能使用较长时间，十分方便。吸收塔（又称干燥塔）通常设两个，前一个装无水氯化钙（或硅胶），后一个装粒状氢氧化钠。有时为了吸除烃类气体，可再加一个装石蜡片的吸收塔。

2. 减压蒸馏操作

当被蒸馏物中含有低沸点的物质时，应先进行普通蒸馏，然后用水泵减压蒸去低沸点物质，最后再用油泵减压蒸馏。

在克氏蒸馏瓶中，放置待蒸馏的液体（不超过容积的1/2）。按图7-8装好仪器，旋紧毛细管的螺旋夹6，打开安全瓶上的二通活塞12，然后开泵抽气（如用水泵，这时应开至最大流量）。逐渐关闭二通活塞 12，从压力计 13 上观察系统所能达到的真空度。如果是因为漏气（而不是因水泵、油泵本身效率的限制）而不能达到所需的真空度，可检查各部分塞子和橡皮管的连接是否紧密等。必要时可用熔融的固体石蜡密封（密封应在解除真空后才能进行）。如果超过所需的真空度，可小心地旋转活塞 12，使慢慢地引进少量空气，以调节至所需的真空度。调节螺旋夹 6，使液体中有连续平稳的小气泡通过（如无气泡可能因毛细管已阻塞，应予更换）。开启冷凝水，选用合适的热浴加热蒸馏。加热时，克氏瓶的圆球部位至少应有 2/3 浸入浴液中。在浴中放一温度计，控制浴温比待蒸馏液体的沸点约高 20～30℃，使每秒钟馏出 1～2 滴，在整个蒸馏过程中，都要密切注意瓶颈上的温度计和压力的读数。经常注意蒸馏情况和记录压力、沸点等数据。纯物质的沸点范围一般不超过 1～2℃，假如起始蒸出的馏液必要收集物质的沸点低，则在蒸至接近预期的温度时需要调换接收器。此时先移去热源，取下热浴，待稍冷后，渐渐打开二通活塞 12，使系统与大气相通（注意：一定要慢慢地旋开活塞，使压力计中的汞柱缓缓地恢复原状；否则，汞柱急速上升，有冲破压力计的危险。为此，可将二通活塞 12 的上端拉成毛细管，即可接收）。然后松开毛细管上的螺旋夹 6（这样可防止液体吸入毛细管）。切断油泵电源，卸下接收瓶，装在另一洁净的接收瓶，再重复前述操作：开泵抽气，调节毛细管空气流量，加热蒸馏，收集所需产物。显然，如有多尾接液管，则只要转动其位置即可收集不同馏分，就可免去这些繁杂的操作。

要特别注意真空泵的转动方向。如果真空泵接线位置搞错，会使泵反向转动，导致水银冲出压力计，污染实验室。

蒸馏完毕时，和蒸馏过程中需要中断时（例如调换毛细管、接收瓶）一样，灭去火源，撤去热浴，待稍冷后缓缓解除真空，使系统内外压力平衡后，方可关闭油泵。否则，由于系统中的压力较低，油泵中的油就有吸入干燥塔的可能。

3. 实验内容

（1）乙酰乙酸乙酯的蒸馏　市售乙酰乙酸乙酯中常含有少量的乙酸乙酯、乙酸和水，由于乙酰乙酸乙酯在常压蒸馏时容易分解产生去水乙酸，故必须通过减压蒸馏进行提纯。

在 50mL 蒸馏瓶中，加入 20mL 乙酰乙酸乙酯，按减压蒸馏装置图装好仪器，通过减压蒸馏进行纯化。

（2）苯甲醛、呋喃甲醛或苯胺的蒸馏　用蒸馏乙酰乙酸乙酯同样的方法，通过减压蒸馏提纯苯甲醛、呋喃甲醛或苯胺。减压蒸馏苯甲醛时，要避免被空气中的氧所氧化。

在蒸馏之前，应先从手册上查出它们在不同压力下的沸点，供减压蒸馏时参考。

实验四十五　薄层色谱法

薄层色谱（thin layer chromatography）常用 TLC 表示，是近年来发展起来的一种微量、快速而简单的谱法。它兼备了色谱柱和纸色谱的优点。一方面适用于小量样品（几微克到几十微克，甚至 $0.01\mu g$）的分离；另一方面若在制作薄层板时，把吸附层加厚，将样品点成一条线，则可分离多达 500mg 的样品，因此又可用来精制样品。此法特别适用于挥发性较小或在较高温度易发生变化而不能用气相色谱分析的物质。

薄层色谱常用的有吸附色谱和分配色谱两类。一般能用硅胶或氧化铝薄层色谱分开的物质，也能用硅胶或氧化铝色谱柱分开；凡能用硅藻土和纤维素作支持剂的分配色谱柱能分开的物质，也可分别用硅藻土和纤维素薄层色谱展开，因此薄层色谱常用作色谱柱的先导。

薄层色谱是在洗涤干净的玻璃板（10cm×3cm）上均匀地涂一层吸附剂或支持剂，待干燥、活化后将样品溶液用管口平整的毛细管滴加于离薄层板一端约 1cm 处的起点线上，晾干或吹干后置薄层板于盛有展开剂的展开槽内，浸入深度为 0.5cm。待展开剂前沿离顶端约 1cm 附近时，将色谱板取出，干燥后喷以显色剂，或在紫外灯下显色。

记录原点至主斑点中心及展开剂前沿的距离，计算比移值（R_f）：

$$R_f = \frac{溶质的最高浓度中心至原点中心的距离}{溶剂前沿至原点中心的距离}$$

一、薄层色谱用的吸附剂或支持剂

薄层吸附色谱的吸附剂最常用的是氧化铝和硅胶，分配色谱的支持剂为硅藻土和纤维素。

硅胶是无定形多孔性物质，略具酸性，适用于酸性物质的分离和分析。薄层色谱用的硅胶分为"硅胶 H"，不含胶黏剂；"硅胶 G"，含煅石膏胶黏剂；"硅胶 HF_{254}"，含荧光物质，可于波长 254nm 紫外线下观察荧光；"硅胶 GF_{254}"，既含煅石膏，又含荧光剂等类型。

与硅胶相似，氧化铝也因含胶黏剂或荧光剂而分为氧化铝 G、氧化铝 GF_{254} 及氧化铝 HF_{254}。

胶黏剂除上述的煅石膏（$2CaSO_4 \cdot H_2O$）外，还可用淀粉、羧甲基纤维素钠。通常将薄层板按加胶黏剂和不加胶黏剂分为两种，加胶黏剂的薄层板称为硬板，不加胶黏剂的称为软板。

薄层吸附色谱和柱吸附色谱一样，化合物的吸附能力与它们的极性成正比，具有较大极性的化合物吸附较强，因而 R_f 值较小。因此利用化合物极性的不同，用硅胶或氧化铝薄层色谱可将一些结构相近或顺、反异构体分开。

二、薄层板的制备

薄层板制备得好坏直接影响色谱的结果。薄层应尽量均匀，而且厚度（0.25～1nm）要固定。否则，在展开时溶剂前沿不齐，色谱结果也不易重复。

薄层板分为干板和湿板。湿板的制法有以下两种。

1. 平铺法

用商品或自制的薄层涂布器进行制板，它适合于科研工作中数量大、要求较高的需要。如无涂布器，可将调好的吸附剂平铺在玻璃板上，也可得到厚度均匀的薄层板。

2. 浸渍法

把两块干净玻璃片背贴紧，浸入调制好的吸附剂中，取出后分开、晾干。

适合于教学实验的是一种简易平铺法。取 3g 硅胶 G 与 6～7mL 0.5％～1％的羧甲基纤维素的水溶液在烧杯中调成糊状物，铺在清洁干燥的载玻片上，用手轻轻在玻璃板上来回摇振，使表面均匀平滑，室温晾干后进行活化。3g 硅胶大约可铺 7.5cm×2.5cm 载玻片 5～6 块。

三、薄层板的活化

把涂好的薄层板置于室温晾干后，放在烘箱内加热活化，活化条件根据需要而定。硅胶板一般在烘箱中渐渐升温，维持 105～110℃活化 30min。氧化铝板在 200℃烘 4h 可得活性 Ⅱ级的薄层，150～160℃烘 4h 可得活性Ⅲ～Ⅳ级的薄层。薄层板的活性与含水量有关，其活性随含水量的增加而下降。

氧化铝板的活性的测定：将偶氮苯 30mg，对甲氧偶氮苯、苏丹黄、苏丹红和对氨基偶氮苯各 20mg，溶于 50mL 无水四氯化碳中，取 0.02mL 此溶液滴加于氧化铝薄层板上，用无水四氯化碳展开，测定各染料的位置，算出比移值，根据各染料的比移值确定其活性。

硅胶板活性的测定：取对二甲氨基偶氮苯、靛酚蓝和苏丹红三种染料各 10mg，溶于 1mL 氯仿中，将此混合液点于薄层上，用正己烷-乙酸乙酯（体积比 9∶1）展开。若能将三种染料分开，并且按比移值为：对二甲氨基偶氮苯＞靛酚蓝＞苏丹红，则与Ⅱ级氧化铝的活性相当。

四、点样

通常将样品溶于低沸点溶剂（丙酮、甲醇、乙醇、氯仿、苯、乙醚和四氯化碳）配成 1％溶液，用内径小于 1mm 管口平整的毛细管点样。点样前，先用铅笔在薄层板上距一端 1cm 处轻轻划一横线作为起始线，然后用毛细管吸取样品，在起始线上小心点样，斑点直径一般不超过 2mm；因溶液太稀，一次点样往往不够，如需重复点样，则应待前次点样的溶剂挥发后方可重点，以防样点过大，造成拖尾、扩散等现象，影响分离效果。若在同一板上点几个样，样点间距应为 1～1.5cm。点样结束待样点干燥后，方可进行展开。点样要轻，不可刺破薄层。

在薄层色谱中，样品的用量对物质的分离效果有很大影响，所需样品的量与显色剂的灵敏度、吸附剂的种类、薄层厚度均有关系。样品太少时，斑点不清楚，难以观察，但是样品量太多时往往出现斑点太大或拖尾现象，以致不容易分开。

五、展开

薄层色谱展开剂的选择和色谱柱一样，主要根据样品的极性、溶解度和吸附剂的活性等因素来考虑。凡溶剂的极性越大，则对一化合物的洗脱力也越大，也就是说 R_f 值也越大（如果样品在溶剂中有一定溶解度）。薄层色谱用的展开剂绝大多数是有机溶剂，各种溶剂极性参看色谱柱部分。薄层色谱的展开需要在密闭容器中进行（图 7-9）。为使溶剂蒸气迅速达到平衡，可在展开槽内衬一滤纸。常用的展开槽有：长方形盒式和广口瓶式，展开方式有下列几种。

① 上升法　用于含胶黏剂的色谱板，将色谱板垂直于盛有展开剂的容器中。

② 倾斜上行法　色谱板倾斜 15°，适用于无胶黏剂的软板。含有胶黏剂的色谱板可以倾斜 45°～60°。

③ 下降法　展开剂放在圆底烧瓶中，用滤纸或纱布等将展开剂吸到薄层板的上端，使展开剂沿板下行，这种连续展开的方法适用于 R_f 值小的化合物。

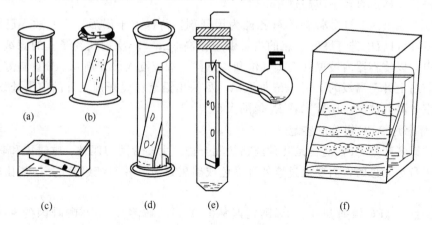

(a)　　　(b)

(c)　　　(d)　　　(e)　　　(f)

图 7-9　薄层板在不同的色谱缸中展开

④ 双向色谱法 使用方形玻璃板铺制薄层，样品点在角上，先向一个方向展开，然后转动 90°的位置，再换另一种展开剂展开。这样，成分复杂的混合物可以得到较好的分离效果。

六、显色

凡可用于纸色谱的显色剂都可用于薄层色谱。薄层色谱还可使用腐蚀性的显色剂如浓硫酸、浓盐酸和浓磷酸等。对于含有荧光剂（硫化锌镉、硅酸锌、荧光黄）的薄层板在紫外线下观察，展开后的有机化合物在亮的荧光背景上呈暗色斑点。另外也可用卤素斑点试验法使薄层色谱斑点显色，这种方法是将几粒碘置于密闭容器中，待容器充满碘的蒸气后，将展开后的色谱板放入，碘与展开后的有机化合物可逆地结合，在几秒钟到数秒钟内，化合物斑点的位置呈黄棕色。但是当色谱板上仍含有溶剂时，由于碘蒸气也能与溶剂结合，致使色谱板显淡棕色，而展开后的有机化合物则呈现较暗的斑点。色谱板自容器内取出后，呈现的斑点一般在 2~3s 消失。因此必须立即用铅笔标出化合物的位置。

七、实验内容

1. 偶氮苯和苏丹Ⅲ的分离

偶氮苯和苏丹Ⅲ由于二者极性不同，利用薄层色谱（TLC）可以将二者分离。

（1）试剂 1%偶氮苯的苯溶液、1%苏丹Ⅲ的羧甲基纤维素钠（CMC）、硅胶 G、9:1 的无水苯-乙酸乙酯。

（2）实验步骤

① 薄层板的制备 取 7.5cm×2.5cm 左右的载玻片 5 片，洗净晾干。

在 50mL 烧杯中，放置 3g 硅胶 G，逐渐加入 0.5%羧甲基纤维素钠（CMC）水溶液 8mL，调成均匀的糊状，用滴管吸取此糊状物，涂于上述洁净的载玻片上，用手将带浆的玻片在玻璃板或水平的桌面上做上下轻微的颤动，并不时转动方向，制成薄层均匀、表面光洁平整的薄层板，涂好硅胶 G 的薄层板置于水平的玻璃板上，在室温放置 0.5h，取出，稍冷后置于干燥器中备用。

② 点样 取 2 块用上述方法制好的薄层板，分别在距一端 1cm 处用铅笔轻轻划一横线作为起始线。取管口平整的毛细管插入样品溶液中，在一块板的起点线上点 1%的偶氮苯的苯溶液和混合液两个样点。在第二块板的起点线上点 1%的苏丹Ⅲ苯溶液和混合物两个样点，样点间相距 1~1.5cm。如果样点的颜色较浅，可重复点样，重复点样前必须待前次样点干燥后进行。样点直径不应超过 2mm。

③ 展开 用 9:1 的无水苯-乙酸乙酯为展开剂，待样点干燥后，小心放入已加入展开剂的 250mL 广口瓶中进行展开。瓶的内壁贴一张高 5cm，环绕周长约 4/5 的滤纸，下面浸入展开剂中，以使容器内被展开剂蒸气饱和。点样一端应浸入展开剂 0.5cm。盖好瓶塞，观察展开剂前沿上升至离板的上端 1cm 处取出，尽快用铅笔在展开剂上升的前沿处划一记号，晾干后观察分离的情况，比较二者 R_f 值的大小。

2. 镇痛药片 APC 组分的鉴定

普通的镇痛药如 APC 通常是几种药物的混合物，大多含阿司匹林、咖啡因和其他成分，由于组分本身是无色的，需要通过紫外灯显色或碘熏显色，并与纯组分的 R_f 值比较来加以鉴定。

（1）试剂 APC 镇痛药片、2%阿司匹林的 95%乙醇溶液、2%咖啡因的 95%乙醇溶液、95%乙醇、12:1 的 1,2-二氯乙烷/乙酸。

（2）实验步骤

① 样品液的制备　从教师那里领取镇痛药 APC 一片，用不锈钢勺研成粉状。用一小玻璃丝或棉球塞住一支滴管的细口，将粉状 APC 转入其中使之堆成柱状，用另一支滴管从上口加入 5mL 95％乙醇通过柱状的镇痛药粉，萃取液收集于小试管中。

② 点样　按上述方法制备好薄层板。取两块板，分别在距一端 1cm 处用铅笔轻轻划一横线为起始点。用毛细管在一块板的起始点上点药品萃取液和 2％阿司匹林乙醇溶液两个样点；在第二块板的起始点上点药品萃取液和 2％的咖啡因乙醇溶液两个样点。样点间相距 1～1.5cm，如果样点颜色较浅，可重复点样，但必须待前次样点干燥后进行，点样原点不宜过大，控制直径在 2mm 内。

③ 展开　用 12∶1 的 1,2-二氯乙烷与乙酸作展开剂。

待样点干燥后，小心地放入已加入展开剂的 250mL 广口瓶中进行展开，瓶的内壁贴一张高 5cm，环绕周长约 4/5 的滤纸，下端浸入展开剂内 0.5cm，盖好瓶塞，观察展开剂前沿上升至离板的上端约 1cm 取出，尽快用铅笔在展开剂上升的前沿划一记号。

④ 鉴定　将烘干的薄层板放入 254nm 紫外分析仪中照射显色，可清晰地看到展开得到的粉红色亮点，说明 APC 药片中三种主要成分都是荧光物质。用铅笔绕亮点作出记号，求出每个点的 R_f 值，如测定值和参考值误差在 20％以下，即可肯定为同一化合物。如误差超过 20％，则需重新点样并适当增加展开剂中乙酸的比例。

在完成薄层板的分析之后，将色谱板置于放有几粒碘结晶的广口瓶内，盖上瓶盖，直至暗棕色的斑点明显时取出，并与先前在紫外分析仪中用铅笔作出的记号进行比较。

注释

[1]　制板时要求薄层平滑均匀。为此，宜将吸附剂调得稍稀些，尤其是制胶板时更是如此。否则，吸附剂调得很稠，就很难做到均匀。另一个制板的方法是：在一块较大的玻璃板上，放置两块 3mm 厚的长条玻璃板，中间夹一块 2mm 厚的薄层用载玻片，倒上调好的吸附剂，用宽于载玻片的刀片或油灰刮刀顺一个方向刮去。倒料多少要适合，以便一次刮成。

[2]　点样用的毛细管必须专用，不得弄湿。点样时，使毛细管液刚好接触到薄层即可，切勿点样过重而使薄层破坏。

思　考　题

1. 在一定的操作条件下为什么可利用 R_f 值来鉴定化合物？
2. 在混合物薄层谱中，如何判定各组分在薄层上的位置？
3. 展开剂的高度若超过了点样线，对薄层色谱有何影响？

实验四十六　气相色谱法

气相色谱（gas chromatography），简称 GC。在色谱的两相中用气相作为流动相的是气相色谱。根据固定相的状态不同，气相色谱又可以分为气-固色谱和气-液色谱两种。气-液色谱的固定相是吸附在小颗粒固体表面的高沸点液体，通常将这种固体称为载体；而把吸附在载体表面上的高沸点液体称为固定液。由于被分析样品中各组分在固定液中溶解度不同，从而将混合物样品分离。因此，它是分配色谱的一种形式。气-固色谱的固定相是固体吸附剂如硅胶、氧化铝和分子筛等，主要利用不同组分在固定相表面吸附能力的差别而达到分离的目的。由于气-液色谱中固定液的种类繁多，因此它的应用范围比气-固色谱要更为广泛。

气相色谱是近几十年来迅速发展起来的一种新技术，它已广泛地应用于石油工业、有机合成、生物化学和环境监测中，特别适用于多组分混合物的分离，具有分离效率和灵敏度高及速度快的优点。但是对于不易挥发或对热不稳定的化合物，以及腐蚀性物质的分离还有其局限性。

一、气相色谱的流程

常用的气相色谱仪是由色谱柱、检测器、气流控制系统、温度控制系统、进样系统和信号记录系统等部件所组成（图7-10）。

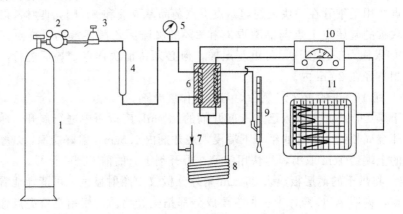

图 7-10　气相色谱流程及仪器设备

1—高压钢瓶；2—减压阀；3—流量精密调节阀；4—净化器；5—压力表；6—检测器；
7—进样器和汽化室；8—色谱柱；9—流量计；10—测量电桥；11—记录仪

在测量时，先将载气调节到所需流速，把进样室、色谱柱和检测器调节到操作温度，待仪器稳定后，用微量注射器进样，汽化后的样品被载气带入色谱柱进行分离。分离后的单组分依次先后进入检测器，检测器的作用是将分离的每个组分按其浓度大小定量地转换成电信号，经放大后，最后在记录簿上记录下来。记录的色谱图纵坐标表示信号大小，横坐标表示时间。在相同的分析条件下，每一个组分从进样到出峰的时间都保持不变，因此可以进行定性分析。样品中每一组分的含量与峰的面积成正比，因此根据峰的面积大小也可以进行定量测定。

二、简单原理

从前文的介绍中，我们可以清楚地看出，色谱柱、检测器和记录仪是气相色谱的主要组成部分。下面分别对色谱柱和检测器进行简单的讨论。

1. 色谱柱

最常用的色谱柱是一根细长的玻璃管或金属管（内径 3～6mm，长 1～3m）弯成 U 形或螺旋形，在柱中装满表面涂有固定液的载体。另一种是毛细管色谱柱，它是一根内径 0.5～2mm 的玻璃毛细管，内壁涂以固定液，长度可达几十米，用于复杂样品的快速分析。

分配色谱柱分离效能的高低，首先在于固定液的选择。在固定液中溶解各组分的挥发性依赖于它们之间的作用力，此作用力包括氢键的形成，偶极-偶极作用或配合物的形成等。根据经验总结，要求固定液的结构、性质、极性与被分离的组成相似或相近，因此，对非极性组分一般选择非极性的角鲨烷、阿匹松（Apiezon）等作固定液。非极性固定液与被溶解的非极性组分之间的作用力弱，组分一般按沸点顺序分离，即低沸点组分首先流出。如样品是极性和非极性混合物，在沸点相同时，极性物质最先流出。对于中等极性的样品，选择中等极性的固定液如邻苯二甲酸二壬酯，组分基本上按沸点顺序分离，而沸点相同的极性物质后流出。含有强极性集团的组分一般选用强极性的固定液，β,β'-氧二丙腈等，组分主要按极性顺序分离，非极性物质首先流出。而对于能形成氢键的组分，例如一甲胺、二甲胺和三甲胺的混合物，在用三乙胺作固定液的色谱柱中，则按形成氢键的能力大小分离，三甲胺（不生成氢键）最先流出，最后流出的是一甲胺，刚好与沸点顺序相反。固定液的选择除考虑结构、性质和极性以外，它还必须具备热稳定性好、蒸气压低、在操作温度下应为液体等条件。目前固定液的种类很多，现将一些常用的固定液列于表中。

色谱柱中的载体一般要求表面积大、颗粒均匀、机械强度好，这样使固定液在载体表面形成均匀液膜；与此同时，对载体通常还需要酸洗、碱洗、釉洗或硅烷化等处理来进行纯化，致使载体呈惰性。

2. 检测器

气相色谱中应用的检测器种类很多，常用的有以下几种。

（1）热导检测器　热导池的基本结构如图 7-11 所示，是由不锈钢或铜壳体装上一对钨丝组成，这两根钨丝长短、粗细应相同，电阻也应相同，即 R_1 等于 R_2。在 R_1 一边通入由色谱柱出来的载气称"测量臂"，这种热导池称双臂热导池。R_1 和 R_2 与固定电阻 R_3 和 R_4 连接成惠斯顿电桥，如图 7-12 所示。当由色谱柱出来的载气中没有分离的组分流出时，电桥是平衡的，$\dfrac{R_1}{R_2}=\dfrac{R_3}{R_4}$，$A$、$B$ 两点没有信号输出。当分离的样品组分逐一进入测量臂时，由于组分的热导率和载气不同，使臂内灼热钨丝的散热条件发生了变化，因而引起钨丝电阻的改变，这样使电桥的平衡破坏，在 A、B 两点就有电信号输出。

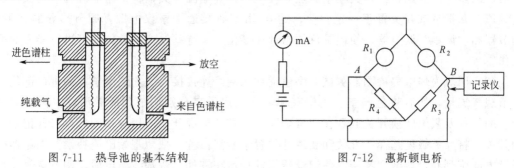

图 7-11　热导池的基本结构　　　　图 7-12　惠斯顿电桥

在用热导池为检测器的气相色谱中，通常用氮气或氢气作载气。实验证明，氢气的灵敏度比氮气高，有时也用灵敏度很高的氦气。

（2）氢火焰电离检测器　它主要是一个离子室，离子室以氢火焰作为能源，在氢火焰附近设有收集极与发射极，在两极之间加有 $150\sim350\text{V}$ 的电压，形成一直流电。当样品组分从色谱柱流出后，由载气携带，与氢气汇合，然后从喷口流出，并与进入离子室的空气相遇，在燃烧着的氢火焰高温作用下，样品组分被电离，形成正离子和电子（电离的程度与组分的性质和火焰的温度有关）。在直流电场的作用下，正离子和电子各向极性相反的电极运动，从而产生微电流信号，利用微电流放大器测定离子流的强度。最后由记录仪进行记录，从记录纸上画出的色谱流出曲线，便可知道未知样品的组分及各组分在样品中的含量。

这种检测器是利用有机化合物在氢火焰中的化学电离进行检测的，故称氢火焰电离检测器。氢火焰检测器的灵敏度比热导池高得多。

（3）电子捕获检测器　这是一种高选择性、高灵敏度的检测器，尤其是对电负性强的组分灵敏度极高，但对一般组分，如烃类等，信号却极小，因此常用来测定含卤、硫、氮、磷的有机化合物、多环芳香族化合物和金属有机化合物等，特别适用于这些物质的痕量分析。

我国生产的 103 型、SP-2306 型等型号的色谱仪中都有这种检测器。

这种检测器是利用载气分子在电离室中被 β 射线电离而在电极之间形成一定的基始电流。当电负性物质分子进入电离室时，自由电子会被此物质分子捕获而使基始电流降低，产生信号。

三、操作步骤

先按照色谱仪说明书的流程图正确安装仪器，并衔接各管道和电器线路，然后按如下步骤进行。

1. 色谱柱的填装

称取载体质量的 5%～25% 的固定液溶于比载体体积稍多的低沸点溶剂（氯仿、苯、乙醚）中，然后将载体和固定液的溶液混合均匀，在不断搅拌下用红外灯加热，除去低沸点溶剂。再将涂好的填料在 120℃恒温加热 1～2h，这样制成的填料就可用来直接填装色谱柱。

取一根清洁而干燥的色谱柱管，将它的一端用玻璃毛塞住，在管的另一端放置一玻璃漏斗，在减压和不断振动下，加入上面制成的填料，色谱柱的装填必须紧密而均匀，待填料装满后，用玻璃毛再将开口一端塞好。

2. 仪器的稳定

（1）用热导检测器测试　将装有填料的色谱柱末端经连接管接入热导池的测量臂进口部位，并将载气调节所需流量。然后将色谱室和汽化室的温度分别调节到操作温度，并将"放大器"的热导及氢焰转换开关置于"热导"上，打开电源开关，将桥路电流调节到操作所需的数值，并把衰减开关置于一定数值，约 0.5h 后，接通记录仪电源，调节热导的"平衡"调节器和"调零"调节器，使记录仪的指针在零位上，待基线稳定后，即可进行样品的测试工作。

（2）用氢火焰电离检测器测试　将色谱柱末端经连接接入氢火焰离子室的进口部位，并调节载气流量，然后将色谱室、汽化室和氢火焰离子室分别调节到所需温度。再将"放大器"的热导及氢焰转换开关放置在"氢焰"上，打开电源开关，稍等片刻后再打开记录仪电源开关，将"灵敏度选择"开关和衰减开关置于所需位置，把"基始电流补偿"电位器按逆时针方向旋到底，调节"零调"使记录器指针指示在零处。待基线稳定后，调节空气流量为 300～800mL/min，氢气流量为 25～35mL/min，在流量稳定的条件下，可以开始点火，将引燃开关拨到"点火"处，约 10s 后就把开关扳下，这时若记录仪突然出现较大信号，则说明氢火焰已点燃。再调节基始电流补偿电位器，使指针指示在零位上，然后进行样品分析。

四、气相色谱分析

1. 定性分析

利用保留值进行定性分析是气相色谱中最方便最常用的方法。

图 7-13 为三组分混合物的气相色谱图。当每一组分从柱中洗脱出来时，在色谱图上就出现一个峰，当空气随试样进去后，由于空气挥发性高，它就和载气一样，最先通过色谱柱，故第一个峰为空气峰。从试样注入到第一个信号的最高点时所经过的时间称为某一组分的保留时间，例如图中 A_1 组分的保留时间用 T_a 表示为 3.6min。在色谱条件相同的条件下，一个化合物的保留时间是一个特定常数，无论这个化合物是以纯的组分或以混合物注入，这个值不变。因而保留值可用于化合物的定性鉴定。

利用保留值鉴定未知物时，由于许多有机物有相同的沸点，许多在特定的色谱条件下具有相同的保留时间，因而不能完全肯定它们为同一化合物。为了准确地鉴定未知物，必须至

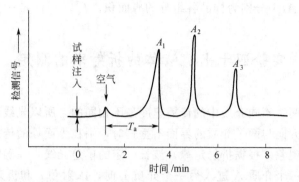

图 7-13 三组分混合物的气相色谱图

少用两种以上极性不同的固定液进行分析，如果未知物和已知物都有相同的保留时间，说明是同一化合物，如果在两种固定液的情况下都只出现一个峰，通常可认为该物质是单一的。如果未知物和已知物在同相的色谱条件下，在任意一种柱上保留时间不同（3%），则可认为是不同的化合物。

2. 定量分析

色谱分析也是定量分析少量挥发物的有力工具。在一定范围内色谱峰的面积（A）与分析试样组分的含量（m）呈线性关系，即

$$h_i f_i = m_i \quad 或 \quad A_i f_i = c_i$$

式中，h_i 为 i 组分的峰高；A_i 为 i 组分的峰面积；f_i 为校正因子（或比例因子）；c_i 为 i 组分的浓度或含量。所以要进行色谱定量分析，首先要准确地测出峰高或峰面积，并知道校正因子，才能把峰面积换算成该物质的浓度或含量。较先进的色谱仪均配有电子积分仪，可把色谱图上各组分的峰面积和保留值记录下来。

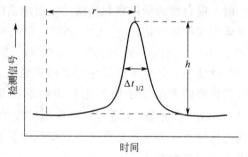

图 7-14 峰面积的测定方法

峰面积的测定方法有几种，其中最简便的是峰高乘以半高宽（图 7-14）。

$$A = h \Delta t_{1/2}$$

式中，h 为峰高；$\Delta t_{1/2}$ 为峰高一半处的宽度。这样测定的峰面积为实际峰面积的 0.94，但在做相对计算时不影响定量结果。

由于试样中各组分的性质差别较大，因而检测器对同样数量不同种类化合物的相对指示信号有差异，因而定量分析时引入校正因子 f_i。由于绝对校正因子不易测定，实际工作中多采用相对校正因子 f_i'。

$$f_i' = \frac{f_i}{f_s} = \frac{A_s c_i}{A_i c_s}$$

只要知道待测物质与基准物质的浓度（c_i，c_s），分别测定相应的峰面积，即可求出相对校正因子。

归一法使先测定样品各组分的峰面积和相对校正因子，然后按下式计算各组分的百分含量：

$$x = \frac{A_i f_i'}{f_1' A_1 + f_2' A_2 + f_3' A_3 + \cdots} \times 100\%$$

式中，A_1，A_2，A_3…分别为样品各组分的峰面积；f_1'，f_2'，f_3'…分别为各组分的相对校正因子。

实验四十七　液体的折射率的测定

一、实验原理

一般地说，光在两个不同介质中的传播速度是不相同的。所以光线从一个介质进入另一个介质，当它的传播方向与两个介质的界面不垂直时，则在界面处的传播方向发生改变。这种现象称为光的折射现象。根据折射定律，波长一定的单色光线，在确定的外界条件（如温度、压力等）下，从一个介质 A 进入另一个介质 B 时，入射角 α 和折射角 β 的正弦之比和这两个介质的折射率 N（介质 A 的）与 n（介质 B 的）成反比，即：

$$\frac{\sin\alpha}{\sin\beta}=\frac{n}{N}$$

若介质 A 是真空，则定其 $N=1$，于是

$$n=\frac{\sin\alpha}{\sin\beta}$$

所以一个介质的折射率，就是光线从真空进入这个介质时的入射角和折射角的正弦之比。这种折射率称为该介质的绝对折射率。通常测定的折射率，都是以空气作为比较的标准。

折射率是有机化合物最重要的物理常数之一，它能精确而方便地测定出来。作为液体物质纯度的标准，它比沸点更为可靠。利用折射率，可鉴定未知化合物。如果一个化合物是纯的，那么就可以根据所测得的折射率排除考虑中的其他化合物，而识别出这个未知物来。

折射率也用于确定液体混合物的组成，在蒸馏两种或两种以上的液体混合物且当各组分的沸点彼此接近时，那么就可利用折射率来确定馏分的组成。因为当组分的结构相似和极性小时，混合物的折射率和物质的量组成之间常呈线性关系。例如，由 1mol 四氯化碳和 1mol 甲苯组成的混合物，n_D^{20} 为 1.4822，而纯甲苯和纯四氯化碳在同一温度下 n_D^{20} 分别为 1.4994 和 1.4651。所以，要分馏此混合物时，就可利用这一线性关系求得馏分的组成。

物质的折射率不但与它的结构和光线波长有关，而且也受温度、压力等因素的影响。所以折射率的表示须注明所用的光线和测定时的温度，常用 n_D^t 表示。D 是以钠灯的 D 线（5893nm）作光源，t 是与折射率相对应的温度。例如 n_D^{20} 表示 20℃时，该介质对钠灯的 D 线的折射率。由于通常大气压的变化对折射率的影响不显著，所以只在很精密的工作中，才考虑压力的影响。

一般地说，当温度增高 1℃ 时，液体有机化合物的折射率就减少 $3.5\times10^{-4}\sim5.5\times10^{-4}$。某些液体，特别是测求折射率的温度与其沸点相近时，其温度系数可达 7×10^{-4}。在实际工作中，往往把某一温度下测定的折射率换算成另一温度下的折射率。为了便于计算，一般采用 4×10^{-4} 为温度变化常数。这个粗略计算，所得的数值可能略有误差，但却有参考价值。

二、阿贝折光仪与操作方法

测定液体折射率的仪器构成原理见图 7-15。当光由介质 A 进入介质 B，如果介质 A 对于介质 B 是疏物质，即 $n_A<n_B$ 时，则折射角 β 必小于入射角 α，当入射角 α 为 90°时，$\sin\alpha=1$，这时折射角达到最大值，称为临界角，用 β_0 表示。很明显，在一定波长与一定条件下，β_0 也是一个常数，它与折射率的关系是：

$$n=\frac{1}{\sin\beta_0}$$

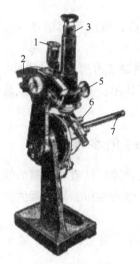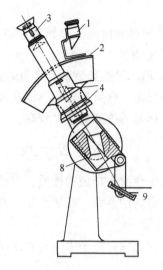

图 7-15　阿贝折光仪及其构成原理

1—指针连放大镜；2—刻度标尺；3—望远镜；4—消色散镜；5—消光散镜；
6—接恒温槽接口；7—温度计；8—直角棱镜；9—反射镜

可见通过测定临界角 β_0，就可以得到折射率，这就是通常所用阿贝（Abbe）折光仪的基本光学原理。

为了测定 β_0 值，阿贝折光仪采用了"半明半暗"的方法，就是让单色光由 $0°\sim90°$ 的所有角度从介质 A 射入介质 B，这时介质 B 中临界角以内的整个区域均有光线通过，因而是明亮的；而临界角以外的全部区域没有光线通过，因而是暗的，明暗两区域的界线十分清楚。如果在介质 B 的上方用一目镜观测，就可看见一个界线十分清晰的半明半暗的像。

介质不同，临界角也就不同，目镜中明暗两区的界限位置也不一样。如果在目镜中刻上一"十"字交叉线，改变介质 B 与目镜的相对位置，使每次明暗两区的界限总是与"十"字交叉线的交点重合，通过测定其相对位置（角度），并经换算，便可得到折射率。而阿贝折光仪的标尺上所刻的读数即是换算后的折射率，故可直接读出。同时阿贝折光仪有消色散装置，故可直接使用日光，其测得的数字与钠光线所测得的一样，这些都是阿贝折光仪的优点所在。

阿贝折光仪的使用方法：先使折光仪与恒温槽相连接，恒温后，分开直角棱镜，用丝绢或擦镜纸蘸少量乙醇或丙酮轻轻擦洗上下镜面。待乙醇或丙酮挥发后，加一滴蒸馏水于下面镜面上，关闭棱镜，调节反光镜使镜内视场明亮，转动棱镜，直到镜内观察到有界限或出现彩色光带；若出现彩色光带，则调节色散，使明暗界限清晰，再转动直角棱镜，使界限恰巧通过"十"字的交点。记录读数与温度，重复两次测得纯水的平均折射率与纯水的标准值（n_D^{20} 1.33299；n_D^{25} 1.3325）比较，可求得折光仪的校正值，然后以同样方法测求待测液体样品的折射率。校正值一般很小，若数值太大时，整个仪器必须重新校正。

使用折光仪应注意下列五点。

① 阿贝折光仪的量程为 $1.3000\sim1.7000$，精密度为 0.0001；测量时应注意保温套温度是否正确。如欲测准至 0.0001，则温度应控制在 0.1℃ 的范围内。

② 仪器在使用或贮藏时，均不应曝于日光中，不用时应用黑布罩住。

③ 折光仪的棱镜必须注意保护，不能在镜面上造成刻痕。滴加液体时，滴管的末端切

不可触及棱镜。

④ 在每次滴加样品前应洗净镜面；在使用完毕后，也应用丙酮或 95％乙醇洗净镜面，待晾干后再闭上棱镜。

⑤ 对棱镜玻璃、保温套金属及其间的胶黏剂有腐蚀或溶解作用的液体，均应避免使用。

最后还应当指出，阿贝折光仪不能在较高温度下使用；对于易挥发或易吸水样品测量有些困难；另外对样品的纯度要求也较高。

实验四十八　有机物的化学性质

有机物的化学性质包括烃的性质、卤代烃的性质、醇的性质、醛酮的性质、羧酸衍生物的性质、硝基化合物的性质、胺的性质、酚的性质、糖的性质、纤维素的性质。

一、烃的性质

烷烃是饱和化合物，分子中只有 CH 键和 C—C 键，在一般条件下稳定，在特殊条件下可发生取代反应。

烯烃的官能团是 C＝C 双键，炔烃的官能团是 C≡C 三键。这些不饱和键可与棕红色的溴发生加成反应，使溴的棕红色褪去；也可被高锰酸钾所氧化，使高锰酸钾溶液的紫色褪去并产生黑褐色的二氧化锰沉淀。这两类反应都可作为不饱和键的鉴定反应，但也都有一些例外情况和干扰因素，故常需兼做。

链端炔含有活泼氢（—C≡CH），可与银离子或亚铜离子作用生成白色炔化银或红色炔化亚铜沉淀，以区别于链间炔及烯烃。

二、卤代烃的性质（碘化钠溶液试验）

往试管中加入 15％碘化钠丙酮溶液，加入 4～5 滴试样并记下加入试样的时间，摇振后观察并记录生成沉淀的时间。若在 3min 内生成沉淀，则试样可能为伯卤代烃。若 5min 内仍无沉淀生成，可在 50℃水浴中温热 6min(注意勿超过 50℃)，移离水浴，观察并记录可能的现象变化。若生成沉淀，则样品可能为仲或叔卤代烃；若仍无沉淀生成，可能为卤代芳烃、乙烯基卤。

样品：1-氯丁烷、2-氯丁烷、2-溴丁烷、叔丁基氯、溴苯。

相关反应：
$$RCl+NaI \xrightarrow{\text{丙酮}} NaCl \downarrow +RI$$
$$RBr+NaI \xrightarrow{\text{丙酮}} NaBr \downarrow +RI$$

试验原理：碘化钠溶于丙酮，形成的碘负离子是良好的亲核试剂。在试验条件下，碘离子取代试样中的氯或溴是按 SN_2 历程进行的，反应的速度是 $RCH_2X > R_2CHX > R_3CX$，而卤代芳烃或乙烯基卤则不发生取代反应。生成的氯化钠或溴化钠不溶于极性较小的丙酮，因而成为沉淀析出，从析出沉淀的速度可以粗略推测试样的烃基结构。

三、醇的性质（乙酰氯试验）

取无水醇样品 0.5mL 于干燥试管中，逐渐加入 0.5mL 乙酰氯，振荡，注意是否发热。向管口吹气，观察有无氯化氢的白雾逸出。静置 1～2min 后加入 3mL 水，再加入碳酸氢钠粉末使呈中性，如有酯的香味，说明样品为低级醇。

样品：乙醇、丙醇、异戊醇。

相关反应：
$$CH_3COCl+ROH \longrightarrow CH_3COOR+HCl \uparrow$$

试验原理与局限：乙酰氯直接作用于无水醇，发热并生成酯。低级醇的乙酸酯有特殊水果香味，易检出。高级醇的乙酸酯香味很淡或无香味，不易检出。

四、醛酮的性质

醛和酮都具有羰基，可与苯肼、2,4-二硝基苯肼、羟胺、氨基脲、亚硫酸氢钠等试剂加成。这些反应常作为醛和酮的鉴定反应，此处只选取了 2,4-二硝基苯肼试验和亚硫酸氢钠试验两例。Tollen 试验、Fehling 试验、Schiff 试验是醛所独有的，常用来区别醛和酮。碘仿试验常用以区别甲基酮和一般的酮。下面以碘仿试验为例。

碘-碘化钾溶液的配制：将 20g 碘化钾溶于 100mL 蒸馏水中，然后加入 10g 研细的碘粉，搅拌至全溶，得深红色溶液。

鉴定试验：往试管中加入 1mL 蒸馏水和 3～4 滴样品（不溶或难溶于水的样品用尽量少的二氧六环溶解后再滴加），再加入 1mL 10% 氢氧化钠溶液，然后滴加碘-碘化钾溶液并摇动，反应液变为淡黄色。继续摇动，淡黄色逐渐消失，随之出现浅黄色沉淀，同时有碘仿的特殊气味逸出，则表明样品为甲基酮。若无沉淀析出，可用水浴温热至 60℃ 左右，静置观察。若溶液的淡黄色已经褪去但无沉淀生成，应补加几滴碘-碘化钾溶液并温热后静置观察。

样品：乙醛水溶液、乙醇、丙酮、正丁醇、异丙醇。

相关反应：

$$RCOCH_3 + 3NaIO \longrightarrow RCOCl_3 + 3NaOH$$

$$RCOCl_3 + NaOH \longrightarrow RCOONa + CHI_3 \downarrow$$

试验原理及适用范围：甲基酮的甲基氢原子被碘取代，生成的三碘甲基酮在碱性水溶液中转化为少一个碳原子的羧酸盐，同时生成碘仿。碘仿不溶于水而呈沉淀析出。具有 α-羟乙基 $\left(\begin{smallmatrix} & OH \\ CH_3{-}CH{-} \end{smallmatrix} \right)$ 结构的化合物易被次碘酸氧化为甲基酮，因而在本试验中也呈正性结果。

五、羧酸衍生物的性质（乙酰乙酸乙酯的鉴定）

乙酰乙酸乙酯是由酮式结构和烯醇式结构组成的平衡混合体系：

酮式 (92.5%)　　　　　烯醇式 (7.5%)

因此，它兼具酮式和烯醇式的反应特征。β-二羰基化合物大都存在着这种互变异构体的平衡，因此，乙酰乙酸乙酯的结构鉴定试验代表了这类互变异构体的鉴定方法。

三氯化铁-溴水试验法：往试管中滴入 5 滴乙酰乙酸乙酯，再加入 2mL 水，摇匀后滴入 3 滴 1% 三氯化铁溶液，摇动，若有紫红色出现，表明有烯醇式或酚式结构存在。往此有色溶液中滴加 3～5 滴溴水，摇动后若颜色褪去，表明有双键存在。将此无色溶液放置一段时间，若颜色又恢复，表明酮式结构可转化为烯醇式结构。

相关反应及解释：

放置后一部分酮式转化为烯醇式，与溶液中的 $FeCl_3$ 或 $FeBr_3$ 又发生第一步反应，颜色恢复。

六、硝基化合物的性质（氢氧化亚铁试验）

硫酸亚铁溶液的配制：取 25g 硫酸亚铁铵和 2mL 浓硫酸加到 500mL 煮沸过的蒸馏水中，再放入一根洁净的铁丝以防止氧化。

氢氧化钾醇溶液的配制：取 30g 氢氧化钾溶于 30mL 水中，将此溶液加到 200mL 乙醇中。

鉴定试验：在试管中放入 4mL 新配制的硫酸亚铁溶液，加入 1 滴液体样品或 20～30mg 固体样品，然后再加入 1mL 氢氧化钾乙醇溶液，塞住试管口振荡，若在 1min 内出现棕红色氢氧化铁沉淀，表明样品为硝基化合物。

相关反应： $R{-}NO_2 + 6Fe(OH)_2 + 4H_2O \longrightarrow R{-}NH_2 + 6Fe(OH)_3$

试验原理及可能的干扰：硝基化合物能把亚铁离子氧化成铁离子，使之以氢氧化铁沉淀形式析出，而硝基化合物则被还原成胺。所有的硝基化合物都有此反应。但凡有氧化性的化合物如亚硝基化合物、醌类、羟胺等也都有此反应，可能对本试验形成干扰。

七、胺的性质

1. 胺的碱性

在试管中放置 3～4 滴样品，在摇动下逐渐滴入 1.5mL 水。若不能溶解，可加热再观察。如仍不能溶解，可慢慢滴加 10%硫酸直至溶解，然后逐渐滴加 10%氢氧化钠溶液，记录现象变化。

样品：甲胺水溶液、苯胺。

相关反应及解释：

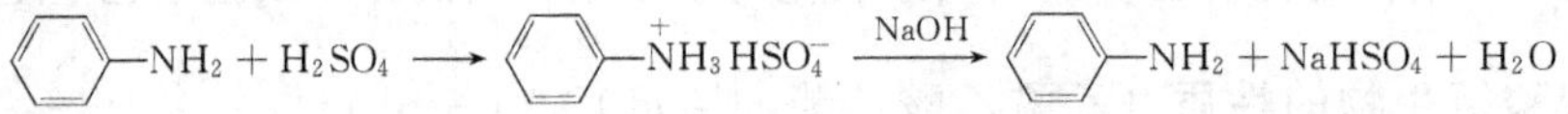

脂肪胺易溶于水，芳香胺溶解度甚小或不溶。胺遇无机酸生成相应的铵盐而溶于水，强碱又使胺重新游离出来。

2. Hinsberg 试验

往试管中加入 0.5mL 样品、2.5mL 10%的氢氧化钠溶液和 0.5mL 苯磺酰氯，塞好塞子，用力摇振 3～5min。以手触摸试管底部，是否发热。取下塞子，在不高于 70℃的水浴中加热并摇振 1min，冷却后用试纸检验，若不呈碱性，应再滴加 10%的氢氧化钠溶液至呈碱性，记录现象并作如下处理。

若溶液清澈，可用 6mol/L 的盐酸酸化。酸化后析出沉淀或油状物，则样品为伯胺。

若溶液中有沉淀或油状物析出，可用 6mol/L 盐酸酸化至蓝色石蕊试纸变红，沉淀不消失，则样品为仲胺。

始终无反应，溶液中仍有油状物，用盐酸酸化后油状物溶解为澄清溶液，则样品为叔胺。

样品：苯胺、*N*-甲苯胺、*N*,*N*-二甲苯胺。

相关反应：

$$\left.\begin{matrix} RNH_2 \\ R_2NH \\ R_3N \end{matrix}\right\} \xrightarrow[\text{NaOH(过量)}]{C_6H_5SO_2Cl} \left\{\begin{matrix} [RNSO_2C_6H_5]^- Na^+ \ \text{（溶于 NaOH）} \\ R_2NSO_2C_6H_5 \downarrow \\ R_3N \ \text{（油状，不反应）} \end{matrix}\right\}$$

$$\xrightarrow{\text{HCl 酸化}} \left\{\begin{matrix} RNHSO_2C_6H_5 \downarrow \ \text{（白色沉淀）} \\ R_2NSO_2C_6H_5 \downarrow \ \text{（沉淀不变）} \\ [R_3NH]^+ Cl^- \ \text{（溶于水）} \end{matrix}\right\}$$

试验原理与注意事项：Hinsberg 试验是伯胺、仲胺或叔胺在碱性介质中与苯磺酰氯的反应，用以区别伯胺、仲胺、叔胺。

伯胺与苯磺酰氯反应，生成的苯磺酰胺的氮原子上还有活泼氢原子，因而可溶于氢氧化钠溶液，用盐酸酸化后才成为沉淀析出。

仲胺与苯磺酰氯反应，生成的苯磺酰胺的氮原子上没有活泼氢原子，不能溶于氢氧化钠溶液而直接成沉淀（有时为油状物）析出，酸化也不溶解。

叔胺氮原子上没有可被取代的氢原子，在试验条件下看不出反应的迹象，但实际情况要复杂得多。大多数脂肪族叔胺经历如下变化过程：

$$R_3N + C_6H_5SO_2Cl \longrightarrow [C_6H_5SO_2N^+R_3Cl^-] \xrightarrow{H_2O} R_3N + C_6H_5SO_3H + Cl^- + H^+$$

所以看不到明显的反应现象。芳香族叔胺通常不溶于反应介质而呈油状物沉于试管底部。这时苯磺酰氯迅速与介质中的 OH^- 作用，转化为苯磺酸，也观察不到明显的反应现象。但苯磺酰氯也会有一部分混溶于叔胺中，一起沉于底部而与介质脱离接触。所以需要加热使叔胺分散浮起，以使其中的苯磺酰氯全部转化为苯磺酸，否则在酸化以后，未转化的苯磺酰氯仍以油状存在，往往会造成判断失误。如果供试验的芳香族叔胺在反应介质中有一定程度的溶解，则可能导致复杂的次级反应，特别是使用过量试剂、加热温度过高、时间过长时，往往产生深色染料，即使再经酸化也难溶解。

因此，本试验应使用试剂级的胺以免混入杂质；加热温度不宜过高，时间不宜过长；微量的沉淀不能视为正性反应。

可以使用对甲苯磺酰氯代替苯磺酰氯，效果相同。

八、酚的性质 （三氯化铁试验）

在试管中加入 0.5mL 1% 的样品水溶液或稀乙醇溶液，再加入 2～3 滴 1% 的三氯化铁水溶液，观察各种酚所表现的颜色。

样品：苯酚、水杨酸、间苯二酚、对苯二酚、邻硝基苯酚、苯甲酸。

相关反应（以苯酚为例）：

$$6 \quad C_6H_5OH + FeCl_3 \longrightarrow 3HCl + [Fe(OC_6H_5)_6]^{3-} + 3H^+$$

试验原理及局限：酚类与 Fe^{3+} 配合，生成的配合物电离度很大而显现出颜色。不同的酚，其配合物的颜色大多不同，常见者为红、蓝、紫、绿等色。间羟基苯甲酸、对羟基苯甲酸、大多数硝基酚类无此颜色反应。α-萘酚、β-萘酚及其他一些在水中溶解度太小的酚，其水溶液的颜色反应不灵敏或不能反应，必须使用乙醇溶液才可观察到颜色反应。有烯醇结构的化合物也可与三氯化铁发生颜色反应，反应后颜色多为紫红色。

九、糖的性质 （Benedict 试验）

Benedict 试剂的配制：将 173g 柠檬酸钠和 100g 无水碳酸钠溶于 800mL 水中。另将 17.3g 结晶硫酸铜溶于 100mL 水中。将硫酸铜溶液缓缓注入柠檬酸钠溶液中，若溶液不澄清，可将其过滤。

鉴定试验：往试管中加入 1mL Benedict 试剂和 5 滴 5% 的样品水溶液，在沸水浴中加热 2～3min，放冷，若有红色或黄绿色沉淀生成，表明样品为还原性糖。

样品：葡萄糖、果糖、蔗糖、麦芽糖。

相关反应：　　　　$R-CHO + 2Cu^{2+} + 2H_2O \longrightarrow RCOOH + Cu_2O\downarrow + 4H^+$

试验原理及可能的干扰：Benedict 试剂是二价铜离子的柠檬酸配合物溶液，在反应中，二价铜离子将糖中的醛基氧化为羧基而自身被还原，成为红色的氧化亚铜沉淀。当沉淀的量较少时，在溶液中显黄绿色或黄色。当糖分子中存在游离的醛基、酮羰基（可经过烯二醇转化为醛基）或半缩醛结构（可开环游离出醛基）时，均可与 Benedict 试剂呈正性反应，因而统称为还原性糖，不能与 Benedict 试剂反应的糖则统称为非还原性糖。所有的单糖都是还原性糖。双糖则因糖苷键的位置不同而不同，分子中仍保留有半缩醛结构的双糖（如麦芽糖）为还原性糖，不存在这种结构的双糖（如蔗糖）不能游离出羰基，则属非还原性糖。硫醇、硫酚、肼、氢化偶氮、羟胺等类化合物可对本试验形成干扰。脂肪族醛、α-羟基酮在本试验中呈正性反应，而芳香醛却不与 Benedict 试剂反应，所以本试验也常用以区别脂肪醛和芳香醛。

第八章 综合性、设计性实验（Ⅱ）

实验四十九 正溴丁烷的制备

一、实验目的

1. 掌握卤代烃的制备方法，加深对饱和碳原子上的双分子亲核取代反应（S_N2）历程的理解。

2. 进一步巩固蒸馏操作方法。

3. 掌握有机合成中计算产率的方法。

二、反应式

主反应：

$$NaBr + H_2SO_4 \longrightarrow HBr + NaHSO_4$$
$$n\text{-}C_4H_9OH + HBr \longrightarrow n\text{-}C_4H_9Br + H_2O$$

副反应：

$$CH_3CH_2CH_2CH_2OH \longrightarrow CH_3CH_2CH \!\!=\!\! CH_2 + H_2O$$
$$2n\text{-}C_4H_9OH \longrightarrow (n\text{-}C_4H_9)_2O + H_2O$$

三、试剂

7.4g（9.2mL，0.10mol）正丁醇、13g（约 0.13mol）无水溴化钠[注1]、14mL（0.26mol）浓 H_2SO_4（相对密度 1.84）、10%碳酸氢钠溶液、无水氯化钙。

四、实验步骤

在 100mL 圆底烧瓶上安装回流冷凝管，冷凝管的上口用弯玻璃管连接一气体吸收装置[注2]，用 5%的氢氧化钠溶液作吸收剂。

在圆底烧瓶中加入 14mL 水，并小心地加入 14mL 浓硫酸，混合均匀后冷至室温。再依次加入 9.2mL 正丁醇和 13g 溴化钠，充分摇振后加入 1～2 粒沸石，连上气体吸收装置。将烧瓶置于电热套上用小火加热至沸，调节旋钮使反应物保持沸腾而又平稳地回流，并时常摇动烧瓶促使反应完成。由于无机盐水溶液有较大的相对密度，不久会分出上层液体，即正溴丁烷。回流约需 30～40min[注3]（反应周期延长 1h 仅增加 1%～2%的产量）。待反应液冷却后，移去冷凝管，再加入 1～2 粒沸石，换上蒸馏装置进行蒸馏。蒸出粗产物正溴丁烷[注4]。

将馏出液移至分液漏斗中，加入等体积的水洗涤[注5]（产物在上层还是下层？）。产物转入另一干燥的分液漏斗中，用等体积的浓硫酸洗涤[注6]。尽量分去硫酸层（哪一层？）。有机相依次用等体积的水、10%碳酸氢钠溶液和水洗涤后转入干燥的锥形瓶中。用 1～2g 黄豆大小的无水氯化钙干燥，间歇摇动锥形瓶，直至液体清亮为止。

将干燥好的产物通过三角漏斗过滤到 25mL 蒸馏瓶中（注意勿使氯化钙掉入蒸馏瓶中），用电热套加热蒸馏，收集 99～103℃的馏分[注7]，产量 7～8g。

纯正溴丁烷为无色透明液体，沸点为 101.6℃，折射率 n_D^{20} 1.4399。

本实验约需 6h。正溴丁烷的核磁共振谱见图 8-1。

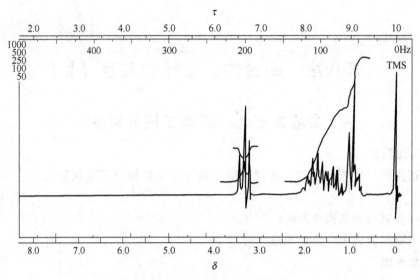

图 8-1　正溴丁烷的核磁共振谱

注释

[1]　如用含结晶水的溴化钠（NaBr·2H₂O），可按物质的量换算，并相应地减少加入水的量。

[2]　在本实验中，由于采用 1∶1 的硫酸（即 62％硫酸），回流时如果保持缓和的沸腾状态，仅有很少的溴化氢从冷凝管上端逸出。这样，如果在通风橱中操作，气体吸收装置可以省去。

[3]　回流时间太短，则反应物中残留正丁醇量增加。但回流时间延长，产率也不能再提高多少。

[4]　正溴丁烷是否蒸完，可从下列几方面判断：

①　馏出液是否由浑浊变为澄清；

②　反应瓶上层油层是否消失；

③　取一试管收集几滴馏出液，加水摇动，观察有无油珠出现。若无，表示馏出液中已无有机物，蒸馏完成。蒸馏不溶于水的有机物时，常可用此法检验。

[5]　若水洗后产物尚呈红色，是由于浓硫酸的氧化作用生成游离溴的缘故，可加入几毫升饱和亚硫酸氢钠溶液洗涤除去。

$$2NaBr + 3H_2SO_4（浓）\longrightarrow Br_2 + SO_2 + 2H_2O + 2NaHSO_4$$

$$Br_2 + 3NaHSO_3 \longrightarrow 2NaBr + NaHSO_4 + 2SO_2 + H_2O$$

[6]　浓硫酸能溶解存在于粗产物中的少量未反应的正丁醇及副产物正丁醚等杂质。因为在以后的蒸馏中，由于正丁醇和正丁烷可形成共沸混合物（沸点 98.6℃，含正丁醇 13％）而难除去。

[7]　本实验制备的正溴丁烷经气相色谱分析，均含有 1％～2％的 2-溴丁烷。制备时若回流时间较长，2-溴丁烷的含量较高，但回流到一定时间后，2-溴丁烷的量就不再增加。原料正丁醇经气相色谱分析不含仲丁醇，2-溴丁烷的生成可能是由于在酸性介质中，反应也会部分以 S_N1 机制进行的结果。气相色谱的固定液可用磷酸三甲酚酯或邻苯二甲酸二壬酯。

思 考 题

1. 实验中硫酸的作用是什么？硫酸的用量和浓度过大或过少有什么不好？

2. 反应后的粗产物中含有哪些杂质？各步洗涤的目的何在？

3. 用分液漏斗洗涤产物时，正溴丁烷时而在上层，时而在下层，若不知道产物的密度时，可用什么简便的方法加以识别？

4. 为什么用饱和的碳酸氢钠溶液洗涤前先要用水洗一次？

5. 用分液漏斗洗涤产物时，为什么摇动后要及时放气？应如何操作？

实验五十　无水乙醚的制备

一、实验目的

1. 了解乙醚的制备方法，进一步加深醇的分子内脱水和分子间脱水反应的理解。

2. 熟悉乙醚的性质。

3. 学会水浴蒸馏的操作方法及目的。

二、反应式

主反应：

$$CH_3CH_2OH + HOSO_2OH \longrightarrow CH_3CH_2OSO_2OH + H_2O$$

$$CH_3CH_2OSO_2OH + HOCH_2CH_3 \longrightarrow CH_3CH_2OCH_2CH_3 + H_2SO_4$$

副反应：

$$CH_3CH_2OSO_2OH \longrightarrow CH_2{=\!=}CH_2 + H_2SO_4$$

$$CH_3CH_2OH + H_2SO_4 \longrightarrow CH_3CH{=\!=}O + SO_2 + 2H_2O$$

$$CH_3CH{=\!=}O + H_2SO_4 \longrightarrow CH_3COOH + SO_2 + H_2O$$

三、试剂

30g（38mL，0.63mol）95％乙醇、12.5mL（0.23mol）浓硫酸（相对密度1.84）、5％氢氧化钠溶液、饱和氯化钙溶液、饱和食盐水、无水氯化钙。

四、实验步骤

在100mL三颈瓶中，加入13mL 95％乙醇，烧瓶浸入冰水浴中，以防止乙醇因挥发而损失，缓缓加入12.5mL浓硫酸，使混合均匀，并加入几粒沸石。滴液漏斗的末端[注1]及温度计水银球应浸入液面以下，距瓶底0.5～1cm处，接收瓶应浸入冰盐浴中冷却，接收管支管接橡皮管通入水槽下水管内。

在滴液漏斗中放置25mL乙醇，将烧瓶在电热套上加热，使反应液温度较快地上升到140℃，开始由滴液漏斗慢慢加入乙醇，调节电热套上旋钮，控制乙醇滴加速度和乙醚馏出速度大致相等[注2]（约每秒1滴），并维持反应温度在135～145℃之间[注3]，约30～40min滴加完毕。加完后继续加热约10min，直至温度上升到160℃，没有液滴馏出为止，关闭电源，停止反应。

在所得的馏出液中，除了乙醚以外，还有水、乙醇、亚硫酸等。将馏出液转入分液漏斗，首先用等体积的5％氢氧化钠溶液洗涤（除去什么杂质？），静置分层，放出下面的水层；再用8mL饱和氯化钙溶液洗涤一次；最后再每次用8mL饱和氯化钙溶液洗涤两次[注4]，充分振荡（除去什么杂质？），小心分出醚层。用2～3g无水氯化钙干燥[注5]，待瓶内乙醚澄清时，滤入干燥的25mL圆底烧瓶中，加入2～3粒沸石后用热水浴（约60℃）加热蒸馏[注6]，收集33～38℃的馏分[注7]，产量约8～10g。

纯乙醚为无色易挥发的液体，沸点34.5℃，折射率 n_D^{20} 1.3526，d_4^{20} 0.713。

本实验约需4～6h。

注释

[1] 为了方便，三颈瓶中间口也可插入玻璃管通入液下，玻璃管末端拉制成直径为2～3mm，并呈钩状，玻璃上端用一段橡皮管与滴液漏斗相连，漏斗末端应与玻璃管接触。

[2] 滴入乙醇的速度宜与乙醚的馏出速度相等，若滴加过快，不仅乙醇未起作用就被蒸出，且使反应液温度骤降，减少醚的生成。

[3] 温度超过150℃时，容易生成乙烯；温度在130℃以下时，则反应甚慢。

[4] 氢氧化钠溶液洗涤后，常会使醚溶液碱性太强，先用饱和氯化钠水溶液洗去残留在粗乙醚中的碱液，以免在用饱和氯化钙溶液洗涤时析出氢氧化钙沉淀。用饱和氯化钠水溶液洗涤，还可降低乙醚在水中的溶解度。

[5] 氯化钙除作为干燥剂除掉水分外，还可和乙醇作用生成复合物（CaCl₂·4C₂H₅OH），除去醚溶液中部分未作用的乙醇。

[6] 蒸馏或使用乙醚时，实验台附近严禁火种。当反应完成转移乙醚及精制乙醚时，必须熄灭附近火源，热水浴应在它处预热。

[7] 乙醚与水形成共沸物（沸点34.15℃，含水1.26％），馏分中还含有少量乙醇，故沸程较长。

思 考 题

1. 制备乙醚时，为什么滴液漏斗的末端应浸入反应液中？
2. 反应温度过高、过低或乙醇滴入速度过快有什么不好？
3. 反应中可能产生的副产物是什么？各步洗涤的目的何在？
4. 蒸馏和使用乙醚时，应注意哪些事项？为什么？
5. 最后制得的乙醚产品中仍会有什么杂质？如何把它们完全除掉？
6. 为什么要用无水氯化钙作干燥剂？干燥时间过短有什么坏处？

附：无水乙醚（absolute ether）纯化方法

b. p. 34.51℃，n_D^{20} 1.3526，d_4^{20} 0.71378。

普通乙醚中常含有一定量的水、乙醇及少量过氧化物等杂质，这对于要求以无水乙醚作溶剂的反应（如 Grignard 反应），不仅影响反应的进行，且易发生危险。试剂级的无水乙醚，往往也不合要求，且价格较贵，因此实验中常需自行制备。制备无水乙醚时首先要检验有无过氧化物。为此取少量乙醚与等体积的 2% 碘化钾溶液，加入几滴稀盐酸一起振摇，若能使淀粉溶液呈现紫色或蓝色，即证明有过氧化物存在。除去过氧化物可在分液漏斗中加入普通乙醚和相当于乙醚体积 1/5 的新配制硫酸亚铁溶液[注1]，剧烈摇动后分去水溶液。除去过氧化物后，按照下述操作进行精制。

实验步骤

在 250mL 圆底烧瓶中，放置 100mL 除去过氧化物的普通乙醚和几粒沸石，装上冷凝管。冷凝管上端通过带有侧槽的橡皮塞，插入盛有 10mL 浓硫酸[注2]的滴液漏斗。通入冷凝水，将浓硫酸慢慢滴入乙醚中，由于脱水作用产生的热，乙醚会自行沸腾。加完后摇动反应物。

待乙醚停止沸腾后，拆下冷凝管，改成蒸馏装置。在收集瓶支管上连一氯化钙干燥管，并用与干燥管连接的橡皮管把乙醚蒸气导入水槽。加入沸石，用事先准备好的水浴加热蒸馏。蒸馏速度不宜太快，以免乙醚蒸气冷凝不下来而逸散室内[注3]。当收集到约 70L 乙醚，且蒸馏速度显著变慢时，即可停止蒸馏。瓶内所剩残液，倒入指定的回收瓶中，切不可将水加入残液中（为什么？）。

将蒸馏收集的乙醚倒入干燥的锥形瓶中，加入钠屑或钠丝，然后用带有氯化钙干燥管的软木塞塞住，或在木塞中插入一末端拉成毛细管的玻璃管，这样可以防止潮气侵入并可使产生的气体逸出，同时钠表面较好，则可储放备用。如放置后，金属表面已全部发生作用，需重新压入钠丝，放置至无气泡发生。这种无水乙醚可符合一般无水要求[注4]。

注释

[1] 硫酸亚铁溶液的配制　在 110mL 水中加入 6mL 浓硫酸，然后加入 60g 硫酸亚铁。硫酸亚铁久置后容易变质，因此需在使用时临时配制。使用较纯的乙醚制取无水乙醚时，可免去硫酸亚铁洗涤。

[2] 也可在 100mL 乙醚中加入 4～5g 无水氯化钙代替浓硫酸作干燥剂；并在下步操作中用五氧化二磷代替金属钠而制得合格的无水乙醚。

[3] 乙醚沸点低（34.15℃），极易挥发（20℃的蒸气压为 58.9kPa），且蒸气比空气重（约为空气的 2.5 倍），容易聚集在桌面附近或低处。当空气中含有 1.85%～36.5% 的乙醚蒸气时，遇火即会发生燃烧爆炸。故在使用和蒸馏过程中，一定要谨慎小心，远离火源。尽量不让乙醚蒸气散发到空气中，以免造成意外。

[4] 如需要更纯的乙醚时，则在除去过氧化物后，应再用 0.5% 高锰酸钾溶液与乙醚共振摇，使其中含有的醛类氧化成酸，然后依次用 5% 氢氧化钠溶液、水洗涤，经干燥、蒸馏，再压入钠丝。

实验五十一　2-甲基-2-己醇的制备

一、实验目的

1. 熟悉制备 Grignard 试剂的操作方法。

2. 了解羰基化合物与 Grignard 试剂的反应情况。

3. 掌握无水操作。

二、反应式

$$n\text{-}C_4H_9Br + Mg \longrightarrow n\text{-}C_4H_9MgBr$$

$$n\text{-}C_4H_9MgBr + CH_3\underset{\underset{O}{\|}}{C}CH_3 \longrightarrow n\text{-}C_4H_9\underset{\underset{OMgBr}{|}}{C}(CH_3)_2$$

$$n\text{-}C_4H_9\underset{\underset{OMgBr}{|}}{C}(CH_3)_2 + HOH \xrightarrow{H^+} n\text{-}C_4H_9-\underset{\underset{OH}{|}}{C}(CH_3)_2$$

三、试剂

3.1g 镁屑、17g（13.5mL，约 0.13mol）正溴丁烷[注1]、7.9g（10mL，0.14mol）丙酮、无水乙醚、乙醚、10％硫酸溶液、5％碳酸钠溶液、无水碳酸钾。

四、实验步骤

1. 正丁基溴化镁的制备

在 250mL 三颈瓶[注2]上分别装置搅拌器[注3]、冷凝管及滴液漏斗，在冷凝管及滴液漏斗的上口装置氯化钙干燥管。瓶内放入 3.1g 镁屑[注4]或除去氧化膜的镁条、15mL 无水乙醚及一小粒碘片。在滴液漏斗中混合 13.5mL 正溴丁烷和 15mL 无水乙醚。先向瓶内滴入约 5mL 混合液，数分钟后即见溶液呈微沸状态，碘的颜色消失[注5]。若不发生反应，可用温水浴加热。反应开始比较剧烈，必要时可用冷水浴冷却。待反应缓和后，自冷凝管上端加入 25mL 无水乙醚。开动搅拌，并滴入其余的正溴丁烷醚混合液。控制滴加速度，维持反应液呈微沸状态。滴加完毕后，在水浴回流 20min，使镁屑几乎作用完全。

2. 2-甲基-2-己醇的制备

将上面制好的 Grignard 试剂在冰水浴冷却和搅拌下，自滴液漏斗中滴入 10mL 丙酮和 15mL 无水乙醚的混合液，控制滴加速度，勿使反应过于猛烈。加完后，在室温下继续搅拌 15min。溶液中可能有白色黏稠状固体析出。

将反应瓶在冰水冷却和搅拌下，自滴液漏斗分批加入 100mL 10％硫酸溶液，分解产物（开始滴入宜慢，以后可逐渐加快）。待分解完全后，将溶液倒入分液漏斗中，分出醚层。水层每次用 25mL 乙醚萃取两次，合并醚层，用 30mL 5％碳酸钠溶液洗涤一次，用无水碳酸钾干燥[注6]。

将干燥后的粗产物醚溶液滤入 25mL 蒸馏瓶，用温水浴蒸去乙醚[注7]，再在石棉网上直接加热蒸出产品，收集 137～141℃馏分，产量 7～8g。

纯 2-甲基-2-己醇的沸点为 143℃，折射率 n_D^{20} 1.4175。

本实验约需 6h。

注释

[1] 如需替换，可用 17.7g（12mL，0.16mol）溴乙烷代替正溴丁烷，其余步骤相同，产物为 2-甲基-2-丁醇。蒸馏收集 95～105℃馏分，产量约 5g。纯 2-甲基-2-丁醇的沸点为 102，折射率 n_D^{20} 1.4052。

[2] 本实验所用仪器及试剂必须充分干燥。正溴丁烷用无水氯化钙干燥并蒸馏纯化，丙酮用无水碳酸钾干燥，也可经蒸馏纯化。所用仪器在烘箱中烘干后，取出稍冷即放入干燥器中冷却。或将仪器取出后，在开口处用塞子塞紧，以防在冷却过程中玻璃壁吸附空气中的水分。

[3] 本实验的搅拌棒的密封可采用图 8-2 和图 8-3 的装置。若采用简易密封装置，应用石蜡油润滑之。装置搅拌器时应注意：①搅拌棒应保持垂直，其末端不要触及瓶底；②装好后应先用手旋动搅拌棒，试验装置无阻滞后，方可开动搅拌器。

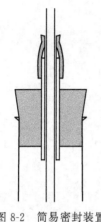

图 8-2 简易密封装置

图 8-3 液封装置

〔4〕 镁屑不宜采用长期放置的。如长期放置，镁屑表面常有一层氧化膜，可采用下法除去：用5%盐酸溶液作用数分钟，抽滤除去酸液后，依次用水、乙醇、乙醚洗涤。抽干后置于干燥器内备用。也可用镁带代替镁屑，使用前用细砂纸将其表面擦亮，剪成小段。

〔5〕 为了使开始时溴乙烷局部浓度较大，易于发生反应，故搅拌应在反应开始后进行。若5min后反应仍不开始，可用温水浴温热，或在加热前加入一小粒碘促使反应开始。

〔6〕 2-甲基-2-己醇与水能形成共沸物，因此必须很好地干燥，否则前馏分大大地增加。

〔7〕 由于醚溶液体积较大，可采取分批过滤蒸去乙醚。

思 考 题

1. 本实验在将 Grignard 试剂加成物水解前的各步中，为什么使用的药品仪器均须绝对干燥？为此可采取什么措施？

2. 如反应未开始前，加入大量正溴丁烷有什么不好？

3. 本实验有哪些可能的副反应，如何避免？

4. 为什么本实验得到的粗产物不能用无水氯化钙干燥？

5. 用 Grignard 试剂法制备 2-甲基-2-己醇，还可采取什么原料？写出反应式并对几种不同的路线加以比较。

实验五十二 三苯甲醇的制备

实验目的

1. 了解羰基化合物与 Grignard 试剂的反应情况。

2. 熟悉 Grignard 试剂的操作方法。

3. 掌握无水操作方法。

4. 进一步熟悉重结晶的操作方法。

一、方法一 苯基溴化镁与苯甲酸乙酯的反应

1. 反应式

$$\text{Ph—Mg—Br} + \text{Ph—}\underset{O}{\overset{O}{C}}\text{—C}_2\text{H}_5 \xrightarrow{\text{无水乙醚}} \underset{OC_2H_5}{\overset{Ph}{Ph—C—OC_2H_5}} \longrightarrow \text{Ph—}\overset{O}{C}\text{—Ph} + \text{C}_2\text{H}_5\text{MgBr}$$

2. 试剂

$$\text{PhC—Ph} \xrightarrow[H_3^+O]{PhMgBr} \text{Ph}_3\text{C—OH}$$

1.5g（0.062mol）镁屑、10g(6.7mL，0.064mol）溴苯（新蒸）、4g(3.8mL，

0.026mol）苯甲酸乙酯、无水乙醚、7.5g氯化铵、乙醇。

3. 实验步骤

（1）苯基溴化镁的制备 在250mL三颈瓶[注1]上分别装置搅拌器[注2]、冷凝管及滴液漏斗，在冷凝管及滴液漏斗的上口装置氯化钙干燥管。瓶内放置1.5g镁屑[注3]及一小粒碘片[注4]，在滴液漏斗中混合10g溴苯及25mL无水乙醚。先将1/3的混合液滴入烧瓶中，数分钟后即见镁屑表面有气泡产生，溶液轻微浑浊，碘的颜色开始消失。若不发生反应，可用水浴或手掌温热。反应开始后开动搅拌，缓慢滴入其余的溴苯醚溶液，滴加速度保持溶液呈微沸状态。加毕，在水浴继续回流0.5h，使镁屑作用完全。

（2）三苯甲醇的制备 将已制好的苯基溴化镁试剂置于冷水浴中，在搅拌下由滴液漏斗滴加3.8mL苯甲酸乙酯和10mL无水乙醚的混合液，控制滴加速度，保持反应平稳地进行。滴加完毕后，将反应混合物在水浴回流0.5h，使反应进行完全，这时可以观察到反应物明显地分为两层。将反应混合物改为冰水浴冷却，在搅拌下由滴液漏斗慢慢混滴加由7.5g氯化铵配成的饱和水溶液（约需28mL水），分解加成产物[注5]。

将反应装置改为蒸馏装置，在水浴上蒸去乙醚，再将残余物进行水蒸气蒸馏，以除去未反应的溴苯及联苯等副产物。瓶中剩余物冷却后冷凝为固体，抽滤收集。粗产物用80%的乙醇进行重结晶，干燥后产量约4.5～5g，熔点161～162℃[注6]。

纯三苯甲醇为无色棱状晶体，熔点162.5℃。

（3）三苯甲基碳正离子 在一洁净的干燥管中，加入少许三苯甲醇（约0.02g）及2mL冰醋酸，温热使其溶解，向试管中滴加2～3滴浓硫酸，立即生成红色溶液，然后加入2mL水，颜色消失，并有白色沉淀生成。解释观察到的现象并写出所发生变化的反应式。

本实验约需8～10h。

二、方法二 二苯酮与苯基溴化镁的反应

1. 反应式

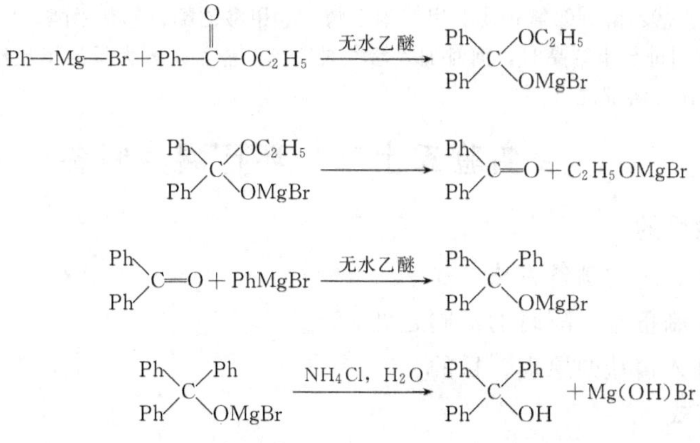

2. 试剂

0.75g(0.03mol)镁屑、4.8g(3.2mL，0.03mol)溴苯、5.5g(0.03mol)二苯酮、无水乙醚、6g氯化铵、乙醇。

3. 实验步骤

仪器装置及操作步骤同方法一。

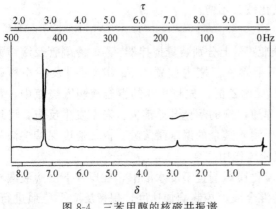

图 8-4　三苯甲醇的核磁共振谱

用 0.75g 镁屑和 3.2mL 溴苯（溶于 15mL 无水乙醚）制成 Grignard 试剂后，在搅拌下滴加 5.5g 二苯酮溶于 15mL 无水乙醚的溶液，加毕后加热回流 0.5h。然后用 6g 氯化铵配成饱和溶液（约需 22mL 水）分解加成产物，蒸去乙醚后进行水蒸气蒸馏，冷却，抽滤固体，经乙醇-水重结晶，得到纯净的三苯甲醇结晶，产量 4～4.5g，熔点 161～162℃

本实验约需 8～10h。三苯甲醇的核磁共振谱见图 8-4。

注释

[1]　见"实验五十一"2-甲基-2-己醇注释[2]。

[2]　见"实验五十一"2-甲基-2-己醇注释[3]。本实验也可用手摇振或电磁搅拌代替电动搅拌。

[3]　见"实验五十一"2-甲基-2-己醇注释[4]。

[4]　Grignard 反应的仪器用前应尽可能进行干燥。有时作为补救和进一步措施清除仪器所形成的水化膜，可将已加入镁屑和碘粒的三颈瓶在石棉网上用小火小心加热几分钟，使之彻底干燥。烧瓶冷却时可通过氯化钙干燥管吸入干燥的空气。在加入溴苯醚溶液前，需将烧瓶冷却至室温，熄灭周围所有的火源。

[5]　如反应中絮状的氢氧化镁未全溶时，可加入几毫升稀盐酸促使其全部溶解。

[6]　本实验可用薄层色谱鉴定反应产物和副产物。用滴管吸取少许水解后的醚溶液于一干燥锥形瓶中，在硅胶 G 色谱板上点样，用 1:1 的苯-石油醚作展开剂，在紫外灯下观察，用铅笔在荧光点的位置做出记号。从上到下四个点分别代表联苯、苯甲酸乙酯、二苯酮和三苯甲醇，计算它们的 R_f 值。可能的话，用标准样品进行比较。

思　考　题

1. 见"实验五十一"2-甲基-2-己醇思考题1。

2. 本实验中溴苯加入太快或一次加入，有什么不好？

3. 若苯甲酸乙酯和乙醚中含有乙醇，对反应有何影响？

4. 写出苯基溴化镁试剂同下列化合物作用的反应式（包括用稀酸水解反应混合物）：

①二氧化碳；②乙醇；③氧；④对甲基苯甲腈；⑤甲酸乙酯；⑥苯甲醛。

5. 用混合溶剂进行重结晶时，何时加入活性炭脱色？能否加入大量的不良溶剂，使产物全部析出？抽滤后的结晶应由什么溶剂洗涤？

实验五十三　环己酮的制备

一、实验目的

1. 熟悉醛、酮的制备方法。

2. 掌握在制备醛、酮时的不同之处。

3. 掌握加入食盐的原理、目的。

二、反应式

$$3 \text{环己醇} + Na_2Cr_2O_7 + 4H_2SO_4 \longrightarrow 3 \text{环己酮} + Cr_2(SO_4)_3 + Na_2SO_4 + 7H_2O$$

三、试剂

10g（10.5mL，0.1mol）环己醇、10.5g（0.035mol）重铬酸钠（$Na_2Cr_2O_7 \cdot 2H_2O$）、浓硫酸、乙醚、精盐、无水硫酸镁。

四、实验步骤

在 400mL 烧杯中，溶解 10.5g 重铬酸钠于 60mL 水中，然后在搅拌下，慢慢加入 9mL 浓硫酸，得一橙红色溶液，冷却至 30℃ 以下备用。

在 250mL 圆底烧瓶中，加入 10.5mL 环己醇，然后一次加入上述制备好的铬酸溶液，摇振使充分混合。放入一温度计，测量初始反应温度，并观察温度变化情况。当温度上升至 55℃ 时，立即用水浴冷却，保持反应温度在 55～60℃ 之间。约 0.5h 后，温度开始出现下降趋势，移去水浴再放置圆底烧瓶 0.5h 以上。其间要不时摇振，使反应完全，反应液呈墨绿色。

在反应瓶内加入 60mL 水和几粒沸石，改成蒸馏装置。将环己酮与水一起蒸出来[注1]，直至馏出液不再浑浊后再多蒸 15～20mL，约收集 50mL 馏出液。馏出液用精盐饱和[注2]（约需 12g）后，转入分液漏斗，静置后分出有机层。水层用 15mL 乙醚提取一次，合并有机层与萃取液，用无水碳酸钾干燥，在水浴上蒸去乙醚后，蒸馏（用何种冷凝管？）收集 151～155℃ 馏分，产量 6～7g。

纯环己酮沸点为 155.7℃，折射率 n_D^{20} 1.4507。

本实验约需 4～6h。环己酮的红外光谱和核磁共振谱见图 8-5 和图 8-6。

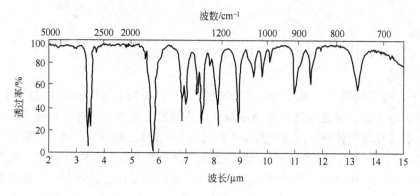

图 8-5　环己酮的红外光谱

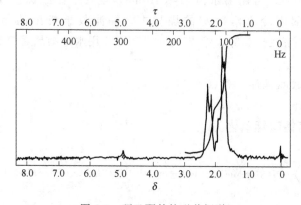

图 8-6　环己酮的核磁共振谱

注释

[1] 这里实际上是一种简化水蒸气蒸馏，环己酮与水形成恒沸混合物，沸点 95℃，含环己酮 38.4%。

[2] 环己酮 31℃ 时在水中的溶解度为 2.4g/100g，加入精盐的目的是为了降低环己酮的溶解度，并有利于环己酮的分层。水的馏出量不宜过多，否则即使使用盐析，仍不可避免有少量环己酮溶于水中而损失掉。

思 考 题

1. 本实验为什么要严格控制反应温度在 55～60℃之间，温度过高或过低有什么不好？
2. 环己酮用铬酸氧化得到环己酮，用高锰酸钾氧化则得到己二酸，为什么？
3. 醛的铬酸氧化与酮的氧化在操作上有何不同？为什么？
4. 试确定环己酮和环己酮 IR 光谱和 NMR 谱中的特征吸收峰和各种类型质子的信号。

实验五十四　己二酸的制备

实验目的

1. 通过己二酸的制备，了解用硝酸、高锰酸钾作为氧化剂的氧化反应。

2. 掌握过滤、重结晶的基本操作。

3. 熟悉有毒气体（二氧化碳）的处理方法。

一、方法一　硝酸氧化

1. 反应式

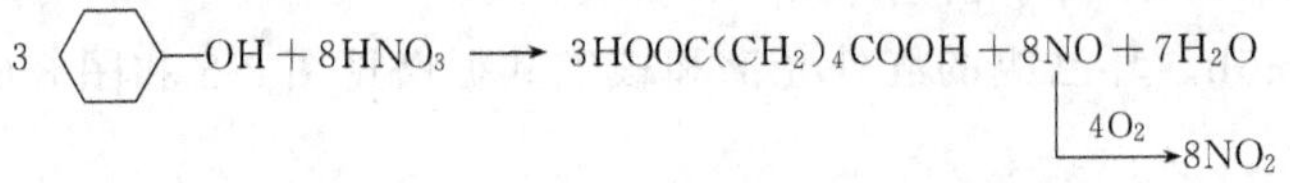

$$3 \bigcirc\!\!-OH + 8HNO_3 \longrightarrow 3HOOC(CH_2)_4COOH + 8NO + 7H_2O$$
$$\downarrow 4O_2$$
$$8NO_2$$

2. 试剂

2.5g（2.7mL，约 0.05mol）环己醇、硝酸、钒酸铵。

3. 实验步骤

在 100mL 的三颈瓶中，加入 8mL 50％硝酸[注1]（10.5g，0.085mol）和一小粒钒酸铵。瓶口分别安装温度计、回流冷凝管和滴液漏斗。冷凝管上端接一气体吸收装置，用碱液吸收反应中产生的氧化氮气体[注2]，滴液漏斗中加入 2.7mL 环己醇[注3]。将三颈瓶在水浴中预热到 50℃左右，移去水浴，先滴入 5～6 滴环己醇，并加以摇振。反应开始后，瓶内反应物温度升高并有红棕色气体放出。慢慢滴入其余的环己醇，调节滴加速度[注4]，使瓶内温度维持在 50～60℃之间，并时加摇荡。若温度过高或过低时，可借冷水浴或热水浴加以调节。滴加完毕后（约需 15min），再用沸水浴加热 10min，至几乎无红棕色气体放出为止。将反应物小心倾入一外部用冷水浴冷却的烧杯中，抽滤收集析出的晶体，用少量冰水洗涤[注5]，粗产物干燥后约 2～2.5g，熔点 149～155℃。用水重结晶后熔点 151～152℃，产量约 2g。

纯己二酸为白色棱状晶体，熔点 153℃。

本实验约需 3～4h。

二、方法二　高锰酸钾氧化

1. 反应式

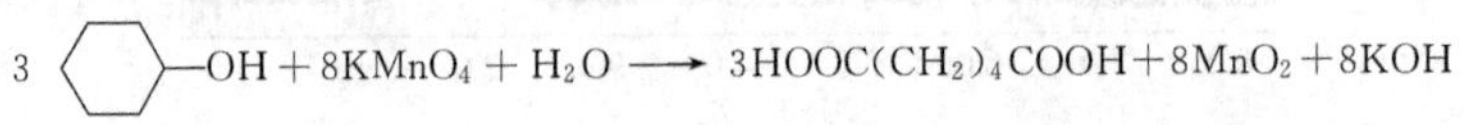

$$3 \bigcirc\!\!-OH + 8KMnO_4 + H_2O \longrightarrow 3HOOC(CH_2)_4COOH + 8MnO_2 + 8KOH$$

2. 试剂

2g（2.1mL，0.02mol）环己醇、6g（0.038mol）高锰酸钾、10％氢氧化钠溶液、亚硫酸氢钠、浓盐酸。

3. 实验步骤

在 250mL 烧杯中安装机械搅拌或电磁搅拌。烧杯中加入 5mL 10％氢氧化钠溶液和

50mL 水，搅拌下加入 6g 高锰酸钾。待高锰酸钾溶解后，用滴管慢慢加入 2.1mL 环己醇，控制滴加速度，维持反应温度在 45℃ 左右。滴加完毕反应温度开始下降时，在沸水浴中将混合物加热 5min，使氧化反应完全并使二氧化锰沉淀凝结。用玻璃棒蘸一滴反应混合物点到滤纸上做点滴试验。如有高锰酸盐存在，则在二氧化锰点的周围出现紫色的环，可加入少量固体亚硫酸氢钠直到点滴试验呈负性为止。

趁热抽滤混合物，滤渣二氧化锰用少量水洗涤 3 次。合并滤液与洗涤液，用约 4mL 浓盐酸酸化，使溶液呈强酸性。在石棉网上加热浓缩使溶液体积减少至约 10mL 左右，加少量活性炭脱色后放置结晶，得白色己二酸晶体，熔点 151～152℃，产量 1.5～2g。

本实验约需 3～4h。己二酸的红外光谱见图 8-7。

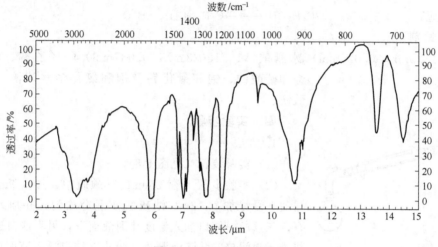

图 8-7 己二酸的红外光谱

注释

[1] 环己醇与浓硝酸切勿用同一量筒量取，二者相遇发生剧烈反应，甚至发生意外。

[2] 本实验最好在通风橱中进行。因产生的氧化氮是有毒气体，不可逸散在实验室内。仪器装置要求严密不漏，如发现漏气现象，应立即停止实验，改正后再继续进行。

[3] 环己醇熔点为 24℃，熔融时为黏稠液体。为减少转移时的损失，可用少量水冲洗量筒，并滴放滴液漏斗中。在室温较低时，这样做还可降低其熔点，以免堵住漏斗。

[4] 此反应为强烈放热反应，切不可大量加入，以避免反应过剧，引起爆炸。

[5] 不同温度下环己二酸的溶解度如表 8-1 所示。粗产物须用冰水洗涤，若浓缩母液，可回收少量产物。

表 8-1 不同温度下环己二酸的溶解度

温度/℃	15	34	50	70	87	100
溶解度/(100g 水)$^{-1}$	1.44	3.08	8.46	34.1	94.8	100

思 考 题

1. 本实验中为什么必须控制反应温度和环己醇的滴加速度？

2. 为什么有些实验在加入最后一个反应物前应预先加热（如本实验中先预热到 50℃）？为什么一些反应剧烈的实验，开始时的加料速度放得较慢，等反应开始后反而可以适当加快加料速度？

3. 粗产物为什么必须干燥后称重？并最好进行熔点测定？

4. 从给出的溶解度数据，计算己二酸粗产物经一次重结晶后损失了多少？与实际损失有没有差别？为什么？

5. 从已经做过的实验中，你能否总结一下化合物的物理性质如沸点、熔点、相对密度、溶解度等在有机实验中有哪些应用？

实验五十五　乙酸乙酯的制备

一、实验目的

1. 学习乙酸乙酯的制备、了解酯化反应的原理。

2. 熟悉掌握蒸馏，液态有机物洗涤、干燥等基本操作。

二、反应式

主反应：

$$CH_3COOH + C_2H_5OH \xrightarrow[H_2SO_4]{120\sim125℃} CH_3COOC_2H_5 + H_2O$$

副反应：

$$2C_2H_5OH \xrightarrow{H_2SO_4} C_2H_5OC_2H_5 + H_2O$$

三、试剂

15g(14.3mL，0.025mol) 冰醋酸、18.4g(23mL，0.037mol) 95%乙醇、浓硫酸、饱和碳酸钠、饱和氯化钙及饱和氯化钠水溶液、无水硫酸镁。

四、实验步骤

1. 方法一

（1）实验装置（见图 8-8）

（2）实验步骤　在 250mL 三颈瓶中，加入 9mL 乙醇，摇动下慢慢加入 12mL 浓硫酸使混合均匀，并加入几粒沸石。三颈瓶一侧口插入温度计到液面下，另一侧口连接蒸馏装置，中间口安装滴液漏斗，漏斗末端应浸入液面以下，距瓶底约 0.5~1cm。

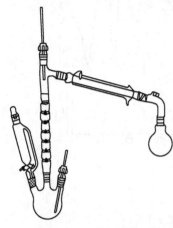

图 8-8　乙酸乙酯的
制备装置

仪器装好后，在滴液漏斗内加入由 14mL 乙醇和 14.3mL 冰醋酸组成的混合液，先向瓶内滴入 3~4mL，然后将三颈瓶在石棉网上用小火加热到 110~120℃左右，这时蒸馏管口应有液体流出，再自滴液漏斗慢慢滴入其余的混合液，控制滴加速度和馏出速度大致相等，并维持反应液温度在 110~120℃之间[注1]。滴加完毕后，继续加热 15min，直至温度升高 130℃不再有馏出液为止。

馏出液中含有乙酸乙酯及少量乙醇、乙醚、水和乙酸，在摇动下，慢慢向粗产物中加入饱和的碳酸钠溶液（约 10mL），至无二氧化碳气体逸出，酯层对 pH 试纸试验呈中性。移入分液漏斗，充分摇振（注意及时放气！）后静置，分去下层水相。酯层用 10mL 饱和食盐水洗涤后[注2]，再每次用 10mL 饱和氯化钙溶液洗涤两次。弃去下层液，酯层自漏斗上口倒入干燥的锥形瓶中，用无水硫酸镁干燥[注3]。

将干燥好的粗乙酸乙酯滤入 25mL 蒸馏瓶中，加入沸石后在水浴上进行蒸馏，收集 73~78℃馏分[注4]，产量 10~12g。

2. 方法二

在 100mL 圆底烧瓶中加入 14.3mL 冰醋酸和 23mL 乙醇，在摇动下慢慢加入 7.5mL 浓硫酸，混合均匀后加入几粒沸石，装上回流冷凝管。在水浴上加热回流 0.5h。稍冷后，改为蒸馏装置，在水浴上加热蒸馏，直至在沸水浴上不再有馏出物为止，得粗乙酸乙酯。在摇动下慢慢向粗产物中加入饱和碳酸钠水溶液，直至不再有二氧化碳气体逸出，有机相对 pH 试纸呈中性为止。将液体转入分液漏斗中，摇振后静置，分去水相，有机相用 10mL 饱和食盐水洗涤后，再每次用 10mL 饱和氯化钙溶液洗涤两次。弃去下层液，酯层转入干燥的锥形瓶，用无水硫酸镁干燥。

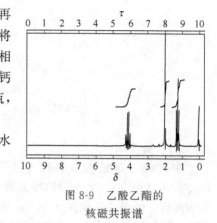

图 8-9 乙酸乙酯的
核磁共振谱

将干燥后的粗乙酸乙酯滤入 50mL 蒸馏瓶中，在水浴上进行蒸馏，收集 73～78℃馏分，产量 10～12g。

纯乙酸乙酯的沸点为 77.06℃，折射率 n_D^{20} 1.3727。

本实验约需 6h。乙酸乙酯的核磁共振谱见图 8-9。

注释

[1] 温度不宜过高，否则会增加副产物乙醚的含量。滴加速度太快会使乙酸和乙醇来不及作用而被蒸出。

[2] 碳酸钠必须洗去，否则下一步用饱和氯化钙溶液洗去醇时，会产生絮状的碳酸钙沉淀，造成分离的困难。为减少酯在水中的溶解度（每 17 份水溶解 1 份乙酸乙酯），故这里用饱和食盐水洗。

[3] 由于水与乙醇、乙酸乙酯形成二元或三元恒沸物，故在未干燥前已是清亮透明液体，因此，不能以产品是否透明作为是否干燥好的标准，应以干燥剂加入后吸水情况而定，并放置 30min，其间要不时摇动。若洗涤不净或干燥不够时，会使沸点降低，影响产率。

[4] 乙酸乙酯与水或醇形成二元或三元共沸物的组成及沸点如表 8-2 所示。

表 8-2 乙酸乙酯与水或醇形成二元或三元共沸物的组成及沸点

沸点/℃	组成/%			沸点/℃	组成/%		
	乙酸乙酯	乙醇	水		乙酸乙酯	乙醇	水
70.2	82.6	8.4	9.0	71.8	69.0	31.0	
70.4	91.9		8.1				

思 考 题

1. 酯化反应有什么特点，本实验如何创造条件促使酯化反应尽量向生成物方向进行？

2. 本实验可能有哪些副反应？

3. 在酯化反应中，用作催化剂的硫酸量，一般只需醇质量的 3% 就够了，本实验方法一为何用了 12mL，方法二中用了 7mL？

4. 如果采用乙酸过量是否可以？为什么？

实验五十六 葡萄糖酯的制备（糖的酯化及异构化）

广泛存在于自然界中的碳水化合物对于维持动植物的生命都是至关重要的。在这些糖类化合物中，单糖是基本组成单位，其中最早发现，也是最重要的是葡萄糖。无水葡萄糖的熔点为 146℃，市售的葡萄糖常含有一分子结晶水，熔点 83℃。

将葡萄糖与过量乙酸酐在催化剂存在下加热，所有的五个羟基均被乙酰基化，产生的五乙酸葡萄糖酯能以两个异构体形式存在，对应于 α 与 β 形成的葡萄糖。用无水氯化锌作催化剂时，α-五乙酸葡萄糖酯为主要产物；用无水乙酸钠作催化剂时，其主要产物为 β-五乙酸葡萄糖酯，且在无水氯化锌的存在下，β-式葡萄糖酯可以转化为 α-式的葡萄糖酯。

一、α-五乙酸葡萄糖酯的制备

1. 反应式

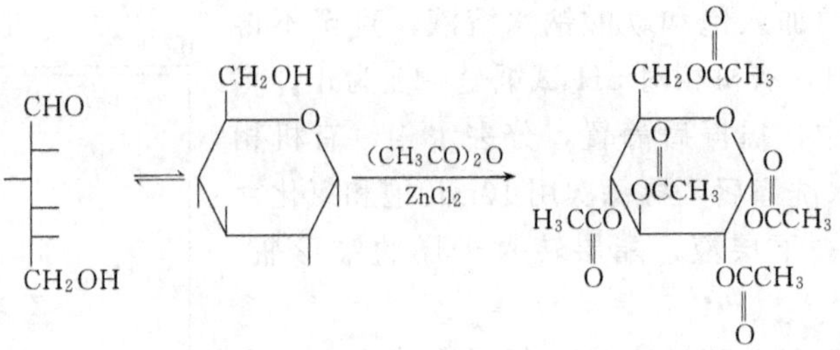

2. 实验步骤

在 100mL 圆底烧瓶中放入 0.7g 无水氯化锌[注1]和 12.5mL 新蒸馏过的乙酸酐（约 13.5g，0.13mol），装上回流冷凝管，在沸腾的水浴上加热 10min 左右，待氯化锌溶解为透明溶液后，慢慢分几次加入 2.5g 干燥[注2]的粉状葡萄糖（约 0.013mol），在加入时切勿带入水，轻轻摇动反应瓶，以便控制发生激烈的反应。葡萄糖加完后，反应瓶继续在沸水浴上加热 60min，将反应物趁热倒入盛有 150mL 冰水的烧杯中，激烈搅拌混合物，充分冷却，直至分出的油层在搅拌期间完全固化。水泵抽滤，用少量冷水洗涤两次。然后用 25mL 95％乙醇重结晶（必要时加活性炭脱色），直到熔点不变为止，一般两次重结晶已能满足要求[注3]。α-五乙酸葡萄糖酯为白色针状结晶，产量约 3g（产率约 56％），熔点 112～113℃。α-五乙酸葡萄糖酯的熔点文献值为 112～113℃。

本实验需 4h。

二、β-五乙酸葡萄糖酯的制备

1. 反应式

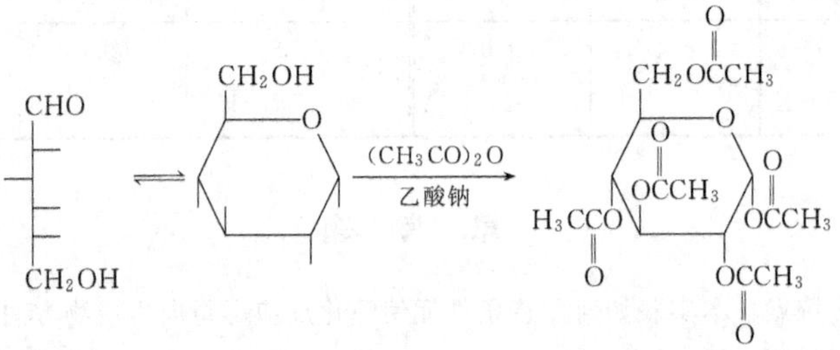

2. 实验步骤

将 2g 无水乙酸钠[注4]与 2.5g 干燥的葡萄糖混合研碎转入 100mL 圆底烧瓶中，加入 12.5mL 新蒸馏的乙酸酐，在沸水浴上加热直到成为透明溶液，并经常摇动，其后继续加热 60min，将反应物趁热倒入盛有 150mL 冰水烧杯中，激烈搅拌，直至油滴固化。抽滤，用少量冷水洗涤两次，然后用 25mL 95％乙醇重结晶两次，并加少量活性炭脱色，得白色 β-五乙酸葡萄糖酯，干燥后重约 3.7g（产率约 71％），熔点 131～132℃。其熔点的文献值为 130℃。

本实验需 4h。

三、β-五乙酸葡萄糖酯转化为 α-五乙酸葡萄糖酯

1. 反应式

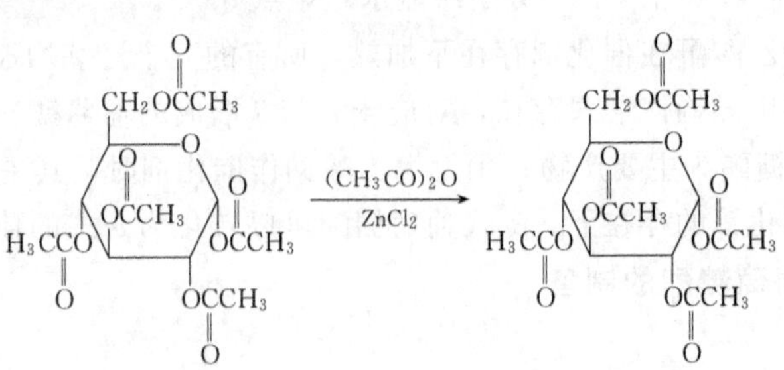

2. 实验步骤

在 100mL 圆底烧瓶中，放入 20mL 乙酸酐，迅速加入 0.5g 无水氯化锌，装上回流冷凝管，在沸水浴上加热约 10min，至固体溶解为透明溶液后，加入 4g 用上述方法制备的 β-五乙酸葡萄糖酯（必须是干燥的），加入时切勿带入水，其后在沸水浴上加热 60min，趁热倒入盛有 200mL 冰水的烧杯中，激烈搅拌，直到油滴完全固化。抽滤，固体用冷水洗涤两次，用乙醇重结晶并加活性炭脱色，得白色针状体结晶，产量约 2.5g（转化率约 62%），熔点 132～133℃。

本实验需时 4h。

注释

[1] 氯化锌极易潮解，因此应事先将氯化锌在瓷坩埚中加强热至熔融状态，冷后研碎，迅速称量。或将研碎的氯化锌装入瓶中塞上塞，放入干燥器中备用。

[2] 将市售葡萄糖放在 110～120℃ 的烘箱中烘 2～3h，然后取用效果更好。

[3] 也可用甲醇重结晶，重结晶的乙醇应回收。

[4] 乙酸钠的处理同氯化锌。

思 考 题

1. 还有什么方法可使葡萄糖酯化？
2. 参考葡萄糖酯化的方法，你能设计出使蔗糖酯化为八乙酸蔗糖酯的方案吗？

实验五十七 乙酰苯胺的制备

实验目的

1. 了解乙酰苯胺的制备方法。

2. 熟悉分馏柱的使用方法和目的。

3. 了解反应中加入锌粉的目的。

一、方法一 用冰醋酸为酰化试剂

1. 反应式

$$C_6H_5NH_2+CH_3CO_2H \longrightarrow C_6H_5NHCCH_3 + H_2O$$

（上式中 $C_6H_5NHCCH_3$ 的 C 上带有 O 双键）

2. 试剂

10.2g（10mL，0.11mol）苯胺（自制）、15.7g（15mL，0.026mol）冰醋酸、锌粉。

3. 实验步骤

在 50mL 圆底烧瓶中，加入 10mL 苯胺[注1]、15mL 冰醋酸及少许锌粉（约 0.1g）[注2]，装上一短的刺形分馏柱[注3]，其上端装一温度计，支管通过支管接引管与接收瓶相连，接收瓶外部用冷水浴冷却。

将圆底烧瓶在石棉网上用小火加热，使反应保持微沸约 15min。然后逐渐升高温度，当温度计读数达到 100℃ 左右时，支管即有液体流出。维持温度在 100～110℃ 之间反应约 1.5h，生成的水及大部分乙酸已被蒸出[注4]，此时温度计读数下降，表示反应已经完成。在搅拌下趁热将反应物倒入 200mL 冰水中[注5]，冷却后抽滤析出的固体用冷水洗涤。粗产物用水重结晶，产量约 9～10g，熔点 113～114℃。

纯乙酰苯胺的熔点为 114.3℃。

本实验约需 4h。

注释

[1] 久置的苯胺色深有杂质，会影响乙酰苯胺的质量，故最好用新蒸的苯胺。

[2] 加入锌粉的目的,是防止苯胺在反应过程中被氧化,生成有色的杂质。

[3] 因属小量的制备,最好用微量分馏管代替刺形分馏柱。分馏管支管用一段橡皮管与一玻璃弯管相连,玻璃管下端伸入试管中,试管外部用冷水浴冷却。

[4] 收集乙酸及水总体积约为 4.5mL。

[5] 反应物冷却后,固体产物立即析出,沾在瓶壁不易处理。故须趁热在搅动下倒入冷水中,以除去过量的乙酸及未作用的苯胺(它可成为苯胺乙酸盐而溶于水)。

二、方法二 用乙酸酐为酰化试剂

1. 反应式

$$C_6H_5NH_2 \xrightarrow{HCl} C_6H_5N^+H_3Cl^- \xrightarrow{(CH_3CO)_2O, \ CH_3CO_2Na} C_6H_5NHCCH_3 + 2CH_3CO_2H + NaCl$$

2. 试剂

5.6g(5.5mL,0.06mol) 苯胺、7.5g(7.3mL,0.073mol) 乙酸酐、9g(0.065mol) 结晶乙酸钠 ($CH_3CO_2Na \cdot 3H_2O$)、5mL 浓盐酸。

3. 实验步骤

在 500mL 烧杯中,溶解 5mL 浓盐酸于 120mL 水中,在搅拌下加入 5.5g 苯胺,待苯胺溶解后[注1],再加入少量活性炭(约 1g),将溶液煮沸 5min,趁热滤去活性炭及其他不溶性杂质。将滤液转移到 500mL 锥形瓶中,冷却至 50℃,加入 7.3mL 乙酯酐,摇振使其溶解后,立即加入事先配制好的 9g 结晶乙酸钠溶于 20mL 水的溶液,充分摇振混合。然后将混合物置于冰浴中冷却,

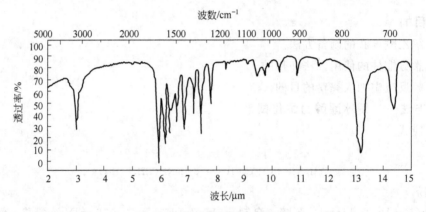

图 8-10 乙酰苯胺的红外光谱

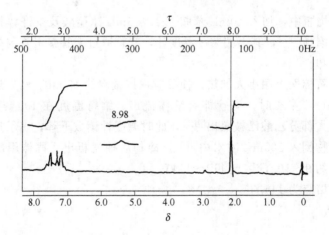

图 8-11 乙酰苯胺的核磁共振谱

使其析出结晶。减压过滤，用少量冷水洗涤，干燥后称重，产量约5~6g，熔点113~114℃，用此法制备的乙酰苯胺已足够纯净，可直接用于下一步合成。如需进一步提纯，可用水进行重结晶。

本实验约需 2~3h。乙酰苯胺的红外光谱和核磁共振谱见图 8-10 和图 8-11。

注释

[1] 学生自制的苯胺中有少量硝基苯，用盐酸使苯胺成盐后，此时苯胺溶解，可用分液漏斗分出硝基苯油珠。

思 考 题

1. 方法一中，反应中为什么要控制分馏柱上端的温度在 100~110℃？温度过高有什么不好？
2. 方法一中，根据理论计算，反应完成时应产生几毫升水？为什么实际收集的液体远多于理论值？
3. 用乙酸直接酰化和用乙酸酐进行酰化各有什么优缺点？除此之外，还有哪些乙酰化试剂？
4. 方法二中，用乙酸酐进行乙酰化时，加入盐酸和乙酸钠的目的是什么？

实验五十八　乙酰水杨酸（阿司匹林）的制备

一、反应式

二、试剂

2g(0.014mol) 水杨酸、5.4(5mL，0.05mol) 乙酸酐、饱和碳酸氢钠水溶液、1%三氯化铁溶液、乙酸乙酯、浓硫酸、浓盐酸。

三、实验步骤

在 125mL 锥形瓶中加入 2g 水杨酸、5mL 乙酸酐[注1]和 5 滴浓硫酸，旋摇锥形瓶使水杨酸全部溶解后，在水浴上加热 5~10min，控制浴温在 85~90℃。冷至室温，即有乙酰水杨酸结晶析出。如不结晶，可用玻璃棒摩擦瓶壁并将反应物置于冰水中冷却使结晶产生。加入 50mL 水，将混合物继续在冰水浴中冷却使结晶完全。减压过滤，用滤液反复淋洗锥形瓶，直至所有晶体被收集到布氏漏斗。每次用少量冷水洗涤结晶几次，继续抽吸将溶剂尽量抽干。粗产物转移至表面皿上，在空气中风干，称重，粗产物约 1.8g。

将粗产物转移至 150mL 烧杯中，在搅拌下加入 25mL 饱和碳酸氢钠溶液，加完后继续搅拌几分钟，直至无二氧化碳气泡产生。抽气过滤，副产物聚合物应被滤出，用 5~10mL 水冲洗漏斗，合并滤液，倒入预先盛有 4~5mL 浓 HCl 和 10mL 水配成溶液的烧杯中，搅拌均匀，即有乙酰水杨酸沉淀析出。将烧杯置于冰浴中冷却，使结晶完全。减压过滤，用洁净的玻璃塞挤压并尽量抽去滤液，再用冷水洗涤 2~3 次，抽干水分。将结晶移至表面皿上，干燥后约 1.5g，熔点 133~135℃[注2]。取几粒结晶加入盛有 5mL 水的试管中，加入 1~2 滴 1%三氯化铁溶液，观察有无颜色反应。

为了得到更纯的产品，可将上述结晶的一半溶于最少量的乙酸乙酯中（约需 2~3mL），溶解时应在水浴上小心地加热。如有不溶物出现，可用预热过的玻璃漏斗过滤。将滤液冷至室温，阿司匹林晶体析出。如不析出结晶，可在水浴上稍加浓缩，并将溶液置于冰水中冷却或用玻璃棒摩擦瓶壁，抽滤收集产物，干燥后测熔点。

乙酰水杨酸为白色针状晶体，熔点 135~136℃。

本实验约需 4h。乙酰水杨酸（阿司匹林）在 HCCl₃ 中的红外光谱和核磁共振谱见图 8-12 和图 8-13。

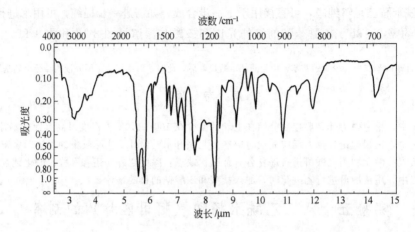

图 8-12　乙酰水杨酸（阿司匹林）在 HCCl₃ 中的红外光谱

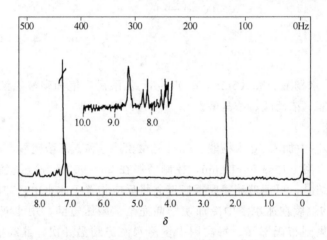

图 8-13　乙酰水杨酸（阿司匹林）在 HCCl₃ 中的核磁共振谱

注释

〔1〕　乙酸酐应是新蒸的，收集 139～140℃馏分。

〔2〕　乙酰水杨酸易受热分解，因此熔点不很明显，它的分解温度为 128～135℃。测定熔点时，应先将热载体加热至 120℃左右，然后放入样品测定。

思　考　题

1. 制备阿司匹林时，加入浓硫酸的目的何在？

2. 反应中有哪些副产物？如何除去？

3. 阿司匹林在沸水中受热时，分解而得到一种溶液，后者对三氯化铁呈阳性试验，试解释之，并写出反应方程式。

实验五十九　硝基苯的制备[注1]

一、实验目的

1. 了解芳烃化合物的硝化反应情况。

2. 了解硝基苯的制备及性质。

3. 熟悉硝基苯制备的装置。

二、反应式

$$\text{\Large\textcircled{}} + HNO_3(浓) \xrightarrow[60\sim65℃]{浓\ H_2SO_4} \text{\Large\textcircled{}}-NO_2 + H_2O$$

三、试剂

16g(18mL，0.2mol) 苯、25.6g(18mL，0.4mol) 浓硝酸（$d=1.42$）、37g(20mL，0.38mol) 浓硫酸（$d=1.84$）、5%氢氧化钠溶液、无水氯化钙。

四、实验步骤

在 100mL 锥形瓶中，加入 18mL 浓硝酸[注2]，在冷却和摇荡下慢慢加入 20mL 浓硫酸制成混合酸备用。

在 250mL 三颈瓶上，分别装置搅拌器、温度计（水银球伸入液面下）及 Y 形管，Y 形管一孔插入一滴液漏斗，另一孔连一玻璃弯管，并用橡皮管连接通入水槽。在瓶内放置 18mL 苯，开动搅拌，自滴液漏斗逐渐滴入上述制好的冷的混合酸。控制滴加速度，使反应温度维持在 50～55℃之间，勿超过 60℃[注3]，必要时可用冷水浴冷却。滴加完毕后，将三颈瓶在 60℃左右的热水浴上继续搅拌 15～30min。

待反应物冷至室温后，倒入盛有 100mL 水烧杯中，充分搅拌后让其静置，待硝基苯沉降后尽可能倾出酸液（倒入废液缸）。粗产物转入分液漏斗，依次用等体积的水、5%氢氧化钠溶液、水洗涤后[注4]，用无水氯化钙干燥。

将干燥好的硝基苯滤入蒸馏瓶，接空气冷凝管，在石棉网上加热蒸馏，收集 205～210℃馏分[注5]，产量约 18g。

纯硝基苯为淡黄色的透明液体，沸点 210.8℃，折射率 n_D^{20} 1.5562。

本实验约需 4h。硝基苯的红外光谱见图 8-14。

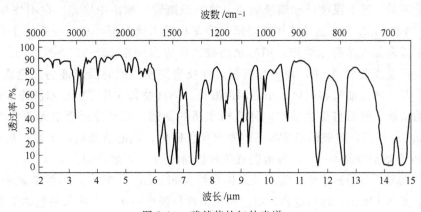

图 8-14 硝基苯的红外光谱

注释

[1] 硝基化合物对人体有较大的毒性，吸入过量蒸气或被皮肤接触吸收，均会引起中毒！所以处理硝基苯或其他硝基化合物时，必须谨慎小心，如不慎触及皮肤，应立即用少量乙醇擦洗，再用肥皂及温水洗涤。

[2] 一般工业浓硝酸的相对密度为 1.52，用此酸反应时，极易得到较多的二硝基苯，为此可用 3.3mL 水、20mL 浓硫酸和 18mL 工业浓硝酸（$d=1.52$）组成的混合酸进行硝化。

[3] 硝化反应为放热反应，温度若超过 60℃时，有较多的二硝基苯生成，且也有部分硝酸和苯挥发逸去。

[4] 洗涤硝基苯时，特别是用氢氧化钠溶液洗涤时，不可过分用力摇荡，否则使产品乳化而难以分层。若遇此情况，可加入固体氯化钙或氯化钠饱和，或加数滴酒精，静置片刻，即可分层。

[5] 因残留在烧瓶中的二硝基苯在高温时易发生剧烈分解，故蒸产品时不可蒸干或使蒸馏温度超过 214℃。

思 考 题

1. 本实验中为什么要控制反应温度在 50～55℃ 之间？温度过高有什么不好？
2. 粗产物硝基苯依次用水、碱液、水洗涤的目的何在？
3. 甲苯和苯甲酸硝化的产物是什么？你认为在反应条件上有何差异，为什么？
4. 若粗产物中有少量硝酸没有除掉，在蒸馏过程中会发生什么现象？

实验六十　邻硝基苯酚和对硝基苯酚的制备及红外光谱分析

实验目的

1. 了解邻硝基苯酚和对硝基苯酚的制备方法。

2. 进一步理解分子内氢饱和分子间氢键生成物质的性质不同。

3. 熟悉水蒸气蒸馏的基本操作。

反应式

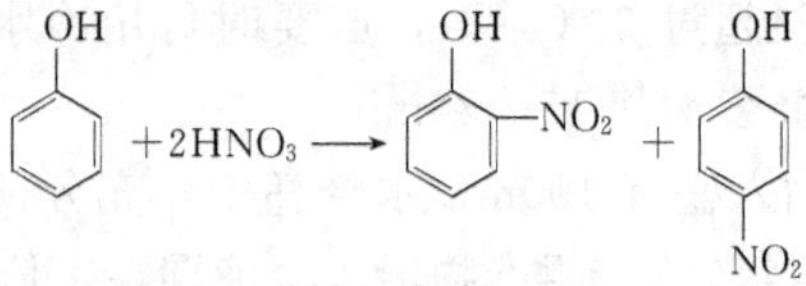

一、方法一　用硝酸钠和稀硫酸的混合物硝化

1. 试剂

7g（0.074mol）苯酚、11.5g（0.135mol）硝酸钠、19g（10.5mL，0.17mol）浓硫酸、浓盐酸。

2. 实验步骤

在 250mL 三颈瓶中放置 30mL 水，慢慢加入 10.5mL 浓硫酸，再加入 11.5g 硝酸钠，待硝酸钠全溶后，装上温度计和滴液漏斗，将三颈瓶置于冰浴中冷却。在小烧杯中称取 7g 苯酚[注1]，并加 2mL 水，温热搅拌使溶解，冷却后转入滴液漏斗中，在摇荡下自滴液漏斗向三颈瓶中逐滴加入苯酚水溶液，用冰水浴控制反应温度在 10～15℃[注2] 之间。滴加完毕后，保持同样温度放置 0.5h，并时加摇振，使反应完全。此时反应液为黑色焦油状物质，用冰水浴冷却，使焦油状物固化。小心倾出酸液，固体物每次用 20mL 水洗涤 3 次[注3]，以除去剩余的酸液。然后将黑色油状固体进行水蒸气蒸馏，直至冷凝管中无黄色油滴馏出为止[注4]。馏液冷却后，粗邻硝基苯酚迅速凝成黄色固体，抽滤收集后，干燥，粗产物约 3g，用乙醇-水混合溶剂重结晶[注5]，可得亮黄色针状晶体约 2g，熔点 45℃。

在水蒸气蒸馏后的残液中，加水至总体积约为 80mL，再加入 5mL 浓盐酸和 0.5g 活性炭，加热至煮沸 10min，趁热过滤。滤液再用活性炭脱色一次。将两次脱色的溶液加热，用滴管将它分批滴入浸在冰水浴内的另一烧杯中，边滴加边搅拌，粗对硝基苯酚立即析出。抽滤，干燥后约 2～2.5g，用 2% 稀盐酸重结晶，得无色针状晶体约 1.5g，熔点 114℃。

纯邻硝基苯酚的熔点为 45.3～45.7℃，对硝基苯酚的熔点为 114.9～115.6℃。

本实验约需 8～10h。

二、方法二　用稀硝酸硝化

1. 试剂

4.5g（0.045mol）苯酚、5.7g（4mL，0.09mol）浓硝酸（$d=1.42$）、苯、盐酸。

2. 实验步骤

在 100mL 三颈瓶中加入 4.5g 苯酚、0.5mL 水和 15mL 苯，装上温度计和滴液漏斗，滴液漏斗中放置 4mL 浓硝酸。将三颈瓶置于冰水浴中冷却，待瓶内混合物温度降到 10℃ 以下时，自滴液漏斗逐渐滴入浓硝酸，立即发生剧烈的放热反应，维持反应温度在 5～10℃ 之间，并不断摇荡三颈瓶。加完浓硝酸后，将三颈瓶继续在冰水浴中冷却 5min，然后再在室温放置 1h，使反应完全。重新将三颈瓶置于冰水浴中冷却，对硝基苯酚即成晶体析出[注6]。抽气过滤，晶体用 10mL 苯洗涤（滤液和苯洗液中含邻硝基苯酚和 2,4-二硝基苯酚，切勿弃去）。粗对硝基苯酚可用 2% 盐酸或苯重结晶。

将滤液和苯洗涤液置于分液漏斗中，分去含酸的水层，苯层转入克氏蒸馏瓶中，加入 15mL 水，进行水蒸气蒸馏。当苯全部蒸出后[注7]，更换接收瓶，继续水蒸馏，蒸出邻硝基苯酚。冷却馏出液，抽滤收集邻硝基苯酚。干燥后测熔点，若熔点较低，可用乙醇-水重结晶。

克氏蒸馏瓶残液中主要含 2,4-二硝基苯酚，因其毒性很大，且能渗过皮肤被人吸收，故应加入 10mL 1% 氢氧化钠溶液作用后倒入废物缸。

本实验约需 7～8h。

注释

[1] 苯酚室温时为固体（熔点 41℃），可用温水浴热熔化，加水可降低酚的熔点，使呈液态，有利于反应。苯酚对皮肤有较大的腐蚀性，如不慎弄到皮肤上，应立即用肥皂和水冲洗，最后用少许乙醇擦洗至不再有苯酚味。

[2] 由于酚与酸不互溶，故须不断振荡使其充分接触，达到反应完全，同时可防止局部过热现象。反应温度超过 20℃ 时，硝基酚可继续硝化或被氧化，使产量降低。若温度较低，则对硝基苯酚所占的比例有所增加。

[3] 最好将反应瓶放入冰水浴或冰柜中冷却，使油状物固化，这样洗涤较为方便。若反应温度较高，黑色油状物难以固化，用倾析法洗涤时，可先用滴管吸取少量酸液。残余酸液必须洗除，否则在水蒸气蒸馏过程中，由于温度升高，会使硝基苯酚进一步硝化或氧化。

[4] 水蒸气蒸馏时，往往由于邻硝基苯酚的晶体析出而堵塞冷凝管。此时必须调节冷凝水，让热的蒸汽通过使其熔化，然后再慢慢开大水流，以免热的蒸汽使邻硝基苯酚伴随逸出。

[5] 先将粗邻硝基苯酚溶于热的乙醇（约 40～45℃）中，过滤后，滴入温水至浑浊。然后在温水浴（40～45℃）温热或滴入少量乙醇至清，冷却后即析出亮黄色针状的邻硝基苯酚。

[6] 因苯的冰点为 5.5℃，故不宜过分冷却，以免一起析出。

[7] 苯和水形成共沸混合物，沸点 69.4℃ 可先被蒸出。当冷凝管中刚出现黄色时即表示苯已蒸完，应立即调换接收器。蒸出的苯应倒入回收瓶中。

思 考 题

1. 本实验有哪些可能的副反应？如何减少这些副反应的产生？

2. 试比较苯、硝基苯、苯酚硝化的难易性，并解释其原因？

3. 为什么邻硝基苯酚可采用水蒸气蒸馏来加以分离？

4. 在重结晶邻硝基苯酚时，为什么在加入乙醇温热后常易出现油状物？如何使它消失？后来在滴加水时，也常会析出油状物，应如何避免？

5. 为什么在纯化固体产物时，总是先用其他方法除去副产物、原料和杂质后，再进行重结晶来提纯？反应完后直接用重结晶来提纯行吗？为什么？

实验六十一 苯胺的制备

一、实验目的

1. 学会苯胺的制备[注1]方法，熟悉用铁粉和盐酸作为还原剂的操作方法。

2. 掌握回流冷凝管、直形冷凝管、空气冷凝管的用途。

二、反应式

$$4C_6H_5NO_2 + 9Fe + 4H_2O \xrightarrow{H^+} C_6H_5NH_2 + 3Fe_3O_4$$

三、试剂

16.2g（15.5mL，0.15mol）硝基苯（自制）、27g（0.48mol）还原铁粉（40～100目）、冰醋酸、乙醚、精盐、氢氧化钠。

四、实验步骤

在500mL圆底烧瓶中，放置27g铁粉、50mL水及3mL冰醋酸[注2]，振荡使充分混合。装上回流冷凝管，用小火在石棉网上加热煮沸约10min。稍冷后，从冷凝管顶端分批加入15.5mL硝基苯，每次加完后要用力摇振，使反应物充分混合。由于反应放热，当每次加入硝基苯时，均有一阵猛烈的反应发生[注3]。加完后，将反应物加热回流0.5h，并时加摇动，使还原反应完全，此时，冷凝管回流液应不再呈现硝基苯的黄色。

将反应瓶改为水蒸气蒸馏装置，进行水气蒸馏，至馏出液变清，再多收集20mL馏出液，共约收集150mL[注4]。将馏出液转入分液漏斗，分出有机层，水层用食盐饱和[注5]（约需35～40g食盐）后，每次用20mL乙醚萃取3次。合并苯胺层和醚萃取液，用粒状氢氧化钠干燥。

将干燥后的苯胺醚溶液用分液漏斗分批加入25mL干燥的蒸馏瓶中，先在水浴上蒸去乙醚，残留物用空气冷凝管蒸馏，收集180～185℃馏分[注6]，产量9～10g。

纯苯胺的沸点为184.4℃，折射率 n_D^{20} 1.5863。

本实验约需6～8h。苯胺的红外光谱和核磁共振谱见图8-15和图8-16。

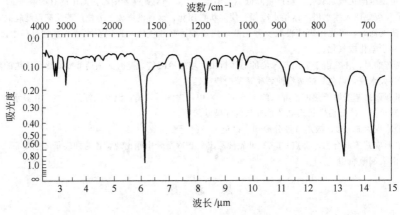

图 8-15　苯胺的红外光谱

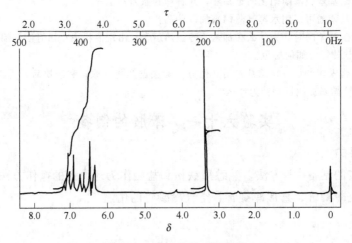

图 8-16　苯胺的核磁共振谱

注释

[1] 苯胺有毒，操作时应避免与皮肤接触或吸入其蒸气。若不慎触及皮肤时，先用水冲洗，再用肥皂和温水洗涤。

[2] 这步的目的是使铁粉活化，缩短反应时间。铁-乙酸作为还原剂，铁首先与乙酸作用，产生乙酸亚铁，它实际是主要的还原剂，在反应中进一步被氧化生成碱式乙酸铁。

$$Fe + 2HOAc \longrightarrow Fe(OAc)_2 + H_2 \uparrow$$

$$2Fe(OAc)_2 + [O] + H_2O \longrightarrow 2Fe(OH)(OAc)_2$$

碱式乙酸铁与铁及水作用后，生成乙酸亚铁和乙酸可以再起上述反应。

$$6Fe(OH)(OAc)_2 + Fe + 2H_2O \longrightarrow 2Fe_3O_4 + Fe(OAc)_2 + 10HOAc$$

所以总地来看，反应中主要是作为供质子剂提供质子，铁提供电子完成还原反应。

[3] 硝基苯为黄色油状物，如果回流液中黄色油状物消失而转变成乳白色油珠（由于游离苯胺引起），表示反应已经完成。还原作用必须完全，否则残留在反应物中的硝基苯在以下几步提纯中很难分离，因而影响产品纯度。

[4] 反应完后，圆底烧瓶壁上沾附的黑褐色物质，可用1∶1（体积比）盐酸水溶液温热除去。

[5] 在20℃时，每100mL水可溶解3.4g苯胺，为了减少苯胺损失，根据盐析原理，加入精盐使馏出液饱和，原来溶于水中的绝大部分苯胺就成油状物质析出。

[6] 纯苯胺为无色液体，但在空气中由于氧化而呈淡黄色，加入少许锌粉重新蒸馏，可去掉颜色。

思 考 题

1. 如果以盐酸代替乙酸，则反应后要加入饱和碳酸钠溶液至碱性后，才进行水蒸气蒸馏，这是为什么？本实验为何不进行中和？

2. 有机物质必须具备什么性质，才能采用水蒸气蒸馏提纯，本实验为何选择水蒸气蒸馏法把苯胺从反应混合物中分离出来？

3. 在水蒸气蒸馏完毕时，先灭火焰，再打开T形管下端弹簧夹，这样做行吗？为什么？

4. 如果最后制得的苯胺中含有硝基苯，应如何加以分离提纯？

实验六十二 对位红的制备

一、实验目的

1. 掌握重氮盐的制备及操作方法。

2. 理解对位红的制备、性质。

3. 熟悉偶合反应的条件。

二、反应式

三、试剂

1.4g（0.01mol）对硝基苯胺、8mL（0.012mol）10%亚硝酸钠溶液、1.5g（0.01mol）β-萘酚、浓盐酸、10%氢氧化钠溶液。

四、实验步骤

1. 重氮盐的制备

在小烧杯中放入1.4g对硝基苯胺和稀盐酸（4mL浓盐酸溶于4mL水），在水浴上加热使前者全部溶解。冷却，加入10g碎冰。放入冰水浴中，保持温度在5℃左右。

将8mL 10%亚硝酸钠溶液在不断搅拌下迅速地一次加入对硝基苯胺的盐酸溶液中。用刚果红试纸及碘化钾淀粉试纸分别检验溶液的酸性和是否有过量的亚硝酸[注1]。15min后，减压过滤，除去任何沉淀物质[注2]。于滤液中加入冰水，稀释至 200mL，即得到透明的氯化对硝基重氮苯溶液。

2. 偶合

在小烧杯中，将 1.5g β-萘酚溶解在 8mL 10％氢氧化钠溶液中[注3]。将 β-萘酚钠溶液以细流倒入前面的重氮盐溶液中，搅拌 15min，保持偶合反应的温度在 5℃左右。将对位红粗产物减压过滤，用清水洗涤至中性，放在空气中晾干[注4]。

产量几乎达理论产量。

本实验需 3～4h。

注释

[1] 过剩的游离亚硝酸把碘化钾氧化成碘，碘使淀粉变蓝，若有过量的亚硝酸，可用尿素水溶液分解之。

$$NH_2CONH_2+2HONO \longrightarrow CO_2+2N_2+3H_2O$$

[2] 此沉淀主要是由副反应生成的重氮氨基化合物，是一种黄色絮状物。

[3] 应把 β-萘酚研细，使它易溶于稀氢氧化钠溶液中。

[4] 若需做染色试验，可取一块小白布浸入 β-萘酚的碱溶液中，晾干后，再浸入前面制成的氯化对硝基重氮苯的溶液中，就可以在棉布上染上鲜红色。

思 考 题

1. 在重氮化操作中，为什么必须把亚硝酸钠溶液迅速地一次加入对硝基苯胺的盐酸溶液中？

2. 偶合反应在什么介质中进行？为什么？

实验六十三　甲基红的制备

一、实验目的

二、反应式

三、试剂

（0.022mol）邻氨基苯甲酸、0.7g（0.01mol）亚硝酸钠、1.2g（0.01mol）N,N-二甲苯胺、1：1 盐酸、95％乙醇、甲苯、甲醇。

四、实验步骤

在 50mL 烧杯中，放入 3g 邻氨基苯甲酸及 12mL 1：1 的盐酸，加热溶解。冷却后析出白色针状邻氨基苯甲酸盐酸盐，抽滤，用少量冷水洗涤晶体[注1]，干燥后产量约 3.2g。

在 100mL 锥形瓶中，溶解 1.7g 邻氨基苯甲酸盐酸盐于 30mL 水中，在冰水浴中冷却至 5～10℃，倒入 0.7g 亚硝酸钠溶于 5mL 水的溶液，振摇后，制成的重氮盐溶液置于冰水浴中备用。

另将 1.2g N,N-二甲基苯胺溶于 12mL 95％乙醇的溶液至上述已制好的重氮盐中，用软木塞塞紧瓶口，自冰水浴移出，用力振摇。放置后，析出甲基红沉淀，不久凝成一大块，极难过滤，可用水浴加热，再使其缓缓冷却。放置 2～3min 后，抽滤，得到红色无定形固体，以少量甲醇洗涤，干燥后，粗产物约 2g，用甲苯重结晶[注2]（每克产品约 15～20mL），熔点 181～182℃，产量约 1.5g。

取少量甲基红溶于水中，向其中加入几滴稀盐酸，接着用稀氢氧化钠溶液中和，观察颜色变化。纯甲基红的熔点为 183℃。

本实验约需 4～6h。

注释

[1] 邻氨基苯甲酸盐酸盐在水中溶解度很大，只能用少量水洗涤。

[2] 为了得到较好的结晶，将趁热过滤下来的甲苯溶液再加热回流，然后放入热水中令其缓缓冷却。抽滤收集后，可得到有光泽的片状结晶。

思 考 题

1. 什么叫偶联反应？试结合本实验讨论一下偶联反应的条件？
2. 试解释甲基红在酸碱介质中的变色原因，并用反应式表示？

实验六十四 脲醛树脂的制备

一、实验原理

脲醛树脂是氨基树脂中的一种，由甲醛和尿素在一定条件下聚合而成。其聚合类型属于逐步聚合，反应的第一步是脲素的氨基与甲醛的羰基发生亲核加成，生成羟甲基脲与二羟甲基脲的混合物：

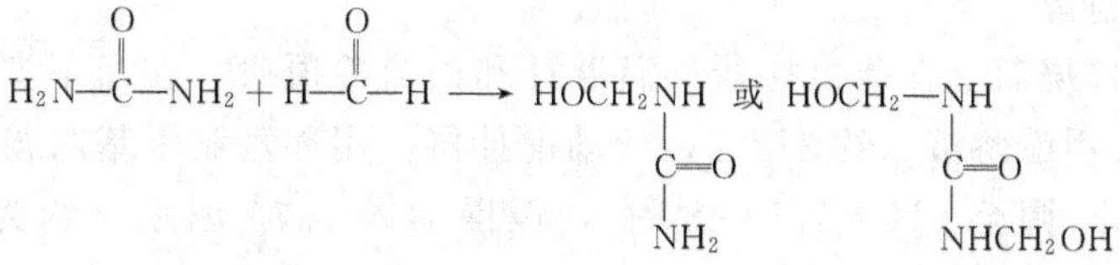

$$\underset{\text{羟甲基脲}}{\text{HOCH}_2\text{NH}} \quad \text{或} \quad \underset{\text{二羟甲基脲}}{\text{HOCH}_2\text{—NH}}$$

第二步是脱水缩合反应，可以发生在亚氨基与羟甲基之间，也可发生在两个羟甲基之间：

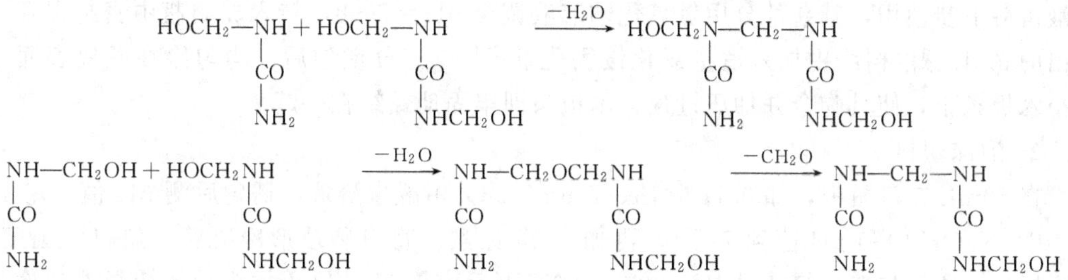

此外，甲醛与亚氨基之间也可缩合成键：

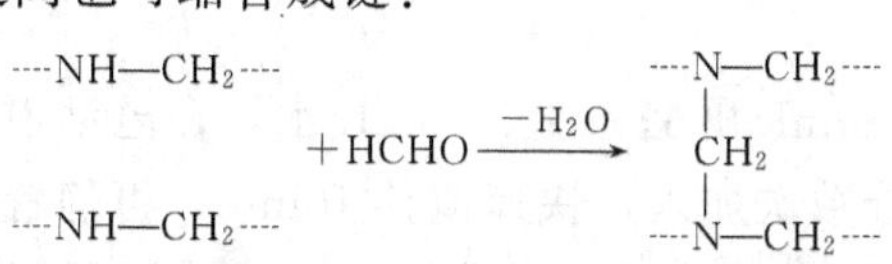

这样聚合所得是线型的或低交联度的分子，其结构尚未完全确定。一般认为其分子主链上具有如下结构：

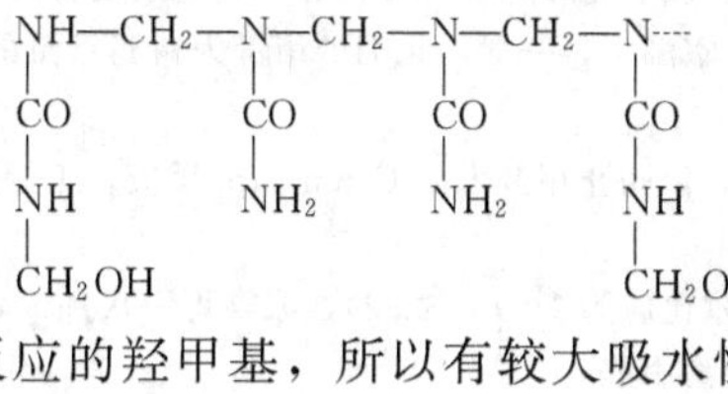

由于分子中尚有大量未反应的羟甲基，所以有较大吸水性，可制成水溶液或醇溶液。当

进一步加热或加入固化剂时则会进一步聚合成复杂的网状结构：

$$
\begin{array}{c}
\cdots\text{CH}_2\text{—N—CH}_2\cdots \\
| \\
\text{CO} \\
| \\
\cdots\text{N—CH}_2\text{—N—CH}_2\text{—N—CH}_2\text{—O—N}\cdots \\
| \qquad\qquad | \qquad\qquad | \qquad | \\
\text{CO} \qquad\quad \text{CO} \quad\quad \text{CO} \\
| \qquad\qquad\qquad | \qquad\quad | \\
\cdots\text{N—CH}_2\text{—N—CH}_2\text{—N—CH}_2\text{OH} \\
| \\
\text{CO} \\
| \\
\cdots\text{N—CH}_2\text{—N—CH}_2\text{—N—CH}_2\cdots \\
| \qquad\qquad\qquad | \\
\text{CO} \qquad\qquad \text{CO}
\end{array}
$$

用作固化剂的是有机酸及各类强酸铵盐，如 NH_4Cl、$(NH_4)_3PO_3$ 等[注1]。脲醛树脂主要用做黏合剂，也可制成压塑粉，生产各种机械制品及餐具等。线型脲醛树脂发泡还可加工成泡沫塑料。由于泡沫塑料内有许多微孔，结构稳定，具有重量轻、隔声、绝缘、绝热、价廉等特性，可作为保温、隔声、绝缘及弹性材料等，但其机械性能较低，一般不用作结构材料。

二、实验步骤

1. 胶黏剂的制备

在 100mL 三口烧瓶上安装搅拌器、温度计和回流冷凝管。在瓶下安装水浴加热装置。向瓶中加入 15mL 甲醛溶液（约 37%），开动搅拌器，用环六亚甲基四胺（约 0.45g）或浓氨水（约 0.75mL）调至 pH=7.5～8[注2]，慢慢加入 5.7g 尿素（约为全部所用尿素的 95%）[注3]，控制温度为 20～25℃[注4]，待全部尿素溶解后缓缓升温至 60℃，保温 15min，再升温至 97～98℃，然后加入约 0.3g 尿素（约为全部所用尿素的 5%）并保温 1h。在此期间，pH 值降到 6～5.5[注5]，检查确认树脂已经形成后[注6]，降温至 50℃ 以下。取出 2mL 胶黏液留待下步使用，其余部分用氢氧化钠溶液调至 pH=7～8，转入玻璃瓶中密封保存。向取出的 5mL 脲醛树脂中加入适量氯化铵固化剂[注1]，充分搅匀后，均匀涂在两块表面干净的小木板条上，使其吻合并加压过夜，木板条即牢固地黏结在一起。

2. 泡沫塑料

在 50mL 二口瓶中，加 0.7g 甘油、7.6mL 36% 甲醛水溶液，摇匀后测 pH 值。用 1～2 滴 10% NaOH 中和 pH 值到 7[注2]，再加 3.6g 尿素。直口装球形冷凝管，斜口装温度计，电磁搅拌，水浴加热。慢慢升温到 90℃，90℃ 下反应 1.5h，停止加热后继续搅拌到冷却至室温。

在 250mL 烧杯中，加 10mL 脲醛树脂、10mL 水，在电动搅拌器的搅拌下，1～2min 内将 2mL 起泡剂[注7]用滴管分数次加入，快速搅拌 10min，再静置 20min，形成比较稳定的白色泡沫[注8]，放入柜中，待下次实验时，再在 50℃ 烘箱中干燥脱模，即得产品。

注释

[1] 常用固化剂是无机强酸的铵盐，以氯化铵和硫酸铵为好。固化速度决定于固化剂的性质、用量及固化温度。用量过多，胶质变脆，过少则固化太慢。在室温下，一般固化剂的用量为树脂重量的 0.5%～1.2%，加入固化剂后应充分摇匀。

[2] 混合物的 pH 值应不超过 8～9，以防止甲醛发生 Cannizzaro 反应。工业脲醛树脂一般要加六亚甲基四胺（乌洛托品），定量释放甲醛，有利反应进行。

[3] 本实验中所用尿素与甲醛的摩尔比应为 1∶(1.6～2)，尿素可一次加入，但以二次加入为好，这样可使甲醛有充分机会与尿素反应，以减少树脂中的游离甲醛。

[4] 为控制反应温度，尿素加入速度宜慢。若加入过快，由于溶解吸热，会使温度下降至 $5\sim10℃$，需要迅速加热使之回升到 $20\sim25℃$，这样制得的树脂浆状物会浑浊且黏度增高。

[5] 在此期间若发现黏度骤增，出现冻胶，应立即采取措施补救。出现这种现象的原因可能有：①酸度太高，pH值达到 4.0 以下；②升温太快，温度超过 $100℃$。补救的方法有：①使反应液降温；②加入适量的甲醛水溶液稀释树脂，从内部反应降温；③加入适量的氢氧化钠水溶液，把 pH 值调到 7.0，酌情确定出料或继续加热反应。

[6] 树脂是否制成，可用以下方法检查。

① 用玻璃棒蘸取一些树脂，让其自由滴下，最后两滴迟迟不落，末尾略带丝状并缩回棒上，则表示已经成胶。

② 1 份样品加两份水，出现浑浊。

③ 取少量树脂放在两手指上，不断相挨相离，在室温下 1min 内感到有一定黏度，则表示已成胶。

[7] 起泡剂是由 10 份拉开粉、15 份 85% 磷酸、10 份间苯二酚及 65 份水配制而成，要搅拌均匀。

[8] 起泡时，搅拌非常重要，要连续，速度要快。

实验六十五　肥皂的制备

一、由动物脂肪制取肥皂

1. 实验原理

油脂在有碱存在的条件下，水解生成高级脂肪酸盐和甘油。例如：

$$C_{17}H_{35}COO-CH_2$$
$$C_{17}H_{35}COO-CH \quad +3NaOH \longrightarrow 3C_{17}H_{35}COONa+ \quad CH-OH$$
$$C_{17}H_{35}COO-CH_2 \qquad\qquad\qquad CH_2-OH$$

硬脂酸甘油酯　　　　　　　　硬脂酸钠　　　甘油

2. 实验步骤及现象

将干净的油脂或将硬的动物脂肪在水中煮沸，去除漂浮在表面的污物后，将脂肪用滤布趁热过滤分离、洗净并称重。称取氢氧化钠颗粒，使其质量为脂肪质量的 1/3，再称取氯化钠，使其质量为脂肪质量的 2 倍。加热熔化脂肪，边搅拌边缓慢加入氢氧化钠溶液，慢慢加热以防沸腾溢出。煮沸 30min 后，边搅拌边加入氯化钠，这一步称为"盐析"。混合物冷却后，肥皂便形成一个漂浮层而分离出来。撇出肥皂，将其再加热熔化后，倾倒入模子中。

如果在加氢氧化钠之前，先将脂肪溶于酒精中，便会使这个反应的速率加快许多。

二、由植物油制取肥皂

1. 实验原理

油脂在有碱存在的条件下，水解生成高级脂肪酸盐和甘油。例如：

$$C_{17}H_{35}COO-CH_2$$
$$C_{17}H_{35}COO-CH \quad +3NaOH \longrightarrow 3C_{17}H_{35}COONa+ \quad CH-OH$$
$$C_{17}H_{35}COO-CH_2 \qquad\qquad\qquad CH_2-OH$$

硬脂酸甘油酯　　　　　　　　硬脂酸钠　　　甘油

2. 实验步骤及现象

（1）在一个小烧杯中加入 5mL 植物油（橄榄油），5mL 30% 的氢氧化钠溶液和 3mL 乙醇，并将小烧杯置于一个盛有水的大烧杯中，加热大烧杯，同时搅拌小烧杯中的溶液。20min 后，取出小烧杯，直接加热，至溶液变成奶油般的糊状物，向其中加入 5mL 热的饱和氯化钠溶液并搅拌，这步操作称作"盐析"。静置，冷却，将混合物上层的固体取出并用水洗净。将所得固体放到水中，充分振荡，观察其现象是否与普通肥皂的现象相同。

（2）用氢氧化钾代替氢氧化钠重复以上实验，使脂肪皂化，并比较这两种肥皂的异同。

实验六十六　对氨基苯磺酰胺的制备

一、反应式

$$C_6H_5NHCCH_3 + 2HOSO_2Cl \longrightarrow p\text{-}ClO_2S\text{—}C_6H_4\text{—}NHCOCH_3 + H_2SO_4 + HCl$$

$$\overset{\|}{O}$$

$$(m.\ p.\ 149℃)$$

$$p\text{-}CH_3CONH\text{—}C_6H_4\text{—}SO_2Cl + NH_3 \longrightarrow p\text{-}CH_3CONH\text{—}C_6H_4\text{—}SO_2NH_2 + HCl$$

$$(m.\ p.\ 219\sim220℃)$$

$$p\text{-}CH_3CONH\text{—}C_6H_4\text{—}SO_2NH_2 + H_2O \longrightarrow p\text{-}H_2N\text{—}C_6H_4\text{—}SO_2NH_2 + CH_3COOH$$

$$(m.\ p.\ 165\sim166℃)$$

二、试剂

5g(0.037mol) 乙酰苯胺（自制）、22.5g(12.5mL，0.19mol) 氯磺酸[注1]（$d=1.77$）、35mL 浓氨水（28%，$d=0.9$）、浓盐酸、碳酸钠。

三、实验步骤

1. 对乙酰氨基苯磺氯

在 100mL 干燥的锥形瓶中，加入 5g 干燥的乙酰苯胺，在石棉网上用小火加热熔化[注2]。瓶壁上若有少量水气凝结，应用干净的滤纸吸去。冷却使熔化物凝结成块。将锥形瓶置于冰浴中冷却后，迅速倒入 12.5mL 氯磺酸，立即塞上带有氯化氢导气管的塞子。反应很快发生，若反应过于剧烈，可用冰水浴冷却。待反应缓和后，旋摇锥形瓶使固体全溶，然后再在温水浴中加热 10min 使反应完全[注3]。将反应瓶在冰水浴中充分冷却后，于通风橱中在充分搅拌下，将反应液慢慢倒入盛有 75g 碎冰的烧杯中[注4]，用少量冷水洗涤反应瓶，洗涤液倒入烧杯中。搅拌数分钟，并尽量将大块固体粉碎[注5]，使成颗粒小而均匀的白色固体。抽滤收集，用少量冷水洗涤，压干，立即进行下一步反应[注6]。

2. 对乙酰氨基苯磺酰胺

将上述粗产物移入烧杯中，在不断搅拌下慢慢加入 17.5mL 浓氨水（在通风橱内），立即发生放热反应，并产生白色糊状物。加完后，继续搅拌 15min，使反应完全。然后加入 10mL 水在石棉网上用小火加热 10min，并不断搅拌，以除去多余的氨，得到混合物可直接用于下一步合成[注7]。

3. 对氨基苯磺酰胺（磺胺）

将上述反应物放入圆底烧瓶中，加入 3.5mL 浓盐酸，在石棉网上用小火加热回流 0.5h。冷却后，应得一几乎澄清的溶液，若有固体析出[注8]，应继续加热，使反应完全。如溶液呈黄色，并有极少量固体存在时，需加入少量活性炭煮沸 10min，过滤。将滤液转入大烧杯中，在搅拌下小心加入粉状碳酸钠[注9]至恰呈碱性（约 4g）。在冰水浴中冷却，抽滤收集固体，用少量冰水洗涤，压干。粗产物用水重结晶（每克产物约需 12mL 水），产量 3～4g，熔点 161～162℃。

纯对氨基苯磺酰胺为白色针状结晶，熔点 163～164℃。

本实验约需 6～8h。

注释

[1] 氯磺酸对皮肤和衣服有强烈的腐蚀性，暴露在空气中会冒出大量氯化氢气体，遇水会发生猛烈的放热反应，甚至爆炸，故取用时须小心。反应中所用仪器及药品皆需十分干燥，含有氯磺酸的废液不可倒入水槽，而应倒入废物缸中，工业氯磺酸常呈棕黑色，使用前宜磨口仪器蒸馏纯化，收集 148～150℃的馏分。

[2] 氯磺酸乙酰苯胺的反应相当激烈，将乙酰苯胺凝结成块状，可使反应缓慢进行，当反应过于剧烈时，应适当冷却。

[3]　在氯磺化过程中，将有大量氯化氢气体放出。为避免污染室内空气，装置应严密，导气管的末端要与接收器内的水面接近，但不能插入水中，否则可能倒吸而引起严重事故！

[4]　加入速度必须缓慢，并须充分搅拌，以免局部过热而使对乙酰氨基苯磺酰氯水解。这是实验成功的关键。

[5]　尽量洗去固体所夹和吸附的盐酸，否则产物在酸性介质中放置过久会很快水解，因此在洗涤后，应尽量压干，且在 1～2h 内将它转变为磺胺类化合物。

[6]　粗制的对氨基苯磺酰氯久置容易分解，甚至干燥后也不可避免。若要得到纯品，可将粗产物溶于温热的氯仿中，然后迅速转移到事先温热的分液漏斗中，分出氯仿层，在冰水浴中冷却后即可析出结晶。纯对氨基磺酰氯的熔点为 149℃。

[7]　为了节省时间，这一步的粗产物可不必分出。若要得到产品，可在冰水浴中冷却，抽滤，用冰水洗涤，干燥即得。粗品用水重结晶，纯品熔点为 219～220℃。

[8]　对乙酰氨基苯磺酰胺在稀酸中水解成磺胺，后者又与过量的盐酸形成水溶性的盐酸盐，所以水解完成后，反应液冷却时应无晶体析出。由于水解前溶液中氨的含量不同，加 3.5mL 有时不够，因此，在回流至固体全部消失前，应测一下溶液的酸碱性，若酸性不够，应补加盐酸继续回流一段时间。

[9]　用碳酸钠中和滤液中的盐酸时，有二氧化碳伴生，故应控制加入速度并不断搅拌使其逸出。

磺胺是一两性化合物，在过量的碱溶液中也易变成盐类而溶解。故中和操作必须仔细进行，以免降低产量。

思　考　题

1. 为什么在氯磺化反应完成以后处理反应混合物时，必须移到通风橱中，且在充分搅拌下缓缓倒入碎冰中？若在未倒完前冰就化完了，是否补加冰块？为什么？

2. 为什么苯胺要乙酰化后再氯磺化？直接氯磺化行吗？

3. 如何理解对氨基苯磺酰胺是两性物质？试用反应式表示磺胺与稀酸和稀碱的作用？

实验六十七　苯甲醇和苯甲酸的制备

一、反应式

$$2C_6H_5CHO + NaOH \longrightarrow C_6H_5CH_2OH + C_6H_5COONa \xrightarrow{H^+} C_6H_5COOH$$

二、试剂

21g（20mL，0.2mol）苯甲醛（新蒸）、18g（0.32mol）氢氧化钠、乙醚、10%碳酸钠溶液、浓盐酸。

三、实验步骤

在 125mL 锥形瓶中配制 18g 氢氧化钾和 18mL 水的溶液，冷至室温后，加入 20mL 新蒸过的苯甲醛。用橡皮塞塞紧瓶口，用力振摇[注1]，使反应物充分混合，最后成为白色糊状物，放置 24h 以上。

向反应混合物中逐渐加入足够的水（约 60mL），不断振摇使其中的苯甲酸盐全部溶解。将溶液倒入分液漏斗，每次用 20mL 乙醚萃取三次（萃取出什么？），合并乙醚萃取液，依次用 5mL 饱和亚硫酸氢钠溶液、10mL 10%碳酸钠溶液及 10mL 水洗涤，最后用无水硫酸镁或无水碳酸钾干燥。

干燥后的乙醚溶液，先蒸去乙醚，再蒸馏苯甲醇，收集 204～206℃的馏分，产量约 8g。纯苯甲醇的沸点为 205.35℃，折射率 n_D^{20} 1.5396。

乙醚萃取后的水溶液，用浓盐酸酸化致使刚果红试纸变蓝。充分冷却使苯甲酸析出完全，抽滤，粗产物用水重结晶，得苯甲酸 8～9g。熔点 121～122℃。

纯苯甲酸的熔点为 122.4℃。

本实验约需 8h。

注释

[1]　充分摇振是反应成功的关键。如混合充分，放置 24h 后混合物通常在瓶内固化，苯甲醛气味消失。

思 考 题

1. 试比较 Cannizzaro 反应与羟醛缩合反应在醛的结构上有何不同？

2. 本实验中两种产物是根据什么原理分离提纯的？用饱和的亚硫酸钠及 10％碳酸钠溶液洗涤的目的何在？

3. 乙醚萃取后的水溶液，用浓盐酸酸化到中性是否最适当？为什么？不用试纸或试剂检验，怎样知道酸化已经恰当？

4. 写出下列化合物在浓碱存在下发生 Cannizzaro 反应的产物。

① $o\text{-}C_6H_4(CHO)_2$；② $OHC—CHO$；③ C_6H_5CCHO
$$\overset{\|}{O}$$

实验六十八　肉桂酸的制备

反应式

$$C_6H_5CHO+(CH_3CO)_2O \xrightarrow{CH_3CO_2K \text{ 或 } K_2CO_3} C_6H_5CH=CHCO_2H+CH_3CO_2H$$

一、方法一　用无水乙酸钾作缩合剂

1. 试剂

5.3g(5mL，0.05mol) 苯甲醛（新蒸）、8g(7.5mL，0.078mol) 乙酸酐（新蒸）、3g 无水乙酸钾[注1]、碳酸钾、碳酸钠、浓盐酸。

2. 实验步骤

在 100mL 圆底烧瓶中，混合 3g 无水乙酸钾、7.5mL 乙酸酐和 5mL 苯甲醛，在石棉网上用小火加热回流 1.5～2h。

反应完毕后，将反应物趁热倒入 500mL 圆底烧瓶中，并以少量沸水冲洗反应瓶几次，使反应物全部转移至 500mL 烧瓶中。加入适量的固体碳酸钠（约 5～7.5g），使溶液呈微碱性，进行水蒸气蒸馏（蒸去什么？），至馏出液无油珠为止。

残留液加入少量活性炭，煮沸数分钟趁热过滤。在搅拌下往热滤液中小心加入浓盐酸至呈酸性。冷却，待结晶全部析出后，抽滤收集，以少量冷水洗涤，干燥，产量约 4g。可在热水或 3∶1 的稀乙醇重结晶，熔点 131.5～132℃。

纯肉桂酸（反式）为白色片状结晶，熔点 133℃。

本实验约需 5～6h。

二、方法二　用无水碳酸钾作缩合试剂

1. 试剂

5.3g(5mL，0.05mol) 苯甲醛（新蒸）、15g(14mL，0.145mol) 乙酸酐（新蒸）、7g 无水碳酸钾、10％氢氧化钠、浓盐酸。

2. 实验步骤

在 250mL 圆底烧瓶中，混合 7g 无水碳酸钾、5mL 苯甲醛和 14mL 乙酸酐，将混合物在 170～180℃的油浴[注2]中，加热回流 45min。由于有二氧化碳逸出，最初反应会出现泡沫。

冷却反应混合物，加入 40mL 水浸泡几分钟，用玻璃棒或不锈钢刮刀轻轻捣碎瓶中的固体，进行水蒸气蒸馏（蒸去什么？），直至无油状物蒸出为止。将烧瓶冷却后，加入 40mL 10％氢氧化钠水溶液，使生成的肉桂酸形成钠盐而溶解。再加入 90mL 水，加热煮沸后加入少量活性炭脱色，趁热过滤。待滤液冷至室温后，在搅拌下，小心加 20mL 浓盐酸和 20mL

水的混合液，至溶液呈酸性。冷却结晶、抽滤析出的晶体，并用少量冷水洗涤，干燥后称重，粗产物约 4g。可用 3∶1 的稀乙醇重结晶。

本实验约需 4h。肉桂酸的红外光谱见图 8-17。

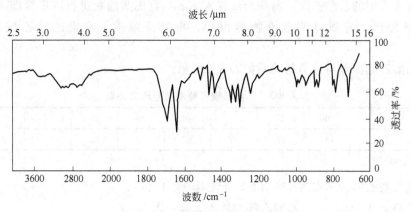

波长 /μm

图 8-17　肉桂酸的红外光谱

注释

[1]　无水乙酸钾需新鲜熔熔。将含水乙酸钾放入蒸发皿中加热，则盐先在所含的结晶水中溶化，水分挥发后又结成固体。强热使固体再熔化，并不断搅拌，使水分散发后，趁热倒在金属板上，冷后用研体研碎，放入干燥器中待用。

[2]　也可用简易的空气浴代替油浴进行加热，即将烧瓶底部向上移动，稍微离开石棉网进行加热回流。

思　考　题

1. 用无水乙酸钾作缩合试剂，回流结束后加入固体碳酸钠使溶液呈碱性，此时溶液中有哪几种化合物，各以什么形式存在？

2. 方法一中，水蒸气蒸馏前若用氢氧化钠溶液代替碳酸钠碱化时有什么不好？

3. 用丙酸酐和无水丙酸钾与苯甲醛反应，得到什么产物？写出反应式。

4. 在 Perkin 反应中，若使用与酸酐不同的羧酸盐，会得到两种不同的芳基丙烯酸，为什么？

实验六十九　乙酰乙酸乙酯的制备及波谱分析

一、反应式

$$2CH_3COOC_2H_5 \xrightarrow{NaOC_2H_5} Na^+[CH_3COCHCOOC_2H_5]^- \xrightarrow{HOAc} CH_3COCH_2COOC_2H_5 + NaOAc$$

二、试剂

25g（27.5mL，0.38mol）乙酸乙酯[注1]、2.5g（0.11mol）金属钠[注2]、12.5mL 甲苯、乙酸、饱和氯化钠溶液、无水硫酸钠。

三、实验步骤

在干燥的 100mL 圆底烧瓶中加入 2.5g 金属钠和 12.5mL 二甲苯，装上冷凝管，在石棉网上小心加热使钠熔融。立即拆去冷凝管，用橡皮塞塞紧圆底烧瓶，用力来回摇振，即得细粒状钠珠。稍经放置后钠珠即沉于瓶底，将二甲苯倾出后倒入公用回收瓶（切勿倒入水槽或废物缸，以免引起火灾）。迅速向瓶中加入 27.5mL 乙酸乙酯，重新装上冷凝管，并在其顶端装一氯化钙干燥管。反应随即开始，并有气泡逸出。如反应不开始或很慢时，可稍加温。待激烈的反应过后，将反应瓶在石棉网上用小火加热（小心！），保持微沸状态，直至所有金属钠几乎全部作用完为止[注3]，反应约需 1.5h。此时生成的乙酰乙酸乙酯钠盐为橘红色透明溶液（有时析出黄白色沉淀）。待反应物稍冷后，在摇荡下加入 50％ 的乙酸溶液，直到反应液呈弱酸性为止（约需 15mL）[注4]，此时，所有的固体物质均已溶解。将反应物转入分液漏斗，加入等体积的饱和氯化钠溶液，用力摇振片刻，静置后，乙酰乙酸乙酯分层析出（哪一层？）。分出粗产物，用无水硫酸钠干燥后滤入蒸馏瓶，并用少量乙酸乙酯洗涤干燥。在沸水浴上蒸去未作用的乙酸乙酯，将剩余液移入 25mL 克氏蒸馏瓶进行减压蒸馏[注5]。减压蒸馏时须缓慢加热，待残留的低沸物蒸出后，再升高温度，收集乙酰乙酸乙酯，产量约 6g[注6]。

乙酰乙酸乙酯沸点与压力的关系如表 8-3 所示。

表 8-3　乙酰乙酸乙酯沸点与压力关系

压力/mmHg[①]	760	80	60	40	30	20	18	14	12
沸点/℃	181	100	97	92	88	82	78	74	71

① 1mmHg≈133Pa。

纯乙酰乙酸乙酯的沸点为 180.4℃，折射率 n_D^{20} 1.4192。

本实验约需 6～8h。乙酰乙酸乙酯的红外光谱见图 8-18。

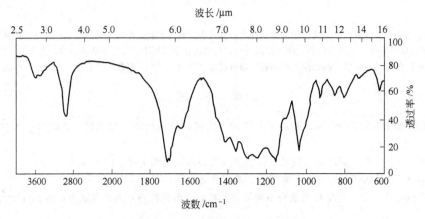

图 8-18　乙酰乙酸乙酯的红外光谱

由于乙酰乙酸乙酯的酮式和烯醇式的结构不同，它们的紫外、红外吸收光谱和核磁共振谱均有差异，因此可用波谱方法测定它们。关于谱图分析的原理请参阅有关部分内容。本实验用紫外吸收光谱和核磁共振氢谱测定乙酰乙酸乙酯。

（1）乙酰乙酸乙酯的紫外吸收光谱　酮式结构中是两个孤立的碳氧双键，它们的 n → π^* 跃迁能产生两个 R 吸收带；而烯醇式结构中碳碳双键和碳氧双键处于共轭状态，有共轭的 n → π^* 和 π → π^* 跃迁，能产生 K 带和 R 带。分别用水和正己烷作溶剂测定乙酰乙酸乙酯，得到两张不同的紫外光谱，前者是酮式的紫外光谱，而后者是烯醇式的紫外光谱。

（2）乙酰乙酸乙酯的 H NMR 酮式和烯醇式的结构中部分的 H 的化学环境完全不同，因此相应的 H 的化学位移也不同，表 8-4 是酮式和烯醇式中对应的 H 的化学位移值。

四、仪器和试剂

1. TU-1800PC 紫外及可见分光光度计或其他型号的紫外光谱仪。

2. PMX60si 型核磁共振谱仪或其他核磁共振谱仪。

3. 样品和试剂：乙酰乙酸乙酯样品、去离子水、分析纯的正己烷；分别由四氯化碳和重水为溶剂配制好乙酰乙酸乙酯样品（核磁共振测定用 ϕ5mm 样品管），混合标样管等。

表 8-4　乙酰乙酸乙酯 H NMR 中各种 H 的化学位移

峰号	a(δ)	b(δ)	c(δ)	d(δ)	e(δ)	峰号	a(δ)	b(δ)	c(δ)	d(δ)	e(δ)
酮式	1.3	4.2	3.3	2.2	无	烯醇式	1.3	4.2	4.9	2.0	12.2

注：a~e 分别表示不同化学环境的 H。若分别选择代表酮式和烯醇式的 H，利用它们的积分曲线高度比（即峰面积）还可以计算出一个确定体系中的两种互变异构体的相对含量。例如，选择 c 氢的面积来定量，酮式中 c 氢的化学位移 $\delta_c=3.3$，氢核的个数为 2，烯醇式中的 $\delta_c=4.9$，氢核的个数为 1，则：

$$烯醇式（\%）=\frac{\dfrac{A_{4.9}}{1}}{\dfrac{A_{3.3}}{2}+\dfrac{A_{4.9}}{1}}$$

式中，$A_{3.3}$ 和 $A_{4.9}$ 分别表示化学位移 3.3 和 4.9 处的积分曲线高度。这种方法还可以用于二元或多元组分的定量分析，方法的关键是要找到分开的代表各个组分的吸收峰，并准确测量它们的积分曲线高度比。

注释

[1]　乙酸乙酯必须绝对干燥，但其中应含有 1%~2% 的乙醇。其提纯方法如下：将普通乙酸乙酯用饱和氯化钙溶液洗涤数次，再用熔烧过的无水碳酸钾干燥，在水浴上蒸馏，收集 76~78℃ 馏分。

[2]　金属钠遇水即燃烧、爆炸，故使用时应严格防止与水接触。在称量或切片过程中应当迅速，以免空气中的水气侵蚀或被氧化。

金属钠的颗粒大小直接影响缩合反应的速度。如实验室有压钠机，将钠压成钠丝，其操作步骤如下：用镊子取储存的金属钠块，用双层滤纸吸去溶剂油，用小刀切去其表面，即放入经酒精洗净的压钠机中，直接压入已称重的带木塞的圆底烧瓶中。为防止氧化，迅速用木塞塞紧瓶口后称重。钠的用量可酌情增减，其幅度控制在 2.5g 左右。如无压钠机时，也可将金属钠切成细条，移入粗汽油中，进行反应时，再移入反应瓶。本实验方法的优点在于可用块状金属钠。

[3]　一般要使钠全部溶解，但很少量未反应的钠并不妨碍进一步操作。

[4]　用乙酸中和时，开始有固体析出，继续加酸并不断振摇，固体会逐渐消失，最后得到澄清的液体。如尚有少量固体未溶解时，可加入少许水使溶解。但应避免加入过量的乙酸，否则会增加酯在水中的溶解度而降低产量。

[5]　乙酰乙酸乙酯在常压蒸馏时，很容易分解而降低产量。

[6]　产率是按钠计算的。本实验最好连续进行，若间隔时间太久，会因去水乙酸的生成而降低产量。

附：乙酰乙酸乙酯的性质试验

下列试验表明乙酰乙酸乙酯是酮式和烯醇式互变异构体的平衡混合物。

1. 三氯化铁试验

在试管中滴入 1 滴乙酰乙酸乙酯，再加入 2mL 水，混匀后滴入几滴 1% 三氯化铁溶液，振荡，观察溶液的颜色。用 1~2 滴 5% 的苯酚溶液和丙酮做对比试验。

2. 溴的试验

在试管中滴入 1 滴乙酰乙酸乙酯，再加入 1mL 四氯化碳，在摇荡下滴加 2% 溴的四氯化碳溶液，至溴很淡的红色在 1min 内保持不变。放置 5min 后再观察颜色又发生了什么变化。试解释这一变化的原因。

3. 2,4-二硝基苯肼试验

在试管中加入 1mL 新配制的 2,4-二硝基苯肼溶液[注1]，然后加入 4~5 滴乙酰乙酸乙酯，振荡，观察现象。

4. 亚硫酸氢钠试验

在试管中加入 0.5mL 乙酰乙酸乙酯和 0.5mL 饱和的亚硫酸氢钠溶液，振荡 5~10min，析出亚硫酸氢钠加成物的胶状沉淀，再加入饱和碳酸钾溶液振荡后，沉淀消失，乙酰乙酸乙酯重新游离出来。写出变化的反应式。

5. 乙酸铜试验

在试管中加入 0.5mL 乙酰乙酸乙酯和 0.5mL 饱和的乙酸铜溶液，充分摇荡后生成蓝绿色的沉淀[注2]，加入 1mL 氯仿后再次摇振，沉淀消失。解释该现象。

注释

[1] 2,4-二硝基苯肼溶液的配制见醛酮的性质。

[2] 在乙酰乙酸乙酯的烯醇结构中，存在两个配位中心（酯羰基和羟基），可以和某些金属离子如铜、钡、铝等形成螯合物，反应很灵敏，可用于某些金属离子的定量测定。

思 考 题

1. Claisen 酯缩合反应的催化剂是什么？本实验为什么可以用金属钠代替？

2. 本实验中加入 50％乙酸溶液和饱和氯化钠溶液的目的何在？

3. 什么叫互变异构现象？如何用实验证明乙酰乙酸乙酯是两种互变异构体的平衡混合物？

4. 写出下列化合物发生 Claisen 酯缩合反应的产物：

①苯甲酸乙酯和丙酸乙酯；②苯甲酸乙酯和苯乙酮；③苯乙酸乙酯和草酸乙酯。

实验七十　双酚 A 的制备

一、实验目的

1. 双酚 A 的制备方法、用途、性质。

2. 进一步巩固重结晶的操作方法。

苯酚与丙酮在催化剂硫酸及助催化剂"591"[注1]存在下进行缩合反应，生成双酚 [2,2-二对羟苯基丙烷]。反应过程中以甲苯为分散剂，防止反应生成物结块。

二、反应式

$$\text{⟨⟩—OH} + CH_3\text{—}\overset{O}{\overset{\|}{C}}\text{—}CH_3 \xrightarrow[\text{"591"}]{H_2SO_4} HO\text{—⟨⟩—}\overset{CH_3}{\underset{CH_3}{C}}\text{—⟨⟩—OH} + H_2O$$

三、试剂

3.1g（4mL，0.053mol）丙酮、10g（0.106mol）苯酚、7mL 80％硫酸、17mL 甲苯、0.5g "591"[注2]、硫代硫酸钠、一氯乙酸。

四、实验步骤

在 100mL 三颈瓶中，加入 10g 苯酚及 17mL 甲苯，并将 7mL 80％硫酸缓缓加入瓶中，然后在搅拌下加入 0.5g 预制备好的"591"助催化剂[注3]，最后迅速滴加 4mL 丙酮，控制反应温度不超过 35℃。滴加完毕后，在 35～40℃保温搅拌 2h。将产物倒入 50mL 冷水中，静置。待完全冷却后，过滤，并用冷水将固体洗涤至滤液不显酸性，即得粗产品。滤液中甲苯分出后倒入回收瓶中。

将粗产品干燥后，用甲苯进行重结晶，每克粗产品约需 8～10mL 甲苯，产量约 8g。

纯双酚 A 是白色针状晶体，熔点为 155～156℃。

本实验约需 6h。

注释

[1] 本实验用"591"助催化剂，也可用其他助催化剂，如巯基乙酸等。

[2] "591"助催化剂制备方法如下。

仪器装置与制备双酚的装置相同，用 500mL 三颈瓶。

在三颈瓶中加入 78mL 乙醇，开动搅拌器后加入 23.6g 一氯乙酸，在室温下溶解。溶解后再滴加 35.5mL 30％氢氧化钠溶液，直至烧瓶中溶液的 pH＝7 为止（若 pH＜7，可继续加碱；若 pH＞7，则可加一氯乙酸）。中和时液温控制在 60℃以下。中和后，加入事先配制好的硫代硫酸钠溶液（62g 硫代硫酸钠 Na_2SO_3·5H_2O 加入 8.5mL 水，加热至 60℃溶解）。加完搅拌，升温至 75～80℃，即有白色固体生成，冷却，过滤，干燥后，则得到白色固体产物，即"591"。此物易溶于水，勿加水洗涤。

[3] 如果不先制备"591"，也可用硫代硫酸钠和一氯乙酸代替。可先于三颈瓶中加入 1.0g Na₂SO₃·5H₂O 加热熔化，再加入 0.4g 一氯乙酸，混合均匀，然后依次加入苯酚、甲苯、硫酸，最后滴加丙酮，反应时间可相对缩短些，产率可达 70% 左右。

思　考　题

1. 两分子苯酚、一分子丙酮在硫酸的催化作用下，进行缩合反应时，可能生成哪几种异构体的产物？试写出它们的结构式。

2. 已知浓硫酸（98%）相对密度为 1.84，80% 硫酸相对密度为 1.73。今欲用 98% 硫酸配制 20mL 80% 硫酸，应怎样配制？

实验七十一　驱蚊剂 N,N-二乙基间甲苯甲酰胺[注1]

一、方法一

1. 反应式

2. 实验步骤

（1）在 100mL 三口烧瓶中放置间甲基苯甲酸 1.4g(0.01mol)，在中口上安装带有气体吸收装置的球形冷凝管，一侧口安装滴液漏斗，漏斗上口安装氯化钙干燥管[注2]。向三口烧瓶中投入 1~2 粒沸石，再加入 1.5mL 氯化亚砜（2.48g，0.02mol)[注3]，在第三口上安装温度计。

（2）开启冷凝水，用小火隔着石棉网加热三口烧瓶，保持微沸状态。经历 50~60min，至用湿润的 pH 试纸在气体出口处检验不出氯化氢气体时停止加热。

（3）用冰水浴将反应物冷却至 10℃ 左右，通过滴液漏斗将 17.5mL 无水乙醚加入其中，关闭活塞，在漏斗中加 3.5mL 二乙胺（约 2.5g，0.034mol）和 7mL 无水乙醚，立即重新装上干燥管。

（4）将二乙胺的乙醚溶液慢慢滴入三口烧瓶中，立即产生大量絮团状烟雾。控制滴速使白色烟雾不要升入瓶颈，以免堵塞滴液漏斗。必要时可用冰水浴冷却使烟雾沉降。滴完后放置 15~25min，间歇摇动装置，至白烟不再产生且液体不再冒泡。

（5）将反应液转入分液漏斗中。用 7.5mL 10% 氢氧化钠溶液荡洗三口烧瓶后也倒入分液漏斗中，摇振，静置分层，弃去水层。

（6）醚层先用 5% 氢氧化钠溶液洗涤二次，每次 7.5mL；再用 10% 盐酸洗涤二次，每次 7.5mL；最后用 7.5mL 水洗涤。粗产物溶液用无水硫酸镁或无水硫酸钠干燥后滤除干燥剂，用水浴加热蒸出乙醚。

（7）将粗产物溶于 1mL 石油醚（b.p.30~60℃）中，用直径 20~25mm 的色谱柱，按以下两种工作条件中的任何一种进行分离纯化。

① 硅胶柱　用 25g 硅胶（100~200 目）在石油醚中装柱，用体积比为 1:1 的 1,2-二氯乙烷-石油醚混合溶剂淋洗。

② 氧化铝柱　中性氧化铝 25g 在石油醚中装柱，用石油醚淋洗。

N,*N*-二乙基间甲苯甲酰胺在以上工作条件下都是流出柱子的第一个组分，而第二个组分几乎停留在柱顶不动。将接得的组分溶液蒸去溶剂即得到产物。

粗产物也可用微型减压蒸馏装置进行减压蒸馏提纯产品为透明的亮黄色油状液体，产量1.3～1.5g，收率65%～75%[注5]。

二、方法二

1. 反应式

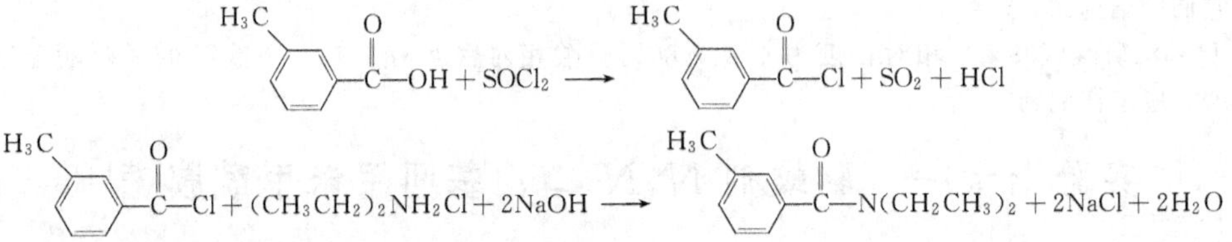

H_3C
O
C—OH + $SOCl_2$ ⟶
H_3C
O
C—Cl + SO_2 + HCl
H_3C
O
C—Cl + $(CH_3CH_2)_2NH_2Cl$ + 2NaOH ⟶
H_3C
O
C—$N(CH_2CH_3)_2$ + 2NaCl + $2H_2O$

2. 实验步骤

（1）在25mL圆底烧瓶中放置2.8g间甲苯甲酸（0.02mol）和3g氯化亚砜（1.8mL，0.025mol）[注3]，投入两粒沸石，装上回流冷凝管[注2]，冷凝管上口安装气体吸收装置。开启冷凝水，用小火隔石棉网加热圆底烧瓶保持微沸状态半小时或更长时间，直至在气体出口处不能再检出氯化氢气体为止。用冰水浴冷却备用。

（2）在100mL三口烧瓶放置1.9g二乙胺盐酸盐（0.017mol），在瓶的中口安装搅拌器，二侧口分别安装滴液漏斗和回流冷凝管，冷凝管口安装气体吸收装置。在冰水浴冷却和搅拌下经滴液漏斗慢慢滴入3.0mol/L氢氧化钠水溶液22mL(0.066mol)，然后加入0.1g硫酸月桂酯钠[注4]。

（3）取下滴液漏斗，在通风橱里小心地将第（1）步操作中制得的已经冷却了的间甲苯甲酰氯（其中含有过量的氯化亚砜）注入漏斗中，立即盖上塞子，再将漏斗装回原位。在强力搅拌下将间甲苯甲酰氯慢慢滴加到二乙胺的水溶液中（若反应过于激烈则用冰水浴冷却）。滴完后用温水浴温热反应物15min并持续搅拌，以便使反应完全并水解掉过量的氯化亚砜。至此，酰氯的气味应已消失，溶液应对石蕊试纸显碱性。

（4）将反应液转移到分液漏斗中，每次用15mL乙醚萃取三次。合并萃取液，用无水硫酸镁干燥。干燥充分后滤入蒸馏瓶，用水浴加热蒸去乙醚，剩下粗产物。

（5）用方法一中第（7）步所述的办法纯化粗产物，得亮黄色油状液体2.2～2.7g，收率68%～83%[注5]。

纯的*N*,*N*-二乙基间甲苯甲酰胺沸点为160℃，2533Pa(19mmHg)。

本实验需9～10h。

注释

［1］ 本实验产品英文缩写Deet，是许多市售驱虫剂的主要活性成分。它对蚊子、跳蚤、沙蚤、扁虱、牛虻、白蛉虫等多种叮人的小虫都有驱逐作用。在自然界中也已发现粉红色螟蛉蛾的成年雌蛾体中有大量Deet，并已证明Deet是该种螟蛉蛾的性引诱剂的组分之一。较新的研究表明，蚊虫是通过空气中二氧化碳浓度的增加而感知寄主的存在，并沿着暖湿的气流飞向寄主的。Deet能干扰蚊虫对暖湿气流的感知，妨碍蚊虫对寄主的定位。

［2］ 全部实验仪器均需充分干燥。

［3］ 氯化亚砜具有毒性和腐蚀性，遇水会激烈反应放出HCl和SO_2气体，暴露于空气会吸潮而冒烟。所以应在通风橱中取用，所用仪器必须干燥，取后立即加盖严密。操作时慎勿触及皮肤。下面用到的二乙胺也具有毒性和腐蚀性，且有较大挥发性（b.p.56℃），其使用注意事项与氯化亚砜类似。

［4］ 硫酸月桂酯钠即十二烷基硫酸钠，是一种表面活性剂。

［5］ 有兴趣者可用下法检验自己制备的驱虫剂的药效：将自己的产品配制成质量比为15%～20%的异丙醇溶液，用棉签蘸取此溶液涂擦在一只手臂上，另一只手臂不涂，走到蚊虫较多的地方去停留片刻即可感知药效。也可将自己的产

品与任何市售的避蚊剂以同样浓度的溶液分别涂擦于两只臂上，用同样方式试验，以示比较。注意在试验时不可使药品触及眼睛和黏膜。

实验七十二　元素分析

在有机化合物中，常见的元素除碳、氢、氧外，还含有氮、硫、卤素，有时也含有其他元素如磷、砷、硅及某些金属元素等。元素定性分析的目的在于鉴定某一有机化合物是由哪些元素组成的。若有必要，再在此基础上进行元素定量分析或官能团试验。

一般有机化合物都含有碳和氢，因此已知要分析的样品是有机物后，一般就不再鉴定其中是否含有碳和氢了。化合物中氧的鉴定还没有好的方法，通常是通过官能团鉴定反应或根据定量分析结果来判断其是否存在。

由于组成有机化合物的各元素原子大都是以共价键相结合的，很难在水中离解成相应的离子，为此需要将样品分解，使元素转变成离子，再利用无机定性分析来鉴定。分解样品的方法很多，最常用的方法是钠熔法，即将有机物与金属钠混合共熔，结果有机物中的氮、硫、卤素等元素转变为氰化钠、硫化钠、硫氰化钠、卤化钠等可溶于水的无机化合物。

$$有机物（含 C、H、O、N、S、X） \xrightarrow{钠熔} \begin{cases} NaCN \\ Na_2S \\ NaCNS \\ NaX \\ NaOH \end{cases}$$

一、钠熔法

取干燥的 $10mm \times 100mm$ 的试管一支，将其上端用铁丝垂直固定在铁架上（图 8-19）。用镊子取存在于煤油中的金属钠[注1]，用滤纸吸去煤油后，切去黄色外皮，再切成豌豆大小的颗粒。取一粒放入试管底部，然后用滴管加入 $1 \sim 2$ 滴液体样品或投入 10mg 研细的固体样品，使样品直接落于管底，不要沾在管壁上。用小火在试管底部慢慢加热使钠熔化，待钠的蒸气充满试管下半部时，再迅速加入 $10 \sim 20mg$ 样品[注2]及少许蔗糖[注3]。然后强热 $1 \sim 2min$ 使试管底部呈暗红色，冷却，加热，当试管红热时，趁热将试管底部浸入盛有 10mL 蒸馏水的小烧杯中（小心！），试管底当即破裂。煮沸，过滤，滤渣用水洗两次。得无色或淡黄色澄清的滤液及水洗涤共约 20mL，留作以下鉴定试验用。

图 8-19　试管的固定

二、元素的鉴定

1. 氮的鉴定

（1）普鲁士蓝试验　取 2mL 滤液，加入 5 滴新配制的 5％硫酸亚铁溶液和 $4 \sim 5$ 滴 10％氢氧化钠溶液，使溶液呈显著的碱性。将溶液煮沸，滤液中若含有硫时有黑色硫化亚铁沉淀析出（不必过滤）。冷却后加入稀盐酸使产生的硫化亚铁、氢氧化铁沉淀刚好溶解。然后加入 $1 \sim 2$ 滴 5％三氯化铁溶液，有普鲁士蓝沉淀析出，表明有氮。若沉淀很少不易观察时，可用滤纸过滤，用水洗涤，检查滤纸上有无蓝色沉淀。如果没有沉淀，只得一蓝色或绿色溶液时，可能钠分解不完全，需重新进行钠熔试验，本试验反应式如下：

$$2NaCN + FeSO_4 \longrightarrow Fe(CN)_2 + Na_2SO_4$$

$$Fe(CN)_2 + 4NaCN \longrightarrow Na_4[Fe(CN)_6]$$

$$3Na_4[Fe(CN)_6] + 4FeCl_3 \longrightarrow Fe_4[Fe(CN)_6]_3 \downarrow + 12NaCl$$

普鲁士蓝

（2）乙酸铜-联苯胺试验　取 1mL 滤液，用 5～6 滴 10％乙酸酸化，加入数滴乙酸铜-联苯胺试剂（沿管壁徐徐加入，勿摇动），有蓝色环在两层交界处发生，表明有氮。样品中如有硫存在，则需加入 1 滴乙酸铅（不可多加）后进行离心分离，并取上层清液进行试验。

本试验的反应机理是：氰根能改变下列平衡，因此出现联苯胺蓝色的蓝色环。

铜离子＋联苯胺 $\rightleftharpoons$ 亚铜离子＋联苯胺蓝

联苯胺　H_2N—⬡—⬡—NH_2

联苯胺蓝　$[HN$=⬡=⬡=$NH \cdot H_2N$—⬡—⬡—$NH_2] \cdot HAc$

当有氰根存在时，由于亚铜离子与它形成 $[Cu_2(CN)_4]^{2-}$ 配位离子，亚铜离子浓度减少，促使平衡向右移动，联苯胺蓝增多，故出现蓝色环。

乙酸铜-联苯胺试剂的配制如下。

A 液：取 150mL 联苯胺溶于 100mL 水及 1mL 乙酸中。

B 液：取 286mg 乙酸铜溶于 100mL 水中。

A 液与 B 液分别储藏在棕色瓶中，使用前临时以等体积的比例混合。

样品中含有碘时也有此反应，本试验的灵敏度比普鲁士蓝要高些。

2．硫的鉴定

（1）硫化铅试验　取 1mL 滤液，加乙酸使呈酸性，再加 3 滴 2％乙酸铅溶液。如有黑褐色沉淀表明有硫，若有白色或灰色沉淀生成，是碱式乙酸铅，表明酸化不够，须再加入乙酸后观察。反应式如下：

$$Na_2S + Pb(Ac)_2 \longrightarrow PbS\downarrow + 2NaAc$$

（2）亚硝酰铁氰化钠试验　取 1mL 滤液，加入 2～3 滴新配制的 0.5％亚硝酰铁氰化钠溶液（使用前临时取 1 粒亚硝酰铁氰化钠溶于数滴水中），若呈紫红色或深红色表明有硫。反应式如下：

$$Na_2S + Na_2[Fe(CN)_5NO] \longrightarrow Na_4[Fe(CN)_5NOS]$$
$$\text{紫红色}$$

3．硫和氮同时鉴定

取 1mL 滤液用稀盐酸酸化，再加 1 滴三氯化铁溶液，若有血红色显现，即表明有硫氰离子（CSN^-）存在。反应式如下：

$$3NaCNS + FeCl_3 \longrightarrow Fe(CNS)_3 + 3NaCl$$

在钠熔时，若用钠量较少，硫和氮常以 CSN^- 形式存在，因此在分别鉴定硫和氮时，若得到负结果，则必须作本实验。

4．卤素的鉴定

（1）卤化银试验　如滤液中无硫、氮，则可直接将滤液用硝酸酸化，滴入硝酸银以鉴定卤素。若化合物含有硫、氮，则应先用稀硝酸酸化煮沸，除去硫化氢及氰化氢（在通风橱中进行），然后再加数滴硝酸银溶液，若有大量白色或黄色沉淀析出，表明有卤素存在。

$$NaX + AgNO_3 \longrightarrow AgX\downarrow + NaNO_3$$

（2）铜丝火焰燃烧法把铜丝一端弯成圆形，先在火焰上灼烧，直至火焰不显绿色为止。冷却后，在铜丝圈上蘸少量样品，放在火焰边缘上灼烧，若有绿色火焰出现，证明可能有卤素存在。

5．氯、溴、碘的分别鉴定

（1）溴和碘的鉴定　取 2mL 滤液，加稀硝酸使呈酸性，加热煮沸数分钟（在通风橱中进行，若不含硫、氮，则可免去此步）。冷却后加入 0.5mL 四氯化碳，逐渐加入新配制的氯水。每次加入氯水后要摇动，若有碘存在，则四氯化碳层呈现紫色。继续滴加氯水[注4]，若含有溴，则紫色渐褪而转变为黄色或橙黄色。反应式如下：

$$2H^+ + ClO^- + 2I^- \longrightarrow I_2(CCl_4) + Cl^- + H_2O$$
紫色

$$I_2(CCl_4) + 5ClO^- + H_2O \longrightarrow 2IO_3^- + 5Cl^- + 2H^+$$
白色

$$2Br^- + ClO^- + 2H^+ \longrightarrow Br_2(CCl_4) + Cl^- + H_2O$$
红褐色

检验溴的另一方法为：取 3mL 滤液，加 3mL 冰醋酸及 0.1g 二氧化铅，在通风橱中加热，取一条荧光素试纸[注5]，放在试管口，黄色试纸变为粉红色，表示有溴，氯无干扰，碘使试纸变为棕色。

（2）氯的鉴定　在上述滤液中，加入 2mL 浓硫酸及 0.5g 过硫酸钠煮沸数分钟，将溴和碘全部除去，然后取清液作硝酸银的氯离子检验。

检验氯的另一方法为：取 1mL 滤液，加 0.5mL 四氯化碳及 3 滴浓硝酸，摇荡，用吸管吸去四氯化碳层，反复进行直至四氯化碳层呈无色。然后吸取上层水溶液，加入 1～2 滴 5%硝酸银溶液，若有浓厚的白色沉淀生成，表明有氯（有硫、氮时，须酸化加热除去硫化氢及氰化氢，方法同前）。

注释

[1] 用时必须注意安全。

[2] 取用固体的体积与钠的颗粒大小相仿，若为液体样品，则用 3～4 滴。钠熔时试管口不可对人，以防意外。

[3] 加入少许蔗糖有利于含碳较少的含氮样品形成氰离子；否则氮不易检出。

[4] 若溴、碘同时存在，且碘含量较多时，常使溴不易检出，此时可用滴管吸去含碘的四氯化碳溶液，再加入纯净四氯化碳振荡，若仍有碘的紫色，再吸去，直至碘完全被萃取尽。然后再加纯净的四氯化碳数滴，并逐渐加氯水，若四氯化碳层变成黄色或红棕色，表明有溴。

[5] 荧光素试纸：将滤纸浸入 1%荧光素（又名荧光黄）-乙醇溶液中，取出阴干后裁成小条备用。

实验七十三　从茶叶中提取咖啡碱

茶叶含有多种生物碱，其中以咖啡碱（咖啡因）为主，约占 1%～5%。另外还含有 11%～12% 的丹宁酸（又名鞣酸）、0.6% 的色素、纤维素、蛋白质等。咖啡碱是弱碱性化合物，易溶于氯仿（12.5%）、水（2%）及乙醇（2%）等。在苯中的溶解度为 1%（热苯中为 5%）。丹宁酸易溶于水和乙醇，但不溶于苯。

咖啡碱是杂环化合物嘌呤的衍生物，它的化学名称是 1,3,7-三甲基-2,6-二氧嘌呤，其结构式如下：

嘌呤　　　　　　　咖啡碱(1,3,7-三甲基-2,6-二氧嘌呤)

含结晶水的咖啡碱为无色针状色结晶，味苦，能溶于水、乙醇、氯仿等。在 100℃ 时即失去结晶水，并开始升华，120℃ 时升华相当显著，至 178℃ 时升华很快。无水咖啡碱的熔点为 234.5℃。

为了提取茶叶中的咖啡碱，往往是利用适当的溶剂（氯仿、乙醇、苯等）在脂肪提取器中连续抽提，然后蒸去溶剂，即得粗咖啡因。粗咖啡因还含有其他一些生物碱和杂质，利用升华可进一步提纯。工业上，咖啡碱主要通过人工合成制得。它具有刺激心脏、兴奋大脑神经和利尿等作用，因此可作为中枢神经兴奋药。它也是复方阿司匹林（APC）等药物的组分之一。咖啡碱可以通过测定熔点及光谱法加以鉴别。此外，还可以通过制备咖啡碱水杨酸盐衍生物进一步得到确证。咖啡碱作为碱，可与水杨酸作用生成水杨酸盐，此盐的熔点为 137℃。

一、方法一

1. 试剂

10g 茶叶、95％乙醇、生石灰。

2. 实验步骤

安装好装置[注1]。称取 10g 茶叶末，放入脂肪提取器的滤纸套筒中[注2]，在圆底烧瓶中加入 75mL 95％乙醇，用水浴加热，连续提取 2～3h[注3]。待冷凝液刚刚虹吸下去时，立即停止加热。稍冷后，改成蒸馏装置，回收提取液中的大部分乙醇[注4]。趁热将瓶中的残留液倾入蒸发皿中，拌入 3～4g 生石灰粉[注5]，使成糊状，在蒸气浴上蒸干，其间应不断搅拌，并压碎块状物。最后将蒸发皿放在石棉网上，用小火焙烧片刻，务使水分全部除去。冷却后，擦去沾在边上的粉末，以免升华时污染产物。取一只口径合适的玻璃漏斗，罩在隔以刺有许多小孔滤纸的蒸发皿上，用砂浴小心加热升华[注6]。控制砂浴温度在 220℃左右。当滤纸上出现许多白色毛状结晶时，暂停加热，让其自然冷却至 100℃左右。小心取下漏斗，揭开滤纸，用刮刀将纸上和器皿周围的咖啡碱刮下。残渣经拌和后用较大的火再加热片刻，使升华完全。合并两次收集的咖啡碱，称重并测定熔点。

纯咖啡碱的熔点为 234.5℃。

本实验约需 4～6h。

二、方法二

1. 试剂

25g 茶叶、20g 碳酸钠、二氯甲烷。

2. 实验步骤

在 600mL 烧杯中，配置 20g 碳酸钠溶于 250mL 蒸馏水的溶液。称取 25g 茶叶，用纱布包好后放入烧杯内，在石棉网上用小火煮沸 0.5h。注意勿使溶液起泡溢出。稍冷后（约 50℃），将黑色提取液小心倾泻至另一烧杯中，冷至室温后，转入 500mL 分液漏斗。加入 50mL 二氯甲烷摇振 1min，静置分层，此时在两相界面处产生乳化层[注7]。在一小玻璃漏斗的颈口放置一小团棉花，棉花上放置约 1cm 厚的无水硫酸镁，从分液漏斗直接将下层的有机相滤入一干燥的锥形瓶，并用 2～3mL 二氯甲烷刷洗干燥剂。水相再用 50mL 二氯甲烷萃取一次，分层后重新加入干燥剂。如过滤后的有机相混有少量的水，可重复操作一次，收集于锥形瓶中的有机相是清亮透明的。

将干燥后的萃取液分批转入 50mL 圆底烧瓶，加入几粒沸石，在水浴蒸馏回收二氯甲烷，并用水泵将溶剂抽干。含咖啡碱的残渣用丙酮-石油醚重结晶。将蒸去二氯甲烷的残渣溶于最少量的丙酮[注8]，慢慢向其中加入石油醚（60～90℃），到溶液恰好浑浊为止，冷却结晶，用玻璃漏斗抽滤收集产物。干燥后称重并计算收率。

附：咖啡碱水杨古巴盐衍生物的制备

在试管中加入 50mg 咖啡碱、37g 水杨酸和 4mL 甲苯，在水浴上加热摇振使其溶解，然后加入约 1mL 石油醚（60~90℃），在冰浴中冷却结晶。如无晶体析出，可用玻璃棒或刮刀摩擦管壁。用玻璃钉漏斗过滤收集产物，测定熔点。纯盐的熔点为 137℃。

本实验约需 4~6h。

注释

[1] 脂肪提取器的虹吸管极易折断，装置仪器和取拿时须特别小心。

[2] 滤纸套大小即要紧贴器壁，又能方便取放，其高度不得超过虹吸管；滤纸包茶叶末时要严谨，防止漏出堵塞虹吸管；纸套上面折成凹形，以保证回流液均匀浸润被萃取物。

[3] 若提取液颜色很淡时，即可停止提取。

[4] 瓶中乙醇不可蒸得太干，否则残液很黏，转移时损失较大。

[5] 生石灰起吸水和中和作用，以除去部分酸性杂质。

[6] 在萃取回流充分的情况下，升华操作是实验成败的关键。升华过程中，始终都需用小火间接加热，若温度太高，会使产物发黄。注意温度计应放在合适的位置，使正确反映出升华的温度。

若无砂浴，也可用简易空气浴加热升华，即将蒸发皿底部稍离开石棉网进行加热。并在附近悬挂温度计指示升华温度。

[7] 乳化层通过干燥剂无水硫酸镁时可被破坏。

[8] 若残渣中加入 6mL 丙酮温热后仍不溶解，说明其中带入了无水硫酸镁。应补加丙酮至 20mL，用折叠滤纸过滤除去无机盐，然后将丙酮溶液蒸发至 5mL，再滴加石油醚。

思 考 题

1. 提到咖啡碱时，方法一中用到生石灰，方法二中用到碳酸钠，它们各起什么作用？

2. 从茶叶中提取出的粗咖啡碱有绿色光泽，为什么？

3. 方法二中蒸馏回收二氯甲烷时，馏出液为何出现浑浊？

实验七十四　从黄连中提取黄连素

一、实验目的

该实验的目的主要是为了理解黄连素的提取方法[注1]、结构和用途。

黄连为我国名产药材之一，抗菌力很强，对急性结膜炎、口疮、急性细菌性痢疾、急性肠胃炎等均有很好的疗效。黄连中含有多种生物碱，除黄连素（俗称小檗碱，berberine）为主要有效成分外，尚含有黄连碱、甲基黄连碱、棕榈碱和非洲防己碱等。随野生和栽培及产地的不同，黄连中黄连素含量约 4%~10%。含黄连素的植物很多，如黄柏、三颗针、伏牛花、白屈菜、南天竹等均可作为提取黄连素的原料，但以黄连和黄柏含量为高。

黄连素是黄色针状体，微溶于水和乙醇，较易溶于热水和热乙醇中，几乎不溶于乙醚，黄连素存在下列三种互变异构体：

| 醇式 | 醛式 | 季铵碱式 |

但自然界多以季铵碱的形式存在。黄连素的盐酸盐、氢碘酸盐、硫酸盐、硝酸盐均难溶于冷水，易溶于热水，其各种盐的纯化都比较容易。

二、实验步骤

称取 10g 中药黄连切碎、磨烂，放入 250mL 圆底烧瓶中，加入 100mL 乙醇，装上回流冷凝管，热水浴加热回流 30min，静置浸泡 60min，抽滤，滤渣重复上述操作处理两次[注2]，合并 3 次所得滤液，在水泵减压下蒸出乙醇（回收）直到棕红色糖浆状。再加入 1％乙酸（约需 30～40mL），加热溶解，抽滤以除去不溶物，然后于溶液中滴加浓盐酸，至溶液浑浊为止（约需 10mL），放置冷却[注3]，即有黄色针状体的黄连素盐酸盐析出[注4]，抽滤，结晶，用冰水洗涤两次，再用丙酮洗一次，加速干燥，烘干后重约 1g，在 200℃ 左右[注5]熔化。

本实验约需 8h。

注释

[1] 得到纯净的黄连素晶体比较困难。将黄连素盐酸盐加热水至刚好溶解，煮沸，用石灰乳调节 pH＝8.5～9.8，冷却后滤去杂质，滤液继续冷却到室温以下，即针状体的黄连素析出，抽滤，将结晶在 50～60℃ 下干燥，熔点 145℃。

[2] 后两次提取可适当减少乙醇用量和缩短浸泡时间。也可用 Soxhlet 提取器连续提取。

[3] 最好用冰水冷却。

[4] 如晶形不好，可用水重结晶一次。

[5] 本实验采用显微熔仪测定其熔化温度，据文献报道，如采用曾广方氏的方法测定，加热至 220℃ 左右时分解为盐酸小檗红碱，继续加热至 278～280℃ 时始完全熔融。

思 考 题

1. 黄连素为何种生物碱类的化合物？
2. 为何用石灰乳来调节 pH 值，用强碱氢氧化钾（钠）行不行？为什么？

实验七十五　从黑胡椒中提取胡椒碱

一、实验目的

该实验的目的主要是为了理解胡椒碱提取方法、结构和用途。

黑胡椒具有香味和辛辣味，是菜肴调料中的佳品。黑胡椒中含有大约 10％的胡椒碱和少量胡椒碱的几何异构体佳味碱（chavicine），黑胡椒的其他成分为淀粉（20％～40％），挥发油（1％～3％）、水（8％～13％）。经测定，胡椒碱为具有特殊双键几何结构的 1,4-二取代丁二烯：

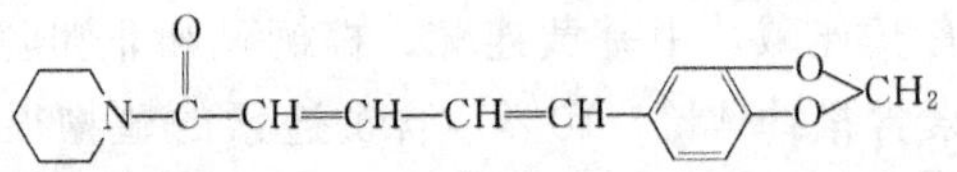

将磨碎的黑胡椒用 95％乙醇加热回流，可以方便地萃取胡椒碱。在乙醇的粗萃取液中，除了含有胡椒碱和佳味碱外，还有酸性树脂类物质，为了防止这些杂质与胡椒碱一起析出，把稀的氢氧化钾醇溶液加至浓缩的萃取液中，使酸性物质成为钾盐而留在溶液中，从而避免了胡椒碱与酸性物质一起析出，而达到提纯胡椒碱的目的。

酸性物质主要是胡椒酸，它是下面四个异构体中的一个，只要测定水解所得胡椒酸的熔点，就可说明其立体结构。

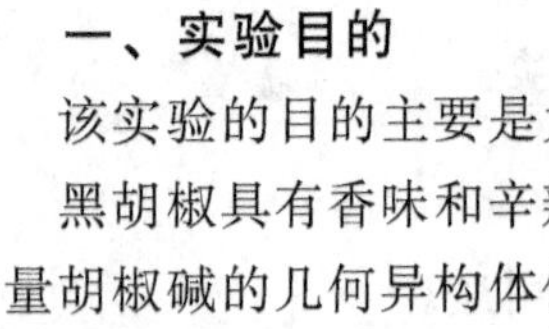

| m. p. 215～217℃ | 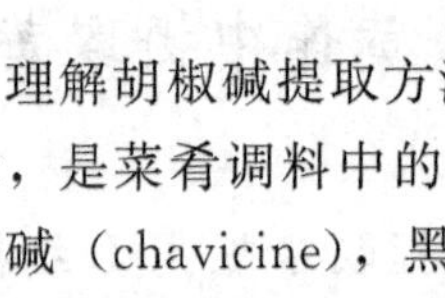 m. p. 134～136℃ | 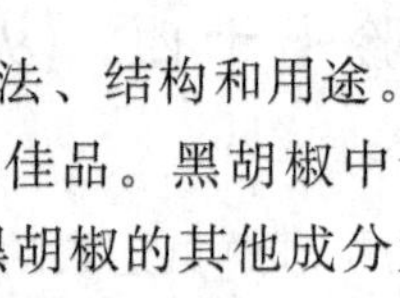 m. p. 154～156℃ | 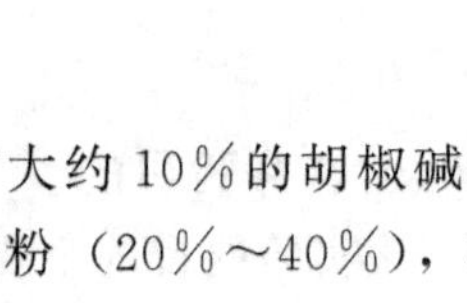 m. p. 200～202℃ |

二、实验步骤

将 15g 磨碎的黑胡椒和 150～180mL 95％乙醇放在圆底烧瓶中，装上回流冷凝管，在石棉网上缓和加热回流 3h(由于沸腾混合物中有大量黑胡椒碎粒，因此应小心加热，以免暴沸），抽滤。滤液在水浴上加热浓缩（采用蒸馏装置，以回收乙醇）为 10～15mL，然后加入 15mL 温热的 2mol·L^{-1}氢氧化钾乙醇溶液，充分搅拌，过滤除去不溶物质。将滤液转移到 100mL 烧杯中，置于热水浴中，慢慢滴加水 10～15mL，溶液出现浑浊并有黄色结晶析出。经冷却后（最好用冰水浴冷却），分离析出的胡椒碱为黄色沉淀，经干燥后重约 1g。粗产品可用丙酮重结晶，得浅黄色针状体结晶，熔点 129～130℃，胡椒碱的熔点文献值为 129～131℃。

本实验约需 8h。

实验七十六　从毛发中提取胱氨酸

一、实验目的

学习从毛发中提取胱氨酸的原理和方法。

L-胱氨酸（L-cystine），最初，人们是在膀胱结石中发现的，因而得名胱氨酸。它具有促进机体细胞氧化和还原的作用。在医学临床上，主要用于治疗各种脱发症，也用于治疗痢疾、伤寒、流感等急性传染病。L-胱氨酸除了药用外，还大量用作食用油脂抗氧剂、日用化学品添加剂。L-胱氨酸广泛存在于动物的毛、发、骨、角中。本实验就是通过对毛发的水解来制取胱氨酸。毛发经水解提取胱氨酸的工艺路线并不复杂，但是要高收率地提取胱氨酸却要严格控制水解条件。影响毛发水解的因素较多，如水解液中酸的浓度、水解温度以及水解时间等。一般来说，酸的浓度高有利于加速水解，否则水解速度慢。水解过程中，温度的把握要适中，温度太低会延长水解时间，升高温度虽有利于缩短水解时间，但对胱氨酸的破坏也随之加剧，一般以 110℃ 为宜。另外，正确判断水解终点，控制水解时间也是十分重要的。如果水解时间过短，水解不完全；水解时间过长，则氨基酸容易遭受破坏。

本实验可采用缩二脲试验来确定水解终点。缩二脲在碱性介质中与二价铜盐反应产生具有粉红色或紫色的配合物，观察到这种显色现象时，称此试验为阳性。

蛋白质及其分解产物多肽也会发生缩二脲阳性反应，所形成的铜配合物的颜色，取决于被肽键所结合的氨基酸数目。例如，三肽显紫色；四肽或更复杂的多肽则生成红色；而氨基酸以及二肽只显蓝色，此为缩二脲阴性反应。显然，只有当毛发水解液对二价铜盐呈阴性反应，水解才告完成（或近终点）。

二、反应式

毛发 →（洗涤 脱脂）→（HCl 水解 △）→ 中和 → 结晶 → 精制 →

$$H_2N-\underset{COOH}{\overset{CH_2-S-S-CH_2}{CH}}\underset{COOH}{\overset{}{CH}}-NH_2$$

胱氨酸

三、试剂

5g 毛发、2～3g 洗发精、170mL 30％盐酸、100mL 30％氢氧化钠水溶液、少许 2％硫酸铜、1～2g 活性炭、90mL 12％氨水。

四、实验步骤

取 50g 毛发[注1]置于 500mL 烧杯中，加入少许洗发精和 150mL 温热水，不断搅拌，洗净毛发上的油脂，将洗涤液倾倒弃除，再用清水洗涤毛发数次，然后甩干或晒干。

注：洗涤毛发时，不要用碱性洗涤剂，否则会明显降低 L-胱氨酸的收率。

在 500mL 三颈瓶上配置搅拌器和回流冷凝管。依次加入 50g 洗净的毛发和 100mL 30％

盐酸,再配上温度计。搅拌并加热升温,控制在 110℃左右水解 8h。

取 0.5mL 毛发水解溶液注入试管中,加 0.5mL 10%氢氧化钠水溶液,加 1 滴 2%硫酸铜溶液,振摇。若溶液显粉红色或紫色,表明水解不完全,还须继续水解,直到水解液对硫酸铜溶液呈阴性反应。水解结束后,停止加热,立即趁热过滤。所得滤液用 30%氢氧化钠中和,中和时,仍保持温度在 50℃左右,并不断搅拌,不时测试 pH 值。当 pH 值达 3.0 后,慢慢加碱,直到 pH 值 4.8 为止。继续搅拌 20min,若 pH 值不再变化,停止加碱[注2]。

在室温下静置 3d,使 L-胱氨酸析出。过滤即得 L-胱氨酸粗制品。

将 L-胱氨酸粗制品置于 250mL 圆底烧瓶中,加入 70mL 30%盐酸,加热使用粗产品溶解。然后,加入 1g 活性炭,装上回流冷凝管,加热回流 20min,趁热过滤,用少量稀盐酸对滤饼进行洗涤。洗涤液与滤液合并。若滤液颜色较黄,再加入少许活性炭作进一步脱色。

将无色澄清的滤液用 12%氨水中和至 pH=4,在室温下静置 5~6h,过滤,所得晶体用少许热水洗涤(以除酪氨酸),然后依次用少许乙醇、乙醚淋洗一遍,抽干,即得产品。干燥后称重,测熔点,测旋光度并计算收率。

L-胱氨酸 m. p. 260~262℃(分解),$[\alpha]_D^{20} = -216°(c=0.69, 1mol \cdot L^{-1}HCl)$。

记录 L-胱氨酸的红外光谱,并与图 8-20 相对照,其核磁共振谱见图 8-21。

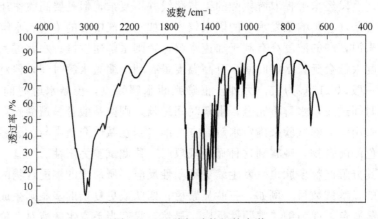

图 8-20 L-胱氨酸的红外光谱

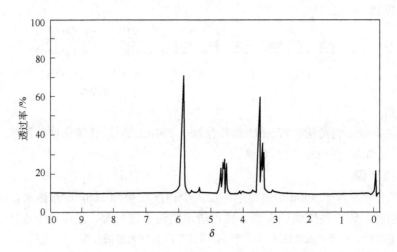

图 8-21 L-胱氨酸(D₂O+DCl)的核磁共振谱

注释

[1] 选用人发、猪毛、马毛、废羊毛或鸡鸭鹅等禽毛作原料均可，由这些天然原料制取 L-胱氨酸收率分别为：5％～7％、3％～4％、2％、3％、2.8％～3.6％。其中尤以人发收率最高。若采用人发，可到附近理发店收集。

[2] 本实验若分两次做，则第一次实验可到此结束。

思 考 题

1. 从毛发中提取 L-胱氨酸的原理是什么？

2. 主要有哪些因素会对本实验产生影响？

3. 如何判断蛋白质水解终点？

4. 在后处理中为何要严格控制 pH 值？pH 值或高或低会对实验有何影响？

5. 图 8-20 中，在 $3300\sim3030cm^{-1}$、$2600\sim2080cm^{-1}$、$1580cm^{-1}$、$1440cm^{-1}$ 等处有吸收峰，试指出与其对应的基团。

6. 试解析 L-胱氨酸的核磁共振谱，指出其中各质子所对应的谱峰。

第九章　综合性、设计性实验（Ⅲ）

实验七十七　燃烧热的测定

一、实验目的

1. 明确燃烧热的定义，了解恒压燃烧热与恒容燃烧热的差别。

2. 了解量热仪中各主要部分的作用，掌握氧弹式量热仪的使用方法。

3. 学会使用氧弹式量热仪测定物质的燃烧热。

二、预习要求

1. 明确燃烧焓的定义。

2. 了解氧弹式量热计的基本原理和使用方法。

3. 了解氧气钢瓶和减压阀的使用方法。

三、实验原理

标准燃烧热是指在标准状态下，1mol 物质完全燃烧成同一温度的指定产物 [C 和 H 的燃烧产物是 $CO_2(g)$ 和 $H_2O(l)$] 的焓变化，$\Delta_c H_m^{\ominus}$。

在适当的条件下，许多有机物都能迅速而完全地进行氧化反应，这就为准确测定它们的燃烧热创造了有利条件。

燃烧热是热化学中重要的基本数据。一般化学反应的热效应，往往因为反应太慢或反应不完全，导致结果不准或不能直接测定。但是，通过赫斯定律可用燃烧热数据间接求算。因此，燃烧热广泛应用于各种热化学计算中。

燃烧热的测定，还可用于计算化合物的生成热、键能及工业用燃料的质量等。

燃烧热的测定可以在恒容条件下，也可以在恒压条件下进行。由热力学第一定律可知，恒容燃烧热 Q_V 等于内能变化 ΔU，恒压燃烧热 Q_p 等于焓变化 ΔH。如果将气体看成是理想的，且忽略压力对燃烧热的影响，则有

$$\Delta H = \Delta U + \Delta(pV) \tag{9-1}$$

$$\Delta_c H_m^{\ominus} = \Delta_c U_m^{\ominus} + \Delta nRT \tag{9-2}$$

量热法是热力学实验中的一种基本方法。测量热效应的仪器称作量热仪（或量热计）。量热仪的种类很多，本实验采用氧弹式量热仪测量燃烧热。

氧弹式量热仪是一种环境恒温式量热仪，主要由定温桶、氧弹、自动充氧器构成。实验时，氧弹放置在自带水的定温桶中，样品在体积固定的氧弹中燃烧放出的热，大部分被定温桶中的水吸收，另一部分则被氧弹、水桶等吸收。在量热仪与环境没有热交换的情况下，可写出热量平衡式：

$$-W_{\text{样}} Q_V - qb = K\Delta t \tag{9-3}$$

式中　$W_{\text{样}}$——样品的质量，g；

　　　Q_V——样品的恒容燃烧热，$J \cdot g^{-1}$；

　　　q——引火丝的热值，$J \cdot g^{-1}$；

　　　b——引火丝的质量，g；

K——量热体系的热容量，J·K^{-1}；

Δt——样品燃烧前后介质水温的变化值。

热容量在数值上等于量热体系每升高温度1℃所吸收的热量。量热体系是指实验中发生热效应所能分布到的部分。量热仪热容量用已知热值的纯净的苯甲酸在氧弹内完全燃烧的方法测定。苯甲酸的燃烧热为-26460J·g^{-1}。

为了使被测物质能迅速而完全地燃烧，需要有强有力的氧化剂，在实验中经常使用压力为2.5～3MPa的氧气作为氧化剂。

四、仪器和试剂

SDACM5000 量热仪	1台	苯甲酸、萘压片机	各1台
氧气钢瓶及减压阀	1只（公用）	引火丝	1根
萘（A.R.）		苯甲酸（A.R.）	

SDACM5000 量热仪的构造：主要由定温桶、氧弹、自动充氧器构成。

1. SDACM5000 定温桶（见图9-1）

2. SD-CYQ 自动充氧器（见图9-2）

3. SD-YD 氧弹（见图9-3、图9-4）

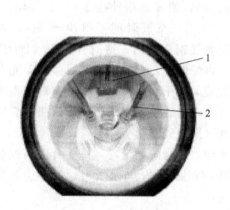

图 9-1　定温桶内桶结构

1—搅拌器；2—测温探头

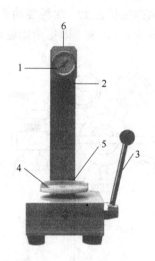

图 9-2　自动充氧器

1—氧气压力表；2—气嘴（充氧时与氧弹连接）；
3—充氧手柄；4—氧弹定位盘；5—进氧接头
（通过导氧管与氧气减压阀连接）；6—气门芯安装孔

五、实验步骤

1. 热容量的测定

（1）样品压片　用台秤称取重约0.9g的苯甲酸（切不可超过1.1g），倒入苯甲酸压片机，慢慢旋紧压片机的螺杆，直到将样品压成片状为止。然后旋松压片机的螺杆，抽去模底的托板，再继续向下旋紧螺杆，使样品脱落。压片太紧，点火时不易全部燃烧；压的太松，样品容易脱落。将压成片的样品在干净的玻璃板上轻击2～3次，再用电子天平准确称量。

（2）安装点火丝并装样　把氧弹盖放在弹架上，取一根点火丝，在其中段绕2～3圈，将点火丝两端分别牢牢缚在电极杆的下端（不牢易造成点火失败）。将压成片的样品放在坩埚中，点火丝螺旋部分紧贴在样品的表面（注意：要保证点火丝与样品接触而不与坩埚接触）。

（3）充氧气　将样品装好后，量取10mL蒸馏水，倒入氧弹桶，并旋紧氧弹盖后放置于

图 9-3　氧弹外观

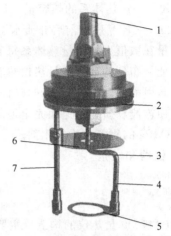

图 9-4　氧弹内部构造（氧弹芯）

1—充气嘴；2—密封圈；3,7—电极杆；4—点火
丝压环；5—坩埚支架；6—挡火板

充氧器的氧弹定位盘上，缓缓摇动充氧手柄，使氧弹充气嘴对准充氧器的气嘴。打开钢瓶阀门（逆时针为开），表 1 即指示钢瓶内氧气压力。然后渐渐顺时针旋紧减压阀（顺时针为打开减压阀出口），使表 2 指针在 2.6～2.8MPa，充氧 45s 后（注意：充氧时间不得少于 30s，为什么？），关闭氧气钢瓶阀门，逆时针旋松（即关闭）减压阀门。再慢慢放开充氧手柄，氧弹中即充有氧气。顺时针旋紧减压阀门，放掉管道和氧气表中的余气，最后逆时针旋松减压阀门，使钢瓶和氧气表头恢复原状（图 9-5）。

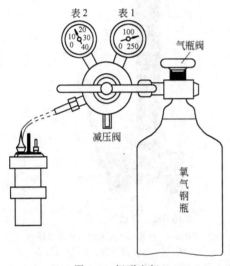

图 9-5　氧弹充气

（4）燃烧　燃烧热测定时，每一台电脑控制两台 SDACM5000 量热仪，即实验时两组学生共用一台电脑。

上述步骤完成后，打开 SDACM5000 量热仪程序，待菜单（图 9-6）下方显示各号桶准备就绪时，点击热容量实验，确定各自桶号（1 号桶还是 2 号桶），输入试样（即苯甲酸）质量，然后将氧弹平稳放入对应 SDACM5000 定温桶（注意：每个氧弹对应一个 SDACM5000 定温桶，1 号氧弹对应 1 号桶，2 号氧弹对应 2 号桶，千万不可放错）。然后 SDACM5000 量热仪自动进行实验，并在对话框下面显示实验进程。点火开始及结束时系统会发出尖叫提示音。实验结束时，对话框下方显示 1 号桶（或 2 号桶）开路，表示 1 号桶（或 2 号桶）实验完成，电脑程序自动弹出实验数据记录即可。然后取出氧弹，放空氧弹余气（放空时不可对准人），自来水冲洗，然后蒸馏水洗涤，擦干。

2. 萘的燃烧热的测定

台秤粗称 0.8g 左右萘，并按以上方法将萘在压片机上压片，安装点火丝并装样，充氧气后，在对话框点击发热量实验，输入上述所得仪器热容量数据，同以上方法进行操作，测定萘的燃烧热。

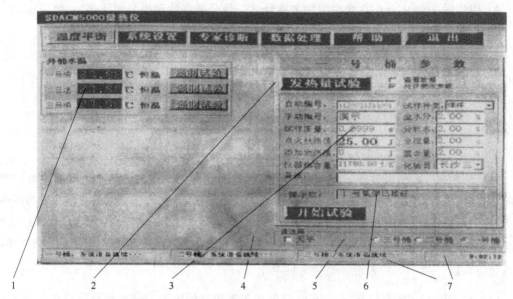

图 9-6 燃烧热测定时电脑菜单

1—实时显示外桶温度；2—发热量热容量转换；3—参数输入窗体；4—实时显示天平数据；
5—多桶间转换；6—显示氧弹编号、状态；7—各桶状态显示-时间显示

六、记录和结果处理

1. 按表 9-1 格式记录实验数据。

表 9-1 实验数据

项　　目	热容量的测定	发热量的测定	项　　目	热容量的测定	发热量的测定
试样的质量/g 引火丝热值/J	苯甲酸＝	萘＝	弹筒发热量/J·K^{-1}		

2. 计算萘的燃烧热。

七、讨论

1. 在本实验中什么是体系？什么是环境？体系与环境有哪些能量交换？

2. 某人在测萘的燃烧热时，有约 10mg 的萘从已称量的萘片上脱落因而未放入坩埚中。设其他误差可忽略不计，问此人的过失对实验结果引入的误差是多少？

3. ①根据你的实验数据，以使用仪器的精密度作测量的精密度，计算所测量的燃烧热的相对值；②把文献值当作真值，计算你的实验结果的相对误差。

八、注意事项

1. 安装点火丝一定要与样品接触而不得与坩埚接触，为什么？

2. 氧弹一定要与定温桶号相对应，不可弄错。

3. 放空氧弹余气时不可对着人。

4. 为了保证试样充分迅速燃烧，充氧时间不得少于 30s，切记不可超压充氧。

实验七十八　溶解热的测定

一、实验目的

1. 用电热补偿法测定 KNO_3 在不同浓度水溶液中的积分溶解热。

2. 用作图法求 KNO_3 在水中的摩尔稀释焓、微分稀释焓和微分溶解热。

二、预习要求

1. 复习溶解过程热效应的几个基本概念。

2. 掌握电热补偿法测定热效应的基本原理。

3. 了解如何从实验所得数据求 KNO_3 的积分溶解热及其他三种热效应。

4. 了解影响本实验结果的因素有哪些。

三、实验原理

1. 在热化学中，关于溶解过程的热效应，引进下列几个基本概念。

(1) 溶解热　在恒温恒压下，n_2 摩尔溶质溶于 n_1 摩尔溶剂（或溶于某浓度的溶液）中产生的热效应，用 Q 表示，溶解热可分为积分（或称变浓）溶解热和微分（或称定浓）溶解热。

(2) 积分溶解热　在恒温恒压下，1mol 溶质溶于 n_0 摩尔溶剂中产生的热效应，用 Q_S 表示。

(3) 微分溶解热　在恒温恒压下，1mol 溶质溶于某一确定浓度的无限量的溶液中产生的热效应，以 $\left(\dfrac{\partial Q}{\partial n_2}\right)_{T,p,n_1}$ 表示，简写为 $\left(\dfrac{\partial Q}{\partial n_2}\right)_{n_1}$。

(4) 稀释焓　在恒温恒压下，1mol 溶剂加到某浓度的溶液中使之稀释所产生的热效应。稀释焓也可分为积分（或变浓）稀释焓和微分（或定浓）稀释焓两种。

(5) 积分稀释焓　在恒温恒压下，把原含 1mol 溶质及 n_{01} 摩尔溶剂的溶液冲淡到含溶剂为 n_{02} 时的热效应，即为某两浓度溶液的积分溶解热之差，以 Q_d 表示。

(6) 微分稀释焓　在恒温恒压下，1mol 溶剂加入某一确定浓度的无限量的溶液中产生的热效应，以 $\left(\dfrac{\partial Q}{\partial n_1}\right)_{T,p,n_2}$ 表示，简写为 $\left(\dfrac{\partial Q}{\partial n_1}\right)_{n_2}$。

2. 积分溶解热（Q_S）可由实验直接测定，其他三种热效应则通过 Q_S-n_0 曲线求得。

设纯溶剂和纯溶质的摩尔焓分别为 $H_{m(1)}$ 和 $H_{m(2)}$，当溶质溶解于溶剂变成溶液后，在溶液中溶剂和溶质的偏摩尔焓分别为 $H_{1,m}$ 和 $H_{2,m}$，对于由 n_1 摩尔溶剂和 n_2 摩尔溶质组成的体系，在溶解前体系总焓为 H

$$H = n_1 H_{m(1)} + n_2 H_{m(2)} \tag{9-4}$$

设溶液的焓为 H'

$$H' = n_1 H_{1,m} + n_2 H_{2,m} \tag{9-5}$$

因此溶解过程热效应 Q 为

$$Q = \Delta_{mix} H = H' - H = n_1 [H_{1,m} - H_{m(1)}] + n_2 [H_{2,m} - H_{m(2)}]$$
$$= n_1 \Delta_{mix} H_{m(1)} + n_2 \Delta_{mix} H_{m(2)} \tag{9-6}$$

式中，$\Delta_{mix} H_{m(1)}$ 为微分稀释热；$\Delta_{mix} H_{m(2)}$ 为微分溶解热。根据上述定义，积分溶解热 Q_S 为

$$Q_S = \frac{Q}{n_2} = \frac{\Delta_{mix} H}{n_2} = \Delta_{mix} H_{m(2)} + \frac{n_1}{n_2} \Delta_{mix} H_{m(1)}$$
$$= \Delta_{mix} H_{m(2)} + n_0 \Delta_{mix} H_{m(1)} \tag{9-7}$$

在恒压条件下，$Q = \Delta_{mix} H$，对 Q 进行全微分

$$dQ = \left(\frac{\partial Q}{\partial n_1}\right)_{n_2} dn_1 + \left(\frac{\partial Q}{\partial n_2}\right)_{n_1} dn_2 \tag{9-8}$$

式 (9-8) 在比值 $\dfrac{n_1}{n_2}$ 恒定下积分，得

$$Q=\left(\frac{\partial Q}{\partial n_1}\right)_{n_2}n_1+\left(\frac{\partial Q}{\partial n_2}\right)_{n_1}n_2 \tag{9-9}$$

全式以 n_2 除之

$$\frac{Q}{n_2}=\left(\frac{\partial Q}{\partial n_1}\right)_{n_2}\frac{n_1}{n_2}+\left(\frac{\partial Q}{\partial n_2}\right)_{n_1} \tag{9-10}$$

$$\Delta_{mix}H_{(2)}=\left(\frac{\partial Q}{\partial n_2}\right)n_1$$

因 $\qquad \dfrac{Q}{n_2}=Q_S \qquad \dfrac{n_1}{n_2}=n_0$

$$Q=n_2Q_S \qquad n_1=n_2n_0 \tag{9-11}$$

则 $$\left(\frac{\partial Q}{\partial n_1}\right)_{n_2}=\left[\frac{\partial(n_2Q_S)}{\partial(n_2n_0)}\right]_{n_2}=\left(\frac{\partial Q_S}{\partial n_0}\right)_{n_2} \tag{9-12}$$

将式（9-11）、式（9-12）代入式（9-10）得：

$$Q_S=\left(\frac{\partial Q}{\partial n_2}\right)_{n_1}+n_0\left(\frac{\partial Q_S}{\partial n_0}\right)_{n_2} \tag{9-13}$$

对比式（9-6）与式（9-9）或式（9-7）与式（9-13）

$$\Delta_{mix}H_{m(1)}=\left(\frac{\partial Q}{\partial n_1}\right)_{n_2} \quad 或 \quad \Delta_{mix}H_{m(1)}=\left(\frac{\partial Q}{\partial n_0}\right)_{n_2}$$

以 Q_S 对 n_0 作图，可得图 9-7 的曲线关系。在图 9-7 中，AF 与 BG 分别为将 1mol 溶质溶于 n_{01} 和 n_{02} 溶剂时的积分溶解热 Q_S，BE 表示在含有 1mol 溶质的溶液中加入溶剂，使溶剂量由 n_{01} 增加到 n_{02} 过程的积分稀释热 Q_d。

$$Q_d=Q_Sn_{02}-Q_Sn_{01}=BG-EG \tag{9-14}$$

图 9-7 中曲线 A 点的切线斜率等于该浓度溶液的微分稀释热。

$$\Delta_{mix}H_{m(1)}=\left(\frac{\partial Q_S}{\partial n_0}\right)_{n_2}=\frac{AD}{CD}$$

切线在纵轴上的截距等于该浓度的微分溶解热。

$$\Delta_{mix}H_{m(2)}=\left(\frac{\partial Q}{\partial n_2}\right)_{n_1}=\left[\frac{\partial(n_2Q_S)}{\partial n_2}\right]_{n_1}=Q_S-n_0\left(\frac{\partial Q_S}{\partial n_0}\right)_{n_2}$$

在图 9-7 中，欲求溶解过程的各种热效应，首先要测定各种浓度下的积分溶解热，然后作图计算。

3. 测量热效应是在"量热计"中进行。量热计的类型很多，分类方法也不统一，按传热介质分有固体和液体量热计，按工作温度的范围分有高温和低温量热计等。一般可分为两类：一类是等温量热计，其本身温度在量热过程中始终不变，所测得的量为体积的变化，如冰量热计等；另一类是经常采用的测温量热计，它本身的温度在量热过程中会改变，通过测量温度的变化进行量热，这种量热计又可以是外壳等温或绝热式的。本实验是采用绝热式测温量热计，它是一个包括量热器、搅拌器、电加热器和温度计等的量热系统，如图 9-8 所示，量热

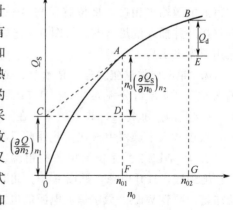

图 9-7　Q_S-n_0 关系图

计直径为 8cm、容量为 350mL 的杜瓦瓶，并加盖以减少辐射、传导、对流、蒸发等热交换。电加热器是用直径为 0.1mm 的镍铬丝，其电阻约为 10Ω，装在盛有油介质的硬质薄玻璃管中，玻璃管弯成环形，加热电流一般控制在 $300\sim500$mA。为使均匀有效地搅拌，可用电动搅拌器，也可按住并捏紧长短不等的两支滴管使溶液混合均匀。用贝克曼温度计测量温度变化，在绝热容器中测定热效应的方法有以下两种。

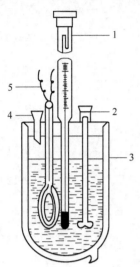

图 9-8　量热器示意图
1—贝克曼温度计；2—搅拌器；3—杜瓦瓶；4—加样漏斗；5—加热器

（1）先测定量热系统的热容量 C，再根据反应过程中温度变化 ΔT 与 C 之乘积求出热效应（此法一般用于放热反应）。

（2）先测定体系的起始温度 T，溶解过程中体系温度随吸热反应进行而降低，再用电加热法使体系升温至起始温度，根据所消耗电能求出热效应 Q。

$$Q = I^2Rt = IUt$$

式中，I 为通过电阻为 R 的电热器的电流强度，A；U 为电阻丝两端所加电压，V；t 为通电时间，s。这种方法称为电热补偿法。

本实验采用电热补偿法测定 KNO_3 在水溶液中的积分溶解热，并通过图解法求出其他三种热效应。

四、仪器药品

1. 仪器

杜瓦瓶 1 套、直流稳压电源（1A，0V～30V）1 台、直流毫安表（0.5 级，250mA～500mA～1000mA）1 只、直流伏特计（0.5 级，0V～2.5V～5V～10V）1 只、贝克曼温度计（或热敏电阻温度计等）1 只、秒表 1 只、称量瓶 8 只、干燥器 1 只、研钵 1 个、放大镜 1 只、同步电机 1 个。

2. 药品

KNO_3（化学纯）。

五、实验步骤

1. 仔细阅读 WLS-2 数字恒流电源和 SWC-II_D 精密数字温度温差仪使用说明。

2. 在台秤上用杜瓦瓶直接称取 216.2g 蒸馏水于量热器中。

3. 调好贝克曼温度计，将量热器上加热器插头与恒流电源输出相接，将传感器与 SWC-II_D 温度温差仪接好并插入量热器中。按图 9-9 连好线路（杜瓦瓶用前需干燥）。

4. 将 8 个称量瓶编号，依次加入在研钵中研细的 KNO_3，其质量分别为 2.5g、1.5g、2.5g、2.5g、3.5g、4g、4g 和 4.5g，放入烘箱，在 110℃烘 1.5～2h，取出放入干燥器中（在实验课前进行）。

5. 将 WLS-2 数字恒流电源的粗调、细调旋钮逆时针旋到底，打开电源，见图 9-10。此时，加热器开始加热，调节 WLS-2 数字恒流电源的电流，使得电流 I 和电压 U 的乘积 $P = I_1U_1$ 为 2.5W（初始值）左右。

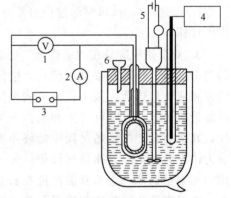

图 9-9　量热器及其电路图
1—直流伏特计；2—直流毫安表；3—直流稳压电源；4—测温部件；5—搅拌器；6—漏斗

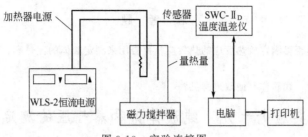

图 9-10 实验连接图

6. 打开 SWC-ⅡD 精密数字温度温差仪电源和搅拌器电源，待量热器中温度加热至高于环境温度 $0.5℃$ 左右时，按采零键并锁定，同时将量热器加料口打开，加入编号 1 样品，并开始计时，此时温差开始变为负温差。

7. 当温差值显示为零时，加入第二份样品并记下此时加热时间 t_1，此时温差开始变负，待温差变为零时，再加入第三份样品，并记下加热时间 t_2，以下依次反复，直至所有样品加完测定完毕。

8. 算出溶解热 $Q = I_1 Ut$。

六、注意事项

1. 实验过程中要求 I、U 值恒定，故应随时注意调节。

2. 实验过程中切勿把秒表按停，直到最后方可停表。

3. 固体 KNO_3 易吸水，故称量和加样动作应迅速。固体 KNO_3 在实验前务必研磨成粉状，并在 $110℃$ 烘干。

4. 量热器绝热性能与盖上各孔隙密封程度有关，实验过程中要注意盖好，减少热损失。

七、数据处理

1. 根据溶剂的质量和加入溶质的质量，求算溶液的浓度，以 n 表示。

$$n_0 = \frac{n_{H_2O}}{n_{KNO_3}} = \frac{\dfrac{200.0}{18.02}}{\dfrac{W_累}{101.1}} = \frac{1122}{W_累}$$

2. 按 $Q = IUt$ 公式计算各次溶解过程的热效应。

3. 按每次累积的浓度和累积的热量，求各浓度下溶液的 n_0 和 Q_S。

4. 将以上数据列表并作 Q_S-n_0 图，并从图中求出 $n_0 = 80$、100、200、300 和 400 处的积分溶解热和微分冲淡热，以及 n_0 从 $80 \rightarrow 100$、$100 \rightarrow 200$、$200 \rightarrow 300$、$300 \rightarrow 400$ 的积分冲淡热。

将测量结果填入表 9-2 中。

表 9-2　测量数据表

$I = \underline{\hspace{3em}}$ A　$U = \underline{\hspace{3em}}$ V　$IU = \underline{\hspace{3em}}$ W

序　号	W_i/g	$\sum W_i/g$	t/s	Q/J	$Q_S/J \cdot mol^{-1}$	n_0
1						
2						
3						
4						
5						
6						
7						
8						

思 考 题

1. 本实验的装置是否可测定放热反应的热效应？可否用来测定液体的比热容、水化热、生成热及有机物的混合等热效应？

2. 对本实验的装置、线路你有何改进意见？

实验七十九　纯液体饱和蒸气压的测定

一、实验目的

1. 了解不同温度下纯液体饱和蒸气压的测定原理和方法及其与温度的关系。

2. 应用克劳修斯-克拉佩龙（Clausius-Clapeyron）方程式，由测得的蒸气压数据求实验温度范围内纯水的平均摩尔汽化热 ΔH_v 和正常沸点。

3. 学会用平衡管测定不同温度下液体的饱和蒸气压。

二、预习要求

1. 掌握用静态法测定液体饱和蒸气压的操作方法。

2. 了解真空泵、恒温槽、数字气压计的使用及注意事项。

三、实验原理

在一定温度下（距离临界温度较远时），纯液体与其蒸气达到平衡时的蒸气压，称为该温度下液体的饱和蒸气压，简称为蒸气压。一定温度下，蒸发 1mol 液体所吸收的热量称为该温度下液体的摩尔汽化热。

液体的蒸气压随温度升高而增大，这主要与分子的动能有关。当蒸气压等于外界压力时，液体便沸腾，此时的温度称为沸点，外压不同时，液体沸点将相应改变，当外压为 p（101.325kPa）时，液体的沸点称为该液体的正常沸点。

液体的饱和蒸气压与温度的关系可用克劳修斯-克拉佩龙方程式表示：

$$\frac{\mathrm{d}\ln p}{\mathrm{d}T} = \frac{\Delta_{vap}H_m}{RT^2} \tag{9-15}$$

式中，R 为摩尔气体常数；T 为热力学温度；$\Delta_{vap}H_m$ 为在温度 T 时纯液体的摩尔汽化热。

假定 $\Delta_{vap}H_m$ 与温度无关，或因温度变化范围较小，$\Delta_{vap}H_m$ 可以近似作为常数，积分式（9-15），得：

$$\ln p = -\frac{\Delta_{vap}H_m}{R} \times \frac{1}{T} + C \tag{9-16}$$

式中，C 为积分常数。由此式可以看出，以 $\ln p$ 对 $\frac{1}{T}$ 作图，应为一直线，直线的斜率为 $-\frac{\Delta_{vap}H_m}{R}$，由斜率可求算液体的 $\Delta_{vap}H_m$。

测定液体饱和蒸气压的方法很多。本实验采用静态法，是指在某一温度下，直接测量液体的饱和蒸气压，此法一般适用于蒸气压比较大的液体。实验所用仪器是纯液体饱和蒸气压测定装置，如图 9-11 所示。

平衡管（图 9-12）由 A 球和 U 形管 B、C 组成。平衡管上接一冷凝器，以橡皮管与压力计相连。A 内装待测液体，当 A 球的液面上纯粹是待测液体的蒸气，而 B 管与 C 管的液面处于同一水平时，则表示 B 管液面上的（即 A 球液面上的蒸气压）与加在 C 管液面上的

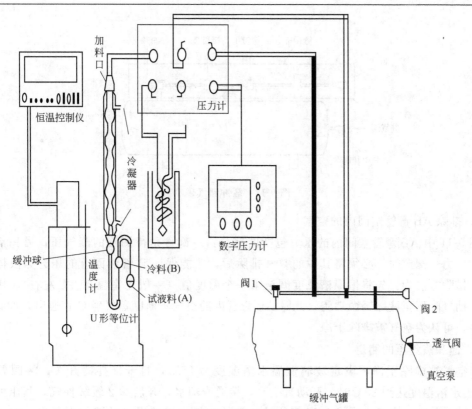

图 9-11　纯液体饱和蒸气压测定装置

外压相等。此时，体系气液两相平衡的温度称为液体在此外压下的沸点。用当时的大气压加上数字压力读数（读数为负值），即为该温度下液体的饱和蒸气压。

本实验采用升温法测量不同温度下纯液体饱和蒸气压，属于静态法。

四、仪器药品

纯液体饱和蒸气压测定装置 1 套、乙醇（分析纯）。

五、实验步骤

1. 装置仪器

将待测液体装入平衡管中，A 球约 2/3 体积，B 球和 C 球各 1/2 体积，然后按图装妥各部分。

2. 系统气密性检查

（1）缓冲储气罐整体气密性检查　缓冲储气罐外形构造如图 9-13 所示，将进气阀、阀 2 打开，阀 1 关闭（三阀均为顺时针关闭，逆时针开启）。启动气泵抽空至 −96kPa，关闭进气阀，停止气泵工作。观察数字压力计，若显示数字下降值在标准范围内（小于 0.01kPa/s），说明系统气密性良好。否则需查找并清除漏气原因，直至合格。

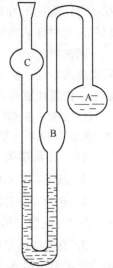

图 9-12　平衡管

（2）缓冲储气罐微调部分气密性检查　关闭缓冲储气罐气泵、进气阀和阀 2，用阀 1 调整微调部分的压力，使之低于压力罐中压力的 1/2，观察数字压力计，其变化值在标准范围内（<0.01kPa/4s），说明气密性良好。若压力值上升超过标准，说明阀 2 泄漏；若压力值超过标准，说明阀 1 泄漏。

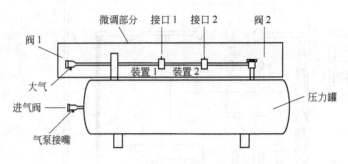

图 9-13   缓冲储气罐

3. 排除 AB 弯管空间内的空气

图 9-11 中 AB 弯管空间内的压力包括两部分：一部分是待测液的蒸气压；另一部分是空气的压力。测定时，必须将其中的空气排除后，才能保证 B 管液面上的压力为液体的蒸气压，排除方法为：先将恒温槽温度调至第一个温度值（一般比室温高 2℃ 左右），接通冷凝水，抽气降压至液体轻微沸腾，此时 AB 弯管内的空气不断随蒸气经 C 管逸出，如此沸腾数分钟，可认为空气被排除干净。

4. 饱和蒸气压的测定

当空气被排除干净，设定玻璃恒温水浴温度为 25℃，打开搅拌器开关，将回差处于 0.2。当水浴温度达到 25℃ 时，开动真空泵，接通冷却水，开启阀 2 缓缓抽气，其压力一般在 −96kPa 左右，使试液球与 U 形等位计之间的空气呈泡状通过而液体而逐出。如发现气体成串上蹿，可关闭（此时液体已沸腾）。打开，漏入空气，使沸腾缓和。如此沸腾 3～4min，将试液中的空气排出后，小心调节阀 1、阀 2 至 U 形等位计中双臂的液面等高为止，在压力计上读出并记下压力值。重复操作一次，压力计上的读数与前一次相差应不大于 10Pa。此时即认为试液球与 U 形等位计的空间全部为乙醇的蒸气所充满。

同法测定 30℃、35℃、40℃、45℃ 时乙醇的蒸气压。在升温过程中，应经常开启旋塞，缓缓放入空气，使 U 形管两臂液面接近相等。如果在实验过程中放入空气过多，可开一下旋塞，借缓冲罐的真空把空气抽出。

注：实验中每次递减的压力要逐渐减少（为什么？）。实验完毕后应先使体系及真空泵与大气相通才可断开真空泵的电源（为什么？）。

六、注意事项

1. 减压系统不能漏气，否则抽气时达不到本实验要求的真空度。

2. 必须充分排除净 AB 弯管空间中全部空气，使 B 管液面上空只含液体的蒸气分子。AB 管必须放置于恒温水浴中的水面以下，否则其温度与水浴温度不同。

3. 升温法测定中，打开进空气活塞时，切不可太快，以免空气倒灌入 AB 弯管的空间中，如果发生倒灌，则必须重新排除空气。

七、数据处理

1. 数据记录表（见表 9-3）。

2. 数据处理表（见表 9-4）。

3. 以 $\ln p$ 对 $1/T$ 作图，求出直线的斜率，并由斜率算出此温度间隔内乙醇的平均摩尔汽化热 $\Delta_{vap}H_m$，通过图求算出乙醇的正常沸点。

表 9-3　数据记录表

大气压_____ kPa　　　　室温_____℃

温度/℃ 蒸气压/kPa	25	30	35	40	45
1					
2					
平均值					

表 9-4　数据处理表

$\ln p$	1/T			
平均值				

思　考　题

1. 为什么 AB 弯管中的空气要排除净，怎样操作，怎样防止空气倒灌？
2. 何时读取 U 形压力计两臂的压差数值，所读数值是否是纯水的饱和蒸气压？

实验八十　凝固点降低法测摩尔质量

一、实验目的

1. 测定水的凝固点降低值，计算脲素的分子量。

2. 掌握溶液凝固点的测定技术。

3. 掌握贝克曼温度计的使用方法。

二、预习要求

1. 了解凝固点降低法测分子量的原理。

2. 了解测定凝固点的方法。

3. 熟悉贝克曼温度计的使用。

三、实验原理

当稀溶液凝固析出纯固体溶剂时，则溶液的凝固点低于纯溶剂的凝固点，其降低值与溶液的质量摩尔浓度成正比。即

$$\Delta T = T_f^* - T_f = K_f m_B \tag{9-17}$$

式中，T_f^* 为纯溶剂的凝固点；T_f 为溶液的凝固点；m_B 为溶液中溶质 B 的质量摩尔浓度；K_f 为溶剂的质量摩尔凝固点降低常数，它的数值仅与溶剂的性质有关。

若称取一定量的溶质 W_B(g) 和溶剂 W_A(g)，配成稀溶液，则此溶液的质量摩尔浓度为

$$m = \frac{W_B}{M_B W_A} \times 10^{-3}$$

式中，M_B 为溶质的分子量。将该式代入式（9-17），整理得：

$$M_B = K_f \frac{W_B}{\Delta T W_A} \times 10^{-3} \tag{9-18}$$

若已知某溶剂的凝固点降低常数 K_f 值，通过实验测定此溶液的凝固点降低值 ΔT，即可计算溶质的分子量 M_B。

通常测凝固点的方法是将溶液逐渐冷却，但冷却到凝固点，并不析出晶体，往往成为过冷溶液。然后由于搅拌或加入晶种促使溶剂结晶，由结晶放出的凝固热，使体系温度回升，当放热与散热达到平衡时，温度不再改变。此固液两相共存的平衡温度即为溶液的凝固点。但过冷太厉害或寒剂温度过低，则凝固热抵偿不了散热，此时温度不能回升到凝固点，在温度低于凝固点时完全凝固，就得不到正确的凝固点。从相律看，溶剂与溶液的冷却曲线形状不同。对纯溶剂两相共存时，自由度 $f^* = 1-2+1 = 0$，冷却曲线出现水平线段，其形状如图 9-14(a) 所示。对溶液两相共存时，自由度 $f^* = 2-2+1 = 1$，温度仍可下降，但由于溶剂凝固时放出凝固热，使温度回升，但回升到最高点又开始下降，所以冷却曲线不出现水平线段，如图 9-14(b) 所示。由于溶剂析出后，剩余溶液浓度变大，显然回升的最高温度不是原浓度溶液的凝固点，严格的做法应作冷却曲线，并按图 9-14(b) 中所示方法加以校正。但由于冷却曲线不易测出，而真正的平衡浓度又难以直接测定，实验总是用稀溶液，并控制条件使其晶体析出量很少，所以以起始浓度代替平衡浓度，对测定结果不会产生显著影响。

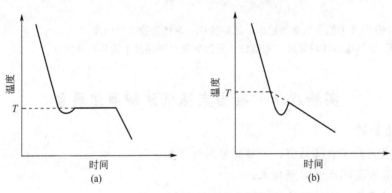

图 9-14　溶剂与溶液的冷却曲线

本实验测纯溶剂与溶液凝固点之差，由于差值较小，所以测温需用较精密仪器，本实验使用贝克曼温度计。

四、仪器药品

1. 仪器

凝固点测定仪 1 套、烧杯 2 个、贝克曼温度计 1 只、放大镜 1 个、普通温度计（0～50℃）1 只、压片机 1 个、移液管（50mL）1 支。

2. 药品

脲素、粗盐、冰。

五、实验步骤

1. 调节贝克曼温度计

在水的凝固点 0.00℃ 时，使水银柱高度距顶端 1～2℃ 为宜。贝克曼温度计的调节方法见仪器部分。

2. 调节寒剂的温度

取适量粗盐与冰水混合，使寒剂温度为 -3～-2℃，在实验过程中不断搅拌，使寒剂保持此温度。

3. 溶剂凝固点的测定

仪器装置如图 9-15 所示。用移液管向清洁、干燥的凝固点管内加入 50mL 纯水，并记下水的温度，插入调节好的贝克曼温度计，使水银球全部浸入水中，且搅拌时听不到碰壁与摩擦声。

先将盛水的凝固点管直接插入寒剂中，上下移动搅拌棒（勿拉过液面，约每秒钟一次）。使水的温度逐渐降低，当过冷到 0.7℃ 以后，要快速搅拌（以搅拌棒下端擦管底），幅度要尽可能的小，待温度回升后，恢复原来的搅拌，同时用放大镜观察温度计读数，直到温度回升稳定为止，此温度即为水的近似凝固点。

取出凝固点管，用手捂住管壁片刻，同时不断搅拌，使管中固体全部熔化，将凝固点管放在空气套管中，缓慢搅拌，使温度逐渐降低，当温度降至近似凝固点时，自支管加入少量晶种，并快速搅拌（在液体上部），待温度回升后，再改为缓慢搅拌。直到温度回升到稳定为止，以手轻叩温度计管壁，用放大镜读数，记下稳定的温度值，重复测定 3 次，每次之差不超过 0.006℃，3 次平均值作为纯水的凝固点。

4. 溶液凝固点的测定

取出凝固点管，如前将管中冰溶化，用压片机将脲素压成片，用分析天平精确称重（约 0.48g），自凝固点管的支管加入样品，待全部溶解后，测定溶液的凝固点。测定方法与纯水的相同，先测近似的凝固点，再精确测定，但溶液凝固点是取回升后所达到的最高温度。重复 3 次，取平均值。

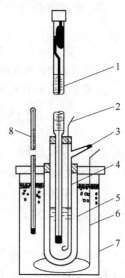

图 9-15　凝固点降低
实验装置
1—贝克曼温度计；2—内
管搅拌棒；3—投料支管；
4—凝固点管；5—空气
套管；6—寒剂搅拌棒；
7—冰槽；8—温度计

六、注意事项

1. 搅拌速度的控制是做好本实验的关键，每次测定应按要求的速度搅拌，并且测溶剂与溶液凝固点时搅拌条件要完全一致。

2. 寒剂温度对实验结果也有很大影响，过高会导致冷却太慢；过低则测不出正确的凝固点。

3. 纯水过冷度约 0.7～1℃（视搅拌快慢），为了减少过冷度，而加入少量晶种，每次加入晶种大小应尽量一致。

4. 贝克曼温度计是贵重的精密仪器，且容易损坏，实验前要了解它的性能及使用方法，在使用过程中，勿让水银柱与顶端水银槽中的水银相连。

七、数据处理

1. 由水的密度，计算所取水的质量 W_A。

2. 将实验数据列入表 9-5 中。

表 9-5　实验数据表

物质	质量	凝固点		凝固点降低值
		测量值	平均值	
水		1		
		2		
		3		
脲素		1		
		2		
		3		

3. 由所得数据计算脲素的分子量，并计算与理论值的相对误差。

思　考　题

1. 为什么要先测近似凝固点？
2. 根据什么原则考虑加入溶质的量？太多或太少影响如何？

实验八十一　化学平衡常数及分配系数的测定

一、实验目的

测定反应 $KI+I_2 \Longrightarrow KI_3$ 的平衡常数在四氯化碳和水的分配常数。

二、实验原理

在定温、定压下，碘和碘化钾在水溶液中建立如下平衡：

$$KI+I_2 \Longrightarrow KI_3 \tag{9-19}$$

为测定平衡常数，应在不破坏平衡状态的条件下，测定平衡组成。本实验在上述平衡建立时，若用 $Na_2S_2O_3$ 标准溶液滴定溶液中 I_2 的浓度，则因随着 I_2 的消耗，平衡向左移动，使 KI_3 继续分解，因而最终只能得到溶液中 I_2 和 I_3 的总量。为了解决这个问题，可在上述溶液中加入四氯化碳，然后充分摇混（KI 和 KI_3 不溶于 CCl_4），当温度和压力一定时，上述化学平衡及 I_2 在四氯化碳层和水层的分配平衡同时建立，测得四氯化碳层中 I_2 的浓度，即可根据分配系数求得水层中 I_2 的浓度。

当两个平衡同时建立时，设水层中 KI_3 和 I_2 的总浓度为 b（可通过用 $Na_2S_2O_3$ 标准溶液滴定测得），KI 的初始浓度为 c（由配置溶液可算出），四氯化碳层 I_2 的浓度为 a'（用 $Na_2S_2O_3$ 标准溶液标定测得），I_2 在水层和四氯化碳层分配系数为 K，通过实验测得 K 值及四氯化碳层中 I_2 的浓度 a' 后，可求出水层中 I_2 浓度 a，$K=\dfrac{a'}{a}$，$a=\dfrac{a'}{K}$。

这样平衡中的水层中 I_2 的浓度为 a，KI_3 的浓度为 $b-a$，KI 的初始浓度减去 KI_3 的浓度 $b-a$ 即 $c-(b-a)$（因为形成一个 KI_3 就消耗一个 KI），所以反应式（9-19）的平衡常数：

$$K_c=\frac{[KI_3]}{[I_2][KI]}=\frac{b-a}{a[c-(b-a)]} \tag{9-20}$$

化学平衡及分配平衡同时建立，如图 9-16 所示。

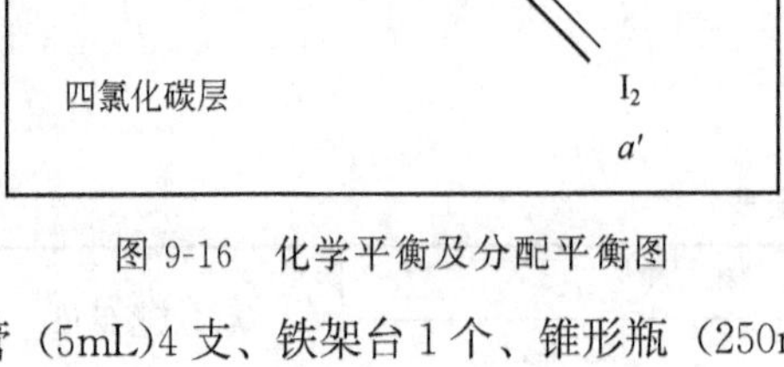

图 9-16　化学平衡及分配平衡图

三、仪器和药品

1. 仪器

恒温装置 1 套、碘素瓶（250mL）3 个、碱式滴定管（50mL）3 支、移液管（250mL）2 支、洗耳球 3 只、移液管（胖肚式 10mL）2 支、移液管 1 支、移液管（5mL）4 支、铁架台 1 个、锥形瓶（250mL）6 个、量筒（10mL）2 个、量筒（100mL）2 个。

2. 药品

$Na_2S_2O_3$ 标准溶液（0.01mol/L）、KI 标准溶液（0.1mol/L）、四氯化碳、I_2 的四氯化碳饱和溶液、碘、1% 的淀粉溶液。

四、实验步骤

1. 按表列数据，将溶液配于碘素瓶中。

2. 将恒温槽调至 25℃ 恒温，并将被测溶液置于恒温槽中恒温，每隔 10min 取出振荡一次，约 1h（至少振荡 6 次）后取样分析。

3. 分析水层样时，先用 $Na_2S_2O_3$ 滴至淡黄色，再加 2mL 淀粉指示剂，然后滴至蓝色恰好消失。

4. 分析四氯化碳层样时，在滴定用锥形瓶中先加入 15mL 蒸馏水、2mL 淀粉溶液、饱和 KI 溶液 10 滴（或少许 KI 固体颗粒），然后用洗耳球使移液管尖端鼓泡通过水层（以免水层进入移液管中）进入四氯化碳层中取出所需样品放入锥形瓶中，用 $Na_2S_2O_3$ 标准溶液进行滴定，滴定过程中要充分振荡，直到水层中蓝色消失，四氯化碳层中不再出现红色为止。滴定液回收。

五、记录与数据处理（见表 9-6）

表 9-6　实验数据表

实验温度_____　　　　　　　　大气压_____

KI 浓度_____　　　　　　　　　$Na_2S_2O_3$ 浓度_____

实验编号		1	2	3
混合溶液组成/mL	H_2O	200	50	0
	I_2 的 CCl_4 饱和溶液	25	20	25
	KI 溶液	0	50	100
	CCl_4 层	0	5	0
分析取样体积/mL	CCl_4 层	5	5	5
	H_2O 层	50	10	10
滴定时消耗的 $Na_2S_2O_3$ 溶液的体积/mL	CCl_4 层			
	H_2O 层			
分配系数和平衡常数		$K=$	$K_{c1}=$	$K_{c2}=$
			$K_{c平均}=$	

由 1 号消耗的 $Na_2S_2O_3$ 溶液的量根据浓度-体积关系和分配定律求出分配系数 K。

$$K = \frac{四氯化碳层中 I_2 的浓度}{水层中 I_2 的浓度}$$

由 2 号、3 号实验的四氯化碳层 a' 和 K 求出水层 a，再由水层中消耗的 $Na_2S_2O_3$ 溶液量求出 b，将 a、b、c 代入式（9-20）中求 K_c 值。

思　考　题

1. 测定平衡常数分配系数为什么要求恒温？
2. 配制溶液时，哪种试剂需要准确计算其体积？为什么？
3. 配制第 1 号、2 号、3 号溶液进行实验的目的何在？
4. 如何加速平衡的到达？测定四氯化碳层中 I_2 的浓度时应注意些什么？

实验八十二　配合物组成及稳定常数的测定

一、实验目的

用分光光度法测定三价铁与铁钛试剂形成配合物的组成及稳定常数。

二、实验原理

金属离子常与有机物形成配合物。三价铁离子与铁钛试剂 $[C_6H_2(OH)_2(SO_3Na)_2]$ 在不同 pH 值的溶液中形成不同配位数的不同颜色的配合物。在用缓冲溶液保持溶液 pH 值不变的条件下，可用浓比递变法测定配合物组成。此法的要点是先配好浓度相同的 Fe^{3+} 和铁钛试剂溶液，再用这两种溶液配成一系列不同体积比但保持总体积不变的混合液，因而这些混合液中 Fe^{3+} 加铁钛试剂的总浓度不变，当混合液中两者分子比（即体积比）相当于配合物组成时，则溶液中配合物浓度最高，溶液的颜色也最深。因此用光度计测得各溶液的光密度，用它对两种溶液的体积比作图，则从曲线的最高点对应的体积比，可求得配合物的组成。当然必须是配合物溶液在实验所用浓度范围内符合比耳定律。

当溶液中金属离子 M 和配位体 L 形成 ML_n 配合物时，反应平衡式可写成：

$$M + nL \longrightarrow ML_n$$

其平衡常数

$$K = \frac{[ML_n]}{[M][L]^n} \tag{9-21}$$

设 M 和 L 的初始浓度分别为 a 和 b，达到平衡时配合物浓度为 x，则可得到：

$$K = \frac{x}{(a-x)(b-nx)^n} \tag{9-22}$$

设有 M 浓度各为 a_1、a_2 和 L 浓度各为 b_1、b_2 的两组溶液，其配合物浓度同为 x，则可得到：

$$K = \frac{x}{(a_1-x)(b_1-nx)^n} = \frac{x}{(a_2-x)(b_2-nx)^n} \tag{9-23}$$

将已知 n、a_1、b_1、a_2 及 b_2 代入式（9-23），解出 x 后，即可算出稳定常数 K。

三、实验仪器与试剂

723 型光电分光光度计 1 台、pH 计 1 台、50mL 容量瓶 11 个、10mL 刻度移液管 2 支、10mL 移液管 1 支、Fe^{3+} 浓度为 $0.0025\,mol \cdot L^{-1}$ 的硫酸高铁铵溶液、$0.0025\,mol \cdot L^{-1}$ 的铁钛试剂（1,2-二羟基-3,5-二磺酸钠）溶液、pH＝4.6 的乙酸-乙酸铵缓冲液（每升溶液含 100g 乙酸铵及足够量乙酸）。

四、实验步骤

1. 取 25g 乙酸铵加 25mL 冰醋酸配制 250mL 缓冲溶液。

2. 按记录表格中规定的数字配出第一组各体积比的混合液各 50mL，抽查溶液的 pH 值。

3. 把 $0.0025\,mol \cdot L^{-1}$ 的 Fe^{3+} 溶液和 $0.0025\,mol \cdot L^{-1}$ 的铁钛试剂都稀释一倍，再按步骤 2 配制各体积比的第二组混合液各 50mL，抽查溶液的 pH 值。

4. 在所配制的溶液中，选取颜色最深的一种溶液用 723 型光电分光光度计在 480～700nm 波长范围内每隔 20nm 测一次光密度-波长曲线，选最高吸收峰对应的波长作为测量用的波长。

5. 用所选最佳波长测定两组试液的光密度值。

实验记录见表 9-7。

表 9-7 实验记录表

室温_____℃　　　气压_____Pa

溶液编号	1	2	3	4	5	6	7	8	9	10	11
Fe^{3+} 溶液体积/mL											
铁钛试剂溶液体积/mL											
缓冲溶液体积/mL											
加水后总体积/mL											
光密度											
Fe^{3+} 浓度/mol·L^{-1}											
铁钛试剂浓度/mol·L^{-1}											

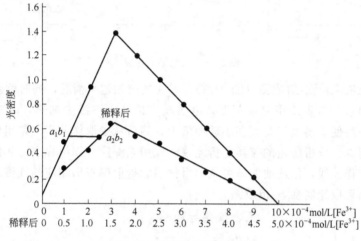

图 9-17　光密度-溶液组成图

五、数据处理

1. 以光密度为纵坐标，溶液体积比和溶液浓度为横坐标，把两组溶液的数据绘在同一个图上（见图 9-17）。从各组数据所连成线段的交点得到最大光密度对应的体积比，由此即可确定配合物组成（即配位数 n）。

2. 从图 9-17 上找一个适当的光密度引横坐标的平行线，与两组溶液的光密度线段相交，交点上的光密度相同，即配合物浓度 x 相同。从与两组溶液相交的两个点找出相应的溶液组 a_1、b_1 和 a_2、b_2，连同已求得的 n 值代入式（9-23），计算 x 值及稳定常数 K。

思 考 题

1. 在什么条件下才能用本实验的方法测定配合物组成和稳定常数？
2. 如果金属离子和配位剂本身具有颜色该怎么办？
3. 为什么要控制溶液的 pH 值？

实验八十三　双液系的气-液平衡相图

一、实验目的

1. 测定环己烷-乙醇体系的沸点-组成图，并确定恒沸温度及恒沸组成。

2. 通过实验进一步理解分馏原理。

3. 掌握阿贝折光仪的使用方法。

二、实验原理

二元体系的沸点-组成图可以分三类：①理想双液系，其溶液沸点介于纯物质沸点之间；②各组分对拉乌尔定律都有负偏差，其溶液有最高沸点；③各组分对拉乌尔定律发生正偏差，其溶液有最低沸点。

本实验测第③类二元液系沸点-组成图。

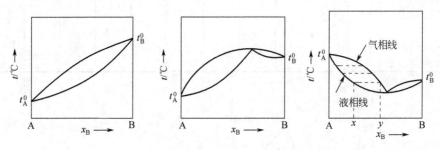

图 9-18　二元系 t - x 图

为测定二元液系沸点-组成图（图 9-18），需在气液相达平衡后，同时测定气相组成、液相组成和溶液沸点。本实验用简单蒸馏，电热丝直接放入溶液中加热，以减少过热暴沸现象，蒸馏瓶上冷凝使平衡蒸气凝聚在小玻璃槽中，然后从中取样分析气相组成。从蒸馏瓶中取样分析液相组成。分析所用的仪器是折光仪，先用它测定已知组成混合物的折射率作出折射率对组成的工作曲线，用此曲线即可从测得样品的折射率查出相应的气液组成。沸点可以直接读出，从而可以绘制沸点-组成图。

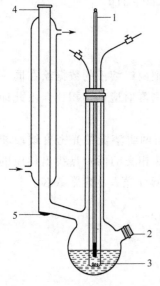

图 9-19　蒸馏瓶
1—温度计；2—进样口；3—加
热丝；4—气相冷凝液取
样品；5—气相冷凝液

三、仪器与药品

1. 仪器

蒸馏瓶 1 个，温度计（50～100℃）1 支，阿贝折光仪 1 台，长、短取样管各 1 支，移液管（25mL）2 支，超级恒温水浴 1 套，调压器 1 个，加热装置 1 套，电吹风 1 台，镜头纸若干。

2. 药品

环己烷、无水乙醇。

四、实验步骤

1. 按装置图 9-19 连接好线路。

2. 在蒸馏瓶中（洗净烘干）加入 20mL 纯环己烷，调节器调至约 8～10V，使液体加热至沸，待温度恒定后记沸点温度并停止加热。

3. 在蒸馏瓶中，环己烷溶液依次加入 0.5mL、3mL、10mL，乙醇溶液按上法分别加热至沸，最初在冷却槽中的液体常常不能代表平衡时的气相组成，所以常用冷却液倾回蒸馏瓶中 3～4 次，待温度恒定后，停止加热，记下沸点。随即分别用长短取样管吸取冷却槽中和蒸馏中的液体，测其折射率，测定时动作要迅速。每个样品测三次平均值。蒸馏瓶中液体要回收。

4. 将蒸馏瓶洗净吹干，倒入 20mL 纯乙醇，同上法测其沸点。

5. 以后在蒸馏瓶中依次加入 1mL、2mL、5mL 环己烷，分别测其沸点和折射率，记录。

五、记录与数据处理（见表 9-8）

表 9-8　实验数据表

室温＿＿＿＿℃　　大气压＿＿＿＿＿Pa

溶液组成/mL		沸点温度 /℃	气 相 分 析		液 相 分 析	
环己烷	乙醇		折射率	$y_乙$	折射率	$x_乙$
20	0					
20	0.5					
20	3.5					
20	13.5					
20	23.5					
0	20					
1	20					
3	20					
8	20					

由已知组成的环己烷-乙醇混合物的折射率曲线上查出馏出液（气相）和蒸馏液（液相）的组成。

利用坐标画出 t-x 图，求出环己烷-乙醇体系的最低恒沸混合物的组成及最低恒沸点的温度。

恒沸组成＿＿＿＿＿；最低恒沸点的温度＿＿＿＿＿。

思 考 题

1. 每次加入蒸馏瓶中的环己烷乙醇的混合量是否一定要精确计算？为什么？
2. 如何判断气液相平衡？
3. 测折射率时为什么要尽量快？
4. 温度计的位置怎样为合适？
5. 收集气相冷凝液的小槽的对实验结果有无影响？

附：

已知 20℃ 时环己烷-乙醇二元体系的折射率 n_D^{20} 与溶质质量百分数的关系见表 9-9。

表 9-9　环己烷-乙醇二元体系的折射率与溶质质量百分数的关系（20℃）

环己烷/%	0	10.62	19.30	30.99	40.87	56.28	60.17	70.46	80.1	100
折射率 n_D	1.3412	1.3614	1.3671	1.3722	1.3849	1.3941	1.3974	1.4044	1.4133	1.4271

注：若温度不是 20℃，则按温度每升高 1℃，折射率降低 $4×10^{-4}$ 进行换算。

实验八十四　金属相图

一、实验目的

1. 学会用热分析法测绘 Sn-Bi 二组分金属相图。

2. 了解热电偶测量温度和进行热电偶校正的方法。

二、预习要求

1. 了解纯物质的步冷曲线和混合物的步冷曲线的形状有何不同，其相变点的温度应如何确定。

2. 掌握热电偶测量温度的原理及校正方法。

三、实验原理

测绘金属相图常用的实验方法是热分析法，其原理是将一种金属或合金熔融后，使之均匀冷却，每隔一定时间记录一次温度，表示温度与时间关系的曲线叫步冷曲线。当熔融体系在均匀冷却过程中无相变化时，其温度将连续均匀下降得到一光滑的冷却曲线；当体系内发生相变时，则因体系产生的相变热与自然冷却时体系放出的热量相抵偿，冷却曲线就会出现转折或水平线段，转折点所对应的温度，即为该组成合金的相变温度。利用冷却曲线所得到的一系列组成和所对应的相变温度数据，以横轴表示混合物的组成，在纵轴上标出开始出现相变的温度，把这些点连接起来，就可绘出相图。

二元简单低共熔体系的冷却曲线具有图 9-20 所示的形状。

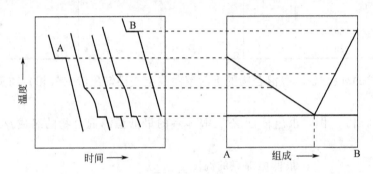

图 9-20　根据步冷曲线绘制的相图

用热分析法测绘相图时，被测体系必须时时处于或接近相平衡状态，因此必须保证冷却速度足够慢才能得到较好的效果。此外，在冷却过程中，一个新的固相出现以前，常常发生过冷现象，轻微过冷则有利于测量相变温度；但严重过冷现象，却会使转折点发生起伏，使相变温度的确定产生困难，见图 9-21。遇此情况，可延长 *dc* 线与 *ab* 线相交，交点 *e* 即为转折点。

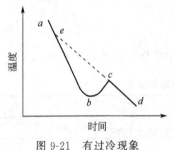

图 9-21　有过冷现象
时的步冷曲线

四、仪器药品

1. 仪器

KWL-08 可控升降温电炉 1 台、SWKY 数字控温仪 1 台。

2. 药品

Sn（化学纯）、Bi（化学纯）、石蜡油、石墨粉。

五、实验步骤

1. 样品配制

用感量 0.1g 的台秤分别称取纯 Sn、纯 Bi 各 50g，另配制含锡 20%、40%、60%、80% 的铋锡混合物各 50g，分别置于坩埚中，在样品上方各覆盖一层石墨粉。

2. 绘制步冷曲线

（1）将热电偶及测量仪器如图 9-22 连接好。

（2）将盛样品的坩埚放入加热炉内加热（控制炉温不超过 400℃）。待样品熔化后停止加热，用玻璃棒将样品搅拌均匀，并将石墨粉拨至样品表面，以防止样品氧化。

（3）将坩埚移至保温炉中冷却，此时热电偶的尖端应置于样品中央，以便反映出体系的真实温度，同时开启记录仪绘制步冷曲线，直至水平线段以下为止。

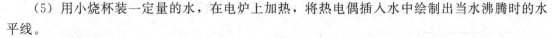

图 9-22 步冷曲线测量装置

1—加热炉；2—坩埚；3—玻璃套管；4—热电偶

（4）用上述方法绘制所有样品的步冷曲线。

（5）用小烧杯装一定量的水，在电炉上加热，将热电偶插入水中绘制出当水沸腾时的水平线。

六、注意事项

1. 用电炉加热样品时，注意温度要适当，温度过高样品易氧化变质；温度过低或加热时间不够则样品没有全部熔化，步冷曲线转折点测不出。

2. 热电偶热端应插到样品中心部位，在套管内注入少量的石蜡油，将热电偶浸入油中，以改善其导热情况。搅拌时要注意勿使热端离开样品，金属熔化后常使热电偶玻璃套管浮起，这些因素都会导致测温点变动，必须消除。

3. 在测定一样品时，可将另一待测样品放入加热炉内预热，以便节约时间，合金有两个转折点，必须待第二个转折点测完后方可停止实验，否则须重新测定。

七、数据处理

1. 用已知纯 Bi、纯 Sn 的熔点及水的沸点作横坐标，以纯物质步冷曲线中的平台温度为纵坐标作图，画出热电偶的工作曲线。

2. 找出各步冷曲线中拐点和平台对应的温度值。

3. 从热电偶的工作曲线上查出各拐点温度和平台温度，以温度为纵坐标，以组成为横坐标，绘出 Sn-Bi 合金相图。

思　考　题

1. 对于不同成分的混合物的步冷曲线，其水平段有什么不同？
2. 作相图还有哪些方法？

实验八十五　差热分析

一、实验目的

1. 掌握差热分析原理和定性解释差热谱图。

2. 用差热仪绘制 $CuSO_4 \cdot 5H_2O$ 等样品的差热图。

二、实验原理

物质在受热或冷却过程中，当达到某一温度时，往往会发生熔化、凝固、晶型转变、分解、化合、吸附、脱附等物理或化学变化，并伴随有焓的改变，因而产生热效应，其表现为物质与环境（样品与参比物）之间有温度差。差热分析（简称 DTA）就是通过温差测量来确定物质的物理化学性质的一种热分析方法。

差热分析仪的结构如图 9-23 所示。它包括带有控温装置的加热炉、放置样品和参比物的坩埚、用以盛放坩埚并使其温度均匀的保持器、测温热电偶、差热信号放大器和记录仪（后两者也可用测温检流计代替）。

差热图的绘制是通过两支型号相同的热电偶，分别插入样品和参比物中，并将其相同端连接在一起（即并联，见图 9-23）。A、B 两端引入记录笔 1（或引入测温检流计），记录炉温信号。若炉子等速升温，则笔 1 记录下一条倾斜直线，如图 9-24 中 MN；A、C 端引入记录笔 2（或温差检流计），记录差热信号。若样品不发生任何变化，样品和参比物的温度相同，两支热电偶产生的热电势大小相等，方向相反，所以 $\Delta V_{AC}=0$，笔 2 划出一条垂直直线，如图 9-24 中 ab、de、gh 段，是平直的基线。反之，样品发生物理化学变化时，$\Delta V_{AC}\neq0$，笔 2 发生左右偏移（视热效应正、负而异），记录下差热峰，如图 9-24 中 bcd、efg 所示。两支笔记录的时间-温度（温差）图就称为差热图。

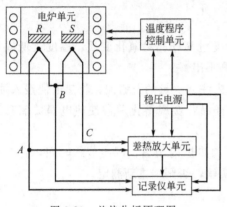

图 9-23　差热分析原理图

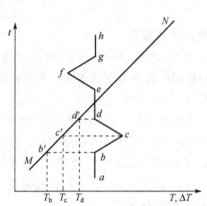

图 9-24　典型的差热图

从差热图上可清晰地看到差热峰的数目、高度、位置、对称性以及峰面积。峰的个数表示物质发生物理化学变化的次数，峰的大小和方向代表热效应的大小和正负，峰的位置表示物质发生变化的转化温度（如图 9-24 中 T_b）。在相同的测定条件下，许多物质的热谱图具有特征性。因此，可通过与已知的热谱图的比较来鉴别样品的种类。理论上讲，可通过峰面积的测量对物质进行定量分析，但因影响差热分析的因素较多，定量难以准确。

在差热分析中，体系的变化为非平衡的动力学过程。得到的差热图除了受动力学因素影响外，还受实验条件的影响，主要有参比物的选择、升温速率影响、样品预处理及用量、气氛及压力的选择和走纸速度的选择等。

三、仪器及药品

1. 仪器

CRY-1 型差热分析仪 1 套。

2. 药品

α-Al_2O_3、$BaCl_2 \cdot 2H_2O$、$CuSO_4 \cdot 5H_2O$、Sn。

四、实验步骤

1. 准备工作

(1) 取两只空坩埚，从炉顶放在样品杆上部的两只托盘上。

(2) 通水和通气：接通冷却水，开启水源使水流畅通。根据需要在通气口通入一定的保护气体。

（3）送电：将"升温方式"的选择开关拨在升温位置，开启总电源、温度程序控制电源和差热放大器电源开关。

（4）调"偏差指示"：打开电源后，如温度程序控制单元上的"偏差指示"表头指针已指在满标处，则利用"手动"旋钮（此时必须先推进速度选择开关，将其指在两挡速度之间位置，否则"手动"旋钮不能转动）使偏差指示在零位附近。"手动"旋钮的转动方向为：当出现正偏差时，转动"手动"旋钮使机械计数器读数增大，反之则减小。

（5）零位调整：将差热放大器单元的量程选择开关置于"短路"位置，转动"调零"旋钮，使"差热指示"表头指在"0"位。

（6）斜率调整：将差热放大单元量程选择开关置于$\pm100\mu V$挡；程序方式选择"升温"，升温速度为$10℃\cdot min^{-1}$或$20℃\cdot min^{-1}$。开启记录仪笔2开关，转动差热放大器单元上的"移位"开关，使蓝笔处于记录纸的中线附近。开启记录仪的"记录"开关，将纸速调至$300mm\cdot h^{-1}$或$600mm\cdot h^{-1}$，这时蓝笔所画的线应为一条直线，称为"基线"。按下温度程序控制单元上的"工作"按钮［若发现"调零指示"表头指针远离"零位"，则应按（5）的步骤另调］。按下电炉电源开关，电炉升温。如发现基线漂移，则可用"斜率调整"旋钮来进行校正。若基线向左倾斜，可顺时针转动旋钮；若基线向右倾斜，可逆时针转动旋钮。基线调好后，一般不再调整。

2. 差热测量

（1）准备工作同前，应使仪器预热$20min$。

（2）将样品放入已知重量的坩埚中称重，在另一只坩埚中放入重量基本相等的参比物，如α-Al_2O_3。然后将盛样品的坩埚放在样品托的左侧托盘上，盛参比物的坩埚放在右侧的托盘上（约$5mg$），盖好瓷盖和保温盖。

（3）微伏放大器量程开关置于适当位置，如$\pm100\mu V$。

（4）保持冷却水流量约$200\sim300mL\cdot min^{-1}$。

（5）在一定的气氛下，将升温速度选择$5℃\cdot min^{-1}$，接通电源，按下"工作"旋钮，开始升温。

（6）开启记录仪，选择适当的走纸速度，记录升温曲线和差热曲线，直至升至发生要求的相变后，将"程序方式"选择在降温。如作步冷曲线可继续记录至要求的相变点以下，然后停止记录。

（7）打开炉盖，取出坩埚，待炉温降至$50℃$以下时，换上另一样品，按上述步骤操作。

五、数据处理

1. 将所得数据列表。

2. 定性说明所得差热图谱的意义。

3. 按下式计算样品的相变热ΔH。

$$\Delta H=\frac{K}{m}\int_b^d \Delta T d\tau$$

式中，m为样品质量；b、d分别为峰的起始、终止时刻；ΔT为时间τ内样品与参比物的温差；$\int_b^d \Delta T d\tau$代表峰面积；K为仪器常数，可用数学方法推导，但较麻烦，本实验用已知热效应的物质进行标定。已知纯锡的熔化热为$59.36\times10^{-3}J\cdot mg^{-1}$，可由锡的差热峰面积求得$K$值。

六、注意事项

坩埚一定要清理干净，否则坩垢不仅影响导热，杂质在受热过程中也会发生物理化学变化，影响实验结果的准确性。

思 考 题

1. DTA 实验中如何选择参比物？常用的参比物有哪些？
2. 差热曲线的形状与哪些因素有关？影响差热分析结果的主要因素是什么？
3. DTA 和简单热分析（步冷曲线法）有何异同？

实验八十六　过氧化氢的催化分解

一、实验目的

测定 H_2O_2 催化分解反应的速率常数。

二、实验原理

过氧化氢是很不稳定的化合物，在没有催化剂作用时也能分解，但分解速率很慢，当加入催化剂时能促使 H_2O_2 较快分解，分解反应按式（9-24）进行：

$$H_2O_2 \longrightarrow H_2O + \frac{1}{2}O_2 \tag{9-24}$$

当催化剂 KI 作用下，H_2O_2 分解反应的机理为：

$$H_2O_2 + KI \longrightarrow KIO + H_2O \quad （慢） \tag{9-25}$$

$$KIO \longrightarrow KI + \frac{1}{2}O_2 \quad （快） \tag{9-26}$$

KI 与 H_2O_2 生成了中间产物 KIO，改变了反应机理，使反应的活化能降低，反应加快。反应式（9-25）较反应式（9-26）慢得多，成为 H_2O_2 分解的控制步骤。

H_2O_2 分解反应速率表示为：

$$v = -\frac{dc_{H_2O_2}}{dt}$$

反应速率方程为：

$$-\frac{dc_{H_2O_2}}{dt} = k' c_{H_2O_2} c_{KI} \tag{9-27}$$

KI 在反应中不断再生，其浓度近似不变，式（9-27）简化为：

$$-\frac{dc_{H_2O_2}}{dt} = k c_{H_2O_2} \tag{9-28}$$

式中，$k = k' c_{KI}$，k 与催化剂浓度成正比。

积分式（9-28）得：

$$\ln \frac{c}{c_0} = -kt \tag{9-29}$$

式中　c_0——H_2O_2 的初始浓度；

　　　c——t 时刻 H_2O_2 的浓度。

本实验通过测定 H_2O_2 分解时放出 O_2 的体积来求反应速率系数 k。由式（9-24）知在一定温度、压力下反应所产生 O_2 的体积 V 与消耗掉的 H_2O_2 浓度成正比，完全分解时放出 O_2 的体积 V_∞ 与 H_2O_2 的初始浓度 c_0 成正比，其比例常数为定值，则：

$$c_0 \propto V_\infty \qquad\qquad c \propto V_\infty - V$$

代入式（9-29）得：

$$\ln \frac{V_\infty - V}{[V]} = -kt + \ln \frac{V_\infty}{[V]}$$

以 $\ln(V_\infty - V)/[V]$ 对 t 作图，得一直线，从斜率即可求出反应速率常数 k。

由式（9-24）可知每分解出 1mol O_2 需 2mol H_2O_2，令 H_2O_2 的初始浓度为 c_0，实验所用溶液体积为 $V_{H_2O_2}$，则：

$$V_\infty = \frac{c_0 V_{H_2O_2}}{2} \times \frac{RT}{P - P^0} \tag{9-30}$$

式中　P——大气压；

　　　P^0——室温下水的饱和蒸气压；

　　　T——室温。

三、仪器与药品

1. 仪器

恒温反应器 1 台、电磁搅拌器 1 台、移液管（2mL）1 支、移液管（5mL）1 支、移液管（10mL）2 支、容量瓶（100mL）1 个、量气管（10mL）1 个、锥形瓶（250mL）2 个、酸式滴定管（50mL）1 个、温度计 1 支、水位瓶 1 个。

2. 药品

30% H_2O_2 溶液、$MnSO_4$ 饱和溶液、0.1mol·L^{-1} 的 KI 溶液、高锰酸钾标准溶液、3mol·L^{-1} 的 H_2SO_4 溶液。

四、实验步骤

1. 如图 9-25 组装仪器。

2. 用移液管吸取 30% H_2O_2 溶液 10mL 置于 100mL 容量瓶中，冲稀至刻度，摇匀，即得实验用的 H_2O_2 溶液。

用移液管吸取此液 2mL 放入锥形瓶中，用 10mL 量筒加入 10mL 3mol·L^{-1} 的 H_2SO_4 溶液（Mn^{2+} 作催化剂），用高锰酸钾标准液滴定。反应方程如下：

$$5H_2O_2 + 2MnO_4^- + 6H^+ = 2Mn^{2+} + 5O_2 + 8H_2O$$

溶液由无色至微红色为滴定终点，记下消耗的高锰酸钾体积。

3. 检漏及调节仪器零点

将三通活塞旋至 B 状态，水准瓶放到最低位置，如果两量气管液差保持不变，则认为不漏气。

将三通活塞旋至 A 状态，调节水准瓶的位置，使液面对准量气管 0 刻度。

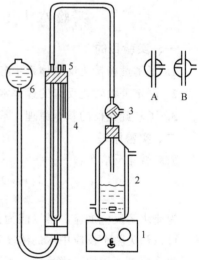

图 9-25　过氧化氢分解实验装置
1—电磁搅拌器；2—恒温反应器；
3—三通旋塞（A、B）；4—量气管；
5—温度计；6—水位瓶

4. 调节温度至 293.2K，洗净反应瓶，沿壁轻轻放入磁搅拌子，夹正反应瓶，将三通活塞旋至 A 位置，分别用移液管加入 H_2O_2 溶液，再加入 KI 溶液，迅速塞紧胶塞，将三通活塞旋至 B 位置，开动磁搅拌器，搅拌子转起立刻开始计时。在反应过程中，水准瓶要慢慢移动，以保持两量气管和水准瓶的液面在同一平面上。记下每放出 2mL（或 5mL）O_2 为止。

依次做下面 5 个条件（注意：用配制 3‰ H_2O_2 溶液）：①293.2K，10mL H_2O_2＋5mL 0.1mol·L^{-1} KI＋5mL H_2O；②293.2K，10mL H_2O_2＋10mL 0.1mol·L^{-1} KI；③298.2K，10mL H_2O_2＋10mL 0.1mol·L^{-1} KI；④303.2K，10mL H_2O_2＋10mL 0.1mol·L^{-1} KI；⑤308.2K，10mL H_2O_2＋10mL 0.1mol·L^{-1} KI。

记录量气筒的温度及当天大气压。

五、数据处理

1. V_∞ 的计算

由式（9-30）求出 V_∞。

2. 求 k

以 $\ln(V_\infty-V)$ 为纵坐标，t 为横坐标作图，可得一直线，证明此反应为一级反应。由斜率 m 可求出反应速率常数 $k=-m$。

3. 求活化能

以 $\ln k$ 为纵坐标，$1/T$ 为横坐标作图得一直线，由斜率 n 可求出活化能 E。

$$E=-8.314\times n\times0.001\ (\text{kJ}\cdot\text{mol}^{-1})$$

思 考 题

1. 读取 O_2 体积时，量气筒及水准瓶中水面处于同一水平面的作用何在？
2. 实验过程中搅拌速度为什么要保持恒定？搅拌速度快慢对实验结果有无影响？
3. 指出速率 k 的有效数字及本实验的主要误差？

实验八十七　蔗糖水解速率常数的测定

一、实验目的

1. 了解蔗糖转化反应体系中各物质浓度与旋光度之间的关系。
2. 测定蔗糖转化反应的速率常数和半衰期。
3. 了解旋光仪的基本原理，掌握其使用方法。

二、实验原理

蔗糖转化反应为：

$$C_{12}H_{22}O_{11}+H_2O\longrightarrow C_6H_{12}O_6+C_6H_{12}O_6$$
$$\text{蔗糖}\qquad\qquad\qquad\text{葡萄糖}\qquad\text{果糖}$$

为使水解反应加速，常以酸为催化剂，故反应在酸性介质中进行。由于反应中水是大量的，可以认为整个反应中水的浓度基本是恒定的。而 H^+ 是催化剂，其浓度也是固定的。所以，此反应可视为假一级反应。其动力学方程为

$$-\frac{dc}{dt}=kc \tag{9-31}$$

式中，k 为反应速率常数；c 为时间 t 时的反应物浓度。

将式（9-31）积分得：

$$\ln c=-kt+\ln c_0 \tag{9-32}$$

式中，c_0 为反应物的初始浓度。

当 $c=\frac{1}{2}c_0$ 时，t 可用 $t_{1/2}$ 表示，即为反应的半衰期。由式（9-32）可得：

$$t_{1/2} = \frac{\ln 2}{k} = \frac{0.693}{k} \tag{9-33}$$

蔗糖及水解产物均为旋光性物质。但它们的旋光能力不同，故可以利用体系在反应过程中旋光度的变化来衡量反应的进程。溶液的旋光度与溶液中所含旋光物质的种类、浓度、溶剂的性质、液层厚度、光源波长及温度等因素有关。

为了比较各种物质的旋光能力，引入比旋光度的概念。比旋光度可用式（9-34）表示：

$$[\alpha]_D^t = \frac{\alpha}{lc} \tag{9-34}$$

式中，t 为实验温度，℃；D 为光源波长；α 为旋光度；l 为液层厚度，m；c 为浓度，$mol \cdot L^{-1}$。

由式（9-34）可知，当其他条件不变时，旋光度 α 与浓度 c 成正比。即

$$\alpha = Kc \tag{9-35}$$

式中，K 是一个与物质旋光能力、液层厚度、溶剂性质、光源波长、温度等因素有关的常数。

在蔗糖的水解反应中，反应物蔗糖是右旋性物质，其比旋光度 $[\alpha]_D^{20} = 66.6°$。产物中葡萄糖也是右旋性物质，其比旋光度 $[\alpha]_D^{20} = 52.5°$；而产物中的果糖则是左旋性物质，其比旋光度 $[\alpha]_D^{20} = -91.9°$。因此，随着水解反应的进行，右旋角不断减小，最后经过零点变成左旋。旋光度与浓度成正比，并且溶液的旋光度为各组成的旋光度之和。若反应时间为 0、t、∞ 时，溶液的旋光度分别用 α_0、α_t、α_∞ 表示。则：

$$\alpha_0 = K_反 c_0 \text{（表示蔗糖未转化）} \tag{9-36}$$

$$\alpha_\infty = K_生 c_0 \text{（表示蔗糖已完全转化）} \tag{9-37}$$

式（9-36）、式（9-37）中的 $K_反$ 和 $K_生$ 分别为对应反应物与产物的比例常数。

$$\alpha_t = K_反 c + K_生 (c_0 - c) \tag{9-38}$$

由式（9-36）、式（9-37）、式（9-38）三式联立可以解得：

$$c_0 = \frac{\alpha_0 - \alpha_\infty}{K_反 - K_生} = K'(\alpha_0 - \alpha_\infty) \tag{9-39}$$

$$c = \frac{\alpha_2 - \alpha_\infty}{K_反 - K_生} = K'(\alpha_2 - \alpha_\infty) \tag{9-40}$$

将式（9-39）、式（9-40）两式代入式（9-32）即得：

$$\ln(\alpha_2 - \alpha_\infty) = -kt + \ln(\alpha_0 - \alpha_\infty) \tag{9-41}$$

由式（9-41）可见，以 $\ln(\alpha_t - \alpha_\infty)$ 对 t 作图为一直线，由该直线的斜率即可求得反应速率常数 k。进而可求得半衰期 $t_{1/2}$。

三、仪器与药品

1. 仪器

旋光仪 1 台、恒温旋光管 1 支、恒温槽 1 套、台秤 1 台、停表 1 块、50mL 烧杯 2 个、25mL 移液管 2 支、100mL 带塞三角瓶 2 支、50mL 容量瓶 1 只、玻璃漏斗 1 只、洗耳球 1 只、漏斗架 1 只。

2. 药品

$4mol \cdot L^{-1}$ HCl 溶液、蔗糖（分析纯）。

四、实验步骤

1. 了解和熟悉旋光仪的构造和使用方法。

2. 旋光仪零点的校正

洗净恒温旋光管，将管子一端的盖子旋紧，向管内注入蒸馏水，把玻璃片盖好，使管内无气泡存在。再旋紧套盖，勿使漏水。用吸水纸擦净旋光管，再用擦镜纸将管两端的玻璃片擦净。放入旋光仪中盖上槽盖，打开光源，调节目镜使视野清晰，然后旋转检偏镜至观察到的三分视野暗度相等为止，记下检偏镜的旋转角 α，重复操作三次，取其平均值，即为旋光仪的零点。

3. 蔗糖水解过程中 α_t 的测定

将恒温槽调节到 (25.0 ± 0.1)℃恒温。用台秤称取 10g 蔗糖，放入 50mL 烧杯中，加入 30mL 蒸馏水配成溶液（若溶液浑浊则需过滤）。用移液管取 25mL 蔗糖溶液置于 100mL 带塞三角瓶中。移取 25mL HCl 溶液于另一 100mL 带塞三角瓶中。一起放入恒温槽内，恒温 10min。取出两只三角瓶，将 HCl 迅速倒入蔗糖中，来回倒三次，使之充分混合。并且在加入 HCl 时开始记时，将混合液装满旋光管（操作同装蒸馏水相同）。装好擦净立刻置于旋光仪中，盖上槽盖。测量不同时间 t 时溶液的旋光度 α_t。测定时要迅速准确，当将三分视野暗度调节相同后，先记下时间，再读取旋光度。每隔一定时间，读取一次旋光度，开始时，可每 2min 读一次，30min 后，每 5min 读一次，至旋光度变负为止。

4. α_∞ 的测定

将步骤 3 剩余的混合液置于近 55℃的水浴中，恒温 30min 以加速反应，然后冷却至实验温度，按上述操作，测定其旋光度，此值即可认为是 α_∞。

实验结束后应立即将旋光管洗净，擦干。

五、数据处理

1. 将实验数据记录于表 9-10。

表 9-10　实验数据表

温度＿＿＿＿＿　　盐酸浓度＿＿＿＿＿　　α_∞＿＿＿＿＿

反 应 时 间	α_t	$\alpha_t - \alpha_\infty$	$\ln(\alpha_t - \alpha_\infty)$

2. 以 $\ln(\alpha_t - \alpha_\infty)$ 对 t 作图，由所得直线的斜率求出反应速率常数 k。

3. 计算蔗糖转化反应的半衰期 $t_{1/2}$。

六、注意事项

1. 装样品时，旋光管盖旋至不漏液体即可，不要用力过猛，以免压碎玻璃片。

2. 在测定 α_∞ 时，通过加热使反应速度加快至转化完全。但加热温度不要超过 60℃。

3. 由于酸对仪器有腐蚀，操作时应特别注意，避免酸液滴漏到仪器上。实验结束后必须将旋光管洗净。

4. 旋光仪中的钠光灯不宜长时间开启，测量间隔较长时应熄灭，以免损坏。

思　考　题

1. 实验中，为什么用蒸馏水来校正旋光仪的零点？在蔗糖转化反应过程中，所测的旋光度 α_t 是否需要零点校正？为什么？

2. 蔗糖溶液为什么可粗略配制？

3. 蔗糖的转化速度和哪些因素有关？

4. 分析本实验误差来源，怎样减少实验误差？

实验八十八 电导法测定乙酸乙酯皂化反应速率常数

一、实验目的

1. 学会用万能电桥测定溶液的电导。

2. 用电导法测定乙酸乙酯皂化反应的速率常数，并计算该反应的活化能。

二、实验原理

乙酸乙酯皂化反应是个二级反应，其反应方程式为

$$CH_3COOC_2H_5 + Na^+ + OH^- \longrightarrow CH_3COO^- + Na^+ + C_2H_5OH$$

当乙酸乙酯与氢氧化钠溶液的起始浓度相同时，如均为 a，则反应速率表示为

$$\frac{dx}{dt} = k(a-x)^2 \tag{9-42}$$

式中，x 为时间 t 时反应物消耗掉的浓度；k 为反应速率常数。将式（9-42）积分得

$$\frac{1}{a-x} = kt + \frac{1}{a} \tag{9-43}$$

起始浓度 a 已知，因此只要由实验测得不同时间 t 时的 x 值，以 $\frac{1}{a-x}$ 对 t 作图，应得一直线，从直线的斜率便可求出 k 值。

乙酸乙酯皂化反应中，参加导电的离子有 OH^-、Na^+ 和 CH_3COO^-，由于反应体系是很稀的水溶液，可认为 CH_3COONa 是全部电离的，因此，反应前后 Na^+ 的浓度不变，随着反应的进行，仅仅是导电能力很强的 OH^- 逐渐被导电能力弱的 CH_3COO^- 所取代，致使溶液的电导逐渐减小，因此可用电导率仪测量皂化反应进程中电导率随时间的变化，从而达到跟踪反应物浓度随时间变化的目的。

令 G_0 为 $t=0$ 时溶液的电导，G_t 为时间 t 时混合溶液的电导，G_∞ 为 $t=\infty$（反应完毕）时溶液的电导。则稀溶液中，电导值的减少量与 CH_3COO^- 浓度成正比，设 K 为比例常数，则

$$G_0 = K_1 a \tag{9-44}$$

$$G_\infty = K_2 a \tag{9-45}$$

$$G_t = K_1(a-x) + K_2 x \tag{9-46}$$

由此可得

$$x = \frac{G_0 - G_t}{G_0 - G_\infty} a \tag{9-47}$$

将式（9-47）代入式（9-43），可得

$$G_t = \frac{1}{ak} \times \frac{G_0 - G_t}{t} + G_\infty \tag{9-48}$$

因此，只要测不同时间溶液的电导值 G_t 和起始溶液的电导值 G_0，然后以 G_t 对 $\frac{G_0 - G_t}{t}$ 作图应得一直线，直线的斜率为 $\frac{1}{ak}$，由此便求出某温度下的反应速率常数 k 值。

如果知道不同温度下的反应速率常数 $k(T_2)$ 和 $k(T_1)$，根据 Arrhenius 公式，可计算出该反应的活化能 E 和反应半衰期。

$$\ln \frac{k(T_2)}{k(T_1)} = \frac{E}{R}\left(\frac{1}{T_1} - \frac{1}{T_2}\right) \tag{9-49}$$

三、仪器和药品

1. 仪器

QS-18A 型万能电桥 1 台、电导池 1 只、恒温水浴 1 套、停表 1 只、移液管（10mL）2 支、磨口三角瓶（100mL）2 只、铁架台 1 套、信号发生器 1 台、洗耳球 1 个。

2. 药品

0.0200mol·L^{-1} NaOH 水溶液、乙酸乙酯（A.R.）、电导水。

四、实验步骤

1. 配制溶液

配制与 NaOH 准确浓度（约 0.0200mol·L^{-1}）相等的乙酸乙酯溶液。其方法是：找出室温下乙酸乙酯的密度，进而计算出配制 250mL 0.0200mol·L^{-1}（与 NaOH 准确浓度相同）的乙酸乙酯水溶液所需的乙酸乙酯的毫升数 V，然后用 1mL 移液管吸取 V mL 乙酸乙酯注入 250mL 容量瓶中，稀释至刻度，即为 0.0200mol·L^{-1} 的乙酸乙酯水溶液。

2. 调节恒温槽

将恒温槽的温度调至（25.0±0.1）℃ [或（30.0±0.1）℃]。

3. G_0 的测定

取一干净大试管，用移液管移入 10mL NaOH 溶液和相同数量的电导水，插入铂黑电极，置恒温槽中恒温 10min，再进行测定。测量时，将万能电桥量程开关旋至 1kΩ 挡，测量选择旋至 $R \leqslant 10$ 处，先将灵敏度旋至较小的位置，调节读数旋钮的第一位步进开关和第二位滑线盘，使电表指针往 0 方向偏转，再将灵敏度逐步开大。调节读数旋钮使电表指针往 0 方向偏转，当指针最接近于 0 时即达到电桥平衡。此时，被测量电阻 $R_x = 1000 \times$ 电桥读数值。

此溶液不要倒掉，留待下一步测（30.0±0.1）℃时的 G_0 用。

4. G_t 的测定

取一干净皂化池，在其两支管中，分别用移液管移入 10mL NaOH 溶液和乙酸乙酯溶液，将洗净吸干的铂黑电极和一带有玻璃管的橡皮塞各插在其中一个支管中，置于恒温槽中恒温 10min，然后用洗耳球通过玻璃管将 NaOH 溶液压入乙酸乙酯溶液中，同时开动停表，开始记时，再用洗耳球将溶液抽回盛 NaOH 溶液的支管中，如此反复数次，使混合均匀。按测 G_0 时的操作测定反应液的电阻 R_t。注意在调至电桥达平衡后，应先记时间 t 值，再读取 R_t 值，且在读数过程中不能将停表停掉。在反应的前 20min 中，大约每隔 2min 读取 R_t 和 t 值一次，后 30min 中，大约每隔 5min 读取 R_t 和 t 值一次。

5. 另一温度下 G_0 和 G_t 的测定

调节恒温槽中温度（30.0±0.1）℃，按上面 3、4 步骤测出此温度时溶液的 R_0 和 R_t 值，求出 G_0 和 G_t。

实验完后，将电桥测量选择开关旋至"关"位置，清洗铂黑电极，并置于蒸馏水中保存。

五、数据处理

1. 将 25℃ 和 30℃ 所测 R_0 和 R_t 值换算成 G_0 和 G_t 值，并分别将两个温度下的 t、G_t、

$\dfrac{G_0-G_t}{t}$ 数据列表。

2. 以两个温度下的 G_t 对 $\dfrac{G_0-G_t}{t}$ 作图，分别得一直线，由直线的斜率计算各温度下的速率常数 k 和反应半衰期 $t_{1/2}$。

3. 由两温度下的速率常数，按 Arrhenius 公式，计算乙酸乙酯皂化反应的活化能。

六、注意事项

1. 本实验需用电导水，并避免接触空气及灰尘杂质落入。

2. 配好的 NaOH 溶液要防止空气中的 CO_2 气体进入。

3. 乙酸乙酯溶液和 NaOH 溶液浓度必须相同。

4. 乙酸乙酯溶液需临时配制，配制时动作要迅速，以减少挥发损失。

思 考 题

1. 为什么要使两种反应物的浓度相等？如果 NaOH 和 $CH_3COOC_2H_5$ 溶液起始浓度不相等，应如何计算 k 值？

2. 如果 NaOH 和 $CH_3COOC_2H_5$ 溶液为浓溶液时，能否用此法求 k 值，为什么？

3. 乙酸乙酯皂化反应为吸热反应，试问在实验过程中如何处理这一影响而使实验得到较好的结果？

实验八十九　电导的测定及其应用

一、实验目的

1. 了解溶液电导的基本概念。

2. 学会电导（率）仪的使用方法。

3. 掌握溶液电导率的测定及应用。

二、预习要求

掌握溶液电导测定中各量之间的关系，学会电导（率）仪的使用方法。

三、实验原理

AB 型弱电解质在溶液中电离达到平衡时，电离平衡常数 K_c 与原始浓度 c 和电离度 α 有以下关系：

$$K_c=\frac{c\alpha^2}{1-\alpha} \tag{9-50}$$

在一定温度下，K_c 是常数，因此可以通过测定 AB 型弱电解质在不同浓度时的 α 代入式（9-50）求出 K_c。

乙酸溶液的电离度可用电导法来测定，将电解质溶液放入电导池内，溶液电导（G）的大小与两电极之间的距离（l）成反比，与电极的面积（A）成正比：

$$G=k\frac{A}{l} \tag{9-51}$$

式中，$\dfrac{l}{A}$ 为电导池常数，以 K_{cell} 表示；k 为电导率。其物理意义为：在两平行而相距 1m、面积均为 $1m^2$ 的两电极间，电解质溶液的电导称为该溶液的电导率，其单位以 SI 制表示为 $S\cdot m^{-1}$（c. g. s 制表示为 $S\cdot cm^{-1}$）。

由于电极的 l 和 A 不易精确测量，因此在实验中是用一种已知电导率值的溶液先求出电

导池常数 K_{cell}，然后把欲测溶液放入该电导池测出其电导值，再根据式（9-51）求出其电导率。

溶液的摩尔电导率是指把含有 1mol 电解质的溶液置于相距为 1m 的两平行板电极之间的电导。以 Λ_m 表示，其单位以 SI 单位制表示为 $S \cdot m^2 \cdot mol^{-1}$（以 c.g.s 单位制表示为 $S \cdot cm^2 \cdot mol^{-1}$）。

摩尔电导率与电导率的关系：

$$\Lambda_m = \frac{k}{c} \tag{9-52}$$

式中，c 为该溶液的浓度，其单位以 SI 单位制表示为 $mol \cdot L^{-1}$。对于弱电解质溶液来说，可以认为：

$$\alpha = \frac{\Lambda_m}{\Lambda_m^\infty} \tag{9-53}$$

式中，Λ_m^∞ 是溶液在无限稀释时的摩尔电导率。对于强电解质溶液（如 KCl、NaAc），其 Λ_m 和 c 的关系为 $\Lambda_m = \Lambda_m^\infty (1 - \beta\sqrt{c})$。对于弱电解质（如 HAc 等），$\Lambda_m$ 和 c 则不是线性关系，故它不能像强电解质溶液那样，从 Λ_m-$\sqrt{c}$ 的图外推至 $c = 0$ 处求得 Λ_m^∞。但我们知道，在无限稀释的溶液中，每种离子对电解质的摩尔电导率都有一定的贡献，是独立运动的，不受其他离子的影响，对电解质 $M^{v^+} A^{v^-}$ 来说，即 $\Lambda_m^\infty = v^+ \lambda_{m^+}^\infty + v^- \lambda_{m^-}^\infty$。弱电解质 HAc 的 Λ_m^∞ 可由强电解质 HCl、NaAc 和 NaCl 的 Λ_m^∞ 的代数和求得：

$$\Lambda_m^\infty(HAc) = \lambda_m^\infty(H^+) + \lambda_m^\infty(Ac^-) = \Lambda_m^\infty(HCl) + \Lambda_m^\infty(NaAc) - \Lambda_m^\infty(NaCl)$$

把式（9-53）代入式（9-50）可得：

$$K_c = \frac{\Lambda_m^2}{\Lambda_m^\infty (\Lambda_m^\infty - \Lambda_m)} \tag{9-54}$$

或

$$C\Lambda_m = (\Lambda_m^\infty)^2 K_c \frac{1}{\Lambda_m} - \Lambda_m^\infty K_c \tag{9-55}$$

以 $c\Lambda_m$ 对 $\frac{1}{\Lambda_m}$ 作图，其直线的斜率为 $(\Lambda_m^\infty)^2 K_c$，如果知道 Λ_m^∞ 值，就可算出 K_c。

四、仪器和试剂

1. 仪器

DDS-307 型精密数显电导仪（或电导率仪）1 台，恒温槽（带 SWQ-I$_A$智能恒温控制器）1 套，电导池 1 只，DJS-1 型电导电极 1 支，100mL 容量瓶 5 只，25mL、50mL 移液管各 1 支，洗瓶 1 只，锥形瓶 2 只，洗耳球 1 只。

2. 药品

0.1mol·L^{-1} HAc 溶液。

五、实验步骤

1. 将恒温槽温度调至 $(25.0 \pm 0.1)℃$，用移液管吸取 50mL 0.01mol·L^{-1} HAc 装入锥形瓶中，取 150mL 蒸馏水装入另一锥形瓶中，然后将两只锥形瓶置于恒温槽中（瓶中液面应低于恒温槽水面）。

2. DDS-307 型精密数显电导仪的构造和使用

仪器外形如图 9-26 所示。

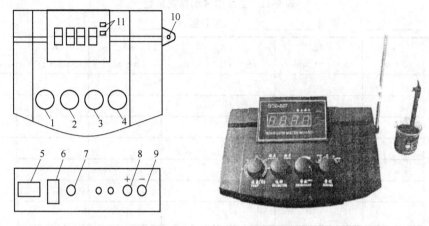

图 9-26　DDS-307 型精密数显电导仪的外形

1—温度调节旋钮；2—选择开关；3—常数旋钮；4—量程开关；5—电源插座；6—电源开关；
7—保险丝座（0.1A）；8—0～10mV 输出；9—电导池插座；10—电极杆孔；11—指示灯

3. 测定 HAc 溶液的电导

将电导率仪"温度"调节旋钮置于 25℃，用蒸馏水淌洗电导电极三次，再用被测溶液淌洗三次后，将电极浸入被测溶液，电极插头插入电极插座。将电导率仪"选择"开关旋钮扳向"校正"，调节"常数"钮使显示数与所用电极的常数标称值一致。然后将选择开关置于测量位，将量程开关扳在合适的量程挡，待显示稳定后，仪器显示数值即为溶液的电导（如果显示屏首位为 1，后三位数字熄灭，表明被测值超出量程范围，可扳在高一挡量程来测量。如读数很小，为提高测量精度，可扳在低一挡的量程挡，重复测三次）。

用同样的方法分别测定 $0.05\text{mol}\cdot\text{L}^{-1}$ HAc（用 25mL 移液管从上述 50mL 浓度 $0.1\text{mol}\cdot\text{L}^{-1}$ HAc 溶液中取出 25mL，加入 25mL 移液管移取的 25mL 蒸馏水进行稀释，摇匀）及 $0.025\text{mol}\cdot\text{L}^{-1}$ HAc 溶液的电导（同样方法稀释 $0.05\text{mol}\cdot\text{L}^{-1}$ HAc 溶液得到 $0.025\text{mol}\cdot\text{L}^{-1}$ HAc 溶液）。

注：每次测量前均要进行电极校正，且测量过程中每切换量程也均需校准。

4. 测量蒸馏水的电导

将量程挡调至低一挡再用同样的方法测定蒸馏水的电导。

实验完毕，将电极浸于蒸馏水不要取出，关闭仪器。

六、注意事项

1. 实验中温度要恒定，测量必须在同一温度下进行。恒温槽的温度要控制在 (25.0 ± 0.1)℃。

2. 每次测定前，都必须将电导电极洗涤干净，以免影响测定结果。

3. 电导电极用完之后，一定要注意洗净，浸入蒸馏水中保存备用，以防电极干燥老化。

七、数据处理

将测得的乙酸溶液电离常数值填入表 9-11。

按公式（9-55）以 $c\Lambda_m$ 对 $\dfrac{1}{\Lambda_m}$ 作图应得一直线，直线的斜率为 $(\Lambda_m^\infty)^2 K_c$，由此求得 K_c，并与上述结果进行比较。

表 9-11　乙酸溶液的电离常数

大气压_____　　室温_____　　实验温度_____

c /mol·L^{-1}	k /S·m^{-1}	Λ_m /S·m^2·mol^{-1}	Λ_m^{-1} /S^{-1}·m^{-2}·mol	$c\Lambda_m$ /S·m^{-1}	K_c /mol·L^{-1}	$\overline{K_c}$ /mol·L^{-1}
0.1						
0.05						
0.025						

思　考　题

1. 为什么弱电解质溶液的电导率和摩尔电导率随浓度而变化？如何变化？
2. 为什么要测电导池常数？如何得到该常数？
3. 测电导时为什么要恒温？实验中测电导池常数和溶液电导，温度是否要一致？

实验九十　电动势的测定及其应用

一、实验目的

1. 测定 Cu-Zn 电池的电动势和 Cu-Zn 电极的电极电势。
2. 用电动势法测定溶液的 pH 值。
3. 学会一些电极的制备和处理方法。
4. 掌握电位差计的原理和使用方法。

二、预习要求

1. 了解如何正确使用电位差计和电镀。
2. 了解电池、盐桥等概念及其制备。
3. 了解通过测定原电池电动势求溶液 pH 值的原理。

三、实验原理

1. 原电池、电极电势、电池电动势

将化学能转变为电能的装置称为原电池（或电池）。电池由正、负两个极组成。电池在放电过程中，正极起还原反应，负极起氧化反应，现以铜-锌电池为例进行分析。

电池表示式为：$Zn \mid ZnSO_4 \ (m_1) \parallel CuSO_4 \ (m_2) \mid Cu$

按规定，写在左边的电极为负极，写在右边的电极为正极，符号"｜"代表相界面，"‖"代表用盐桥消除了液体接界电势。它是通过在两个溶液之间放一个倒置的 U 形管，管内装满正负离子迁移数相近的盐类溶液（用琼脂固定），常用的是 KCl 溶液，若组成电池中的电解质含有能与盐桥中电解质发生反应或生成沉淀的离子时，则不能用 KCl 盐桥，而要改用 NH_4NO_3 或 KNO_3 溶液作盐桥。

当电池放电时，负极起氧化反应：Zn $\longrightarrow$ Zn^{2+} ＋2e

正极起还原反应：Cu^{2+} ＋2e $\longrightarrow$ Cu

电池总反应为：Zn＋Cu^{2+} $\longrightarrow$ Zn^{2+} ＋Cu

由电极反应的能斯特方程，可得铜、锌电极的电极电势：

$$\varphi_{Cu^{2+}/Cu}=\varphi^{\ominus}_{Cu^{2+}/Cu}-\frac{RT}{2F}\ln\frac{1}{a_{Cu^{2+}}}$$

$$\varphi_{Zn^{2+}/Zn}=\varphi^{\ominus}_{Zn^{2+}/Zn}-\frac{RT}{2F}\ln\frac{1}{a_{Zn^{2+}}}$$

Cu-Zn 电池的电动势为：

$$E=\varphi^{+}-\varphi^{-}=\varphi_{Cu^{2+}/Cu}-\varphi_{Zn^{2+}/Zn}=(\varphi^{\ominus}_{Cu^{2+}/Cu}-\varphi^{\ominus}_{Zn^{2+}/Zn})-\frac{RT}{2F}\ln\frac{a_{Zn^{2+}}}{a_{Cu^{2+}}}=E^{\ominus}-\frac{RT}{2F}\ln\frac{a_{Zn^{2+}}}{a_{Cu^{2+}}}$$

式中，$\varphi^{\ominus}_{Cu^{2+}/Cu}$ 和 $\varphi^{\ominus}_{Zn^{2+}/Zn}$ 是当 $a_{Cu^{2+}}=a_{Zn^{2+}}=1$ 时，铜电极和锌电极的标准电极电势；$E^{\ominus}$ 为电池的标准电动势。

在电化学中，电极电势的绝对值无法测定，手册上所列的电极电势均为相对电极电势，即以标准氢电极作为标准（标准氢电极是氢气压力为 101325Pa，溶液中 a_{H^+} 为 1），其电极电势规定为零。将标准氢电极与待测电极组成电池，所测电池电动势就是待测电极的电极电势。由于氢电极使用不便，在实际测定时往往采用第二级的标准电极，甘汞电极是其中最常用的一种二级标准，它的电极电势可以和标准氢电极相比而精确测定，在定温下它具有稳定的电极电势，并且容易制备，使用方便。甘汞电极的结构形式有多种，如图 9-27 所示是有保护盐桥的 217 型饱和甘汞电极。

甘汞电极写法为：Hg(l)＋Hg$_2$Cl$_2$｜KCl（溶液）

电极反应为：Hg$_2$Cl$_2$＋2e $\rightleftharpoons$ 2Hg＋2Cl$^-$

$$\varphi=\varphi^{\ominus}-\frac{RT}{F}\ln a_{Cl^-}$$

由于所用溶液浓度的不同，甘汞电极的电极电势也不同，通常为 0.1mol·L^{-1}、1mol·L^{-1} 和饱和溶液（4.1mol·L^{-1}）三种，分别称为 0.1mol·L^{-1}甘汞电极（0.1NCE）、1mol·L^{-1}甘汞电极（标准甘汞电极 NCE）及饱和甘汞电极（SCE）。实验中我们采用饱和甘汞电极，其电极电势可按下述公式求出：

$$\varphi_{SCE}=0.2415-7.61\times10^{-4}\times(t-298)$$

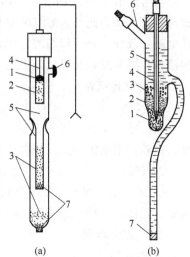

图 9-27　甘汞电极

1—汞；2—甘汞糊；3—氯化钾晶体；
4—铂丝电极；5—饱和氯化钾溶液；
6—加料口；7—滤纸塞或多孔瓷

2. 溶液 pH 值的测定原理

用电动势法可以测定溶液的 pH 值，其原理是将一个只与氢离子活度有关的指示电极与另一参比电极放在被测溶液中，组成电池，然后测定该电池电动势 E。由于参比电极的电势恒定，电动势 E 的数值只取决于指示电极的电极电势，也即只与被测溶液中的氢离子活度 a_{H^+} 有关。于是可根据 E 的数值，计算出溶液的 pH 值。

常用的氢离子指示电极有：玻璃电极、氢电极及醌氢醌电极等。本实验是用醌氢醌电极作指示电极，用饱和甘汞电极作参比电极，测定溶液的 pH 值。

向被测溶液中加入少量醌氢醌并插入一支光亮的铂电极即成醌氢醌电极。醌氢醌（Q/H$_2$Q）是醌（Q）和氢醌（H$_2$Q）等分子组成的化合物，它微溶于水，在水溶液中按下式发生部分解离：

$$C_6H_4O_2 \cdot C_6H_4(OH)_2 \Longrightarrow C_6H_4O_2 + C_6H_4(OH)_2$$

醌氢醌的电极反应为：

$$C_6H_4O_2 + 2H^+ + 2e \Longrightarrow C_6H_4(OH)_2$$

其电极电势

$$\varphi_{Q/H_2Q} = \varphi_{Q/H_2Q}^{\ominus} - \frac{RT}{2F} \ln \frac{a_{H_2Q}}{a_Q a_{H^+}^2}$$

由于 Q/H_2Q 在水中溶解度很小，可认为 $a_Q = a_{H_2Q}$，故

$$\varphi_{Q/H_2Q} = \varphi_{Q/H_2Q}^{\ominus} + \frac{RT}{2F} \ln a_{H^+}^2 = \varphi_{Q/H_2Q}^{\ominus} - \frac{2.303RT}{F} \mathrm{pH}$$

式中，$\varphi_{Q/H_2Q}^{\ominus}$ 为醌氢醌电极的标准电极电势，它与温度的关系可以表示为 $\varphi_{Q/H_2Q}^{\ominus} = 0.6994 - 7.4 \times 10^{-4} \times (t - 298)$。

若用醌氢醌电极与饱和甘汞电极组成电池：饱和甘汞电极 ∥ H^+，Q/H_2Q ｜ Pt(pH < 7.1)

$$E = \varphi_{Q/H_2Q} - \varphi_{SCE} = \varphi_{Q/H_2Q}^{\ominus} - \frac{2.303RT}{F} \mathrm{pH} - \varphi_{SCE}$$

由此可得

$$\mathrm{pH} = \frac{\varphi_{Q/H_2Q}^{\ominus} - \varphi_{SCE} - E}{\frac{2.303RT}{F}}$$

当溶液 pH > 7.1 时，醌氢醌电极变为负极，应写在电池的左方，这时计算 pH 值的公式与上式不同，此外，醌氢醌电极不能用于碱性溶液中，如溶液的 pH > 8.5 时，氢醌按酸式电离，改变了分子状态的浓度，因而体系的氧化-还原电势产生很大影响。同时，在碱性溶液中，醌氢醌容易氧化，也会影响测定结果，在使用醌氢醌电极时应加以注意。

四、仪器药品

1. 仪器

电位差计 1 台、毫安表 1 只、精密稳压电源（或蓄电池）1 台、锌电极 1 支、铜电极 2 支、饱和甘汞电极 1 支、烧杯 3 只、滑线电阻 1 只、U 形管 1 支。

2. 药品

$CuSO_4$（$0.1000 \mathrm{mol} \cdot \mathrm{kg}^{-1}$）、$ZnSO_4$（$0.1000 \mathrm{mol} \cdot \mathrm{kg}^{-1}$）、KCl、琼脂、镀铜溶液、醌氢醌（固体）、未知 pH 值溶液、$Hg_2(NO_3)_2$ 饱和溶液、KNO_3 饱和溶液、KCl 饱和溶液。

五、实验步骤

1. 电动势的测定

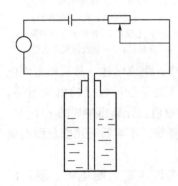

（1）铜电极的制备　将欲镀铜电极两根用细砂纸轻轻打磨至露出新鲜的金属光泽，再用蒸馏水洗净。将洗净的两根铜电极分别插入盛有镀铜液的小瓶中，按图 9-28 接好线路，并将两个小瓶串联，控制电流为 20mA，镀 15min，取出阴极，用蒸馏水淋洗。再用小片滤纸吸干，放入盛有 $0.1000 \mathrm{mol} \cdot \mathrm{kg}^{-1}$ $CuSO_4$ 溶液的小烧杯中备用。镀铜液倒回原瓶中。

（2）锌电极的制备　将锌棒用金相细砂纸打磨至露出新鲜的金属光泽，用自来水冲洗，再用蒸馏水洗净。然后浸入饱和硝酸亚汞溶液中约 5s，取出后用滤纸擦拭至表面有一层光亮而均匀的汞齐，然后用蒸馏水淋洗，小片滤纸吸干，放入盛有

图 9-28　镀铜线路图

$0.1000 mol \cdot kg^{-1} ZnSO_4$ 溶液的小烧杯中备用。处理锌电极用过的滤纸应投入指定的有盖的广口瓶中，瓶中应有足量的水将滤纸浸没，不要随便乱丢。

（3）盐桥的制备

① 简易法　用滴管将饱和 KNO_3（或 NH_4NO_3）溶液注入 U 形管中，加满后用捻紧的滤纸塞紧 U 形管两端即可，管中不能存有气泡。

② 凝胶法　称取琼脂 1g 放入 50mL 饱和 KNO_3 溶液中，浸泡片刻，再缓慢加热至沸腾，待琼脂全部溶解后稍冷，将洗净的盐桥管插入琼脂溶液中，从管的上口将溶液吸满（管中不能有气泡），保持此充满状态冷却到室温，即凝固成冻胶固定在管内。取出擦净备用。

（4）电动势的测定

① 按有关电位差计附录提供的方法，接好测量电路。

② 据有关电位差计附录提供的方法，将电位差计旋到内标挡，调节旋钮至电位差计指示电压为 1V，然后采零。再将旋钮按至测量挡。即可开始测量电动势。

③ 分别测定下列三组原电池的电动势。

a. $Zn(s) | ZnSO_4(0.1000 mol \cdot kg^{-1}) \| CuSO_4(0.1000 mol \cdot kg^{-1}) | Cu(s)$

b. $Hg(l) + Hg_2Cl_2(s) |$ 饱和 KCl 溶液 $\| CuSO_4(0.1000 mol \cdot kg^{-1}) | Cu(s)$

c. $Zn(s) | ZnSO_4(0.1000 mol \cdot kg^{-1}) \|$ 饱和 KCl 溶液 $| Hg(l) + Hg_2Cl_2(s)$

2. 溶液 pH 值的测定

（1）醌氢醌电极的制备　小烧杯中倒入约 30mL 待测溶液，加入约 0.1g 醌氢醌，搅拌均匀，插入铂电极，静置 10min。

（2）pH 值的测定　将所制醌氢醌电极与饱和甘汞电极组成如下电池：饱和甘汞电极 $\|$ 待测溶液，$Q/H_2Q | Pt$，按前面方法测电池电动势。初测量时，可能醌氢醌尚未达平衡，数据不稳定，应待几分钟后，多测几次以保证达到平衡。

全部测定完毕后，保留饱和 KCl 溶液，盐桥两端用蒸馏水淋洗后，浸入 KCl 溶液中保存。实验所用 $0.1000 mol \cdot kg^{-1} CuSO_4$、$0.1000 mol \cdot kg^{-1} ZnSO_4$ 及未知 pH 值溶液倒掉，洗净小烧杯。铂电极洗净，浸入蒸馏水中保存。取出甘汞电极，将橡皮塞和橡皮套装回原处，放入电极盒中保存。

六、注意事项

1. 制备电极时，防止将正负极接错，并严格控制电镀电流。

2. 使用饱和甘汞电极时，应拔去补液器的橡皮塞及底部管端的橡皮套，若电极内液面太低，可从补液口补加少量 KCl 饱和溶液，使用后，应将橡皮塞和橡皮套放回原处。

3. 每次测量电动势均需先对电位差计内标挡采零。

4. 刚组成的电池电动势不稳定，还未达平衡，应过 5min 后进行测量。

七、数据处理

1. 计算时遇到电极电位公式（式中 t 为℃）如下：

$$\varphi(饱和甘汞) = 0.24240 - 7.6 \times 10^{-4} \times (t-25)$$

2. 计算时有关电解质的离子平均活度系数 $\gamma_{\pm}$（25℃）如下：

$$0.1000 mol \cdot kg^{-1} CuSO_4 \quad \gamma_{Cu^{2+}} = \gamma_{\pm} = 0.16$$

$$0.1000 mol \cdot kg^{-1} ZnSO_4 \quad \gamma_{Zn^{2+}} = \gamma_{\pm} = 0.15$$

3. 根据电池反应的能斯特方程计算电池的理论值 $E_{理}$ 并与实验值 $E_{实}$ 比较，讨论产生误差的原因。计算中需用 $\varphi^{\ominus}_{Cu^{2+}/Cu}$ 和 $\varphi^{\ominus}_{Zn^{2+}/Zn}$ 值，请查阅有关手册。

思 考 题

1. 电位差计、标准电池、检流计及工作电池各有什么作用？如何保护及正确使用？
2. 参比电极应具备什么条件？它有什么功用？
3. 若电池的极性接反了有什么后果？
4. 盐桥有什么作用？选用作盐桥的物质应有什么原则？

实验九十一　化学电池温度系数的测定

一、实验目的

测定化学电池在不同温度下的电动势，计算电池反应的热力学函数 ΔG、ΔH 和 ΔS。

二、实验原理

电池除可用来作为电源外，还可用来研究构成此电池的化学反应的热力学性质。从化学热力学知道，在恒温、恒压、可逆条件下，其电池反应的吉布斯自由能增量 ΔG 与电池电动势 E 有以下关系：

$$\Delta G = -nFE \tag{9-56}$$

根据吉布斯-亥姆霍兹（Gibbs-Helmholts）公式，ΔG、ΔH、ΔS 和温度 T 的关系为：

$$\Delta G - \Delta H = T\left(\frac{\partial \Delta G}{\partial T}\right)_p = T\Delta S \tag{9-57}$$

代入式（9-56）可得

$$\Delta H = -nFE + nFT\left(\frac{\partial E}{\partial T}\right)_p \tag{9-58}$$

$$\Delta S = -\left(\frac{\partial \Delta G}{\partial T}\right)_p = nF\left(\frac{\partial E}{\partial T}\right)_p \tag{9-59}$$

因此，在恒压下（一般在常压下），测量一定温度 T 时的电池电动势 E，即可求得电池反应的 ΔG；测定不同温度下的电动势，以电动势对温度作图，即可从曲线上求得电池的温度系数 $\left(\frac{\partial E}{\partial T}\right)_p$。利用式（9-58）和式（9-59），即可得到 ΔH 和 ΔS。

如果电池反应中反应物和生成物的活度均为1，温度为298K，测所测定的电动势和热力学函数即为 $E^{\ominus}$、$\Delta G^{\ominus}_{298}$、$\Delta H^{\ominus}_{298}$ 和 $\Delta S^{\ominus}_{298}$。

例如，电池

$$\text{Ag} \mid \text{AgCl} \mid \text{KCl}(a) \mid \text{Hg}_2\text{Cl}_2 \mid \text{Hg}$$

在放电时，左边为负极，起氧化反应

$$\text{Ag} + \text{Cl}^- =\!=\!= \text{AgCl} + \text{e}^-$$

其电极电势为

$$E_{Ag/Ag^+} = E^{\ominus}_{Ag/Ag^+} - \frac{RT}{F}\ln a_{Cl^-}$$

右边为正极，起还原反应

$$\frac{1}{2}\text{Hg}_2\text{Cl}_2 + \text{e} =\!=\!= \text{Hg} + \text{Cl}^-(a)$$

其电极电势为

$$E_{Hg/Hg_2^{2+}} = E_{Hg/Hg_2^{2+}}^{\ominus} - \frac{RT}{F}\ln a_{Cl^-}$$

总的电池反应

$$Ag + \frac{1}{2}Hg_2Cl_2 =\!=\!= AgCl + Hg$$

电池电动势为

$$E = \varphi_{Hg/Hg_2^{2+}} - \varphi_{Ag/Ag^+} = \varphi_{Hg/Hg_2^{2+}}^{\ominus} - \varphi_{Ag/Ag^+}^{\ominus} = E^{\ominus}$$

由此可知，如果在 298K 测定该电池电动势，即可得 $E^{\ominus}$，由式（9-56）求得 $\Delta G_{298}^{\ominus}$。在不同温度下测出相应的电动势，再作 $E\text{-}T$ 曲线，即可得到电池温度系数 $\left(\frac{\partial E}{\partial T}\right)_p$，进而算出 $\Delta H_{298}^{\ominus}$ 和 $\Delta S_{298}^{\ominus}$。

三、仪器与试剂

1. 仪器

UJ-25 型电位差计、银-氯化银电极（自制）、电极管、恒温槽、电镀装置、温度计。

2. 试剂

镀银溶液、氯化钾。

四、实验步骤

1. 银-氯化银电极制备

先配制镀银溶液。如果配制 100mL 镀银溶液，其配方为 $AgNO_3$（3g），浓氨水（分析纯，7mL），KI(60g)，其余为蒸馏水。在配制时应注意加入试剂的顺序，应先在 50mL 的蒸馏水中加入 $AgNO_3$ 和氨水，后加入 KI 搅拌至溶解，然后用蒸馏水稀释至刻度。如果先在水中加入 KI 和 $AgNO_3$，就会有 AgI 生成而沉淀下来，即使再加入氨水，沉淀溶解也较慢，效果不好。

将一支表面经过清洁处理的铂丝电极作阴极，另取一支铂丝电极作阳极，置于镀银溶液中，按图 9-29 安装。控制电流密度为 $2mA \cdot cm^{-2}$，电镀 60min，电极表面将形成一层紧密的银。取出电极洗净，然后插入盛有 $0.1mol \cdot L^{-1}$ HCl 溶液中，以镀银铂丝电极为阴极，另

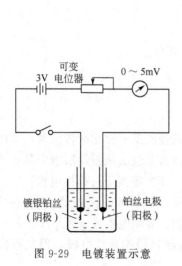

图 9-29 电镀装置示意

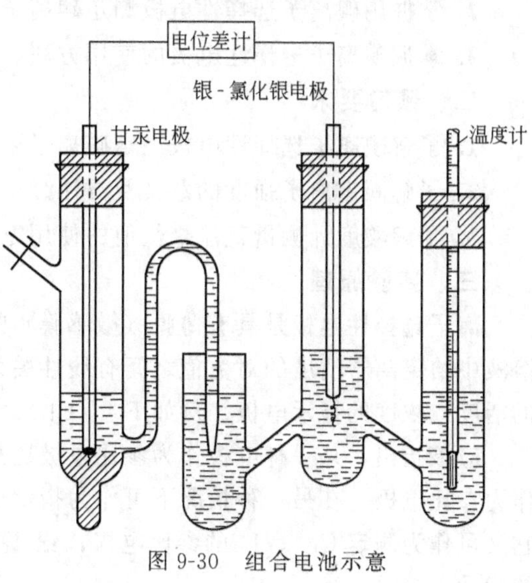

图 9-30 组合电池示意

一铂丝电极为阳极。其装置与操作同上，电流密度控制在 $2\sim4mA\cdot cm^{-2}$（观察到阴极上有小气泡出现为宜）。在此过程中要注意观察，直到银电极表面出现一层紫褐色（即 AgCl），停止电镀，取出电极，用蒸馏水洗净，浸入 KCl 溶液中，置于暗处备用。

2. 电池组合与电动势测量

将 Ag-AgCl 电极和甘汞电极（$Hg-Hg_2Cl_2$）组合成电池：

$$Ag \mid AgCl \mid KCl(饱和) \mid Hg_2Cl_2 \mid Hg$$

电池装置如图 9-30 所示。将组合电池置于恒温水浴中，用 UJ-25 型电位差计测定不同温度下的电动势。实验温度可选 15℃、20℃、25℃、30℃、35℃、40℃、45℃（见表 9-12）。

表 9-12　实验记录

室温＿＿＿＿＿＿℃　　大气压＿＿＿＿＿＿Pa

温度/℃	15	20	25	30	35	40	45
电动势/V							

五、数据处理

1. 根据不同温度下测得的电动势，绘制 E-T 曲线，并通过切线斜率求取 15℃、25℃、35℃三个温度下的 E 和 $\left(\dfrac{\partial E}{\partial T}\right)_p$。

2. 求算 15℃、25℃、35℃时的 ΔG、ΔH 和 ΔS。

思　考　题

1. 本实验中采用 $0.1mol\cdot L^{-1}$ 或 $2.0mol\cdot L^{-1}$ 的 KCl 溶液，对电池电动势测量是否有影响？为什么？
2. 如何用测得的电动势数据来计算电池反应的平衡常数？

实验九十二　碘离子选择电极的性能及应用

一、实验目的

1. 了解碘离子选择性电极的基本性能及其测试方法。

2. 掌握用碘离子选择性电极测定碘离子浓度的基本原理。

3. 掌握碘离子选择性电极的使用方法。

二、预习要求

1. 了解碘离子选择性电极测定碘离子浓度的基本原理。

2. 了解固定离子强度的意义及方法。

3. 了解酸度计测量直流毫伏值的使用方法。

三、实验原理

离子选择性电极是具有薄膜（敏感膜）的电极，或者说是一种化学传感器，其电位值与溶液中给定离子活度的对数值之间有线性关系，是一种以电位法来测定溶液中某一特定离子的活度或浓度的指示电极。例如 F^-、Cl^-、I^-、Na^+、K^+ 等离子选择性电极。

应该指出，某一种电极作为参比电极还是指示电极，不是固定不变的。在一种情况下可作为参比电极，在另一种情况下可作为指示电极。例如，玻璃电极通常是 pH 指示电极，但它又可作为测定 Cl^-、I^- 的参比电极；银-氯化银电极通常用作参比电极，但又可作为测定的指示电极。

1. 离子选择性电极的构造

离子选择性电极的基本构造如图 9-31 所示。

电极腔体是用玻璃或高分子聚合物材料制成；内参比电极通常用银-氯化银电极；内参比溶液一般为响应离子的强电解质和氯化物溶液。一般而言，敏感膜是对某种离子有选择性穿透的薄膜，它是用黏合剂或机械方法固定于电极腔体的端部。由于敏感膜的电阻很高，所以电极需要良好的绝缘，以免发生旁路漏电而影响测定。同时，电极用金属隔离线与测量仪器连接，以消除周围交流电场及静电感应的影响。

离子选择电极可表示如下：

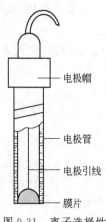

图 9-31 离子选择性电极结构示意

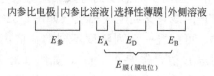

2. 作用原理

各种类型的离子选择电极的响应机理虽然各有特点，但膜电位产生的机理是相似的，在敏感膜与溶液两相间的界面上，由于离子扩散的结果，破坏了界面附近电荷分布的均匀性而建立双电层结构，产生相间电位。另外，在膜相内部与内外两个膜表面的界面上尚有扩散电位产生，但其大小相等、方向相反而相互抵消。因此，膜电位显示了膜外与膜内表面和溶液间的两个相间电位差。

设 $E'_参$ 为内参比电极的电极电位，E_A 为膜一边和内参比溶液的界面电位，E_B 为膜另一边和外侧溶液的界面电位，E_D 为膜相中离子的扩散电位，设 $E_膜$ 为膜电位，则 $E_膜 = E_A + E_D + E_B$。对一支确定的电极，E_A、E_D 都是常数，只有 E_B 与外侧溶液中响应离子的活度有关。

3. 电极电位与离子活度的关系

离子选择性电极是一种以电位响应为基础的电化学敏感元件，将其插入待测液中时，在膜-液界面上产生一特定的电位响应值。设无其他响应离子存在，膜电位与溶液中离子活度间的关系可用能斯特（Nernst）方程来描述。

$$E_膜 = E_膜^0 \pm \frac{RT}{nF}\ln a \tag{9-60}$$

式中，$E_膜^0$ 是常数；"＋"用于阳离子选择电极；"－"用于阴离子选择电极；a 表示溶液中离子的活度。离子选择电极的电极电位（$E_选$）为内参比电极的电极电位（$E'_参$）与膜电位（$E_膜$）之和，即，$E_选 = E'_参 + E_膜$，所以

$$E_选 = E'_参 + E_膜^0 \pm \frac{RT}{nF}\ln a$$

令 $E_选^0 = E'_参 + E_膜^0$

则

$$E_选 = E_选^0 \pm \frac{RT}{nF}\ln a \tag{9-61}$$

式中，$E_选^0$ 为常数项，包括内参比电极的电极电位与膜内的相间电位。

4. 电极电位与离子活度的响应性能

如果用饱和甘汞电极作外参比电极，与离子选择电极组成电池：

外参比电极│盐桥│外参比溶液│选择性薄膜│内参比溶液│内参比电极

$$E=E'_{参}+E_{膜}+E_{接界}-E'_{参}（外参）\tag{9-62}$$

将式（9-60）代入式（9-62），常数项合并为 E^0，则

$$E=E^0\pm\frac{RT}{nF}\ln a \quad 或 \quad E=E^0\pm\frac{2.303RT}{nF}\lg a$$

令 $k=\dfrac{2.303RT}{F}$

则

$$E=E^0\pm\frac{k}{n}\lg a\tag{9-63}$$

5. 校正曲线及检测限的测定

由式（9-63）可知，以电池电动势对响应离子的活度的对数或负对数作图，所得曲线叫校正曲线，又叫响应曲线（如图 9-32 所示）。实际工作中，可配置一系列活度不同的响应离子的溶液，分别测定 E 值，作 E-$(-\lg a)$，如图 9-32 所示。由此可知，在一定的活度范围内，校正曲线呈直线，这一段为电极的响应范围。当活度较低时，曲线就逐渐弯曲，如图中所示。直线部分的斜率，即为电极的响应斜率。当斜率与理论值 $2.303\times10^3 RT/nF$ 基本一致时，就称为电极具有能斯特响应。

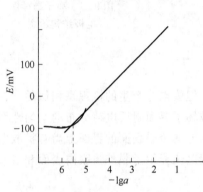

图 9-32　校正曲线及检测限的确定

实际上的离子选择性电极的能斯特斜率，都与此有一定程度的差异。显然，响应离子的活度区间越大，电极性能越好。

检测限是灵敏度的标志，在实际中定义直线与曲线两外推线交点处的活度（或浓度）值。若以 γ 和 c 分别表示响应离子的活度系数和浓度，因 $a=\dfrac{\gamma c}{c^\ominus}$，故式（9-63）可写成

$$E=E^0\pm\frac{k}{n}\lg\frac{\gamma c}{c^\ominus}$$

若 γ 为常数，将 $\dfrac{k}{n}\lg\gamma$ 与 E^0 合并，并以 $E^{0\prime}$ 表示，则

$$E=E^{0\prime}\pm k'\frac{\lg c}{c^\ominus}\tag{9-64}$$

如用调节离子强度的方法使各份溶液的活度系数保持不变，以电位 E 对浓度的对数值 $-\lg a$ 作图，可得类似图 9-32 的图，由此可以免去计算离子活度的麻烦。

6. 离子选择性电极的选择性及选择系数

离子选择性电极对待测离子具有特定的响应特性，但其他离子仍可对其发生一定的干扰。电极选择性的好坏，常用选择系数表示。若以 i 和 j 分别代表待测离子及干扰离子，则：

$$E=E_0\pm\frac{RT}{nF}\ln\left(a_i+k_{ij}a_j\frac{z_i}{z_j}\right)\tag{9-65}$$

式中，z_i 及 z_j 分别代表 i 和 j 离子的电荷数；k_{ij} 为该电极对 j 离子的选择系数。式中的"$-$"及"$+$"分别适用于阴、阳离子选择性电极。

由式（9-65）可见，k_{ij} 越小，表示 j 离子对被测离子的干扰越小，也就表示电极的选择性越好。通常把 k_{ij} 值小于 10^{-3} 者认为无明显干扰。

当 $z_i = z_j$ 时，测定 k_{ij} 最简单的方法是分别溶液法。就是分别测定在具有相同活度的离子 i 和 j 这两个溶液中该离子选择性电极的电位 E_1 和 E_2，则：

$$E_1 = E_0 \pm \frac{RT}{nF} \ln(a_i + 0) \tag{9-66}$$

$$E_2 = E_0 \pm \frac{RT}{nF} \ln(0 + k_{ij} a_j) \tag{9-67}$$

$$\Delta E = E_1 - E_2 = \pm \frac{RT}{nF} \ln k_{ij} \tag{9-68}$$

对于阴离子选择性电极：

$$\ln k_{ij} = \frac{(E_1 - E_2) nF}{RT} \tag{9-69}$$

7. 响应时间

电极浸在溶液中达到稳定电极电位所需要的时间，称为电极响应时间。它取决于敏感膜的结构本质。一般说来，晶体膜的响应时间短，但有些流动载体膜的响应因涉及表面的化学反应过程而达到平衡慢。此外，响应时间还与响应离子的扩散速率与浓度、共存离子的种类、试液温度等因素有关，很明显，扩散速度快，则响应时间短；响应离子浓度低，达到平衡就慢；试液温度高，响应速度加快。实际工作中，通常采用搅拌试液的方法来加快扩散速度，缩短响应时间。响应时间是电极性能指标之一，响应时间短，则电极性能好。

本实验测定碘离子选择性电极的电极电位与离子活度的响应性能。碘离子选择性电极的内参比电极是 Ag，AgI 电极内参比溶液是 10^{-3} mol·L^{-1} KI 溶液，选择性薄膜是 AgI、Ag_2S 膜，电极性能为：①线性范围 $10^{-2} \sim 5 \times 10^{-7}$ mol·L^{-1}；②范围 $2.0 \sim 12.0$；③响应时间 < 2 min；④电极内阻 $< 1.5 \times 10^{-5} \Omega$（25℃）；⑤干扰离子 NO_3^-、$H_2PO_4^-$、Br^-、SO_4^{2-}、Cl^- 的选择性系数都小于 1×10^{-6}。

8. 离子选择电极的应用——测未知溶液中碘离子浓度

应用离子选择电极测定溶液中离子溶液的方法有多种，本实验采用 Gran 氏图解法。
将式（9-64）写成

$$\frac{E}{k'} - \frac{E^{0\prime}}{k'} = \lg c \quad \text{（用阳离子电极，取"+"号）}$$

取反对数并整理得

$$\lg^{-1}\left(\frac{E}{k'}\right) = \lg^{-1}\left(\frac{E^{0\prime}}{k'}\right) c$$

$\lg^{-1}\left(\frac{E^{0\prime}}{k'}\right)$ 是常数，以 E_c 表示，则

$$\lg^{-1}\left(\frac{E}{k'}\right) = E_c c \tag{9-70}$$

如对式（9-64）取"−"，同上述处理，得

$$\lg^{-1}\left(-\frac{E}{k}\right) = E_c c \tag{9-71}$$

由于阴、阳两种离子选择奠基分别与外参比电极组成的原电池的正负极相反，故式（9-70）、式（9-71）两式实质上相同，式（9-70）同样适用于阴离子选择电极。

由式（9-70）以 E/k' 的反对数值对浓度 c 作图，得通过坐标原点的直线（图 9-33 直线

Ⅰ）。如果在一定体积的浓度为 c_x 的待测溶液中控制活度系数不变和溶液体积不变影响的情况下，分次加入已知量的小量的待测离子，每次加入后测定 E 值，则 E 与浓度的关系为

$$\lg^{-1}\left(\frac{E}{k'}\right)=E_c(c_x+c)$$

$$\lg^{-1}\left(\frac{E}{k'}\right)=E_c c_x+E_c c \tag{9-72}$$

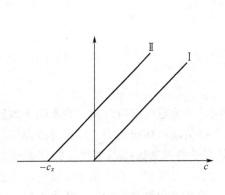

图 9-33　以 E/k' 的反对数值对 c 作图

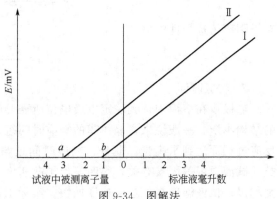

图 9-34　图解法

因在待测溶液中 c_x 是定值，$E_c c_x$ 是常数，故式（9-72）表示的是一条与直线Ⅰ平行的，截距为 $E_c c_x$ 的直线（如图 9-34 中直线Ⅱ），它与横轴相交于 $-c_x$ 处，故可用作图法求出待测溶液的浓度，这就是 Gran 氏图解法测定溶液中离子浓度的根据，测定方法如下。

（1）取 100mL 含有离子强度调节剂的待测试液，先测定 E 值，然后加入 1mL 已知浓度的标准溶液测一次 E 值，测数次。

（2）在 100mL 含有离子强度调节剂的空白溶液中，同上法加入标准溶液并测定 E 值。

处理上述数据时如上法作图，计算会较繁，故采用 Gran 氏图解法原理设计的半对数坐标纸作图，坐标轴的反对数值（纵轴）按 $\lg^{-1}\left(-\dfrac{E}{k'}\right)$ 标度，对一价离子，每大格代表 5mV

（每小格 1mV），两价离子每大格代表 2.5mV（每小格 0.5mV），横轴代表 100mL 试液中加入标准的毫升数，每大格代表 1mL（测定时，也可取试液 50mL，这样每大格代表 0.5mL）。

作图方法为：①在坐标纸上垂直于任意一中间点作一垂线为 0 线；②在 0 线右边的横轴上从左到右标上加入标准溶液的毫升数；③在 0 点左边由右到左表明原试液中被测离子量（以每 100mL 所含相当于标准溶液浓度的毫升数表示）；④在坐标纸反对数轴（纵轴）上标出毫伏数，注意，把实验中最大的 E 值标在纵轴的上方（作图规则之一是充分利用图纸的全部面积）；⑤用待测溶液的实验值点作图得直线Ⅱ，延长使与横轴相交，得点 a，按前所述，交点应在 0，但因设计坐标纸时，纵轴按 $\lg^{-1}\left(-\dfrac{E}{k'}\right)$ 标度；将 k' 作固定值（我们用的半反对数坐标纸，是将 k' 定为 58，$\dfrac{k}{n}=k'$），如实验中的 k 值大于（或小于）比值，直线与横轴的交点就会偏于 0 的右方（或左方）；作空白试液的测定，正是为了校正此项误差，此外，空白试液还能补偿调节剂（空白液）中可能含有微量待测离子引起的误差；⑥从图上确定 ab 的距离设为 x mL，即为待测溶液中原来所含待测离子的量相当的标准溶液的毫升数。设标准溶液的浓度为 5mg/mL，$x=2.2$mL 则表示 100mL 待测溶液中原来含有

待测离子量为 $5 \times 2.2 \text{mg} = 11 \text{mg}$。或表示为 0.11mg/mL。

由于加入标准溶液会使待测溶液的体积改变，故在设计坐标纸时将纵坐标标度由左向右按体积稀释比例提高，这样，可以校正体积变化所引起的稀释效应。我们用的就是这种纵坐标经过体积校正（校正了 1%）的半对数反坐标，也是我们在测定时为什么每次加入标准液的体积恰好为待测试液体积的 $1/100$ 的原因。

四、仪器和药品

1. 仪器

酸度计 1 台；指示电极：EDCL 型碘离子选择性电极 1 支；参考电极：217 型饱和甘汞电极 1 支；电磁搅拌器 1 支；1000mL 容量瓶 1 只、500mL 容量瓶 1 只、100mL 容量瓶 1 只；50mL 移液管 1 支、10mL 移液管 6 支；150mL 烧杯 1 只、50mL 烧杯 2 只。

2. 药品

KI、KNO_3（试剂均为分析纯），蒸馏水。

3. 溶液

（1）$0.1 \text{mol} \cdot L^{-1}$ KI 溶液，精确称取 $105℃$ 烘过的 KI $8.3032g$，用二次蒸馏水溶解，移入 500mL 容量瓶，稀释至刻度，摇匀。

（2）碘标准溶液：精确称取 $105℃$ 烘过的 KI $6.5400g$，用二次蒸馏水溶解，移入 1000mL 容量瓶，稀释至刻度，摇匀。此碘标准溶液为含 I^- 5mg/mL。

（3）$1 \text{mol} \cdot L^{-1}$ KNO_3 溶液。

（4）未知碘溶液：可配置 $1 \sim 2 \text{mg/mL}$ 的溶液。

五、实验步骤

1. 预备碘离子选择电极

按说明要求，碘离子选择电极在使用前，应先在 0.001mol/mL 的 KCl 溶液中活化 1h，然后在蒸馏水中充分浸泡，必要时可重新抛光膜片表面。

2. 按图 9-35 接好仪器。

3. 配制 $10^{-2} \rightarrow 10^{-6}$（$I^-$）的标准溶液系列

用移液管取标准溶液 10mL 于 100mL 容量瓶中，并加入 10mL KNO_3（$1 \text{mol} \cdot L^{-1}$）溶液，稀释至刻度，摇匀，此为 $10^{-2} \text{mol} \cdot L^{-1}$（$I^-$）溶液。然后从 $10^{-2} \text{mol} \cdot L^{-1}$（$I^-$）标准溶液中

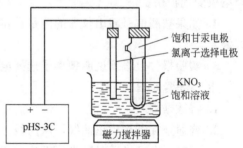

图 9-35　仪器装置示意图

取 10mL 于另一容量瓶中，也加入 10mL KNO_3（$1 \text{mol} \cdot L^{-1}$）溶液，稀释至刻度，摇匀，此为 $10^{-3} \text{mol} \cdot L^{-1}$（$I^-$）溶液。然后，依照上述方法，依次从 $10^{-3} \text{mol} \cdot L^{-1}$ 配制 10^{-4} $\text{mol} \cdot L^{-1}$，从 $10^{-4} \text{mol} \cdot L^{-1}$ 配制 $10^{-5} \text{mol} \cdot L^{-1}$，直到配制 $10^{-6} \text{mol} \cdot L^{-1}$，分别置于 50mL 小烧杯（均已烘干）中，并加入搅拌子一只。置于电磁搅拌器上，按下述步骤进行测定。

4. 测校正曲线

本实验采用江苏江环分析仪器有限公司生产的 8904 型（pHS-3B$^+$）pH 计测定 E 值，如图 9-36 所示。

具体的测量方法如下。

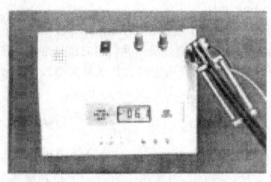

图 9-36　8904 型（pHS-3B⁺）pH 计

（1）仪器校正　接通电源，将甘汞电极引线连接在接线柱上。按下"mV"按键，调节"零点调节器"，使读数在 ±0 之间（温度调节器、斜率调节器在测 mV 值时不起作用）。

（2）测量　将碘离子选择性电极插头插在仪器的电极插口内，用蒸馏水清洗电极，用滤纸吸干。将电极依次从稀到浓插入标准溶液中，充分搅拌后测出各种浓度标准溶液的稳定电位值，并自动显示正负极性。

（3）测定未知的（I^-）溶液的浓度　取 10mL 未知碘溶液加入 100mL 容量瓶中，并加入 10mL KNO_3（$1mol \cdot L^{-1}$）溶液，用蒸馏水稀释至刻度，摇匀，全部倾入 150mL 烧杯中，进行测试，先测未加碘标准溶液的 E 值，然后依次测定加入 5mL（每次加 1mL，共加 5 次）碘标准溶液的 E 值。

5. 选择系数的测定

配制 $0.01mol \cdot L^{-1}$ 的 KI 和 $0.01mol \cdot L^{-1}$ 的 KNO_3 溶液各 100mL，分别测定其电位值。

六、注意事项

1. 用 8904 型（pHS-3B⁺）pH 计测电池电动势时，由于把甘汞电极固定作正极，因此对本来应用甘汞电极作负极的原电池，测得的电池电动势为负值。

2. pH 计的电极插口，必须保持清洁干燥。

3. 碘离子选择电极的插口也应保持清洁干燥，以免弄脏插口。必须保证不使碘离子选择电极受到损伤。

4. 如果被测信号超出仪器的测量范围或测量端开路时，显示部分会发出闪光表示超载报警。

5. 实验报告上必须说明碘离子选择电极的号码。

七、数据处理

1. 将数据列表。

2. 普通坐标纸作校正曲线，从曲线上找出你所用的电极符合能斯特响应的区间。

3. 用离子电极半反对数坐标纸作图，计算你所用的未稀释前的未知溶液每毫升中碘离子的含量。

思　考　题

1. 离子选择性电极测试工作中，为什么要调节溶液离子强度？怎样调节？如何选择适当的离子强度调节液？

2. 选择系数 k_{ij} 表示的意义是什么？$k_{ij} \geqslant 1$ 或 $k_{ij} = 1$，分别说明什么问题？

3. 如果实验时 E 的测量误差是 ±1mV，试从式（9-64）出发，估计所测离子浓度的相对误差，并考虑离子价（n）对误差的影响。

4. 甘汞电极的外盐桥中用 $1mol \cdot L^{-1}$ KNO_3，在配制 $10^{-6} \sim 10^{-1} mol \cdot L^{-1}$ KI 溶液时，每个容量瓶中都加 10mL $1mol \cdot L^{-1}$ KNO_3，在测空白液和未知溶液时，每份溶液中也含 10mL $1mol \cdot L^{-1}$ KNO_3，它们各有什么用途？

5. 什么实验时 $10^{-6} \sim 10^{-1}$ mol·L^{-1} KI 溶液可任取多少体积，而在测定未知溶液和空白试液时却要固定为 100mL？

6. 算一算 $10^{-6} \sim 10^{-1}$ mol·L^{-1} 各份 KI 溶液的离子强度各是多少？

实验九十三 阳极极化曲线的测定

一、实验目的

测定碳钢在碳铵溶液中的阳极极化曲线。

二、实验原理

在以金属作阳极的电解池中通过电流时，通常将发生阳极的电化学溶解过程。如阳极极化不大，阳极溶解速度随电位变正而逐渐增大，这是金属的正常阳极溶解。在某些化学介质中，当电极电位正移到某一数值时，阳极溶解速度随电位变正反而大幅度降低，这种现象称做金属的钝化。

处在钝化状态的金属的溶解速度是很小的，这在金属防腐及作为电镀的不溶性阳极时，正是人们所需要的。而在另外的情况如化学电源、电冶金和电镀中的可溶性阳极，金属的钝化就非常有害。

利用阳极钝化，使金属表面生成一层耐腐蚀的钝化膜来防止金属腐蚀的方法，叫做阳极保护。用恒电位法测定的阳极极化曲线如图 9-37 所示。曲线表明，电位从 a 点开始上升（即电位向正方向移动），电流也随之增大，电位超过 b 点以后，电流迅速减至很小，这是因为在碳钢表面上生成了一层高电阻、耐腐蚀的钝化膜。到达 c 点以后，电位再继续上升，电流仍保持在一个基本不变的、很小的数值上。电位升至 d 点时，电流又随电位的上升而增大。从 a 点到 b 点的范围称为活性溶解区；b 点到 c 点称为钝化过渡区；c 点到 d 点称为钝化稳定区；d 点以后称为过钝化区。对应于 b 点的电流密度称为致钝电流密度；对应于 cd 段的电流密度称为维钝电流密度。如果对金属通过致钝电流（致钝电流密度与表面积的乘积）使表面生成一层钝化膜（电位进入钝

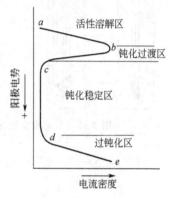

图 9-37 阳极极化曲线

化区），再用维钝电流（维钝电流密度与表面积的乘积）保持其表面的钝化膜不消失，金属的腐蚀速度将大大降低，这就是阳极保护的基本原理。

若用恒电流法，则极化曲线的 abc 段就作不出来，所以需要用恒电位法测定阳极钝化曲线。

三、仪器与试剂

1. 仪器

HDV-5 型或 HDV-7 型晶体管恒电位仪 1 台、H 形电解池 1 套、饱和甘汞电极（参比电极）1 支、碳钢电极（研究电极）1 支、铂或铅电极（辅助电极）1 支。

2. 试剂

25％氨水被碳酸氢铵饱和的溶液。

四、实验步骤

按图 9-38 接线。

1. 先将碳钢电极在金相砂纸上磨光，再用绒布磨成镜面，每次测量前都需要重复上述

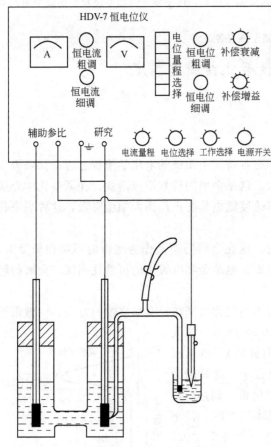

图 9-38 测定阳极极化曲线仪器

步骤。

2. 开机前将电流选择旋钮拨到 "×10⁴" 挡（正式测定时再选合适量程），电位测量旋钮拨到 "零调"，电源开关拨到 "准备"，此时指示灯亮。预热 15min，调节 "零调"，使伏特计指示针指零。

3. 将甘汞电极接 "参比" 接线柱。用两根导线将 "研究" 和 "接地" 接线柱共同与碳钢电极连接。

4. 将电位测量旋钮拨 "外测" 挡，这时伏特计指示的就是碳钢电极在研究介质中的开路电位值，记下电位读数。

5. 将电位旋钮拨到 "控制" 挡，调节电位粗调和细调旋钮，使控制电位等于碳钢的开路电位。

6. 将电位测量旋钮拨到 "研究" 挡；将电源开关拨到 "工作" 挡，用导线将辅助电极与 "辅助" 接线柱连接。

7. 选择合适的电流表量程，分别记下相应的电位、电流值。然后将电位粗调和细调旋钮按顺时针方向慢慢转动，每改变 100mV 电位记录一次相应电流值，过程中随时注意调整电流表量程选择旋钮。

将实验结果填入表 9-13。

表 9-13 实验数据表

室温_____ 研究电极面积_____

介质条件_____ 开路电位_____

E/mV	
$I/\mu A$	
$i/A \cdot m^{-2} \left(i = \dfrac{I}{S}\right)$	
$\lg i$	

析氧电位_____ 析氢电位_____

五、数据处理

1. 以 E（相对于饱和甘汞电极）为纵坐标，$\lg i$ 为横坐标作图。

2. 从阳极极化曲线上找出维钝电位范围和维钝电流密度（$A \cdot m^{-2}$）。

3. 根据法拉第定律，计算金属的腐蚀速度：

$$K = \frac{I_m t n}{26.8 \times \rho \times 1000} \quad (mm/年)$$

式中 I_m——维钝电流密度，$A \cdot m^{-2}$；

t——时间，h（一年按 330d 计，共 24×330h）；

n——金属的克当量，g（Fe^{3+} 的克当量为 56/3＝18.7g）；

ρ——金属的密度，g·cm^{-3}（碳钢为 7.8）。

思　考　题

1. 阳极保护的基本原理是什么？什么样的介质才适于阳极保护？
2. 什么是至钝电流和维钝电流？它们有什么不同？
3. 在测量电路中，参比电极和辅助电极各起什么作用？
4. 测定电极钝化曲线为什么要用恒电位仪？
5. 开路电位、析氧电位和析氢电位各有什么意义？

实验九十四　阴极极化曲线的测定

一、实验目的

研究配位剂和表面活性剂对无氰镀锌液阴极极化作用的影响。

二、实验原理

电镀的实质是电结晶过程。为了获得细致、紧密的镀层，就必须创造条件，使晶核生成的速度大于晶核成长的速度，我们知道，小晶核比大晶核具有更高的表面能，因而从阴极析出小的晶体就需要较高的超电压（相当于从溶液中结晶时的过饱和）。因此，凡能增大阴极极化作用从而提高金属析出电位的措施，大都能改善镀层的质量。但若单纯增大电流密度以造成较大的浓差极化，则常会形成疏松的镀层，因而应该是采用减小电极反应速度，增加电化学极化的方法。

在镀液中添加配位剂和表面活性剂，就能有效增大阴极的电化学极化作用。当金属离子与配位剂配合后，金属离子的还原就要困难得多，这是因为它还要附加破坏配位键所需要的能量。而加入表面活性剂后，由于它吸附在阴极表面，迫使放电离子要在吸附镀件表面上进行放电反应，就需要附加克服吸附能的电位。上述两种作用，都使阴极获得较大的极化度。如图 9-39 所示，在单盐镀液中加入少量配位剂（氨三乙酸-氯化铵）和表面活性剂（硫脲及聚乙二醇），极化就显著增加。

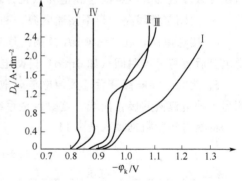

图 9-39　无氰镀锌阴极极化曲线

本实验用恒电流法测定在不同电流密度 D_k 下，研究电极与参考电极所组成的电池的电动势，从而得到研究电极的电极电位 φ_k 与电流密度 D_k 的关系。实验装置如图 9-40 所示。

三、仪器与试剂

1. 仪器

电位差计 1 台、H 形电解池 1 套、晶体管稳压电源 1 台、0～50mA 电流表 1 只、0～100kΩ 电阻箱 1 个、甘汞电极 1 支、锌电极 2 支。

2. 试剂

化学纯氯化锌、氯化铵、聚乙二醇、硫脲、氨三乙酸（NTA）。

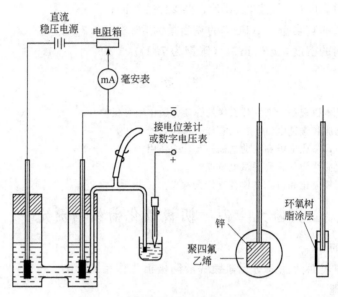

图 9-40　测定阴极极化曲线线路图

四、实验步骤

1. 取锌电极一支，面积 1cm×1cm，在 0 号金相砂纸上磨光，最后在绒布上磨成镜面，洗净，去油，吹干后，除一个工作面外，其余五面用环氧树脂或石蜡涂上。

2. 研究电极与参考电极用带有鲁金毛细管的盐桥导通。毛细管尖端紧靠被测电极，以尽可能消除溶液欧姆电压降的影响。盐桥右支管充满饱和氯化钾琼胶，电解池中装好电极并加入Ⅳ号电镀液后，由盐桥支管接出的橡皮管用洗耳球从毛细管吸入电解液，随即用弹簧夹紧橡皮管。这部分电解液应和饱和氯化钾琼胶接通。

3. 按图接好线路，暂不接通电源，测定平衡电位（即 $D_k=0$ 时的 φ_k）。

4. 接通电源，在 0～40mA 范围内逐步增大电流。初期改变电流的幅度要小些，每次改变电流后等待一段时间（如 3min）再测电动势。

5. 测完一种电镀液后，关掉电源，取出研究电极充洗干净，按前述方法磨成镜面，再测另一种电镀液的极化曲线。这时鲁金毛细管应吸入新镀液。

将测得实验数据填入表 9-14。

表 9-14　实验记录表

室温＿＿＿＿＿＿＿＿　气压＿＿＿＿＿＿＿＿

Ⅳ号电镀液	电流/mA	
	电动势/V	
	φ_k/V	
Ⅳ号电镀液＋配位剂和表面活性剂	电流/mA	
	电动势/V	
	φ_k/V	

五、数据处理

1. 根据测得的电动势，计算出研究电极的电极电位 φ_k，填入记录表格。

2. 分别以电流密度 D_k 为纵坐标，以研究电极的电极电位 φ_k 为横坐标作图，即得阴极极化曲线。

3. 讨论配位剂和表面活性剂对阴极极化的影响。

思 考 题

1. 什么叫阴极极化作用？如何增大阴极极化作用？
2. 本实验中，除电位差计外，还可用些什么仪器测电动势？
3. 在电解池中，阴极应首先析出氢气还是锌？为什么？

实验九十五　最大泡压法测定溶液的表面张力

一、实验目的

1. 掌握最大泡压法（或扭力天平）测定溶液表面张力的原理和技术，了解影响表面张力测定的因素。

2. 测定不同浓度正丁醇溶液的表面张力，计算表面吸附量和正丁醇分子的截面积。

二、实验原理

从热力学观点来看，液体表面缩小是一个自发过程，这是使体系总自由能减小的过程，欲使液体产生新的表面 ΔA，就需对其做功，其大小应与 ΔA 成正比：

$$-W = \sigma \Delta A \tag{9-73}$$

如果 ΔA 为 $1m^2$，则 $-W' = \sigma$ 是在恒温恒压下形成 $1m^2$ 新表面所需的可逆功，所以 σ 称为比表面吉布斯自由能，其单位为 $J \cdot m^{-2}$。也可将 σ 看作作用在界面上每单位长度边缘上的力，称为表面张力，其单位是 $N \cdot m^{-1}$。在定温下纯液体的表面张力为定值，当加入溶质形成溶液时，表面张力发生变化，其变化的大小决定于溶质的性质和加入量的多少。根据能量最低原理，溶质能降低溶剂的表面张力时，表面层中溶质的浓度比溶液内部大；反之，溶质使溶剂的表面张力升高时，它在表面层中的浓度比在内部的浓度低，这种表面浓度与内部浓度不同的现象叫做溶液的表面吸附。在指定的温度和压力下，溶质的吸附量与溶液的表面张力及溶液的浓度之间的关系遵守吉布斯（Gibbs）吸附方程：

$$\Gamma = -\frac{c}{RT}\left(\frac{d\sigma}{dc}\right)_T \tag{9-74}$$

式中，Γ 为溶质在表层的吸附量；σ 为表面张力；c 为吸附达到平衡时溶质在介质中的浓度。

当 $\left(\frac{d\sigma}{dc}\right)_T < 0$ 时，$\Gamma > 0$，称为正吸附；当 $\left(\frac{d\sigma}{dc}\right)_T > 0$ 时，$\Gamma < 0$，称为负吸附。吉布斯吸附等温式应用范围很广，但上述形式仅适用于稀溶液。

引起溶剂表面张力显著降低的物质叫表面活性物质，被吸附的表面活性物质分子在界面层中的排列，决定于它在液层中的浓度，这可由图 9-41 看出。

图 9-41(a) 和 (b) 是不饱和层中分子的排列，(c) 是饱和层分子的排列。

当界面上被吸附分子的浓度增大时，它的排列方式在改变，最后，当浓度足够大时，被吸附分子盖住了所有界面的位置，形成饱和吸附层，分子排列方式如图 9-41(c) 所示。这样的吸附层是单分子层，随着表面活性物质的分子在界面上越紧密排列，则此界面的表面张力也就逐渐减小。如果在恒温下绘成曲线 $\sigma = f(c)$（表面张力等温线），当 c 增加时，σ 在开始时显著下降，而后下降逐渐缓慢下来，以至 σ 的变化很小，这时 σ 的数值恒定为某一常数（见图 9-42）。利用图解法进行计算十分方便，如图 9-42 所示，经过切点 a 作平行于横坐标的

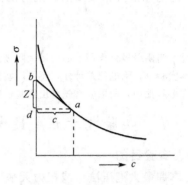

图 9-41　被吸附的分子在界面上的排列图　　图 9-42　表面张力与浓度的关系

直线，交纵坐标于 b 点。以 Z 表示切线和平行线在纵坐标上截距间的距离，显然 Z 的长度等于 $c\left(\dfrac{\mathrm{d}\sigma}{\mathrm{d}c}\right)_{\varGamma}$

$$\left(\frac{\mathrm{d}\sigma}{\mathrm{d}c}\right)_{\varGamma}=-\frac{Z}{c}$$

$$Z=-\left(\frac{\mathrm{d}\sigma}{\mathrm{d}c}\right)_{\varGamma}C \tag{9-75}$$

$$\varGamma=-\frac{c}{RT}\left(\frac{\mathrm{d}\sigma}{\mathrm{d}c}\right)_{\varGamma}=\frac{Z}{RT}$$

以不同的浓度对其相应的 $\varGamma$ 可作出曲线，$\varGamma=f(c)$ 称为吸附等温线。

根据朗格缪尔（Langmuir）公式：

$$\varGamma=\varGamma_{\infty}\frac{kc}{1+kc} \tag{9-76}$$

$\varGamma_{\infty}$ 为饱和吸附量，即表面被吸附物铺满一层分子时的 $\varGamma$

$$\frac{c}{\varGamma}=\frac{kc+1}{k\varGamma_{\infty}}=\frac{c}{\varGamma_{\infty}}+\frac{1}{k\varGamma_{\infty}} \tag{9-77}$$

以 $c/\varGamma$ 对 c 作图，得一直线，该直线的斜率为 $1/\varGamma_{\infty}$。

由所求得的 $\varGamma_{\infty}$ 代入 $A=\dfrac{1}{\varGamma_{\infty}N_{A}}$ 可求被吸附分子的截面积（N_{A} 为阿伏伽德罗常数）。

设在饱和吸附的情况下，正丁醇分子在气-液界面上铺满一单分子层，则应用式（9-78）即可求得正丁醇分子的横截面积 S_{0}。

$$S_{0}=\frac{1}{\varGamma_{\infty}N_{A}} \tag{9-78}$$

式中，N_{A} 为阿伏伽德罗常数。

测定溶液的表面张力有多种方法，本实验采用最大泡压法，装置如图 9-43 所示。

将待测表面张力的液体装于表面张力仪中，使毛细管的端面与液面相切，液面即沿毛细管上升。打开滴液瓶活塞缓慢放水（抽气），则样品管中的空气体积增大，压力逐渐减小，毛细管中压力（大气压力）就会将管中液体压至管口，并形成气泡，其曲率半径由大而小，直至恰好等于毛细管中半径 r 时，气泡就从毛细管管口逸出，这时能承受的压

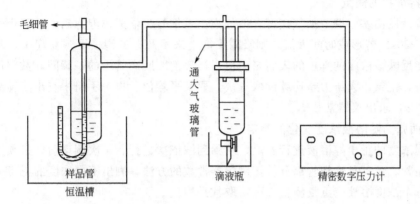

图 9-43 表面张力测定装置

力差也最大，这一压差可由精密数字压力计读出。根据拉普拉斯公式，此最大压差（附加压力）为：

$$\Delta p_{最大} = p_{大气} - p_{系统} = 2\frac{\sigma}{r} \tag{9-79}$$

$$\sigma = \Delta p_{最大}\frac{r}{2} \tag{9-80}$$

若用同一根毛细管对两种具有表面张力为 σ_1 和 σ_2 的液体，则有

$$\frac{\sigma_1}{\sigma_2} = \frac{\Delta p_{最大2}}{\Delta p_{最大1}} \tag{9-81}$$

$$\sigma_2 = \frac{\Delta p_{最大2}}{\Delta p_{最大1}}\sigma_1 = K\Delta p_{最大2} \tag{9-82}$$

式中，$K = \dfrac{\sigma_1}{\Delta p_{最大1}}$ 为仪器常数。可由已知表面张力 σ_1 的液体为标准求出。由式（9-82）即可求出其他液体的表面张力 σ_2。

三、仪器药品

1. 仪器

最大泡压法表面张力仪 1 套、吸耳球 1 只、铁架台 1 套、20mL 移液管 1 支、10mL 移液管 1 支、500mL 烧杯 1 只、50mL 容量瓶 8 只。

2. 药品

正丁醇（分析纯）、蒸馏水。

四、实验步骤

1. 配制溶液

分别配制浓度为 $0.02\text{mol} \cdot \text{L}^{-1}$、$0.05\text{mol} \cdot \text{L}^{-1}$、$0.1\text{mol} \cdot \text{L}^{-1}$、$0.15\text{mol} \cdot \text{L}^{-1}$、$0.2\text{mol} \cdot \text{L}^{-1}$、$0.3\text{mol} \cdot \text{L}^{-1}$、$0.4\text{mol} \cdot \text{L}^{-1}$、$0.5\text{mol} \cdot \text{L}^{-1}$的正丁醇溶液各 50mL。

2. 仪器准备与检漏

按图 9-43 接好实验装置，接通数字压力电源。先使系统与大气相通，按下数字压力计的"采零"键，压力计显示为"0"，再将通大气玻璃管密封，将适量蒸馏水注入干净的样品管中，使毛细管口刚好与液面相切。旋开滴液瓶活塞，让水缓慢滴出，待压力计显示一定数字时，关闭活塞，若压力计读数不变，则说明体系不漏气，可以进行实验。

3. 仪器常数的测量

旋开滴液瓶活塞，调节抽气速度，使气泡由毛细管尖端成单泡逸出，且每个气泡形成的时间为 10~20s。若形成时间太短，则吸附平衡就来不及在气泡表面建立起来，测得的表面张力也不能反映该浓度的真正的表面张力值。当气泡刚脱离管端的一瞬间，数字压力计显示最大压差时，记录最大压力差连续读取三次，取其平均值。再由手册中查出实验温度时，水的表面张力 σ，求出仪器常数 K。

4. 表面张力随溶液浓度变化的测定

用不同浓度的正丁醇溶液进行测量，从稀到浓依次进行。每次测量前，必须用少量待测液洗净样品管，尤其是毛细管部分。按测仪器常数的方法，测出不同浓度的正丁醇溶液的最大压差，每个浓度溶液应重复测量三次，取其平均值。

5. 实验完后，用蒸馏水洗净样品管及毛细管，样品管中装好蒸馏水，并将毛细管浸入水中。

五、数据处理

1. 计算仪器常数 K 和溶液表面张力 σ，绘制 $\sigma\text{-}c$ 等温线。

2. 作切线求 Z，并求出 Γ 和 c/Γ。

3. 绘制 $c/\Gamma\text{-}c$ 等温线，由直线斜率求出 Γ_∞，并计算正丁醇分子的横截面积 S_0。

六、注意事项

1. 仪器系统不能漏气。

2. 所用毛细管必须干净、干燥，应保持垂直，其管口刚好与液面相切。

3. 读取数字压力计的压差时，应取气泡单个逸出时的最大压力差。

思 考 题

1. 毛细管尖端为何必须调节的恰与液面相切？否则对实验有何影响？

2. 最大泡压法测定表面张力时为什么要读最大压力差？如果气泡逸出的很快，或几个气泡一齐出，对实验结果有无影响。

3. 实验时，为何溶液浓度以由稀至浓测定为宜？

实验九十六　固体比表面积的测定——BET 容量法

一、实验目的

1. 用亚甲基蓝水溶液吸附法测定颗粒活性炭的比表面积。

2. 了解兰缪尔单分子层吸附理论及溶液法测定比表面积的原理。

二、实验原理

水溶性染料的吸附已用于测定固体的比表面积，在所有的染料中，亚甲基蓝具有最大的吸附倾向。研究表明，在一定的范围内，大多数固体对亚甲基蓝的吸附是单分子层吸附，符合兰缪尔单分子层吸附理论。

兰缪尔单分子层吸附理论的基本假设是：固体表面是均匀的，吸附是单分子层吸附，吸附一旦被吸附质覆盖就不能再吸附；在吸附平衡时，吸附和脱附建立动态平衡；吸附平衡前，吸附速率与空白表面成正比，解吸速率与覆盖度成正比。

设固体表面的吸附位总数为 N，覆盖度为 θ，溶液中吸附质的浓度为 c，根据上述假定

吸附速率：
$$v_a = k_a N(1-\theta)c$$

解吸速率：
$$v_d = k_d N\theta$$

当达到吸附平衡时：

$$k_a N(1-\theta)c = k_d N\theta$$

由此可得：

$$\theta = \frac{k_a c}{k_d + k_a c} = \frac{Kc}{1 + Kc} \tag{9-83}$$

式中，$K = \dfrac{k_a}{k_d}$，称为吸附平衡常数，其值决定于吸附剂和吸附质的本性及温度，K 值越大，固体对吸附质吸附能力越强，以 Γ 表示浓度 c 时的平衡吸附量，以 Γ_∞ 表示全部吸附位被占据的单分子层吸附量，即饱和吸附量，则

$$\theta = \frac{\Gamma}{\Gamma_\infty}$$

代入式（9-83），得

$$\Gamma = \Gamma_\infty \frac{Kc}{1 + Kc} \tag{9-84}$$

将式（9-84）整理，可得如下形式

$$\frac{c}{\Gamma} = \frac{1}{\Gamma_\infty K} + \frac{1}{\Gamma_\infty}c \tag{9-85}$$

以 c/Γ 对 c 作图，从直线斜率可求得 Γ_∞，再结合截距便得到 K。Γ_∞ 指每克吸附剂饱和吸附吸附质的物质的量，若每个吸附质分子在吸附剂上所占据的面积为 σ_A，则吸附剂的比表面积可按下式计算：

$$S = \Gamma_\infty N_A \sigma_A$$

式中，S 为吸附剂比表面积；N_A 为阿伏伽德罗常数。

亚甲基蓝具有以下矩形平面结构：

阳离子大小为 $17.0 \times 7.6 \times 3.25 \times 10^{-30}\,\mathrm{m^3}$。亚甲基蓝吸附有三种取向：平面吸附投影面积为 $135 \times 10^{-20}\,\mathrm{m^2}$，侧面吸附投影面积为 $75 \times 10^{-20}\,\mathrm{m^2}$，端基吸附投影面积为 $39 \times 10^{-20}\,\mathrm{m^2}$。对于非石墨型的活性炭，亚甲基蓝是以端基吸附取向，吸附在活性炭表面，因此 $\sigma_A = 39 \times 10^{-20}\,\mathrm{m^2}$。

根据光吸收定律，当入射光为一定波长的单色光时，某溶液的吸光度与溶液中有色物质的浓度及溶液层的厚度成正比：

$$A = \lg \frac{I_0}{I} = abc \tag{9-86}$$

式中，A 为吸光度；I_0 为入射光强度；I 为透过光强度；a 为吸光系数；b 为光径长度或液层厚度；c 为溶液浓度。

亚甲基蓝在可见光区有两个吸收峰：445nm 和 665nm，但在 445nm 处活性炭对吸收峰

有很大的干扰，故本实验选用的波长为 665nm，并用 72 型光电分光光度计进行测量。

三、仪器与试剂

1. 仪器

离心试管 8 支、电动离心机 1 台、72 型光电分光光度计及附件 1 套、500mL 容量瓶 4 只、250mL 容量瓶 10 只、100mL 带塞锥形瓶 8 只、100mL 容量瓶 1 只、25mL 容量瓶 1 只、移液管 24 支、恒温水浴振荡器 1 台。

2. 试剂

亚甲基蓝溶液：0.2% 左右原始溶液和标准溶液、颗粒状非石墨型活性炭。

四、实验步骤

1. 样品活化

将颗粒活性炭置于瓷坩埚中加入 500℃马弗炉活化 1h，然后置于干燥器中备用。

2. 溶液吸附

取 8 个 100mL 干燥的带塞三角烧瓶，编号。每瓶准确称取活化过的活性炭样品 0.10～0.12g（注意：不能超过此范围），再按表 9-15 所示加入 50mL 不同浓度的亚甲基蓝原始溶液，加塞。

3. 稀释原始溶液

取 8 个不同体积的容量瓶，编号，按表 9-15 中所示，分别用移液管移取不同浓度的原始溶液各 1mL 转移到容量瓶中，并稀释至刻度。

4. 处理平衡溶液

样品振荡 4～6h 后，分别转移至编号对应的 8 支干燥的离心试管中，加纸垫或橡皮垫放入电动离心机，旋转 20min 后，按表 9-15 所示，用移液管移取澄清的溶液于对应的容量瓶中，除 1 号平衡液不稀释外，其他都用蒸馏水稀释至刻度。

表 9-15　平衡液的吸光度

编号		1	2	3	4	5	6	7	8
原始浓度/%		0.05	0.075	0.10	0.15	0.20	0.225	0.25	0.275
稀释原始液的容量瓶体积		100	250	250	250	500	500	500	500
处理平衡液	移取平衡液毫升数	25	10	2	1	1	1	1	1
	容量瓶体积/mL	25	250	250	250	250	250	250	250

5. 选择工作波长

亚甲基蓝的工作波长为 665nm，但由于各台分光光度计波长刻度略有误差，实验者应自行选择工作波长，用 $8\mu g \cdot mL^{-1}$ 的标准溶液在 $600～680nm$ 范围内测量吸光度，以吸光度对波长作图，得一吸收曲线，以吸收曲线的峰所对应的波长为工作波长。

6. 测量吸光度

以蒸馏水为参比，分别测量 $2\mu g \cdot mL^{-1}$、$4\mu g \cdot mL^{-1}$、$6\mu g \cdot mL^{-1}$、$8\mu g \cdot mL^{-1}$ 四个标准溶液以及稀释后的原始溶液和平衡溶液的吸光度（1 号稀释液虽然没有稀释，也要测量）。

五、数据处理

1. 作吸收曲线，确定工作波长。以吸光度对波长作图。得吸收曲线，最大吸收峰所对应的波长即为工作波长。

2. 作亚甲基蓝溶液浓度对吸光度的工作曲线。

3. 求亚甲基蓝原始溶液浓度 c_0 和平衡溶液浓度 c 以及吸附量 Γ_0。

将实验测得的原始溶液的吸光度从工作曲线上查得相应的浓度再乘以稀释的倍数，即为 c_0。

将实验测得的平衡溶液的吸光度从工作曲线上查得相应的浓度再乘以稀释的倍数，即为 c。c_0 和 c 都化为百分比浓度。

求吸附量的计算式：

$$\Gamma = \frac{W(c_0 - c)}{m}$$

式中，Γ 为吸附量；m 为吸附剂质量，g；c_0 和 c 分别为溶液的起始和终了的质量百分比浓度（亚甲基蓝溶液的密度可认为与水的密度相等）。

4. 求饱和吸附量

由 Γ 和 c 数据计算 c/Γ 值，然后作 c/Γ-c 图，由图求得饱和吸附量 Γ_∞。将 Γ_∞ 值用虚线作一水平线在 Γ-c 图上，这一虚线即是吸附量 Γ 的渐近线。

5. 计算活性炭样品的比表面积。将 Γ_∞ 值代入 $S = \Gamma_\infty N_A \sigma_A$ 可算得活性炭样品的比表面积。

思　考　题

1. 吸附作用决定于哪些因素？固体吸附剂吸附气体与从溶液中吸附溶液有何不同？
2. 用分光光度计测亚甲基蓝溶液浓度时，为什么要测溶液稀释到 $\mu g \cdot mL^{-1}$ 级的浓度？

实验九十七　液体黏度的测定

一、实验目的

1. 测乙醇的黏度，并比较黏度和温度的关系。

2. 掌握恒温槽的控温操作。

二、实验原理

液体黏度的大小一般用黏度系数 η（简称为黏度）来表示，黏度 η 用黏度计测定的。当溶液在毛细管中流动时，黏度系数 η 可用波华须尔公式计算：$\eta = \frac{\pi r \times 4 pt}{8VL}$，式中，$V$ 是在时间 t 内流过毛细管的液体体积；r 是毛细管半径；L 是毛细管的长度；p 是两端压力差。在 c.g.s. 中，黏度的单位是 $P(dyn/cm^2)$；在国际单位（SI）制中，黏度单位为 $Pa \cdot s$，$1P = 0.1 Pa \cdot s$。

服从波华须尔公式的液体黏度，随温度升高而减小，温度一定黏度为定值，此黏度与压力关系（增加压力使流经毛细管的时间缩小，而 pt 乘积仍为常数），对于指定的黏度计，$\pi r^4 / 8VL$ 是常数，故 $\eta = Kpt$。

测定液体绝对黏度比较困难，但测液体对标准液体（如水）的相对黏度是简单易行的，通过标准液体的绝对黏度可计算待测液体的黏度。若两种液体在本身重力下，分别流过同一毛细管，且流出的体积相等，则 $\eta_1 = Kp_1t_1$，$\eta_2 = Kp_2t_2$，$\frac{\eta_1}{\eta_2} = \frac{p_1t_1}{p_2t_2}$，式中 $p = \rho gh$，这里 h 是推动液体流动的液位差；ρ 是液体密度；g 是重力加速度，如果每次实验中保持 h 不变，上式变为 $\eta_2 = \frac{\eta_1 \rho_2 t_2}{\rho_1 t_1}$，$\eta_1$、$\rho_1$、$\rho_2$ 为已知，t_1、t_2 是实验测定值，η_2 可求。

三、仪器与药品

1. 仪器

乌氏黏度计 1 支、恒温水浴装置 1 套（玻璃缸、加热器、搅拌器 7151 型控温仪）、0～50℃（1/10）温度计 1 支、停表 1 只、10mL 移液管 2 支、细乳胶管、洗耳球、重锤、弹簧夹、铁架台。

2. 药品

无水乙醇。

四、实验步骤

1. 测定 20℃时乙醇的黏度

（1）接好恒温水浴系统，调节控温仪，使温度控制在 20℃±1℃。

（2）清洗黏度计，黏度计用洗液浸泡及冲洗（尤其毛细管部位）。倒净洗液后，用适量蒸馏水至少冲洗 3～5 次。不用吹干。

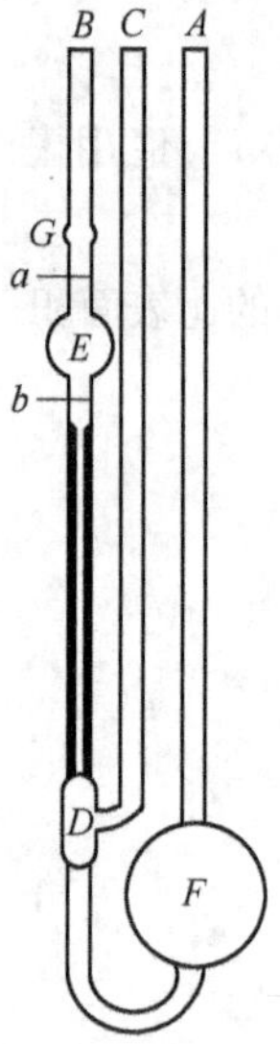

（3）将黏度计垂直放入恒温槽中，用弹簧夹固定在铁架台上，使液体流经部位都浸在水中，C 管（见图 9-44）上套乳胶管用夹子夹紧。

（4）用移液管吸取 10mL 蒸馏水自 A 管放入黏度计中，放置 15min，待温度平衡。

（5）用洗耳球从 B 管上端吸液体，当液面升到 G 球 1/2 处，停止抽气，此时放开 C 上端夹子，使毛细管内液体同 D 球内液体分开，G 球中液体下降。再用停表准确测定液面自 a 到 b 所经历的时间。再重复两次，每次差不超过 0.3s，取平均时间。

（6）黏度计取出，倒净里面的水，用无水乙醇冲洗 3 次（每次 10～15mL，乙醇回收）。

（7）测定乙醇的流出时间，方法同测定水一样。

2. 测定 30℃乙醇的黏度

（1）保留 20℃时黏度计中的乙醇，升温至（30±1）℃，恒温后按上述方法测定。

图 9-44 乌氏黏度计

（2）测定乙醇后，倒去乙醇，用蒸馏水冲洗黏度计 3 次。装上蒸馏水，测水的流出时间。

五、记录和数据处理

将实验数据填入表 9-16。

表 9-16 实验数据表

液体名称			H_2O	C_2H_5OH
流经毛细管时间	20℃		1	1
			2	2
			3	3
	平均			
	30℃		1	1
			2	2
			3	3
	平均			
黏度	20℃		查表	20℃计算
	30℃		查表	30℃计算

六、仪器使用说明

1. 7151 型控温仪

（1）使用前将给定指示盘左旋到底，指示红线校正于最低给定值一左下方的起始原点。

（2）插上感温元件于恒温水浴中（感温元件浸入深度不超过 20cm），使感温元件良好的被测部位接触。

（3）连接线路，接通电源。教师检查后方可通电。

（4）调控指示盘至所需温度值，打开本机开关。

（5）白灯亮加热，控制温度高于实际温度，红灯亮断开，控制温度低于实际温度。

2. 测温仪使用说明

（1）调整满量程电压，将测量开关拨到"满处"，然后调整"校满"，使电表指针与满程刻度线重合。

（2）然后将测量开关拨到测处，此时测温仪指示温度为恒温槽中温度（实际温度以恒温槽中 1/10 温度计指示为准）。

思　考　题

1. 测定黏度时为什么要严格控制温度？温度高于或低于指定温度会产生什么后果？
2. 用乌氏黏度计时加入标准物和被测物体积是否一定相等，为什么？

实验九十八　黏度法测定高聚物分子量

一、实验目的

1. 测定多糖聚合物-右旋糖苷的平均相对分子质量。

2. 掌握用乌贝路德（Ubbelohde）黏度计测定黏度的方法。

二、预习要求

1. 了解黏度法测定高聚物分子量的基本原理和公式。

2. 了解乌贝路德黏度计结构的特点。

三、实验原理

分子量是表征化合物特性的基本参数之一。但高聚物分子量大小不一，参差不齐，一般在 $10^3 \sim 10^7$ 之间，所以通常所测高聚物的分子量是平均分子量。测定高聚分子量的方法很多，端基分析法、根据稀溶液的依数性沸点升高，凝固点降低，等温蒸馏法、渗透压法、光散射法、黏度法等。其中黏度法设备简单，操作方便，有相当好的实验精度。

高聚物在稀溶液中的黏度主要反映了液体在流动时存在着内摩擦。黏度基本概念如表 9-17 所列。

如果高聚物分子的分子量越大，则它与溶剂间的接触表面也越大，摩擦就大，表现出的特性黏度也大。特性黏度和分子量之间的经验关系式为：

$$[\eta] = K\overline{M}^{\alpha} \tag{9-87}$$

式中，M 为黏均分子量；K 为比例常数；α 为与分子形状有关的经验参数。K 和 α 值与温度、聚合物、溶剂性质有关，也和分子量大小有关。K 值受温度的影响较明显，而 α 值主要取决于高分子线团在某温度下、某溶剂中舒展的程度，其数值介于 $0.5 \sim 1$ 之间。K 与 α 的数值可通过其他绝对方法确定，例如渗透压法、光散射法等，从黏度法只能测定得 $[\eta]$。

在无限稀释条件下：

$$\lim_{c \to 0} \frac{\eta_{sp}}{c} = \lim_{c \to 0} \frac{\ln \eta_r}{c} = [\eta] \tag{9-88}$$

表 9-17　黏度的基本概念

名词与符号	物　理　意　义
纯溶剂黏度 η_0	溶剂分子与溶剂分子之间的内摩擦表现出来的黏度
溶液黏度 η	溶剂分子与溶剂分子之间、高分子与高分子之间和高分子与溶剂分子之间,三者内摩擦的综合表现
相对黏度 η_r	$\eta_r = \dfrac{\eta}{\eta_0}$,溶液黏度对溶剂黏度的相对值
增比黏度 η_{sp}	$\eta_{sp} = \dfrac{\eta - \eta_0}{\eta_0} = \dfrac{\eta}{\eta_0} - 1 = \eta_r - 1$,高分子与高分子之间,纯溶剂与高分子之间的内摩擦效应
比浓黏度 η_{sp}/c	单位浓度下所显示出的黏度
特性黏度 $[\eta]$	$\lim\limits_{c \to 0} \dfrac{\eta_{sp}}{c} = [\eta]$,反映高分子与溶剂分子之间的内摩擦

因此我们获得 $[\eta]$ 的方法有两种：一种是以 $\dfrac{\eta_{sp}}{c}$ 对 c 作图，外推到 $c \to 0$ 的截距值；另一种是以 $\ln \dfrac{\eta_r}{c}$ 对 c 作图，也外推到 $c \to 0$ 的截距值，如图 9-45 所示，两根线应会合于一点，这也可校核实验的可靠性。一般这两根直线的方程表达式为下列形式：

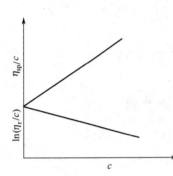

图 9-45　外推法求 $[\eta]$

$$\frac{\eta_{sp}}{c} = [\eta] + K'[\eta]^2 c$$
$$\ln \frac{\eta_r}{c} = [\eta] + \beta[\eta]^2 c \tag{9-89}$$

测定黏度的方法主要有毛细管法、转筒法和落球法。在测定高聚物分子的特性黏度时，以毛细管流出法的黏度计最为方便。若液体在毛细管黏度计中，因重力作用流出时，可通过泊肃叶（Poiseuille）公式计算黏度。

$$\frac{\eta}{\rho} = \frac{\pi h g r^4 t}{8LV} - m\frac{V}{8\pi L t} \tag{9-90}$$

式中，η 为液体的黏度；ρ 为液体的密度；L 为毛细管的长度；r 为毛细管的半径；t 为流出的时间；h 为流过毛细管液体的平均液柱高度；V 为流经毛细管的液体体积；m 为毛细管末端校正的参数$\left($一般在 $\dfrac{r}{L} \ll 1$ 时，可以取 $m=1\right)$。

对于某一只指定的黏度计而言，式（9-90）可以写成式（9-91）：

$$\frac{\eta}{\rho} = At - \frac{B}{t} \tag{9-91}$$

式中，$B<1$，当流出的时间 t 在 2min 左右（大于 100s），该项（又称动能校正项）可以从略。又因通常测定是在稀溶液中进行（$c < 1 \times 10^{-2}\,\text{g} \cdot \text{cm}^{-3}$），所以溶液的密度和溶剂的密度近似相等，因此可将 η_r 写成：

$$\eta_r = \frac{\eta}{\eta_0} = \frac{t}{t_0} \tag{9-92}$$

式中，t 为溶液的流出时间；t_0 为纯溶剂的流出时间。所以通过溶剂和溶液在毛细管中的流出时间，从式（9-92）求得 η_r，再由图 9-45 求得 $[\eta]$。

四、仪器和药品

1. 仪器

恒温槽 1 套、乌贝路德黏度计 1 支、10mL 移液管 2 支、5mL 移液管 1 支、秒表 1 只、洗耳球 1 只、螺旋夹 1 只、橡皮管（约 5cm 长）2 根。

2. 药品

一定浓度的葡聚糖（右旋糖苷）溶液。

五、实验步骤

1. 黏度计的选择

测定不同浓度溶液的黏度，最简便适宜的方法是在黏度计中将溶液逐渐稀释。三管黏度计构造如图 9-44 所示。其中毛细管的直径和长度与 E 球的大小（流出体积的选择）是根据所用溶剂的黏度所定。不宜小于 0.5mm，否则测定管容易堵塞。F 球的容积为 B 管 a 处至下球底端的总容积的 10 倍左右。这样可以稀释至起始浓度的 1/5 左右。为使 F 球不致过大，E 球以 3～5mL 为宜。D 球到下球底端距离应尽量减少。

2. 黏度计的洗涤

先用洗液将黏度计洗净，再用自来水、蒸馏水分别冲洗几次，每次都要注意反复冲洗毛细管部分，洗好后烘干备用。

3. 调节恒温槽温度至 （25.0±0.1）℃，在黏度计的 B 管和 C 管上都套上橡皮管，然后将其垂直放入恒温槽，使水面完全浸没 G 球。

4. 溶液流出时间的测定

用移液管分别吸取 10mL 已知浓度的葡聚糖（右旋糖苷）溶液，由 A 管注入黏度计中，在 C 管处用洗耳球打气，使溶液混合均匀，浓度记为 c_1，恒温 10min 进行测定。测定方法如下：将 C 管用夹子夹紧使之不通气，在 B 管用洗耳球将溶液从 F 球经 D 球、毛细管、E 球抽至 G 球 2/3 处，解去夹子，让 C 管通大气，此时 D 球内的溶液即回入 F 球，使毛细管以上的液体悬空。毛细管以上的液体下落，当液面流经 a 刻度时，立即按停表开始记时间，当液面降至 b 刻度时，再按停表，测得刻度 a、b 之间的液体流经毛细管所需时间。重复这一操作至少三次，它们间相差不大于 0.3s，取三次的平均值为 t_1。

然后依次由 A 管用移液管加入 5mL、5mL、5mL 蒸馏水，将溶液稀释，使溶液浓度分别为 c_2、c_3、c_4，用同法测定每份溶液流经毛细管的时间 t_2、t_3、t_4。应注意每次加入蒸馏水后，要充分混合均匀，并抽洗黏度计的 E 球和 G 球，使黏度计内溶液各处的浓度相等。根据本实验室黏度计构造，在第三次用 5mL 蒸馏水稀释并充分混合均匀后，为便于测定，应倒掉约 10mL 稀释好的溶液才方便测量。

5. 溶剂流出时间的测定

用蒸馏水洗净黏度计，尤其要反复流洗黏度计的毛细管部分。然后由 A 管加入约 10mL 蒸馏水。用同法测定溶剂流出的时间 t_0。

实验完毕后，黏度计一定要用蒸馏水洗干净。

六、注意事项

1. 黏度计必须洁净，高聚物溶液中若有絮状物，不能将它移入黏度计中。

2. 本实验溶液的稀释是直接在黏度计中进行的，因此每加入一次溶剂进行稀释时必须混合均匀，并抽洗 E 球和 G 球。

3. 实验过程中恒温槽的温度要恒定，溶液每次稀释恒温后才能测量。

4. 黏度计要垂直放置。实验过程中不要振动黏度计。

七、数据处理

1. 将所测的实验数据及计算结果填入表 9-18 中。

表 9-18　实验数据表

原始溶液浓度 c_0 ＿＿＿＿＿ g·cm^{-3}　　恒温温度＿＿＿＿＿℃

$c/g·mL^{-1}$	t_1/s	t_2/s	t_3/s	$t_{平均}/s$	η_r	$\ln\eta_r$	$\ln\eta_r/c$	η_{sp}	η_{sp}/c
C_1									
C_2									
C_3									
C_4									
C_5									

2. 作 η_{sp}/c-c 及 $\ln(\eta_r/c)$-c 图，并外推到 $c \rightarrow 0$，由截距求出 $[\eta]$。

3. 由公式（9-87）计算右旋糖苷的黏均分子量，25℃时右旋糖苷水溶液的参数 $K=9.22×10^{-2}$ cm^3·g^{-1}，$\alpha=0.5$。

思　考　题

1. 乌贝路德黏度计中支管 C 有何作用？除去支管 C 是否可测定黏度？

2. 黏度计的毛细管太粗或太细有什么缺点？

3. 为什么用 $[\eta]$ 来求算高聚物的分子量？它和纯溶剂黏度有无区别？

实验九十九　溶胶的制备及性质

一、实验目的

用不同的方法制备胶体溶液，观察实验现象，了解胶体的光学性质和电学性质，研究电解质对憎液胶体稳定性的影响。

二、实验原理

1. 溶胶的定义及其特征

溶胶是固体以胶体分散程度分散在液体介质中所形成的分散体系，其特征有三：

① 它是多相体系，相界面很大；

② 胶粒的直径在 $1 \sim 100 \mu m$ 之间；

③ 它是热力学不稳定系统，具有聚结不稳定性。

2. 溶胶制备方法

分两大类：分散法和凝聚法。

分散法是把较大的物质颗粒变成胶粒大小的质点。常用的方法有：①机械法，如用胶体磨把物质分散至胶粒的范围；②电弧法，以金属为电极，通电产生电弧使金属变成蒸气后立即在周围冷的介质中凝聚成胶粒，即得金属溶胶；③胶溶法，松软沉淀由于电解质作用，重新分散成胶体。

凝聚法是把物质的分子或离子凝结成较大的胶粒。常用的有：改变分散介质法、复分解法等。

3. 溶胶的净化

制成的胶体中常含有其他杂质，影响胶体稳定性，故必须净化，溶胶的净化是根据半透膜允许离子或分子通过而不允许胶粒通过的特性来进行渗透的，本实验是用火棉胶来制取半透膜。

4. 溶胶的光学性质——丁达尔效应

用一束会聚光线通过溶胶，在光前进的侧面可看到"光路"，此现象可用来鉴别胶体。

5. 溶胶的电学性质及电解质的聚沉作用

胶粒是荷电质点，带有过剩的负电荷或正电荷，这种电荷是从分散质中吸附或解离而得，胶体能够稳定存在的原因是胶体粒子带电和胶粒表面溶剂化层的存在。当在胶粒中加入电解质就能使溶胶发生聚沉，电解质中起聚沉作用的主要是电荷符号与胶粒所带电荷相反的离子，一般来讲，反号离子的聚沉能力是三价＞二价＞一价，聚沉能力的大小常用聚沉值来表示。聚沉值指使溶胶发生明显聚沉所需电解质的最小浓度，单位为 mmol/L，聚沉能力是聚沉值的倒数。

6. 亲液胶体的保护作用

如果把亲液溶胶加入到憎液溶胶中去，在绝大多数的情况下可以增加这些憎液溶胶对电解质的稳定性，这种现象称为保护作用，保护作用的结果是使聚沉值增加。

三、仪器与药品

1. 仪器

150mL 烧杯 2 个、100mL 烧杯 5 个、50mL 烧杯 4 个、10mL 移液管 1 支、25mL 酸式滴定管 2 支、100mL 锥形瓶 6 个、250mL 锥形瓶 2 个、50mL 锥形瓶 4 个、100mL 量筒 3 个、5mL 量筒 4 个、试管 10 支、漏斗、银电极、硫化氢气体发生器装置、观察丁达尔效应装置 1 套。

2. 药品

10％和 20％ $FeCl_3$、1.7％$AgNO_3$、$AgNO_3$（0.02mol·L^{-1}）、1％$Na_2S_2O_3$、$Na_2S_2O_3$（1mol·L^{-1}）、10％氨水、KI（0.02mol·L^{-1}）、KSCN（0.5mol·L^{-1}）、H_2SO_4（1mol·L^{-1}）、NaOH（0.001mol·L^{-1}）、1％K_2CO_3、1.5％$KMnO_4$、KCl（1mol·L^{-1}）、$BaCl_2$（0.1mol·L^{-1}）、$AlCl_3$（0.001mol·L^{-1}）、K_2SO_4（0.01mol·L^{-1}）、$K_3Fe(CN)_6$（0.01mol·L^{-1}）、硫黄饱和酒精溶液、2％松香酒精溶液、饱和石蜡酒精溶液、As_2S_3 饱和溶液、1％单宁（新鲜配制）。

四、实验步骤

1. 胶体溶液的制备

（1）化学凝聚法

① 水解法制备 $Fe(OH)_3$ 溶胶　在 100mL 烧杯中加入 45mL 蒸馏水，加热至沸，慢慢滴加 5mL 10％ $FeCl_3$ 溶液，并不断搅拌，加完后继续沸腾几分钟使水解完全，即得到深红棕色 $FeCl_3$ 溶液，观察丁达尔效应。

② 硫溶胶　取 0.5mL H_2SO_4（1mol·L^{-1}）稀释至 5mL，再取 0.5mL $Na_2S_2O_3$（1mol·L^{-1}）稀释至 5mL，将两液体混合，立即观察丁达尔效应，注意散射光颜色的变化，直至浑浊度增加至光路看不清为止，记下散射光随时间变化的情形，并解释其原因。

③ As_2S_3 溶胶　在 250mL 锥形瓶中加入 50mL 水，通入硫化氢气体使达饱和，将此饱和硫化氢水溶液加入另一已放置 50mL As_2S_3 溶液的 250mL 锥形瓶中，即得到 As_2S_3 溶胶，

写出反应方程式及胶团表示式。

④ AgI 溶胶 AgI 在水中溶解度很小，当硝酸银溶液与易溶于水的碘化物相混合时应析出沉淀，但在混合稀溶液时，若取其中之一过剩，则不产生沉淀，而形成胶体溶液，胶体溶液的性质与过剩的是什么离子有关。

取 4 个锥形瓶，用滴定管正确放入如下比例的各种溶液。

第一瓶中，先加入 10mL KI（$0.02mol \cdot L^{-1}$）、然后在不断摇匀情况下，慢慢滴入 8mL $AgNO_3$（$0.02mol \cdot L^{-1}$）溶液。

第二瓶中，只加入 10mL $AgNO_3$（$0.02mol \cdot L^{-1}$）溶液。

第三瓶中，先加入 10mL $AgNO_3$（$0.02mol \cdot L^{-1}$），然后在不断摇匀情况下，慢慢滴入 8mL KI（$0.02mol \cdot L^{-1}$）溶液。

第四瓶中，同第三瓶。

将一、三瓶混合，再将二、四瓶混合，充分摇荡，看有无变化？记下所看到的现象。

⑤ 银溶胶 取 2mL 1.7% $AgNO_3$，用水稀释至 100mL，先加入 1mL 1%单宁溶液，再加入 3～4 滴 1% K_2CO_3 溶液，得到红棕色带负电的金属银溶胶，单宁量少时，溶胶呈橙黄色。

⑥ 二氧化锰溶胶 用连二亚硫酸盐还原锰盐，5mL 1.5% $KMnO_4$ 溶液用水稀释至 50mL，滴加 1.5～2mL 的 1% $Na_2S_2O_3$ 溶液到稀释液中，生成深红色的二氧化锰溶胶。

（2）物理凝聚法（改变分散介质和实验条件）

① 硫溶胶 在试管中加入 2mL 硫的酒精饱和溶液，加热倒入盛有 20mL 的烧杯内，搅拌即得带负电的硫溶胶，观察丁达尔效应。

② 松香溶胶 以 2%松香酒精溶液一滴滴地滴入 50mL 蒸馏水中，并剧烈搅拌，可得到半透明的带负电松香溶胶，观察实验现象。

③ 石蜡溶胶 取 1mL 饱和的（不加热）石蜡乙醇溶液，在搅拌下小滴加入 50mL 水中，得到带负电的有乳光的石蜡溶胶。

（3）胶溶法制备 $Fe(OH)_3$ 溶胶 取 1mL 20% $FeCl_3$ 溶液放在小烧杯中，加水稀释至 10mL，用滴管滴入 10%氨水至稍过量为止（如何知道），用水洗涤数次，取下沉淀放入另一烧杯中，加水 10mL。再加入 50mL $FeCl_3$ 8～12 滴，用玻璃棒搅动，并小火加热，最后得到透明的胶体溶液。

2. 溶胶的聚沉和保护作用

（1）As_2S_3 溶胶的聚沉 在三个干净的 50mL 锥形瓶内各移入 10mL As_2S_3，分别在各瓶中用滴定管慢慢滴入 $1mol \cdot L^{-1}$ KCl、$0.01mol \cdot L^{-1}$ $BaCl_2$、$0.001mol \cdot L^{-1}$ $AlCl_3$，摇动锥形瓶，注意在开始有明显聚沉物出现时，停止加入电解质，记下各所用电解质毫升数，并换算出聚沉值和聚沉能力之比。

另外在两个 100mL 的锥形瓶中各移入 10mL As_2S_3 溶胶，然后自滴定管中分别加入 $0.01mol \cdot L^{-1}$ 的 K_2SO_4 与 $K_3Fe(CN)_6$ 至有明显聚沉物，记下所用毫升数。计算聚沉值。

比较五种电解质聚沉值的大小，确定 As_2S_3 溶胶带什么电？

（2）亲液溶胶对憎液溶胶的保护作用 在 50mL 的锥形瓶中，加入 10mL As_2S_3 溶胶，再加入 2mL 5%阿拉伯胶，混合均匀，自滴定管加入与前面做的引起聚沉所需 $0.01mol \cdot L^{-1}$ 的 $BaCl_2$ 毫升数，摇动溶液观察结果。

五、注意事项

1. 玻璃仪器必须洗干净。

2. 制备 AgI 溶胶时，滴定管读数一定要准。锥形瓶需事先洗净烘干。

六、记录和数据处理

记录实验内容，仔细观察实验现象，并讨论之。

思 考 题

1. 试解释溶胶产生丁达尔效应的原因。
2. 在制备 AgI 溶胶时，试分别讨论当 $AgNO_3$ 或 KI 过量时胶团表示式。

实验一百　胶体电泳速度的测定

一、实验目的

1. 用电泳法测定氢氧化铁溶胶的 ξ 电位。

2. 验证胶体带电性质。

3. 掌握界面移动法的电泳技术。

二、实验原理

任何溶胶都带有一定的电荷。电荷的来源有三类：①胶颗粒本身的电离；②胶粒在分散介质中选择性地吸附一定量的离子；③在非极性介质中，胶粒与分散介质之间摩擦生电。这些条件都能使胶粒表面带有一定的电荷。

在胶粒周围的分散介质中，还同时存在电量相等符号相反的离子，而这些离子从胶粒固体表面以玻耳兹曼（Boltzmann）能量分布形式向溶液内部扩散。在固体表面的溶剂化层与液体介质之间有一移动面，因固体粒子移动时是带着溶剂化层以及部分反离子一起移动的，所以当胶粒移动时，胶粒与分散介质之间会产生电位差，此电位差称为 ξ 电位。

在外加电场的作用下，带电荷的胶粒与分散介质间会发生相对运动，这种现象称为电泳。胶粒的运动方向取决于胶粒所带电荷的正负，而胶粒的移动速度由 ξ 电位的大小所决定。所以通过电泳实验可以测定 ξ 电位的大小，还可以确定溶胶的电荷。

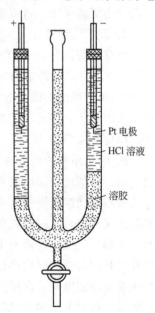

测定 ξ 电位的方法有电泳、电渗、流动电位及沉降电位等，实际应用中以电泳法最为方便、广泛。电泳法也因仪器装置不同而有多种操作形式，本实验采用的是界面移动法。凡是高度分散的和颜色鲜明的溶胶，都可以用界面移动法来测定其 ξ 电位。

界面移动法的仪器装置如图 9-46 所示，在 U 形管的底部注入溶胶，其上为溶胶介电常数或电导相近的介质（一般为极稀的盐酸溶液）。在外电场的作用下，带电的溶胶颗粒将以一定的速度向其电荷相反的电极移动，ξ 电位可以根据赫姆霍兹（Helmholtz）公式计算：

$$\xi = \frac{4\pi\eta}{\epsilon E} u \times 300^2 \quad (V) \qquad (9\text{-}93)$$

式中，E 为电位梯度。

$$E = \frac{V}{L}$$

图 9-46　电泳仪示意图

式中，ε 为介质的介电常数，若介质为水，$\varepsilon = 81$；η 为水的黏度（P），25℃时，$\eta = 0.00804$；20℃时，$\eta = 0.01005$；V 为外加电场的电压（V）；L 为两面三刀电极间的距离（cm）；u 为电泳速度（cm/s），从实验测得电泳速度 u 代入式（9-93）即可求得 ξ 电位。

三、仪器与试剂

1. 仪器

电泳仪 1 套、酒精灯 1 只、电导仪 1 台、250mL 锥形瓶 2 只、50～100V 直流稳压电源 1 台、计时器 1 只、100mL 量筒 1 支、250mL 烧杯 1 只、1000mL 烧杯 1 只、胶棉液。

2. 试剂

KNO_3 溶液（约 1×10^{-4} mol·L^{-1}）、$FeCl_3$（20%）、$AgNO_3$ 溶液、KCNS 溶液。

四、实验步骤

1. 氢氧化铁溶胶的制备

在 250mL 烧杯中加入 100mL 水，加热至沸。用滴管将 2mL 20% $FeCl_3$ 溶液一滴滴地加到水中，可看到红棕色溶胶生成。冷却后待用。

2. 氢氧化铁溶胶的净化

（1）半透膜的制备 取 250mL 的锥形瓶，内壁洗净后烘干，在瓶中倒入约 20mL 的胶棉液，小心转动锥形瓶，使胶棉液均匀地在瓶内形成一薄层，倾出多余的胶棉液，倒置瓶子铁圈上，并让乙醇挥发完，用手轻轻接触胶棉液膜，以不粘手即可，然后用水逐滴注进胶膜与瓶壁之间使膜与瓶壁分离，并在瓶内加水到满。注意加水不宜太早，若乙醚尚未挥发完，加水后膜呈白色而不适用，但加水也不可太迟，否则膜变得干硬不易取出。浸膜于水中约 10min，膜上剩余的乙醇即被溶出。轻轻取出所成袋，检验袋上有否漏洞。若有漏洞，可拭干有漏洞的部分，用玻璃棒蘸少许胶棉液，轻轻接触漏洞即可补好。

（2）溶胶的纯化 把制得的 $Fe(OH)_3$ 溶胶置于半透膜袋内，用线缝住袋口，置于 1000mL 烧杯内用蒸馏水渗析，为加快渗析速度，可微微加热。半小时换一次蒸馏水，并不断用 $AgNO_3$ 溶液和 KCNS 溶液分别检验渗析用水中的氯离子和三价铁离子，渗析应进行到不能检出氯离子和三价铁离子为止。

3. 配制辅助液

将渗析提纯好的 $Fe(OH)_3$ 溶胶用电导仪测定其电导。另取 500mL 的蒸馏水，逐滴加入 0.1mol·L^{-1} 硝酸钾溶液并不断搅拌，至此液的电导正好等于 $Fe(OH)_3$ 溶胶的电导为止。

4. 用铬酸洗酸洗净电泳仪，用自来水冲洗多次。再用蒸馏水冲洗三次后，取出活塞放在烘箱内烘干，在洗净干燥的电泳仪各个活塞上都涂上一层凡士林，凡士林要离活塞孔远些，以免污染溶胶。

5. 用辅助液冲洗电泳仪，将电泳仪固定后，关上活塞，在漏斗中装满溶胶，应避免带进气泡，将辅助液缓缓倒入 U 形管内，到 5cm 左右的高度的位置为止。轻轻打开装溶胶漏斗的活塞，使溶胶缓缓流入 U 形管中，在此过程中应保证溶胶与辅助液之间有清晰的界面，要做到这一点，在过程式中就避免任何机械振动和其他外界干扰，并往漏斗中不断补充溶胶和防止带入气泡，待液面上升到合适高度，关闭活塞，在两极上通以稳压直流电。记下界面位置和时间，半小时后再记下移动的界面的位置，算出电泳速度，切断电源，停止 1min，再接通电源使电流方向相反，按前述步骤重复操作几次。量出两个铂电极在 U 形管内导电的距离，可得电位梯度 E，即可算得电泳速度 u 及 ξ 电位，实验结束，在 U 形管内充满蒸馏水。

五、数据处理

1. 由多次实验结果计算电泳速度。

2. 记录室温，用公式（9-93）计算胶粒的 ξ 电位。

思 考 题

1. 电泳中辅助液的选择依据是什么？
2. 电泳仪中不能有气泡，为什么？
3. 若电泳仪事先没有洗净，内壁残留有微量的电解质，对电泳测量的结果将会产生什么影响？
4. 电泳速度的快慢与哪些因素有关？

实验一百零一　临界胶束浓度（CMC）的测定

一、实验目的

1. 测定阴离子表活性剂——十二烷基磺酸钠的 CMC 值。

2. 掌握电导测定离子型表面活性剂的 CMC 的方法。

3. 了解表面活性剂的 CMC 测定的几种方法。

二、实验原理

在表面活性剂溶液中，当溶液浓度增大到一定值时，表面活性剂离子或分子将发生缔合，形成胶团。对于某指定的表面活性剂来说，其溶液开始形成胶团的最小浓度称为该表面活性剂溶液的临界胶团浓度（critical micelle concentration），简称CMC。

表面活性剂溶液的许多物理化学性质随着胶团的形成而发生突变（见图9-47）。由图中可见，表面活性剂的溶液，其浓度只有在稍高于CMC时，才能充分发挥其作用（润湿作用、乳化作用、洗涤作用、发泡作用等），故将CMC看作是表面活性剂溶液的表面活性的一种量度。因此，测定CMC，掌握影响CMC的因素，对于深入研究表面活性剂的物理化学性质是至关重要的。

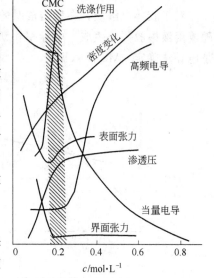

图 9-47　十二烷基硫酸钠水溶液的
一些物理化学知识

原则上，表面活性剂溶液随浓度变化的物理化学性质皆可用来测定CMC，常用的方法有以下几种。

1. 表面张力法

表面活性剂溶液的表面张力随溶液浓度的增大而降低，在CMC处发生转折。因此可由 σ-$\lg c$ 曲线上确定CMC值。此法对离子型和非离子型表面活性剂都适用。

2. 电导法

利用离子型表面活性剂水溶液电导率随浓度的变化关系。作 K-c 曲线或 Λ-$\sqrt{c}$ 曲线，由曲线上的转折点求出CMC值。此法仅适用于离子型的表面活性剂。

3. 染料法

利用某些染料的生色有机离子（或分子）吸附于胶团上，而使其颜色发生明显变化的现象来确定CMC值。只要染料合适，此法非常简便，也可借助于分光光度计测定溶液的吸收光谱来进行确定，适用于离子型、非离子型表面活性剂。

4. 加溶作用法

利用表面活性剂溶液对物质的增溶能力随其溶液浓度的变化来确定 CMC 值。

本实验采用电导法测定阴离子型表面活性剂溶液的电导率来确定 CMC 值。

对于电解质溶液，其导电能力的大小由电导 G（电阻的倒数）来衡量。

$$G = \frac{1}{R} = K\frac{A}{l} \tag{9-94}$$

式中　K——溶液电导率或比电导，$S \cdot m^{-1}$；

　　l/A——电导电极常数，m^{-1}。

在恒定的温度下，极稀的强电解质水溶液的电导率 K 与其摩尔电导 Λ_m 的关系为：

$$\Lambda_m = K\frac{10^{-3}}{c} \tag{9-95}$$

式中　Λ_m——电解质溶液的摩尔电导，$S \cdot m^2 \cdot mol^{-1}$；

　　c——电解质溶液的物质的量浓度，$mol \cdot L^{-1}$。

电解质溶液的摩尔电导随其溶液浓度而变，若温度恒定，则在极稀的浓度范围内，强电解质溶液的摩尔电导 Λ_m 与其溶液浓度的 $\sqrt{c}$ 成直线关系。

$$\Lambda_m = \Lambda_0 - A\sqrt{c} \tag{9-96}$$

式中　Λ_0——无限稀释时溶液的摩尔电导；

　　A——常数。

对于胶体电解质，在稀溶液时的电导率，摩尔电导的变化规律也同强电解质一样。但是随着溶液中胶团的生成，电导率和摩尔电导发生明显变化。如图 9-48 和图 9-49 所示。这就是电导法确定 CMC 的依据。

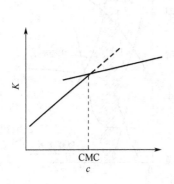
　　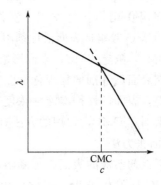

图 9-48　十二烷基硫酸钠水溶液　　　　图 9-49　十二烷基硫酸钠水溶液
　　电导率与浓度的关系　　　　　　　　　摩尔电导率与浓度的关系

电解质溶液的电导测量，是通过测定其溶液的电阻而得出的，测量方法可采用交流电桥法，本实验采用 DDS-11A 型电导率仪进行测量。

三、仪器和药品

1. 仪器

DDS-11A 型电导率仪 1 台、DJS-1 型铂黑电导电极 1 支、78-1 型磁力加热搅拌器 1 台、烧杯（100mL，干燥）2 个、移液管（50mL）1 支、滴定管（25mL，酸式）1 支。

2. 药品

十二烷基硫酸钠（$0.0200 mol \cdot L^{-1}$、$0.0100 mol \cdot L^{-1}$、$0.0020 mol \cdot L^{-1}$）、电导水。

四、实验步骤

1. 电导率仪的调节

① 通电前，先检查表针是否指零。若不指零，调节表头调整螺丝，使表针指零。

② 接好电源线，经指导教师检查后，方可进行下一步，将校正、测量选择开关扳向"校正"。打开电源开关预热 3～5min，待表稳定后，旋转校正调节器，使表针指示满度。

③ 将高低周选择开关扳向"高周"，调节电极常数调节器在与所配套的电极常数相对应的位置上，量程选择开关放在"$\times 10^3$"黑点挡处。

2. 溶液电导率的测量

① 移取 $0.0020 mol \cdot L^{-1}$ 十二烷基硫酸钠溶液 50mL，放入 1$^{\#}$ 烧杯中。

② 将电极用电导水淋洗，滤纸小心擦干（注意：千万不可擦掉电极上所镀的铂黑），插入仪器的电极插口内，旋紧插口螺丝，并把电极夹固好，小心地浸入烧杯的溶液中，打开搅拌器电源，选择适当速度进行搅拌（注意：不可打开加热开关），将校正、测量选择开关扳向"测量"，待表针稳定后，读取电导率值，然后依次用 $0.0200 mol \cdot L^{-1}$ 的十二烷基硫酸钠溶液滴入 1mL、4mL、5mL、5mL、5mL，并记录滴入溶液的体积数和测量的电导率值。

③ 将校正、测量选择开关扳向"校正"，取出电极，用电导水淋洗，擦干。

④ 另取 $0.0100 mol \cdot L^{-1}$ 的十二烷基硫酸钠溶液 50mL，放入 2$^{\#}$ 烧杯中，插入电极进行搅拌，将校正、测量选择开关扳向"测量"，读取电导率值，然后依次用 $0.0200 mol \cdot L^{-1}$ 的十二烷基硫酸钠溶液滴入 8mL、10mL、10mL、15mL，并记录滴入溶液的体积数和测量的电导率值。

实验结束后，关闭电源，取出电极，用蒸馏水淋洗干净，放入指定的容器中。

五、注意事项

1. 电导电极上所镀的铂黑不可擦掉，否则电极常数将发生变化。

2. 电极在冲洗后必须擦干，以保证溶液浓度的准确，电极在使用过程中，其极片必须完全浸入所测溶液中。

3. 每次测量前必须将仪器进行校正。

4. 测量过程中，搅拌速度不可太快，以免碰坏电极。

六、记录和数据处理

1. 计算出不同浓度的十二烷基硫酸钠溶液的摩尔浓度 c 和 $\sqrt{c}$。

2. 根据公式（9-95）计算出不同浓度的十二烷基硫酸钠溶液的摩尔电导 Λ_m。

3. 将计算结果列入表中，并作 K-c 曲线和 Λ_m-$\sqrt{c}$ 曲线，分别在曲线的延长线交点上确定 CMC 值。

思 考 题

1. 表面活性剂临界胶束浓度 CMC 的意义是什么？

2. 本实验中，电导率仪先用"高周"挡，为什么？

3. 你考虑在本实验中，采用电导法测定 CMC 可能影响的因素是哪些？

实验一百零二　磁化率的测定

一、实验目的

1. 掌握古埃（Gouy）法测定磁化率的原理和方法。

2. 测定三种配合物的磁化率，求算未成对电子数，判断其配键类型。

二、实验原理

1. 磁化率

物质在外磁场中，会被磁化并感生一附加磁场，其磁场强度 H' 与外磁场强度 H 之和称为该物质的磁感应强度 B，即

$$B = H + H' \tag{9-97}$$

H' 与 H 方向相同的叫顺磁性物质，相反的叫反磁性物质。还有一类物质如铁、钴、镍及其合金，H' 比 H 大得多，H'/H 高达 10^4，而且附加磁场在外磁场消失后并不立即消失，这类物质称为铁磁性物质。

物质的磁化可用磁化强度 I 来描述，$H' = 4\pi I$。对于非铁磁性物质，I 与外磁场强度 H 成正比

$$I = KH \tag{9-98}$$

式中，K 为物质的单位体积磁化率（简称磁化率），是物质的一种宏观磁性质。在化学中常用单位质量磁化率 χ_m 或摩尔磁化率 χ_M 表示物质的磁性质，它的定义是

$$\chi_m = \frac{K}{\rho} \tag{9-99}$$

$$\chi_M = \frac{MK}{\rho} \tag{9-100}$$

式中，ρ 和 M 分别是物质的密度和摩尔质量。由于 K 是无量纲的量，所以 χ_m 和 χ_M 的单位分别是 $cm^3 \cdot g^{-1}$ 和 $cm^3 \cdot mol^{-1}$。

磁感应强度 SI 单位是特［斯拉］(T)，而过去习惯使用的单位是高斯（G），$1T = 10^4 G$。

2. 分子磁矩与磁化率

物质的磁性与组成它的原子、离子或分子的微观结构有关，在反磁性物质中，由于电子自旋已配对，故无永久磁矩。但是内部电子的轨道运动，在外磁场作用下产生的拉摩运动，会感生出一个与外磁场方向相反的诱导磁矩，所以表示出反磁性。其 χ_M 就等于反磁化率 $\chi_{反}$，且 $\chi_M < 0$。在顺磁性物质中，存在自旋未配对电子，所以具有永久磁矩。在外磁场中，永久磁矩顺着外磁场方向排列，产生顺磁性。顺磁性物质的摩尔磁化率 χ_M 是摩尔顺磁化率与摩尔反磁化率之和，即

$$\chi_M = \chi_{顺} + \chi_{反} \tag{9-101}$$

通常 $\chi_{顺}$ 比 $\chi_{反}$ 大约 1～3 个数量级，所以这类物质总表现出顺磁性，其 $\chi_M > 0$。顺磁化率与分子永久磁矩的关系服从居里定律

$$\chi_{顺} = \frac{N_A \mu_m^2}{3KT} \tag{9-102}$$

式中，N_A 为阿伏伽德罗常数；K 为 Boltzmann 常数（$1.38 \times 10^{-16} erg \cdot K^{-1}$）；$T$ 为热力学温度；μ_m 为分子永久磁矩（$erg \cdot G^{-1}$）。由此可得

$$\chi_M = \frac{N_A \mu_m^2}{3KT} + \chi_{反} \tag{9-103}$$

由于 $\chi_{反}$ 不随温度变化（或变化极小），所以只要测定不同温度下的 χ_M 对 $1/T$ 作图，截距即为 $\chi_{反}$，由斜率可求 μ_m。由于比 $\chi_{顺}$ 小得多，所以在不很精确的测量中可忽略 $\chi_{反}$，作近似处理

$$\chi_M = \chi_{顺} = \frac{N_A \mu_m^2}{3KT} \quad (cm^3 \cdot mol^{-1}) \tag{9-104}$$

顺磁性物质的 μ_m 与未成对电子数 n 的关系为

$$\mu_m = \mu_B \sqrt{n(n+2)} \tag{9-105}$$

式中，μ_B 是玻尔磁子，其物理意义是单个自由电子自旋所产生的磁矩。

$$\mu_B = 9.273 \times 10^{-21} erg \cdot G^{-1} = 9.273 \times 10^{-28} J \cdot G^{-1} = 9.273 \times 10^{-24} J \cdot T^{-1}$$

3. 磁化率与分子结构

式（9-102）将物质的宏观性质 χ_M 与微观性质 μ_m 联系起来。由实验测定物质的 χ_M，根据式（9-104）可求得 μ_m，进而计算未配对电子数 n。这些结果可用于研究原子或离子的电子结构，判断配合物分子的配键类型。

配合物分为电价配合物和共价配合物。电价配合物中心离子的电子结构不受配位体的影响，基本上保持自由离子的电子结构，靠静电库仑力与配位体结合，形成电价配键。在这类配合物中，含有较多的自旋平行电子，所以是高自旋配位化合物。共价配合物则以中心离子空的价电子轨道接收配位体的孤对电子，形成共价配键，这类配合物形成时，往往发生电子重排，自旋平行的电子相对减少，所以是低自旋配位化合物。例如 Co^{3+} 其外层电子结构为 $3d^6$，在配离子 $(CoF_6)^{3-}$ 中，形成电价配键，电子排布为：

此时，未配对电子数 $n=4$，$\mu_m = 4.9 \mu_B$。Co^{3+} 以上面的结构与 6 个 F^- 以静电力相吸引形成电价配合物。而在 $[Co(CN)_6]^{3-}$ 中则形成共价配键，其电子排布为：

此时，$n=0$，$\mu_m = 0$。Co^{3+} 将 6 个电子集中在 3 个 3d 轨道上，6 个 CN^- 的孤对电子进入 Co^{3+} 的六个空轨道，形成共价配合物。

4. 古埃法测定磁化率

古埃磁天平如图 9-50 所示。天平左臂悬挂一样品管，管底部处于磁场强度最大的区域（H），管顶端则位于场强最弱（甚至为零）的区域（H_0）。整个样品管处于不均匀磁场中。设圆柱形样品的截面积为 A，沿样品管长度方向上 dz 长度的体积 $A dz$ 在非均匀磁场中受到的作用力 dF 为

$$dF = \kappa A H \frac{dH}{dz} dz \tag{9-106}$$

式中，κ 为体积磁化率；H 为磁场强度；dH/dz 为场强梯度，积分式（9-106）得

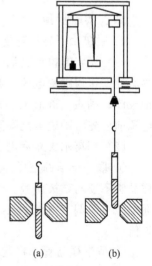

图 9-50　古埃磁天平示意图

$$F=\frac{1}{2}(\kappa-\kappa_0)(H^2-H_0^2)A \tag{9-107}$$

式中，κ_0 为样品周围介质的体积磁化率（通常是空气，κ_0 值很小）。如果 κ_0 可以忽略，且 $H_0=0$ 时，整个样品受到的力为

$$F=\frac{1}{2}\kappa H^2 A \tag{9-108}$$

在非均匀磁场中，顺磁性物质受力向下所以增重；而反磁性物质受力向上所以减重。测定时在天平右臂加减砝码使之平衡。设 ΔW 为施加磁场前后的称量差，则

$$F\times\frac{1}{2}\kappa H^2 A=g\Delta W \tag{9-109}$$

由于 $\kappa=\dfrac{\chi_m\rho}{M}$，$\rho=\dfrac{W}{hA}$，代入式（9-109）得

$$\chi_m=\frac{2(\Delta W_{空管+样品}-\Delta W_{空管})ghM}{WH^2} \quad (cm^3\cdot g^{-1}) \tag{9-110}$$

式中，$\Delta W_{空管+样品}$ 为样品管加样品后在施加磁场前后的称量差，g；$\Delta W_{空管}$ 为空样品管在施加磁场前后的称量差，g；g 为重力加速度，$980cm\cdot s^{-2}$；h 为样品高度，cm；M 为样品的摩尔质量，$g\cdot mol^{-1}$；W 为样品的质量，g；H 为磁极中心磁场强度，G。

在精确的测量中，通常用莫尔氏盐来标定磁场强度，它的单位质量磁化率与温度的关系为

$$\chi_m=\frac{9500}{T+1}\times10^{-6} \quad (cm^3\cdot g^{-1}) \tag{9-111}$$

三、仪器和药品

1. 仪器

古埃磁天平（包括电磁铁、电光天平、励磁电源）1 套、特斯拉计 1 台、软质玻璃样品管 4 只、样品管架 1 个、直尺 1 只、角匙 4 只、广口试剂瓶 4 只、小漏斗 4 只。

2. 药品

莫尔氏盐 $(NH_4)_2SO_4\cdot FeSO_4\cdot 6H_2O$（分析纯）、$FeSO_4\cdot 7H_2O$（分析纯）、$K_3Fe(CN)_6$（分析纯）、$K_4Fe(CN)_6\cdot 3H_2O$（分析纯）。

四、实验步骤

1. 磁极中心磁场强度的测定

（1）用特斯拉计测量　按说明书校正好特斯拉计。将霍尔变送器探头平面垂直放入磁极中心处。接通励磁电源，调节"调压旋钮"逐渐增大电流，至特斯拉计表头示值为 350mT，记录此时励磁电流值 I。以后每次测量都要控制在同一励磁电流，使磁场强度相同，在关闭电源前应先将励磁电流降至零。

（2）用莫尔氏盐标定

① 取一干洁的空样品管悬挂在磁天平左臂挂钩上，样品管应与磁极中心线平齐，注意样品管不要与磁极相触。准确称取空管的质量 $W_{空管}(H=0)$，重复称取三次取其平均值。接通励磁电源调节电流为 I。记录加磁场后空管的称量值 $W_{空管}(H=H)$，重复三次取其平均值。

② 取下样品管，将莫尔氏盐通过漏斗装入样品管，边装边在橡皮垫上碰击，使样品均匀填实，直至装满，继续碰击至样品高度不变为止，用直尺测量样品高度 h。用与①中相同

步骤称取 $W_{空管+样品}(H=0)$ 和 $W_{空管+样品}(H=H)$，测量毕将莫尔氏盐倒入试剂瓶中。

2. 测定未知样品的摩尔磁化率 χ_M

同法分别测定 $FeSO_4 \cdot 7H_2O$、$K_3Fe(CN)_6$ 和 $K_4Fe(CN)_6 \cdot 3H_2O$ 的 $W_{空管}$（$H=0$）、$W_{空管}$（$H=H$）、$W_{空管+样品}(H=0)$ 和 $W_{空管+样品}(H=H)$。

五、数据处理

1. 将所测数据填入表 9-19。

表 9-19 实验数据表

样品名称	$W_{空管}$/g		$\Delta W_{空管}$/g	$W_{空管+样品}$/g		$\Delta W_{空管+样品}$/g	$W_{样品}$/g	样品高度/cm
	$H=0$	$H=H$		$H=0$	$H=H$			

2. 根据实验数据计算外加磁场强度 H。

3. 计算三个样品的摩尔磁化率 χ_M、永久磁矩 μ_m 和未配对电子数 n。

4. 根据 μ_m 和 n 讨论配合物中心离子最外层电子结构和配键类型。

5. 根据式（9-110）计算测量 $FeSO_4 \cdot 7H_2O$ 的摩尔磁化率的最大相对误差，并指出哪一种直接测量对结果的影响最大？

六、注意事项

1. 所测样品应研细。

2. 样品管一定要干净。$\Delta W_{空管}=W_{空管}(H=H)-W_{空管}(H=0)>0$ 时表明样品管不干净，应更换。

3. 装样时不要一次加满，应分次加入，边加边碰击填实后，再加再填实，尽量使样品紧密均匀。

4. 挂样品管的悬线不要与任何物体接触。

5. 加外磁场后，应检查样品管是否与磁极相碰。

思 考 题

1. 本实验在测定 χ_M 时作了哪些近似处理？

2. 为什么要用莫尔氏盐来标定磁场强度？

3. 样品的填充高度和密度对测量结果有何影响？

实验一百零三 偶极矩的测定

一、实验目的

1. 测定正丁醇的偶极矩，了解偶极矩与分子电性质的关系。

2. 掌握溶液法测定偶极矩的原理和方法。

3. 掌握小电容仪、阿贝折光仪和比重瓶的使用。

二、实验原理

1. 偶极矩与极化度

分子呈电中性，但因空间构型的不同，正负电荷中心可能重合，也可能不重合，前者为非极性分子，后者称为极性分子，分子极性大小用偶极矩 μ 来度量，其定义为

$$\mu=qd \tag{9-112}$$

式中，q 为正、负电荷中心所带的电荷量；d 为正、负电荷中心间的距离。偶极矩的 SI 单位是库［仑］米（C·m）。而过去习惯使用的单位是德拜（D），$1D = 3.338 \times 10^{-30}$ C·m。

若将极性分子置于均匀的外电场中，分子将沿电场方向转动，同时还会发生电子云对分子骨架的相对移动和分子骨架的变形，称为极化。极化的程度用摩尔极化度 P 来度量。P 是转向极化度（$P_{转向}$）、电子极化度（$P_{电子}$）和原子极化度（$P_{原子}$）之和

$$P = P_{转向} + P_{电子} + P_{原子} \tag{9-113}$$

其中

$$P_{转向} = \frac{4}{9}\pi N_A \frac{\mu^2}{KT} \tag{9-114}$$

式中，N_A 为阿伏伽德罗常数；K 为玻耳兹曼常数；T 为热力学温度。

由于 $P_{原子}$ 在 P 中所占的比例很小，所以在不很精确的测量中可以忽略 $P_{原子}$，式（9-113）可写成

$$P = P_{转向} + P_{电子} \tag{9-115}$$

只要在低频电场（$\nu < 1010s^{-1}$）或静电场中测得 P；在 $\nu \approx 1015s^{-1}$ 的高频电场（紫外可见光）中，由于极性分子的转向和分子骨架变形跟不上电场的变化，故 $P_{转向} = 0$，$P_{原子} = 0$，所以测得的是 $P_{电子}$。这样由式（9-115）可求得 $P_{转向}$，再由式（9-114）计算 μ。

通过测定偶极矩，可以了解分子中电子云的分布和分子对称性，判断几何异构体和分子的立体结构。

2. 溶液法测定偶极矩

所谓溶液法，就是将极性待测物溶于非极性溶剂中进行测定，然后外推到无限稀释。因为在无限稀释的溶液中，极性溶质分子所处的状态与它在气相时十分相近，此时分子的偶极矩可按式（9-116）计算：

$$\mu = 0.0426 \times 10^{-30} \sqrt{(P_2^{\infty} - R_2^{\infty})T} \quad (C·m) \tag{9-116}$$

式中，P_2^{∞} 和 R_2^{∞} 分别表示无限稀释时极性分子的摩尔极化度和摩尔折射度（习惯上用摩尔折射度表示折射法测定的 $P_{电子}$）；T 是热力学温度。

本实验是将正丁醇溶于非极性的环己烷中形成稀溶液，然后在低频电场中测量溶液的介电常数和溶液的密度求得 P_2^{∞}；在可见光下测定溶液的 R_2^{∞}，然后由式（9-116）计算正丁醇的偶极矩。

（1）极化度的测定　无限稀释时，溶质的摩尔极化度 P_2^{∞} 的公式为

$$P = P_2^{\infty} = \lim_{x_2 \to 0} P_2 = \frac{3\varepsilon_1 \alpha}{(\varepsilon_1 + 2)^2} \times \frac{M_1}{\rho_1} + \frac{\varepsilon_1 - 1}{\varepsilon_1 + 2} \times \frac{M_2 - \beta M_1}{\rho_1} \tag{9-117}$$

式中，ε_1、ρ_1、M_1 分别是溶剂的介电常数、密度和相对分子质量，其中密度的单位是 g·cm^{-3}；M_2 为溶质的相对分子质量；α 和 β 为常数，可通过稀溶液的近似公式求得：

$$\varepsilon_{溶} = \varepsilon_1(1 + \alpha x_2) \tag{9-118}$$

$$\rho_{溶} = \rho_1(1 + \beta x_2) \tag{9-119}$$

式中，$\varepsilon_{溶}$ 和 $\rho_{溶}$ 分别是溶液的介电常数和密度；x_2 是溶质的摩尔分数。

无限稀释时，溶质的摩尔折射度 R_2^{∞} 的公式为

$$P_{电子} = R_2^{\infty} = \lim_{R_2 \to 0} = \frac{n_1^2 - 1}{n_1^2 + 2} \times \frac{M_2 - \beta M_1}{\rho_1} + \frac{6n_1^2 M_1 \gamma}{(n_1^2 + 2)^2 \rho_1} \tag{9-120}$$

式中，n_1 为溶剂的折射率；γ 为常数，可由稀溶液的近似公式求得：

$$n_溶 = n_1(1 + \gamma x_2) \tag{9-121}$$

式中，$n_溶$ 是溶液的折射率。

（2）介电常数的测定　介电常数 ε 可通过测量电容来求算，因为

$$\varepsilon = \frac{C}{C_0} \tag{9-122}$$

式中，C_0 为电容器在真空时的电容；C 为充满待测液时的电容，由于空气的电容非常接近于 C_0，故式（9-122）改写成

$$\varepsilon = \frac{C}{C_空} \tag{9-123}$$

本实验利用电桥法测定电容，其桥路为变压器比例臂电桥，如图 9-51 所示，电桥平衡的条件是

$$\frac{C'}{C_S} = \frac{U_S}{U_X}$$

式中，C' 为电容池两极间的电容；C_S 为标准差动电器的电容。调节差动电容器，当 $C' = C_S$ 时，$U_S = U_X$，此时指示放大器的输出趋近于零。C_S 可从刻度盘上读出，这样 C' 即可测

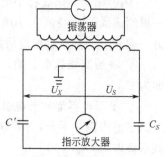

图 9-51　电容电桥示意图

得。由于整个测试系统存在分布电容，所以实测的电容 C' 是样品电容 C 和分布电容 C_d 之和，即

$$C' = C + C_d \tag{9-124}$$

显然，为了求 C，首先就要确定 C_d 值，方法是：先测定无样品时空气的电容 $C'_空$，则有

$$C'_空 = C_空 + C_d \tag{9-125}$$

再测定一已知介电常数（$\varepsilon_标$）的标准物质的电容 $C'_标$，则有

$$C'_标 = C_标 + C_d = \varepsilon_标 C_空 + C_d \tag{9-126}$$

由式（9-125）和式（9-126）可得：

$$C_d = \frac{\varepsilon_标 C'_空 - C'_标}{\varepsilon_标 - 1} \tag{9-127}$$

将 C_d 代入式（9-124）和式（9-125）即可求得 $C_溶$ 和 $C_空$。这样就可计算待测液的介电常数。

本实验以 CCl_4 作为标准物质，其介电常数与温度关系式为

$$\varepsilon_标 = 2.238 - 0.002(t - 20) \tag{9-128}$$

三、仪器与药品

1. 仪器

小电容测量仪 1 台、电容池 1 只、阿贝折光仪 1 台、超级恒温槽 1 台、电吹风 1 把、比重瓶（10mL）1 只、5mL 和 10mL 刻度移液管各 1 支、滴管 10 支、5mL 注射器 2 支、50mL 具塞三角瓶 6 只、洗耳球 1 只。

2. 药品

乙酸乙酯（分析纯）、四氯化碳（分析纯）、丙酮（分析纯）。

四、实验步骤

1. 配制溶液

配制含乙酸乙酯摩尔分数为 0.1、0.2、0.3、0.4 的乙酸乙酯-四氯化碳溶液各 10mL。先由各液体密度粗略计算配制某一浓度的溶液时，各个组分所需体积，移液然后称量配制，

算出溶液的准确浓度，操作时注意防止溶液的挥发和吸收极性大的水汽。

2. 折射率的测定

在 (25.0±0.1)℃条件下，用阿贝折光仪分别测定四氯化碳和四个配制溶液的折射率。

3. 电容的测定

① 将小电容测量仪通电，预热 10min。

② 打开电容池盖，加入适量丙酮于电容池内冲洗两次，并用电吹风冷风吹干。

③ 用配套测试线将小电容测量仪的"C_2"插座与电容池的"内电极"插座相连，将另一根测试线的一端插入小电容测量仪的"C_1"插座，插入后顺时针旋转一下，以防脱落，另一端悬空，待显示稳定后按"采零"键，显示器显示"00.00"。

④ 将测试线悬空一端，接入电容池"外电极"接头，待仪器显示稳定后，记下此值，即为 $C'_空$。

⑤ 松开电容池"外电极"一端的测试线，打开电容池盖。加入适量四氯化碳溶液（刚好高于池内铜柱平台），盖好，按"采零"键，显示器显示"00.00"。将测试线接上，此时显示值即为 $C'_标$。

⑥ 用注射器抽去电容池内溶液，先用电吹风冷风吹干，再测 $C'_空$ 值，与前面第④步所测 $C'_空$ 值对比，应相差不大（<0.02pF），否则需再吹干。

⑦ 依次加入所配制的 0.1、0.2、0.3、0.4 四份溶液，用同样方法测定 $C'_溶$ 值。每次测完 $C'_溶$ 后均需吹干电容池，复测 $C'_空$，以检查电容池内是否含有残留溶液。

4. 密度的测定

在 (25.0±0.1)℃条件下，用比重瓶分别测定四氯化碳及所配制 4 种溶液的密度。

取一洗净干燥的比重瓶，先称空瓶质量，然后称量水及溶液的质量，代入式（9-129），求出溶液密度

$$\rho_i = \frac{m_i - m_0}{m_水 - m_0}\rho_水 \tag{9-129}$$

式中，m_0 为空瓶质量；$m_水$ 为水的质量；m_i 为溶液质量；ρ_i 为溶液密度。

五、数据处理

1. 将所测数据及计算所得 $C_溶$ 和 $\varepsilon_溶$ 值列表。

2. 分别作 $\varepsilon_溶$-x_2 图、$\rho_溶$-x_2 图和 $n_溶$-x_2 图，由各图的斜率求 α、β、γ。

3. 根据式（9-117）和式（9-120）分别计算 P_2^∞ 和 R_2^∞。

4. 由式（9-116）求算正丁醇的 μ。

若不测溶液密度，可用下面简化法处理实验数据：

① 计算各溶液质量分数 w_2。

② 计算 $C_空$、C_d 和各溶液的 $C_溶$ 值，求出 $\varepsilon_溶$。

③ 作 $(\varepsilon_溶 - n_溶^2)$-w_2 图，可得一直线，求出斜率 m。

④ 由下式计算乙酸乙酯的偶极矩

$$\mu = 0.0128\sqrt{\frac{3M_2 T m}{\rho_1(\varepsilon_1+2)(n_1^2+2)}} \tag{9-130}$$

六、注意事项

1. 每次测定前要用冷风将电容池吹干，并重测 $C'_空$，与原来的 $C'_空$ 值相差应小于 0.02pF。严禁用热风吹样品室。

2. 测 $C_溶$ 时，操作应迅速，池盖要盖紧，防止样品挥发和吸收空气中极性较大的水汽。装样品的三角瓶也要随时盖严。

3. 注意不要用力扭曲电容仪连接电容池的电缆线，以免损坏。

思　考　题

1. 本实验测定偶极矩时做了哪些近似处理？
2. 准确测定溶质的摩尔极化度和摩尔折射度时，为何要外推到无限稀释？
3. 试分析实验中误差的主要来源，如何改进？

实验一百零四　BET 重量法测定活性炭的比表面积

一、实验目的

用 BET 容量法测定活性氧化铝的比表面积。

二、实验原理

吸附剂和催化剂比表面积（即 1g 物质的表面积）的测定是研究其表面性质的重要手段之一。被广泛采用并在理论和实践上都经过充分研究的比表面积测定法是吸附法。

原子或分子在小于它们的饱和蒸气压时附着在固体表面的现象称为吸附。通常把发生吸附的物质称为吸附剂，被吸附物质称吸附质。吸附可分为物理吸附和化学吸附两类。化学吸附时吸附质与吸附剂之间形成化学键。物理吸附时吸附质与吸附剂的相互作用则由范德华力产生。比表面积的测定是以物理吸附为基础的。

气体的吸附量通常用给定气体压力下被吸附气体摩尔数或标准体积来表示。以吸附量对 p/p_0 作图称为吸附等温线，这里 p 是气体压力，p_0 是吸附质在吸附温度下的饱和蒸气压。吸附等温线的形状与吸附剂比表面积、温度及吸附剂的孔结构特性有关。

兰缪尔所发展的吸附等温线理论表明，随着 p/p_0 的增大，吸附量达一有限的极大值，此极大值即相当于形成完整的单分子层。因此这一理论只适用于单分子层吸附。但对多数物理吸附来讲，完成单分子层后吸附并未中止。

Brumaner-Emmell-Teller(简称 BET) 在兰缪尔吸附理论的基础上发展了多层吸附理论。BET 理论的基本假定是：在物理吸附中，吸附质与吸附剂之间的吸附是靠范德华力，而吸附质分子之间也有范德华力，所以在第一层吸附之上还可发生第二层、第三层……即多分子层吸附，气体吸附量等于各层吸附量的总和。根据这些假定导出的 BET 常数公式可写成：

$$\frac{p}{V(p_0-p)}=\frac{1}{V_mC}+\frac{(C-1)p}{V_mCp_0}$$

式中，p 为平衡压力；p_0 为吸附温度下吸附质的饱和蒸气压；V_m 为单分子层覆盖量，标准 mL；V 为平衡吸附量，标准 mL；C 为与吸附热有关的常数。

以 $\dfrac{p}{V(p_0-p)}$ 对 $\dfrac{p}{p_0}$ 作图可得一直线，其斜率为 $\dfrac{C-1}{V_mC}$，截距为 $\dfrac{1}{V_mC}$。

由这两个数据可算出：
$$V_m=\frac{1}{斜率+截距}$$

若知道每个被吸分子的截面积，即可求出吸附剂的表面积：

$$S=\frac{V_mN_A\sigma}{22400W}\quad(m^2\cdot g^{-1})$$

式中，N_A 为阿伏伽德罗常数；σ 为一个吸附质分子的截面积；W 为吸附剂质量，g。

BET 公式的适用范围是相对压力 $\frac{p}{p_0}=0.05\sim0.35$ 之间，更高的相对压力可能发生毛细管凝结。

三、仪器与试剂

1. 仪器

简易 BET 装置 1 套（包括机械泵、油扩散泵、复合真空计、量气管、U 形汞压计）、氧蒸气压温度计、小电炉、温度自动控制器。

2. 试剂

高纯氮、液氮。

四、实验步骤

1. 检漏

打开旋塞 A、B、D、E、F、G、H（旋塞 J、I 关死，F 套上空的吸附管），旋塞 C 与机械泵相通，开动机械真空泵，逐渐关闭旋塞 A，直至汞压计汞面不再移动，这时汞高差应与大气压接近相等（图 9-52），继续抽 $3\sim5\text{min}$，关闭 C，观察泵面是否变化，如发现有变化，则用高频火花检漏器检查漏气所在。若无变化则打开热偶规，测定真空度，如已达到 10^{-2} mmHg 并经 5min 真空度不变，则可认为不漏气。

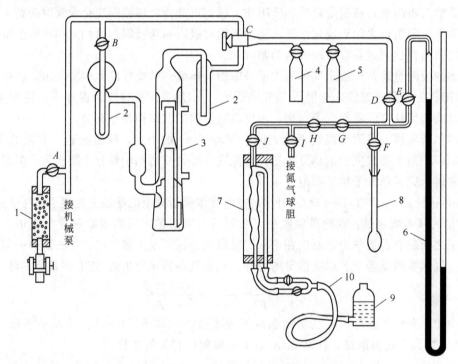

图 9-52　简易 BET 流程图

1—分子筛干燥管；2—冷阱；3—三级油扩散泵；4—热偶真空规；5—电离真空规；
6—汞压计；7—量气管；8—吸附管；9—液位瓶；10—聚乙烯管

2. 确定"死体积"

这里所指的"死体积"是旋塞 D、G 以下，泵压计左端和吸附管的全部空间中，在吸附条件下（吸附管在液氮温度，其他部分在室温和都在吸附压力下）存在的氮气，并换算成标准状态的体积。

本实验采用癸二酸二丁酯作为量气管的封闭液，它在 25℃时的蒸气压只有 2×10^{-5} mmHg（比汞的 2×10^{-3} mmHg 还小），而在室温下的黏度比硅油小得多。因此液体黏壁引起的体积测量误差相应较小。但在操作量气管时，仍需注意在吸入氮气后要等待一段时间，使附壁液体流下以后才读数。

在上述检漏手续完成以后，则可在旋塞 I 处接上盛有纯氮的球胆。球胆橡皮管用螺旋夹夹紧，打开 I，让其将接管处的空气抽走。关 D、G 打开 I，然后开 J，使液位瓶 9 下降而抽气约 100mL，关 I，等量气管中附壁的液体流下以后，准确读出量气管读数，然后使吸附管套上液氮保温瓶。关 H 开 G，再关 G 开 H，至汞压计压力上升约 50mmHg。达到平衡后记下量气管的读数（关 G 开 H 的状态下）及汞压计的读数。重复操作，每次汞压计压力上升约 50mmHg，共 5～6 次，最后充氮至大气压。

3. 测吸附量

取下测完死体积的吸附管，称出空管质量，于其中装好经过烘干，并筛去细粉的吸附剂，准确称量后（吸附剂总共表面积不小于 $5m^2$），再套在旋塞 F 上，注意装样时用特制小漏斗伸入吸附管中，不让试样黏附在磨塞的真空酯上，开 F 时应非常缓慢，以防粉状样品喷出吸附管。将所有旋塞放在检漏时相同的位置。抽真空到 10^{-2} mmHg 后即关 E，开油扩散泵冷却水，接通加热电炉。使 C 转向扩散泵，至热偶规所示真空度已超过 10^{-3} mmHg，打开电离规继续测量真空度，直至 10^{-4} mmHg 以后，使吸附管套上小加热电炉，在 250℃脱气 1h。取下电炉让其冷却至室温后，再套上液氮保温瓶（事先用氧蒸气压温度计测液氮温度，并注意使吸附管浸入液氮中的深度与测死体积相同）。按前述方法关 D、G，于量气管中装好纯氮。关 B、G，停扩散泵电热，开 A，停机械泵。等扩散泵冷后停冷却水。开 E，缓缓开 G，使汞压计压力上升约 50mmHg。由于吸附剂的吸附，压力又会下降，这时关 H，再开 G，使 H、G 两旋塞之间少量的氮进入真空部分。再开 G 关 H，反复进行，直至压力保持在要求值基本不变。最后关 G，开 H 读取量气管读数及汞压计读数。重复操作，每次使汞压计上升约 50mmHg，至 4～5 次为止。移走液氮保温瓶后，由于气体脱附而体积急剧膨胀，这时应立即取下吸附管，以免吸附管脱掉而损坏，也避免 U 形汞压计的汞冲出。倒出吸附管的吸附剂后，用滤纸擦净磨口上的真空酯，洗净吸附管并烘干备用。

五、数据记录

1. 死体积-压力曲线的测定

将死体积-压力曲线的测定实验中所测数据填入表 9-20。

表 9-20 实验数据表（Ⅰ）

量气管水浴温度_____℃ 液氮温度_____℃

项　　目	1	2	3	4	5	6
大气压/mmHg						
左支汞高/mmHg						
右支汞高/mmHg						
汞高差/mmHg						
$p=$（大气压－汞高差）/mmHg						
量气管始读 V_1/mL						
量气管末读 V_2/mL						
$\Delta V=(V_1-V_2)$（累计数）/mL						
死体积(标准态)ΔV_0/mL						

2. 吸附量的测定

将吸附量的测定实验中所测数据填入表 9-21。

表 9-21　实验数据表（Ⅱ）

量气管水浴温度＿＿＿＿＿＿＿＿℃　　　　液氮温度＿＿＿＿＿＿＿＿℃

液氮蒸气压 p_0 ＿＿＿＿＿＿＿＿　　　　吸附剂质量＿＿＿＿＿＿＿＿

吸附剂真密度＿＿＿＿＿＿＿＿

项　　　目	1	2	3	4	5	6
大气压/mmHg						
左支汞高/mmHg						
右支汞高/mmHg						
汞高差/mmHg						
$p＝$（大气压－汞高差）/mmHg						
量气管始读 V_1'/mL						
量气管末读 V_2'/mL						
$\Delta V'＝(V_1'-V_2')$（累计数）/mL						
$\Delta V_0'$（标准态）/mL						
ΔV_0（标准态）/mL						
v_0（标准态）/mL						
$V_{吸}＝\Delta V_0'-(\Delta V_0-v_0)$						
p/p_0						
$p/V_{吸}(p_0-p)$						

六、数据处理

1. 作死体积-压力工作曲线；以 p 为纵坐标，ΔV_0 为横坐标作图。

2. 以 $p/V_{吸}(p_0-p)$ 为纵坐标，p/p_0 为横坐标作图，从所得直线的斜率和截距求 V_m。

3. 求吸附剂的比表面积。

思　考　题

1. 物理吸附和化学吸附有何不同？为什么要用物理吸附测定固体比表面积？样品为什么要高温真空除气？

2. 什么是"死体积"？为何要测"死体积"？还有什么办法可以测定死体积？

3. 氧蒸气压温度计测温的原理是什么？还可用什么其他的方法测定液氮温度？为什么要测定液氮的温度？

4. 量气管的封闭液为什么要求蒸气压要低，黏度要小？

5. 油扩散泵为什么能产生高真空？

附　录

附录一　难溶化合物的溶度积

附表 1 中所列温度在 $18\sim25℃$ 的一些难溶化合物的溶度积常数，是按化学式的顺序排列。

附表 1　难溶化合物的溶度积常数（$18\sim25℃$）

化 合 物 的 化 学 式	K_{sp}	pK_{sp}	化 合 物 的 化 学 式	K_{sp}	pK_{sp}
$Ac(OH)_3$	1.0×10^{-15}	15.0	Ag_2S	6.3×10^{-50}	49.2
$AgAsO_4$	1.0×10^{-22}	22.0	$1/2Ag_2S+H^+\Longrightarrow Ag^++1/2H_2S$	2×10^{-14}	13.8
$AgBr$	5.2×10^{-13}	12.28	$AgSCN$	1.0×10^{-12}	12.00
$AgBr+Br^-\Longrightarrow AgBr_2^-$	1.0×10^{-13}	5.0	Ag_2SO_3	1.5×10^{-14}	13.82
$AgBr+2Br^-\Longrightarrow AgBr_3^{2-}$	4.5×10^{-5}	4.35	Ag_2SO_4	1.4×10^{-5}	4.84
$AgBr+3Br^-\Longrightarrow AgBr_4^{3-}$	2.5×10^{-4}	3.60	$AgSeCN$	4×10^{-16}	15.40
$AgBrO_3$	5.3×10^{-5}	4.28	Ag_2SeO_3	1.0×10^{-15}	15.00
$AgCN$	1.2×10^{-16}	15.92	Ag_2SeO_4	5.7×10^{-8}	7.25
$AgOCN$	2.3×10^{-7}	6.64	$AgVO_3$	5×10^{-7}	6.3
$2AgCN\Longrightarrow Ag^++Ag(CN)_2^-$	5×10^{-12}	11.3	Ag_2HVO_4	2×10^{-14}	13.7
Ag_2CN_2	7.2×10^{-11}	10.14	Ag_3HVO_4OH	1×10^{-24}	24.0
Ag_2CO_3	8.1×10^{-12}	11.09	Ag_2WO_4	5.5×10^{-12}	11.26
$AgC_2H_3O_2$	4.4×10^{-3}	2.36	$1/2Ag_2O+1/2H_2O+OH^-\Longrightarrow Ag(OH)_2^-$	2.0×10^{-8}	3.71
$Ag_2C_2O_4$	3.4×10^{-11}	10.46	$AgOH$	2.0×10^{-8}	7.71
$Ag_3[Co(NO_2)_6]$	8.5×10^{-21}	20.07	$AlAsO_4$	1.6×10^{-16}	15.8
$AgCl$	1.8×10^{-10}	9.75	$Al(OH)_3$:无定形	4.57×10^{-33}	32.34
$AgCl+Cl^-\Longrightarrow AgCl_2^-$	2.0×10^{-5}	4.7	α	3.55×10^{-34}	33.45
$AgCl+2Cl^-\Longrightarrow AgCl_3^{2-}$	2.0×10^{-5}	4.7	β	9.55×10^{-35}	34.02
$AgCl+3Cl^-\Longrightarrow AgCl_4^{3-}$	3.5×10^{-5}	4.46	γ	2.75×10^{-36}	35.56
$AgClCO_2$	2.0×10^{-4}	3.7	水铝矿	5.01×10^{-37}	36.30
Ag_2CrO_4	1.1×10^{-12}	11.95	Al-铜铁试剂	2.3×10^{-16}	18.64
$Ag_2Cr_2O_7$	2.0×10^{-7}	6.7	$Al(OH)_3+H_2O\Longrightarrow Al(OH)_4^-+H^+$	1×10^{-13}	13.0
Ag^--DDTC	2.51×10^{-20}	19.6	$AlPO_4$	6.3×10^{-19}	18.24
$Ag_4[Fe(CN)_6]$	1.58×10^{-41}	40.8	Al_2S_3	2×10^{-7}	6.7
$Ag[Ag(CN)_2]$	5.0×10^{-12}	11.3	Al_2Se_3	4×10^{-25}	24.4
$AgCNO$	2.29×10^{-7}	6.64	AlL_3 8-羟基喹啉铝	1.00×10^{-29}	29
Ag-喹啉-2-甲酸	1.3×10^{-18}	17.9	$Am(OH)_3$	2.7×10^{-20}	19.57
AgI	8.3×10^{-17}	16.08	$Am(OH)_4$	1×10^{-66}	56.0
$AgI+I^-\Longrightarrow AgI_2^-$	4.0×10^{-6}	5.40	$1/2As_2O_3+3/2H_2O\Longrightarrow As^{3+}+3OH^-$	2.0×10^{-1}	0.69
$AgI+2I^-\Longrightarrow AgI_3^{2-}$	2.5×10^{-3}	2.60	$As_2S_3+4H_2O\Longrightarrow 2HAsO_2+3H_2S$	2.1×10^{-22}	21.68
$AgI+3I^-\Longrightarrow AgI_4^{3-}$	1.1×10^{-2}	1.96	$Au_2(C_2O_4)_3$	1.0×10^{-10}	10.0
$AgIO_3$	3.0×10^{-8}	7.52	$Au(OH)_3$	5.5×10^{-22}	45.26
Ag_2MoO_4	2.8×10^{-12}	11.55	$AuCl$	2.0×10^{-13}	12.7
AgN_3	6.0×10^{-4}	8.54	AuI	1.6×10^{-23}	22.9
$AgNO_2$	2.6×10^{-8}	3.22	$AuCl_3$	3.2×10^{-25}	24.5
$1/2Ag_2O+1/2H_2O\Longrightarrow Ag^++OH^-$	2.0×10^{-4}	7.59	AuI_3	1.0×10^{-46}	46.0
$AgReO_4$	8.0×10^{-5}	4.10	Ag_3PO_4	1.4×10^{-16}	15.84

化合物的化学式	K_{sp}	pK_{sp}	化合物的化学式	K_{sp}	pK_{sp}
$BaCO_3$	5.1×10^{-9}	8.29	$Ca(IO_3)_2 \cdot 6H_2O$	7.1×10^{-7}	6.15
$BaCO_3+CO_2+H_2O \Longrightarrow$ $Ba^{2+}+2HCO_3^-$	4.5×10^{-5}	4.35	$Ca[Mg(CO_3)_2]$(白云石)	1.0×10^{-11}	11.0
BaC_2O_4	1.6×10^{-7}	6.79	$Ca(NbO_3)_2$	8.7×10^{-18}	17.06
$BaC_2O_4 \cdot H_2O$	2.3×10^{-8}	7.64	$Ca(OH)_2$	5.5×10^{-6}	5.26
$BaCrO_4$	1.2×10^{-10}	9.93	$CaHPO_4$	1×10^{-7}	7.0
BaF_2	1.04×10^{-6}	5.98	$Ca_3(PO_4)_2$	2.0×10^{-29}	28.70
$Ba(IO_3)_2$	4.01×10^{-9}	8.40	$CaSO_3$	3.09×10^{-7}	6.51
$Ba(IO_3)_2 \cdot 2H_2O$	1.5×10^{-9}	8.82	$CaSO_4$	9.1×10^{-6}	5.04
$BaHPO_4$	3.2×10^{-7}	6.5	$CaSeC_4$	8.1×10^{-4}	3.09
$Ba_3(PO_4)_2$	3.4×10^{-23}	22.44	$CaSeO_3$	8.0×10^{-6}	5.30
$Ba_2[Fe(CN)_6] \cdot 6H_2O$	3.2×10^{-8}	7.5	$Ca(SiF_6)$	8.1×10^{-4}	3.09
$Ba_2P_2O_7$	3.2×10^{-11}	10.5	$CaWO_4$	8.7×10^{-9}	8.06
$Ba(OH)_2 \cdot 8H_2O$	2.55×10^{-4}	3.59	$CaSiO_3$	2.5×10^{-8}	7.60
$BaMnO_4$	2.5×10^{-10}	9.61	$Cd_3(AsO_4)_2$	2.2×10^{-33}	32.66
$Ba(NO_3)_2$	4.5×10^{-3}	2.35	$CdC_2O_4 \cdot 3H_2O$	9.1×10^{-8}	7.04
$Ba(NbO_3)_2$	3.2×10^{-17}	16.50	$Cd-(DDTC)_2$	1.0×10^{-22}	22.0
$Ba(ReO_4)_2$	5.2×10^{-2}	1.28	$Cd-$(喹啉-2-甲酸)$_2$	5.0×10^{-13}	12.3
BaL_2 8-羟基喹啉钡	5.0×10^{-9}	8.3	$[Cd(NH_3)_6](BF_4)_2$	2.0×10^{-6}	5.7
$BaSO_4$	1.1×10^{-10}	9.96	$Cd(BO_2)_2$	2.3×10^{-9}	8.64
$BaSeO_4$	3.5×10^{-8}	7.46	CdF_2	6.44×10^{-3}	2.19
BaS_2O_3	1.6×10^{-5}	4.79	$CdCO_3$	5.2×10^{-12}	11.28
$BaSO_3$	8×10^{-5}	6.1	$Cd(CN)_2$	1.0×10^{-8}	8.0
$BeMoO_4$	3.20×10^{-2}	1.5	CdI_2 邻苯氨基苯甲酸镉	5.4×10^{-9}	8.27
$Be(NbO_3)_2$	1.2×10^{-16}	15.92	$Cd_2[Fe(CN)_6]$	3.2×10^{-17}	16.49
$Be(OH)_2$(无定形)	1.6×10^{-22}	21.8	$Cd(OH)_2$ 新	2.51×10^{-14}	13.6
$Be(OH)_2+OH^- \Longrightarrow HBeO_2^-+H_2O$	3.2×10^{-3}	2.50	陈	5.89×10^{-16}	14.23
$BiAsO_4$	4.4×10^{-10}	9.36	$Cd_3(PO_4)_2$	2.5×10^{-33}	32.6
$Bi_2(C_2O_4)_3$	3.98×10^{-36}	35.4	$Cd(OH)_2+OH^- \Longrightarrow Cd(OH)_3^-$	2×10^{-5}	4.7
Bi-(铜铁试剂)	6.0×10^{-28}	27.22	CdS	8.0×10^{-27}	26.1
$BiOBr+2H^+ \Longrightarrow Bi^{3+}+Br^-+H_2O$	3.0×10^{-7}	6.52	$CdS+2H^+ \Longrightarrow Cd^{2+}+H_2S$	6×10^{-6}	5.2
$BiOCl \Longrightarrow BiO^++Cl^-$	7×10^{-9}	8.2	$CdSeO_3$	1.3×10^{-9}	8.89
$BiOCl+2H^+ \Longrightarrow Bi^{3+}+Cl^-+H_2O$	2.1×10^{-7}	6.68	$CdWO_4$	2×10^{-6}	5.7
$BiOCl+H_2O \Longrightarrow Bi^{3+}+Cl^-+2OH^-$	1.8×10^{-31}	30.75	$Ce_2(C_2O_4)_3 \cdot 9H_2O$	3.2×10^{-26}	25.5
BiI_2	8.1×10^{-19}	18.09	$Ce_2(C_4H_4O_4)_3 \cdot 9H_2O$	9.7×10^{-20}	19.01
$BiO(NO_3)$	2.82×10^{-3}	2.55	CeF_3	8×10^{-16}	15.1
$BiOOH$	4×10^{-10}	9.4	$Ce(IO_3)_3$	3.2×10^{-10}	9.50
$1/2Bi_2O_3(\alpha)+3/2H_2O+OH^- \Longrightarrow Bi(OH)_4^-$	5.0×10^{-6}	5.30	$Ca_3(AsO_4)_2$	6.8×10^{-19}	18.17
$Na[Au(SCN)_4]$	4×10^{-4}	3.4	$CaCO_3$	2.8×10^{-9}	8.54
$Ba_3(AsO_4)_2$	8.0×10^{-51}	50.11	$CaCO_3+CO_2+H_2O \Longrightarrow Ca^{2+}+2HCO_3^-$	5.2×10^{-5}	4.28
$Ba(BrO_3)_2$	3.2×10^{-6}	5.50	$CaC_2O_4 \cdot H_2O$	4×10^{-9}	8.4
$Bi(OH)_3$	4×10^{-31}	30.4	$CaC_4H_4O_6 \cdot 2H_2O$(酒石酸钙)	7.7×10^{-7}	6.11
$BiPO_4$	1.3×10^{-23}	22.89	$CaCrO_4$	7.1×10^{-4}	3.15
$BiO(SCN)$	1.6×10^{-7}	6.80	CaF_2	2.7×10^{-11}	10.57
Bi_2S_3	1×10^{-97}	97.0	$Co_2[Fe(CN)_6]$	1.8×10^{-15}	14.74
CaL_2 8-羟基喹啉钙	2.0×10^{-29}	28.7	CoL_2 8-羟基喹啉钴	1.6×10^{-25}	24.8
$CaMoO_4$	4.17×10^{-8}	7.38	$Co-(DDTC)_2$	8.71×10^{-21}	10.06
			$Co-$(喹啉-2-甲酸)$_2$	1.6×10^{-11}	10.8
			$[Co(NH_3)_6](BF_4)_2$	4×10^{-6}	5.4

续表

化合物的化学式	K_{sp}	pK_{sp}	化合物的化学式	K_{sp}	pK_{sp}
$Co(OH)_2+OH^- \rightleftharpoons Co(OH)_3^-$	8×10^{-6}	5.1	$Cu-(铁试剂)_2$	9.33×10^{-17}	16.03
$Co(OH)_3$	1.6×10^{-44}	43.8	Cu_2S	2.5×10^{-48}	47.6
$Co[Hg(SCN)_4] \rightleftharpoons$			$Cu_2S+2H^+ \rightleftharpoons 2Cu^++H_2S$	1×10^{-27}	27.0
$Co^{2+}+[Hg(SCN)_4]^{2-}$	1.5×10^{-6}	5.82	CuS	6.3×10^{-36}	35.2
$Co(IO_3)_2$	1.0×10^{-4}	4.0	$CuS+2H^+ \rightleftharpoons Cu^{2+}+H_2S$	6×10^{-15}	14.2
$Co(OH)_2$ 蓝	6.31×10^{-15}	14.2	$CuSCN$	4.8×10^{-15}	14.32
淡红,新	1.58×10^{-15}	14.8	$CuSCN+2HCN \rightleftharpoons$		
淡红,陈	2.00×10^{-16}	15.7	$[Cu(CN)_2^-]+2H^++SCN^-$	1.3×10^{-9}	8.88
$CoHPO_4$	2.0×10^{-7}	6.7	$CuSCN+3SCN^- \rightleftharpoons [Cu(SCN)_4]^{3-}$	2.2×10^{-3}	2.65
$Co_2(PO_4)_2$	2.0×10^{-35}	34.7	$CuSeO_3$	2.1×10^{-8}	7.68
$\alpha-CoS$	4×10^{-21}	20.4	$Dy_2(CrO_4)_3 \cdot 10H_2O$	1.0×10^{-8}	8.0
$\beta-CoS$	2×10^{-25}	24.7	$Dy(OH)_3$	1.4×10^{-22}	21.85
$CoSeO_3$	1.6×10^{-7}	6.8	$Er(OH)_3$	4.1×10^{-24}	23.39
$CrAsO_4$	7.7×10^{-21}	20.11	$Eu(OH)_3$	8.9×10^{-24}	23.05
$Cr(OH)_2$	1.0×10^{-17}	17.0	$FeAsO_4$	5.7×10^{-21}	20.24
$Cr(OH)_3$	6.3×10^{-31}	30.2	$FeCO_3$	3.2×10^{-11}	10.50
$[Cr(NH_3)_6](BF_4)_2$	6.2×10^{-5}	4.21	$Cs(BF_4)$	5×10^{-5}	4.7
$[Cr(NH_3)_6](ReO_4)_3$	7.7×10^{-12}	11.11	$Cs(PtF_6)$	2.4×10^{-6}	5.62
$CrPO_4 \cdot 4H_2O$ 绿	2.4×10^{-23}	22.62	$Cs(SiF_6)$	1.3×10^{-5}	4.90
紫	1.0×10^{-17}	17.0	$CsIO_4$	4.3×10^{-3}	2.36
CrF_3	6.6×10^{-11}	10.18	$CsMnO_4$	8.2×10^{-5}	4.08
$CsClO_4$	4×10^{-3}	2.4	$CsReO_4$	4.0×10^{-4}	3.40
$CsBrO_3$	5×10^{-2}	1.7	$Cu_3(AsO_4)_2$	7.6×10^{-36}	35.12
$CsClO_3$	4×10^{-2}	1.4	$CuB(C_6H_5)_4$	1.0×10^{-8}	8
$Cs_2(PtCl_6)$	3.2×10^{-8}	7.5	$CuBr$	5.3×10^{-9}	8.28
$Cs_2[Co(NO_2)_6]$	5.7×10^{-16}	15.24	$CuCN$	3.2×10^{-20}	19.49
$Ce(IO_3)_4$	5×10^{-17}	16.3	$CuCN+CN^- \rightleftharpoons Cu(CN)_2^-$	1.2×10^{-5}	4.91
$Ce(OH)_3$	1.6×10^{-20}	19.8	$K_2Cu(HCO_3)_4$	3×10^{-12}	11.5
$Ce(OH)_4$	3.98×10^{-51}	50.4	$CuCO_3$	2.34×10^{-10}	9.63
$CePO_4$	1.0×10^{-23}	23.0	CuC_2O_4	2.3×10^{-8}	7.64
Ce_2S_3	6.0×10^{-11}	10.22	$CuCl$	1.2×10^{-6}	5.92
$Ce_2(SeO_3)_3$	3.7×10^{-25}	24.43	$CuCl+Cl^- \rightleftharpoons CuCl_2^-$	7.6×10^{-2}	1.12
Ce-酒石酸	1.0×10^{-19}	19.0	$CuCl+2Cl^- \rightleftharpoons CuCl_3^{2-}$	3.4×10^{-2}	1.47
$Co_3(AsO_4)_2$	7.6×10^{-29}	28.12	$CuCrO_4$	3.6×10^{-6}	5.44
$CoCO_3$	1.4×10^{-13}	12.84	$Cu-(DDTC)_2$	2.5×10^{-30}	29.6
CoC_2O_4	6.3×10^{-8}	7.2	$FeC_2O_4 \cdot 2H_2O$	3.2×10^{-7}	6.5
CoL_2 邻氨基苯甲酸钴	2.1×10^{-10}	9.68	FeF_2	2.36×10^{-6}	5.63
$Cu-(喹啉-2-甲酸)_2$	1.6×10^{-17}	16.8	$Fe_4[Fe(CN)_6]_3$	3.3×10^{-41}	40.52
$Cu_2[Fe(CN)_6]$	1.3×10^{-16}	15.89	$Fe(OH)_2$	8×10^{-16}	15.1
CuI	1.1×10^{-12}	11.95	$Fe(OH)_2+OH^- \rightleftharpoons Fe(OH)_3^-$	8×10^{-6}	5.1
$CuI+I^- \rightleftharpoons CuI_2^-$	7.8×10^{-4}	3.11	$Fe(OH)_3$	4×10^{-38}	37.4
$Cu(IO_3)_2$	7.4×10^{-8}	7.13	$Fe-(喹啉-2-甲酸)_3$	1.3×10^{-17}	16.9
CuN_3	4.9×10^{-9}	8.31	$Fe-(8-羟基喹啉)_3$	3.16×10^{-44}	43.5
$1/2Cu_2O+1/2H_2O \rightleftharpoons Cu^++OH^-$	1×10^{-14}	14.0	$Fe_4(P_2O_7)_3$	2.51×10^{-23}	22.6
$Cu(N_3)_2$	6.3×10^{-10}	9.2	$Fe-(铜铁试剂)_3$	1.0×10^{-25}	25.0
$CuO+H_2O \rightleftharpoons Cu^{2+}+2OH^-$	2.2×10^{-20}	19.66	$FePO_4$	1.3×10^{-22}	21.89
$CuO+H_2O+2OH^- \rightleftharpoons Cu(OH)_4^{2-}$	1.9×10^{-3}	2.72	FeS	6.3×10^{-18}	17.2
CuL_2 邻氨基苯甲酸铜	6.0×10^{-14}	13.22	$Fe_2(SeO_3)_3$	2.0×10^{-31}	30.7
CuL_2 8-羟基喹啉铜	2.0×10^{-30}	29.7	$Ga_4[Fe(CN)_6]_3$	1.5×10^{-34}	33.82
$Cu_2P_2O_7$	8.3×10^{-16}	15.08	$Ga(OH)_3$	7.0×10^{-36}	35.15
$Cu_3(PO_4)_2$	1.3×10^{-37}	36.9	GaL_3 8-羟基喹啉镓	8.7×10^{-33}	32.06
Cu-红氨酸	7.67×10^{-16}	15.12	$Gd-(DDTC)_3$	3.16×10^{-25}	24.5
			$Gd(HCO_3)_3$	2×10^{-2}	1.7
			$K[Au(SCN)_4]$	6×10^{-5}	4.2

参 考 文 献

1 董维宪编者. 化学分析基础. 北京：高等教育出版社，1982
2 张孙玮，汤福隆，张泰等编. 现代化学试剂手册. 北京：化学工业出版社，1987

附录二 水的离子积常数

$$K_w = \alpha_{H^+}\alpha_{OH^-} ; \quad \sqrt{K_w} = \alpha_{H^+} = \alpha_{OH^-}$$

附表 2 水的离子积常数 （0～100℃）

$t/℃$	K_w	$\alpha_{H^+} = \alpha_{OH^-}$	$t/℃$	K_w	$\alpha_{H^+} = \alpha_{OH^-}$
0	$10^{-14.96} = 0.11 \times 10^{-14}$	$10^{-7.48} = 0.33 \times 10^{-7}$	30	$10^{-13.83} = 1.48 \times 10^{-14}$	$10^{-6.92} = 1.20 \times 10^{-7}$
5	$10^{-14.76} = 0.17 \times 10^{-14}$	$10^{-7.38} = 0.42 \times 10^{-7}$	31	$10^{-13.80} = 1.58 \times 10^{-14}$	$10^{-6.90} = 1.26 \times 10^{-7}$
10	$10^{-14.53} = 0.30 \times 10^{-14}$	$10^{-7.27} = 0.54 \times 10^{-7}$	32	$10^{-13.77} = 1.70 \times 10^{-14}$	$10^{-6.89} = 1.29 \times 10^{-7}$
15	$10^{-14.34} = 0.46 \times 10^{-14}$	$10^{-7.17} = 0.68 \times 10^{-7}$	33	$10^{-13.74} = 1.82 \times 10^{-14}$	$10^{-6.87} = 1.35 \times 10^{-7}$
16	$10^{-14.30} = 0.50 \times 10^{-14}$	$10^{-7.15} = 0.71 \times 10^{-7}$	34	$10^{-13.71} = 1.95 \times 10^{-14}$	$10^{-6.85} = 1.38 \times 10^{-7}$
17	$10^{-14.26} = 0.55 \times 10^{-14}$	$10^{-7.13} = 0.74 \times 10^{-7}$	35	$10^{-13.62} = 2.09 \times 10^{-14}$	$10^{-6.84} = 1.45 \times 10^{-7}$
18	$10^{-14.22} = 0.60 \times 10^{-14}$	$10^{-7.11} = 0.77 \times 10^{-7}$	36	$10^{-13.65} = 2.24 \times 10^{-14}$	$10^{-6.83} = 1.48 \times 10^{-7}$
19	$10^{-14.19} = 0.65 \times 10^{-14}$	$10^{-7.10} = 0.80 \times 10^{-7}$	37	$10^{-13.62} = 2.40 \times 10^{-14}$	$10^{-6.81} = 1.55 \times 10^{-7}$
20	$10^{-14.16} = 0.69 \times 10^{-14}$	$10^{-7.08} = 0.83 \times 10^{-7}$	38	$10^{-13.59} = 2.57 \times 10^{-14}$	$10^{-6.80} = 1.58 \times 10^{-7}$
21	$10^{-14.12} = 0.76 \times 10^{-14}$	$10^{-7.06} = 0.87 \times 10^{-7}$	39	$10^{-13.56} = 2.75 \times 10^{-14}$	$10^{-6.78} = 1.66 \times 10^{-7}$
22	$10^{-14.09} = 0.81 \times 10^{-14}$	$10^{-7.05} = 0.89 \times 10^{-7}$	40	$10^{-13.53} = 2.95 \times 10^{-14}$	$10^{-6.77} = 1.70 \times 10^{-7}$
23	$10^{-14.06} = 0.87 \times 10^{-14}$	$10^{-7.03} = 0.93 \times 10^{-7}$	50	$10^{-13.26} = 5.5 \times 10^{-14}$	$10^{-6.63} = 2.34 \times 10^{-7}$
24	$10^{-14.03} = 0.93 \times 10^{-14}$	$10^{-7.02} = 0.96 \times 10^{-7}$	60	$10^{-13.02} = 9.55 \times 10^{-14}$	$10^{-6.51} = 3.09 \times 10^{-7}$
25	$10^{-14.00} = 1.00 \times 10^{-14}$	$10^{-7.00} = 1.00 \times 10^{-7}$	70	$10^{-12.80} = 15.8 \times 10^{-14}$	$10^{-6.40} = 3.98 \times 10^{-7}$
26	$10^{-13.96} = 1.10 \times 10^{-14}$	$10^{-6.98} = 1.05 \times 10^{-7}$	80	$10^{-12.60} = 25.1 \times 10^{-14}$	$10^{-6.30} = 5.01 \times 10^{-7}$
27	$10^{-13.93} = 1.17 \times 10^{-14}$	$10^{-6.97} = 1.07 \times 10^{-7}$	90	$10^{-12.42} = 38.0 \times 10^{-14}$	$10^{-6.21} = 6.17 \times 10^{-7}$
28	$10^{-13.89} = 1.29 \times 10^{-14}$	$10^{-6.95} = 1.12 \times 10^{-7}$	100	$10^{-12.26} = 55.0 \times 10^{-14}$	$10^{-6.13} = 7.41 \times 10^{-7}$
29	$10^{-13.86} = 1.38 \times 10^{-14}$	$10^{-6.93} = 1.17 \times 10^{-7}$			

附录三 无机酸、碱在水溶液中离解常数

附表 3 所列的是酸的离解常数负对数值，即 $-\lg K_a = pK_a$。一般的质子转移反应式为：

$$HB \Longrightarrow H^+ + B^-$$

酸的离解常数表示如下：

$$K_a = \frac{[H^+][B^-]}{[HB]}$$

酸（HB）及其共轭碱 B 的最普通电荷形式，如

$$CH_3COOH \Longrightarrow H^+ + CH_3COO^- \quad (乙酸、乙酸根离子)$$

$$HSO_4^- \Longrightarrow H^+ + SO_4^{2-} \quad (硫酸氢离子、硫酸根离子)$$

$$NH_4^+ \Longrightarrow H^+ + NH_3 \quad (铵离子、氨)$$

具有一个以上的氢离子分级离解的酸，如磷酸

$$H_3PO_4 \Longrightarrow H^+ + H_2PO_4^- ; \quad pK_1 = 2.12, \quad K_1 = 7.6 \times 10^{-3}$$

$$H_2PO_4^- \Longrightarrow H^+ + HPO_4^{2-} ; \quad pK_2 = 7.20, \quad K_2 = 6.3 \times 10^{-8}$$

$$HPO_4^{2-} \Longrightarrow H^+ + PO_4^{3-} ; \quad pK_3 = 12.36, \quad K_3 = 4.4 \times 10^{-13}$$

对 $NH_3 + H_2O \Longrightarrow NH_4^+ + OH^-$ 的离解平衡，如果要求以碱的离解常数 pK_b 表示时，pK_b 可按下列关系计算。

$$pK_b = pK_w - pK_a$$

式中，$pK_w = [H^+][OH^-]$，是水的离解积，$pK_w = pH + pOH$，这样，氢的 pK_b 和 K_b 值分别为：

$$pK_b = 14.00 - 9.24 = 4.76$$
$$K_b = 1.7 \times 10^{-5}$$

附表 3　无机酸、碱在水溶液中的离解常数（25℃）（按化学式顺序排列）

化 学 式	名 称	pK_1	pK_2	pK_3	pK_4
H_3AlO_4	铝酸	11.2			
H_3AsO_3	亚砷酸	9.22			
H_3AsO_4	砷酸	2.20	6.98	11.50	
H_3BO_4	硼酸	9.24	6.98	11.50	
$H_2B_4O_7$	四硼酸	4	9		
$HBrO$	次溴酸	8.62			
$HClO$	次氯酸	7.50			
$HClO_2$	亚氯酸	1.96			
HCN	氢氰酸	9.21			
$HCNO$	氰酸	3.46			
H_2CO_3	碳酸	6.38	10.25		
H_2CS_3	三硫代碳酸	2.68	8.18		
H_2CrO_4	铬酸	0.98	6.50		
$H_2Cr_2O_7$	重铬酸		1.64		
HF	氢氟酸	3.18			
$H_4Fe(CN)_6$	亚铁氰酸	<1	<1	2.22	4.17
H_2GeO_3	锗酸	8.78	12.72		
HIO_4, H_5IO_6	高碘酸	1.55	8.27	14.98	
HIO_3	碘酸	0.77			
HIO	次碘酸	10.64			
H_2MnO_4	锰酸		10.15		
H_2MoO_4	钼酸	2.54	3.86		
NH_4^+	铵离子	9.24			
HNO_2	亚硝酸	3.29			
$HON-NOH$	连二次硝酸	6.95	10.84		
$OH \cdot NH^{3+}$	羟铵离子	5.96			
$H_2N \cdot NHSO_3H$	肼基磺酸	3.85			
$H_2N \cdot NO_2$	硝酰胺	6.58			
H_2O_2	过氧化氢	11.65			
H_3PO_3	亚磷酸	1.3	6.6		
H_3PO_4	磷酸	2.12	7.20	12.36	
$H_4P_2O_7$	焦磷酸	1.52	2.36	6.60	9.25
H_3PO_2	次磷酸	1.23			
$H_4P_2O_6$	连二磷酸	2.20	2.81	7.27	10.03
$H_5P_3O_8(NH_2)$	二亚氨基三磷酸	-0.5	-2	3.94	9.95
$(H_2N)_2PO_2H$	二氨基磷酸	4.83			
$HReO_4$	高铼酸	-1.25			
H_2S	氢硫酸	6.88	14.15		
H_2SO_3	亚硫酸	1.90	7.20		
H_2SO_4	硫酸		1.92		
HSO_5	过(氧络)硫酸		9.3		
$AgOH^{①}$	氢氧化银	3.96			
$Be(OH)_2^{①}$	氢氧化铍		10.30		
$Ca(OH)_2^{①}$	氢氧化钙	2.43	1.40		
$Pb(OH)_2^{①}$	氢氧化铅	3.02			
$Zn(OH)_2^{①}$	氢氧化锌	3.02			

① 表中数据为相应碱的 pK_b 值。

附录四　各种离子的活度系数

活度系数 f 的大小是表示电解质溶液中离子间互相牵制作用的大小，稀溶液的活度系数只与溶液的离子的强度有关。离子的强度是代表溶液中电场强弱的尺度，它与离子浓度、离子电荷的关系是：

$$I=\frac{1}{2}(m_1z_1^2+m_2z_2^2+\cdots+m_nz_n^2)$$

$$I=\frac{1}{2}\sum m_iz_i^2$$

式中，I 代表离子强度，$mol\cdot kg^{-1}$；m_1、$m_2\cdots m_n$ 代表溶液中各离子的质量摩尔浓度；z_1、$z_2\cdots z_n$ 代表各离子的电荷数。在稀溶液中，质量摩尔浓度可视为与物质量浓度相等，故在计算时可直接以物质的量浓度代入。

附表 4　各种离子在不同离子强度溶液中的活度系数

离　子　类　型	离子浓度 $I/mol\cdot kg^{-1}$							
	0.0005	0.001	0.0025	0.005	0.01	0.025	0.05	0.1
H^+	0.975	0.967	0.950	0.933	0.914	0.88	0.86	0.83
Li^+	0.975	0.965	0.948	0.929	0.97	0.87	0.835	0.80
Rb^+,Cs^+,NH_4^+,Ag^+,Ti^+	0.975	0.964	0.945	0.924	0.898	0.85	0.80	0.75
K^+,Cl^+,Br^-,I^-,CN^-,NO_2^-,NO_3^-	0.975	0.964	0.945	0.925	0.899	0.82	0.805	0.755
OH^-,F^-,HS^-,ClO_3^-,ClO_4^-,BrO_3^-,IO_4^-,MnO_4^-,OCN^-,SCN^-	0.975	0.964	0.946	0.926	0.900	0.855	0.81	0.76
Na^+,$CdCl^+$,ClO_2^-,IO_3^-,HCO_3^-,$H_2PO_4^-$,HSO_3^-,$H_2AsO_4^-$	0.975	0.964	0.947	0.928	0.902	0.86	0.82	0.775
Hg_2^{2+},SO_4^{2-},$S_2O_3^{2-}$,$S_4O_6^{2-}$,$S_2O_8^{2-}$,SeO_4^{2-},CrO_4^{2-},HPO_4^{2-}	0.903	0.867	0.803	0.740	0.660	0.545	0.445	0.355
Pb^{2+},CO_3^{2-},SO_3^{2-},MoO_4^{2-}	0.903	0.848	0.805	0.742	0.665	0.55	0.455	0.37
Sn^{2+},Pa^{2+},Ra^{2+},Cd^{2+},Hg^{2+},S^{2-},$S_2O_4^{2-}$,WO_4^{2-}	0.903	0.868	0.805	0.744	0.67	0.555	0.465	0.38
Ca^{2+},Cu^{2+},Zn^{2+},Sn^{2+},Mn^{2+},Fe^{2+},Ni^{2+},Co^{2+}	0.905	0.870	0.809	0.749	0.675	0.57	0.485	0.405
Mg^{2+},Be^{2+}	0.906	0.872	0.813	0.755	0.69	0.595	0.52	0.45
PO_4^{3-},$[Fe(CN)_6]^{3-}$	0.796	0.725	0.612	0.505	0.395	0.25	0.16	0.095
Al^{3+},Fe^{3+},Cr^{3+},Sc^{3+},Y^{3+},La^{3+},In^{3+},Ce^{3+},Pr^{3+},Nd^{3+},Sm^{3+}	0.802	0.738	0.432	0.54	0.445	0.325	0.245	0.18
$[Fe(CN)_6]^{4-}$	0.668	0.57	0.425	0.31	0.20	0.10	0.048	0.021
Th^{4+},Zr^{4+},Ce^{4+},Sn^{4+}	0.678	0.588	0.455	0.35	0.255	0.155	0.10	0.065
$HCOO^-$,$H_2C_6H_5O_7^-$,$CH_3NH_3^+$,$(CH_3)_2NH_2^+$	0.975	0.964	0.946	0.926	0.900	0.855	0.81	0.76
$^-OOCCH_2NH_3^+$,$(CH_3)_3NH^+$,$C_2H_5NH_3^+$	0.975	0.964	0.947	0.927	0.901	0.855	0.815	0.77
CH_3COO^-,$(CH_3)_4N^+$,CH_2ClCOO^-,$NH_2CH_2COO^-$	0.975	0.964	0.947	0.928	0.902	0.86	0.82	0.775
$CHCl_2COO^-$,CCl_3COO^-,$(C_2H_5)_3NH_3^+$,$C_3H_7NH_3^+$	0.975	0.964	0.947	0.928	0.904	0.865	0.83	0.79
$C_6H_5COO^-$,$C_6H_4OHCOO^-$,$C_6H_4ClCOO^-$,$C_6H_5CH_2COO^-$,$H_2CCHCH_2COO^-$,$(C_2H_5)_4N^+$,$(CH_3)_2CCHCOO^-$	0.975	0.965	0.948	0.929	0.907	0.87	0.835	0.80
$(C_3H_7)_2NH_2^+$,$[OC_6H_2(NO_2)_3]$,$(C_3H_7)_3NH^+$	0.975	0.965	0.948	0.930	0.909	0.875	0.845	0.84
$(COO)_2^{2-}$,$HC_6H_5O_7^{2-}$（葡萄糖酸根）	0.903	0.867	0.804	0.741	0.662	0.55	0.45	0.35
$H_2C(COO)_2^{2-}$,$(CH_2COO)_2^{2-}$,$(CHOHCOO)_2^{2-}$	0.903	0.868	0.805	0.744	0.67	0.555	0.465	0.38
$C_6H_4(COO)_2^{2-}$,$H_2C(CH_2COO)_2^{2-}$,$CH_2CH_2(COO)_2^{2-}$	0.905	0.870	0.809	0.749	0.675	0.57	0.485	0.405
$C_6H_5O_7^{3-}$（葡萄糖酸根）	0.794	0.728	0.616	0.51	0.405	0.27	0.18	0.115

附录五　各种离子在离子强度值大的溶液中的活度系数

附表 5 中所列 $-\lg f_i/z_i^2$ 的函数值是根据台维斯经验式在 25℃ 高强度值时计算出来。

$$-\frac{\lg f_i}{z_i^2} = \frac{0.511\sqrt{I}}{I+1.5\sqrt{I}} - 0.2I$$

式中，I 代表离子强度；f_i 代表离子活度系数；z_i 代表离子电荷数，数值从 1～6。

附表 5　各种离子在离子强度值大的溶液中的活度系数 (25℃)

离子强度 I /mol·kg^{-1}	$-\dfrac{\lg f_i}{z_i^2}$	离子电荷 z_i 值时的活度系数 f_i					
		1	2	3	4	5	6
0.05	0.0765	0.840	0.498	0.209	0.0617	0.0129	0.00190
0.1	0.0896	0.814	0.438	0.156	0.0369	0.00576	0.000595
0.2	0.0968	0.800	0.410	0.138	0.0283	0.00380	0.000328
0.3	0.0936	0.806	0.422	0.144	0.0318	0.00457	0.000427
0.4	0.0858	0.821	0.454	0.169	0.0424	0.00716	0.000815
0.5	0.0753	0.841	0.500	0.210	0.0624	0.0131	0.00195
0.6	0.0631	0.865	0.559	0.270	0.0978	0.0265	0.00535
0.7	0.0496	0.892	0.533	0.358	0.161	0.0575	0.0164
0.8	0.0352	0.922	0.723	0.482	0.273	0.132	0.0541
0.9	0.0201	0.955	0.831	0.659	0.477	0.314	0.189
1.0	0.0044	0.990	0.960	0.913	0.850	0.776	0.694

附录六　不同浓度下酸、碱、盐的平均活度系数

附表 6　酸、碱、盐的平均活度系数 (25℃)

化 学 式	c/mol·L^{-1}									
	0.1	0.2	0.3	0.4	0.5	0.6	0.7	0.8	0.9	1.0
$AgNO_3$	0.734	0.657	0.606	0.567	0.536	0.509	0.485	0.464	0.446	0.429
$AlCl_3$	0.337	0.305	0.302	0.313	0.331	0.356	0.388	0.429	0.479	0.539
$Al_2(SO_4)_3$	0.035	0.0225	0.0176	0.0153	0.0143	0.0140	0.0142	0.0149	0.0159	0.0175
$BaCl_2$	0.500	0.444	0.419	0.405	0.397	0.391	0.391	0.391	0.392	0.395
$Ba(ClO_4)_2$	0.524	0.481	0.464	0.459	0.462	0.469	0.469	0.487	0.500	0.513
$BeSO_4$	0.150	0.109	0.0885	0.0759	0.0692	0.0639	0.0639	0.0570	0.0546	0.0533
$CaCl_2$	0.518	0.472	0.455	0.448	0.448	0.453	0.453	0.470	0.484	0.500
$Ca(ClO_4)_2$	0.557	0.532	0.532	0.544	0.564	0.589	0.618	0.654	0.695	0.743
$CdCl_2$	0.2280	0.1638	0.1329	0.1139	0.1006	0.0905	0.0827	0.0765	0.0713	0.0669
$Cd(NO_3)_2$	0.513	0.464	0.442	0.430	0.425	0.423	0.423	0.425	0.428	0.433
$CdSO_4$	0.150	0.103	0.0822	0.0699	0.0615	0.0533	0.0505	0.0468	0.0438	0.0415
$CoCl_2$	0.522	0.479	0.463	0.459	0.462	0.470	0.479	0.492	0.511	0.531
$CrCl_3$	0.331	0.298	0.294	0.300	0.314	0.335	0.362	0.397	0.436	0.481
$Cr(NO_3)_3$	0.319	0.285	0.279	0.281	0.291	0.304	0.322	0.344	0.371	0.401
$Cr_2(SO_4)_3$	0.458	0.0300	0.0238	0.0207	0.0190	0.0182	0.0181	0.0185	0.0194	0.0208
$CsBr$	0.754	0.694	0.654	0.626	0.603	0.586	0.571	0.558	0.547	0.530
$CsCl$	0.756	0.694	0.656	0.628	0.606	0.589	0.575	0.563	0.533	0.544
CsI	0.754	0.692	0.651	0.621	0.599	0.581	0.567	0.554	0.543	0.533
$CsNO_3$	0.733	0.655	0.602	0.561	0.528	0.501	0.478	0.458	0.439	0.422
$CsOH$	0.795	0.761	0.744	0.739	0.739	0.742	0.748	0.754	0.762	0.771
$CsAc$	0.799	0.771	0.761	0.759	0.762	0.768	0.776	0.783	0.792	0.802

化 学 式	$c/\text{mol} \cdot \text{L}^{-1}$									
	0.1	0.2	0.3	0.4	0.5	0.6	0.7	0.8	0.9	1.0
Cs_2SO_4	0.456	0.382	0.338	0.311	0.291	0.274	0.262	0.251	0.242	0.235
$CuCl_2$	0.510	0.457	0.431	0.419	0.413	0.411	0.411	0.412	0.415	0.419
$Cu(NO_3)_2$	0.512	0.461	0.440	0.430	0.427	0.428	0.432	0.438	0.446	0.456
$CuSO_2$	0.150	0.104	0.651	0.070	0.062	0.056	0.051	0.048	0.045	0.042
$FeCl_2$	0.520	0.475	0.602	0.450	0.452	0.456	0.465	0.475	0.490	0.508
HBr	0.805	0.782	0.777	0.781	0.789	0.801	0.815	0.832	0.850	0.871
HCl	0.796	0.767	0.756	0.755	0.757	0.763	0.772	0.783	0.795	0.809
$HClO_4$	0.803	0.778	0.768	0.766	0.769	0.776	0.785	0.795	0.808	0.823
HI	0.818	0.807	0.811	0.823	0.839	0.860	0.883	0.908	0.935	0.963
HNO_3	0.791	0.754	0.735	0.725	0.720	0.717	0.717	0.718	0.721	0.724
H_2SO_4	0.246	0.209	0.183	0.167	0.156	0.148	0.142	0.137	0.134	0.132
KBr	0.772	0.722	0.693	0.673	0.657	0.646	0.636	0.629	0.622	0.617
KCl	0.770	0.718	0.688	0.666	0.649	0.637	0.626	0.618	0.610	0.0604
$KClO_3$	0.749	0.681	0.635	0.599	0.568	0.541	0.518	—		
K_2CrO_4	0.456	0.382	0.340	0.313	0.292	0.276	0.263	0.253	0.243	0.235
KF	0.775	0.727	0.700	0.682	0.670	0.661	0.654	0.650	0.646	0.645
$K_3Fe(CN)_5$	0.268	0.212	0.184	0.167	0.155	0.146	0.140	0.135	0.131	0.128
$K_4Fe(CN)_5$	0.139	0.0993	0.0808	0.0693	0.0614	0.0556	0.0512	0.0479	0.0454	
KH_2PO_4	0.731	0.653	0.602	0.561	0.529	0.501	0.477	0.456	0.438	0.421
KI	0.778	0.733	0.707	0.689	0.676	0.667	0.660	0.654	0.649	0.645
KNO_3	0.739	0.663	0.614	0.576	0.545	0.519	0.496	0.476	0.459	0.443
KOH	0.776	0.739	0.721	0.713	0.712	0.712	0.715	0.721	0.728	0.735
KAc	0.796	0.766	0.754	0.750	0.754	0.754	0.759	0.766	0.774	0.783
$KSCN$	0.769	0.716	0.685	0.663	0.633	0.633	0.623	0.614	0.606	0.599
K_2SO_4	0.436	0.356	0.313	0.283	0.243	0.243	0.229	—		
KCH_3CO_2	0.796	0.766	0.754	0.750	0.754	0.754	0.759	0.766	0.774	0.783
$LiBr$	0.796	0.766	0.756	0.752	0.758	0.758	0.767	0.777	0.789	0.803
$LiCl$	0.790	0.757	0.744	0.740	0.743	0.743	0.748	0.755	0.764	0.774
$LiClO_4$	0.812	0.794	0.792	0.798	0.820	0.820	0.820	0.852	0.789	0.887
$LiNO_3$	0.788	0.752	0.736	0.728	0.727	0.727	0.727	0.733	0.764	0.743
$LiOH$	0.760	0.702	0.665	0.638	0.617	0.599	0.583	0.573	0.563	0.554
$LiAc$	0.784	0.742	0.721	0.709	0.700	0.691	0.689	0.688	0.688	0.689
Li_2SO_4	0.468	0.389	0.361	0.337	0.319	0.307	0.297	0.289	0.282	0.277
$MgCl_2$	0.528	0.488	0.476	0.474	0.480	0.49	0.505	0.521	0.543	0.569
$MgSO_4$	0.150	0.107	0.087	0.076	0.068	0.062	0.057	0.054	0.051	0.049
$MnCl_2$	0.518	0.471	0.452	0.444	0.442	0.445	0.450	0.457	0.468	0.481
$MnSO_4$	0.150	0.105	0.085	0.073	0.064	0.058	0.053	0.049	0.046	0.044
NH_4Cl	0.770	0.718	0.687	0.665	0.649	0.636	0.625	0.617	0.609	0.603
NH_4NO_3	0.740	0.677	0.636	0.606	0.582	0.562	0.545	0.530	0.516	0.504
$(NH_4)_2SO_4$	0.423	0.343	0.30	0.270	0.248	0.231	0.218	0.206	0.198	0.189
$NaBr$	0.782	0.741	0.719	0.704	0.697	0.692	0.689	0.687	0.683	0.683
$NaCH_3CO_2(NaAc)$	0.791	0.757	0.744	0.737	0.735	0.736	0.740	0.745	0.752	0.757
$NaCl$	0.778	0.735	0.710	0.693	0.681	0.673	0.667	0.662	0.659	0.657
$NaClO_4$	0.775	0.729	0.701	0.683	0.668	0.656	0.648	0.641	0.635	0.629
$NaClO_3$	0.772	0.720	0.688	0.664	0.645	0.630	0.617	0.606	0.597	0.589
NaF	0.765	0.710	0.676	0.651	0.632	0.562	0.603	0.592	0.582	0.573
$NaNO_3$	0.762	0.703	0.666	0.638	0.617	0.231	0.583	0.570	0.558	0.548
NaH_2PO_4	0.744	0.675	0.629	0.593	0.563	0.692	0.517	0.499	0.483	0.468

化 学 式	$c/\text{mol} \cdot \text{L}^{-1}$									
	0.1	0.2	0.3	0.4	0.5	0.6	0.7	0.8	0.9	1.0
NaI	0.787	0.751	0.735	0.727	0.723	0.736	0.724	0.727	0.731	0.736
NaOH	0.764	0.725	0.706	0.695	0.688	0.673	0.680	0.677	0.676	0.677
NaSCN	0.787	0.750	0.731	0.720	0.645	0.656	0.710	0.710	0.711	0.712
Na_2SO_4	0.764	0.371	0.325	0.294	0.632	0.630	0.237	0.237	0.213	0.204
NiCl	0.522	0.479	0.463	0.460	0.617	0.616	0.482	0.482	0.515	0.563
$NiSO_4$	0.150	0.105	0.084	0.071	0.563	0.599	0.052	0.052	0.045	0.043
$Pb(NO_3)_2$	0.405	0.316	0.267	0.234	0.723	0.539	0.176	0.176	0.154	0.145
RbBr	0.763	0.706	0.673	0.650	0.688	0.723	0.605	0.605	0.586	0.578
RbCl	0.764	0.709	0.675	0.652	0.715	0.683	0.608	0.608	0.590	0.583
RbI	0.762	0.705	0.671	0.647	0.230	0.712	0.602	0.602	0.583	0.575
$RbNO_3$	0.734	0.658	0.606	0.565	0.534	0.508	0.485	0.465	0.446	0.430
RbAc	0.796	0.767	0.756	0.753	0.755	0.759	0.766	0.773	0.782	0.792
Rb_2SO_4	0.451	0.374	0.331	0.301	0.279	0.263	0.249	0.238	0.228	0.219
$SrCl_2$	0.511	0.461	0.442	0.433	0.430	0.431	0.434	0.441	0.449	0.061
$Sr(NO_3)_2$	0.478	0.410	0.373	0.348	0.329	0.314	0.302	0.292	0.283	0.275
$TlClO_4$	0.730	0.652	0.599	0.559	0.527					
$TlNO_3$	0.702	0.606	0.545	0.500						
UO_2Cl_2	0.539	0.505	0.497	0.500	0.512	0.527	0.544	0.565	0.589	0.614
$UO_2(NO_3)_2$	0.543	0.512	0.510	0.518	0.534	0.555	0.578	0.608	0.641	0.679
UO_2SO_4	0.15	0.102	0.0807	0.0689	0.0617	0.0566	0.0515	0.0483	0.0458	0.0439
$ZnCl_2$	0.518	0.465	0.305	0.413		0.382	0.371	0.359	0.35	0.341
$Zn(NO_3)_2$	0.530	0.487	0.472	0.463		0.478	0.483	0.499	0.516	0.533
$ZnSO_4$	0.150	0.104	0.084	0.071		0.057	0.052	0.049	0.046	0.044

附表 7　酸、碱、盐高浓度的平均活度系数（25℃）

$m/\text{mol} \cdot \text{kg}^{-1}$	$AgNO_3$	CsCl	HCl	$HClO_4$	KOH	LiCl	NH_4NO_3	NaOH
6	0.159	0.480	3.22	4.76	2.14	2.72	0.279	1.296
7	0.142	0.486	4.37	7.44	2.80	3.71	0.2605	1.599
8	0.129	0.496	5.90	11.83	3.06	5.10	0.2451	2.00
9	0.118	0.53	7.94	19.11	4.72	6.96	0.2318	2.54
10	0.109	0.58	10.44	30.9	6.05	9.40	0.2205	3.22
11	0.102	0.512	13.51	50.1	7.87	12.55	0.2104	4.09
12	0.096		17.25	80.8	10.2	16.41	0.2016	5.18
13	0.090		21.8	129.5	12.8	20.9	0.1936	6.48
14			27.3	205	15.4	26.2	0.1864	8.02
15			34.1	322	19.1	31.9	0.1797	9.71
16			42.4	500	23.9	37.9	0.1736	11.55
17						43.8	0.1679	13.43
18						49.9	0.1628	15.37
19						56.3	0.1579	17.33
20						62.4	0.1535	19.28

附录七　常用酸、碱、盐溶液的浓度和密度

各溶液的浓度以两种方式表示。

1. （物质的量）浓度，$c = \dfrac{\text{溶质物质的量}}{\text{溶液的体积}}$（$\text{mol} \cdot \text{L}^{-1}$）。

2. 质量分数， $w = \dfrac{\text{溶质的质量}}{\text{溶液的质量}}$ **，以％表示。**

附表 8　硝酸溶液的浓度和密度（20℃）

密度 ρ /g·mL^{-1}	HNO$_3$ 浓度		密度 ρ /g·mL^{-1}	HNO$_3$ 浓度		密度 ρ /g·mL^{-1}	HNO$_3$ 浓度		密度 ρ /g·mL^{-1}	HNO$_3$ 浓度	
	w/％	c/mol·L^{-1}		w/％	c/mol·L^{-1}		w/％	c/mol·L^{-1}		w/％	c/mol·L^{-1}
1.000	0.3333	0.05231	1.145	24.71	4.489	1.290	46.85	9.590	1.435	75.35	17.16
1.005	1.255	0.2001	1.150	25.48	4.649	1.295	47.63	9.739	1.440	76.71	17.53
1.010	2.164	0.3463	1.155	26.24	4.810	1.300	48.42	9.900	1.445	78.07	17.90
1.015	3.073	0.4950	1.160	27.00	4.970	1.305	49.21	10.19	1.450	79.43	18.28
1.020	3.982	0.6445	1.165	27.76	5.132	1.310	50.00	10.39	1.455	80.88	18.68
1.025	4.883	0.7943	1.170	28.51	5.293	1.315	50.85	10.61	1.460	82.39	19.09
1.030	5.784	0.9454	1.175	29.25	5.455	1.320	51.71	10.83	1.465	83.91	19.51
1.035	6.661	1.094	1.180	30.00	5.618	1.325	52.56	11.05	1.470	85.50	19.95
1.040	7.530	1.243	1.185	30.74	5.780	1.330	53.41	11.27	1.475	87.29	20.43
1.045	8.398	1.393	1.190	31.47	5.974	1.335	54.27	11.49	1.480	89.07	20.92
1.050	9.259	1.453	1.195	32.21	6.107	1.340	55.13	11.72	1.485	91.13	21.48
1.055	10.12	1.694	1.200	32.94	6.273	1.345	56.04	11.96	1.490	93.49	22.11
1.060	10.97	1.845	1.205	33.68	6.440	1.350	56.95	12.20	1.495	95.46	22.65
1.065	11.81	1.997	1.210	34.41	6.607	1.355	57.87	12.44	1.500	96.73	23.02
1.070	12.65	2.148	1.215	35.16	6.778	1.360	58.78	12.68	1.501	96.98	23.10
1.075	13.48	2.301	1.220	35.93	6.956	1.365	59.69	12.93	1.502	97.23	23.18
1.080	14.31	2.453	1.225	36.70	7.135	1.370	60.67	13.19	1.503	97.49	23.25
1.085	15.13	2.605	1.230	37.48	7.315	1.375	61.69	13.46	1.504	97.74	23.33
1.090	15.95	2.759	1.235	38.25	7.497	1.380	62.70	13.73	1.505	97.99	23.40
1.095	16.76	2.913	1.240	39.02	7.679	1.385	63.72	14.01	1.506	98.25	23.48
1.100	17.58	3.068	1.245	39.80	7.863	1.390	64.74	14.29	1.507	98.50	23.56
1.105	18.39	3.224	1.250	40.58	8.049	1.395	65.84	14.57	1.508	98.76	23.63
1.110	19.19	3.381	1.255	41.36	8.237	1.400	66.97	14.88	1.509	99.01	23.71
1.115	20.00	3.539	1.260	42.14	8.426	1.405	68.10	15.18	1.510	99.26	23.79
1.120	20.79	3.696	1.265	42.92	9.616	1.410	69.23	15.49	1.511	99.52	23.86
1.125	21.59	3.854	1.270	42.70	8.808	1.415	70.39	15.81	1.512	99.77	23.94
1.130	22.38	4.012	1.275	44.48	9.001	1.420	71.63	16.14	1.513	100.00	24.01
1.135	23.16	4.171	1.280	45.27	9.195	1.425	72.86	16.47			
1.140	23.94	4.330	1.285	46.06	9.394	1.430	74.09	16.81			

附表 9　硫酸溶液的浓度和密度（20℃）

密度 ρ /g·mL^{-1}	H$_2$SO$_4$ 浓度		密度 ρ /g·mL^{-1}	H$_2$SO$_4$ 浓度		密度 ρ /g·mL^{-1}	H$_2$SO$_4$ 浓度		密度 ρ /g·mL^{-1}	H$_2$SO$_4$ 浓度	
	w/％	c/mol·L^{-1}		w/％	c/mol·L^{-1}		w/％	c/mol·L^{-1}		w/％	c/mol·L^{-1}
1.000	0.2609	0.02660	1.050	7.704	0.825	1.100	14.73	1.652	1.150	21.38	2.507
1.005	0.9855	0.1010	1.055	8.415	0.9054	1.105	15.41	1.735	1.155	22.03	2.594
1.010	1.731	0.1783	1.060	9.129	0.9865	1.110	16.08	1.820	1.160	22.67	2.681
1.015	2.485	0.2595	1.065	9.843	1.066	1.115	16.76	1.905	1.165	23.31	2.768
1.020	3.242	0.3372	1.070	10.56	1.152	1.120	17.43	1.990	1.170	23.95	2.857
1.025	4.000	0.4180	1.075	11.26	1.235	1.125	18.09	2.075	1.175	24.58	2.945
1.030	4.746	0.4983	1.080	11.96	1.317	1.130	18.76	2.161	1.180	25.21	3.033
1.035	5.493	0.5796	1.085	12.66	1.401	1.135	19.42	2.247	1.185	25.84	3.122
1.040	6.237	0.6613	1.090	13.36	1.484	1.140	20.08	2.334	1.190	26.47	3.211
1.045	6.956	0.7411	1.095	14.04	1.567	1.145	20.73	2.420	1.195	27.10	3.302

密度 ρ /g·mL^{-1}	H$_2$SO$_4$ 浓度		密度 ρ /g·mL^{-1}	H$_2$SO$_4$ 浓度		密度 ρ /g·mL^{-1}	H$_2$SO$_4$ 浓度		密度 ρ /g·mL^{-1}	H$_2$SO$_4$ 浓度	
	w/%	c/mol·L^{-1}		w/%	c/mol·L^{-1}		w/%	c/mol·L^{-1}		w/%	c/mol·L^{-1}
1.200	27.72	3.301	1.375	47.92	6.718	1.550	64.71	10.23	1.725	79.81	14.04
1.205	28.33	3.481	1.380	48.45	6.817	1.555	65.15	10.33	1.730	80.25	14.16
1.210	28.95	3.572	1.385	48.97	6.915	1.560	65.59	10.43	1.735	80.70	14.28
1.215	29.57	3.663	1.380	49.49	7.012	1.565	66.03	10.54	1.740	81.16	14.40
1.220	30.18	3.754	1.395	49.99	7.110	1.570	66.47	10.64	1.745	81.62	14.52
1.225	30.79	3.846	1.400	50.50	7.208	1.575	66.91	10.74	1.750	82.09	14.65
1.230	31.40	3.938	1.405	51.61	7.307	1.580	67.35	10.85	1.755	82.57	14.78
1.235	32.01	4.031	1.410	51.52	7.406	1.585	67.79	10.96	1.760	83.06	14.90
1.240	32.61	4.123	1.415	52.02	7.505	1.590	68.23	11.06	1.765	83.57	15.04
1.245	33.22	4.216	1.420	52.51	7.603	1.595	69.66	11.16	1.770	84.08	15.17
1.250	33.82	4.310	1.425	53.01	7.702	1.600	69.09	11.27	1.775	84.61	15.31
1.255	34.42	4.404	1.430	53.50	7.801	1.605	69.53	11.38	1.780	85.16	15.46
1.260	35.01	4.498	1.435	54.00	7.901	1.610	69.96	11.48	1.785	85.74	15.61
1.265	35.60	4.592	1.440	54.49	8.000	1.615	70.39	11.59	1.790	86.35	15.76
1.270	36.19	4.686	1.445	54.97	8.099	1.620	70.82	11.70	1.795	86.99	15.92
1.275	36.78	4.781	1.450	55.45	8.198	1.625	71.25	11.80	1.800	87.69	16.09
1.280	37.36	4.876	1.455	55.93	8.297	1.630	71.67	11.91	1.805	88.43	16.27
1.285	37.95	4.972	1.460	56.41	8.397	1.635	72.09	12.02	1.810	89.23	16.47
1.290	38.53	5.068	1.465	56.89	8.497	1.640	72.52	12.13	1.815	90.12	16.68
1.295	39.10	5.163	1.470	57.36	8.598	1.645	72.95	12.24	1.820	91.11	16.91
1.300	39.68	5.259	1.475	57.84	8.699	1.650	73.37	12.34	1.821	91.33	16.96
1.305	40.25	5.356	1.480	58.31	8.799	1.655	73.80	12.45	1.822	91.56	17.01
1.310	40.82	5.452	1.485	58.78	8.899	1.660	74.22	12.56	1.823	91.78	17.06
1.315	41.39	5.549	1.490	59.24	9.000	1.665	74.64	12.67	1.824	92.00	17.11
1.320	41.95	5.646	1.495	59.70	9.100	1.670	75.07	12.78	1.825	92.25	17.17
1.325	42.51	5.743	1.500	60.17	9.202	1.675	75.49	12.89	1.826	92.51	17.22
1.330	43.07	5.840	1.505	60.62	9.303	1.680	75.92	13.00	1.827	92.77	17.28
1.335	43.62	5.938	1.510	61.08	9.404	1.685	76.34	13.12	1.828	93.03	17.34
1.340	44.17	6.035	1.515	61.54	9.506	1.690	76.77	13.23	1.829	93.33	17.40
1.345	44.72	6.132	1.520	62.00	9.608	1.695	77.20	13.34	1.830	93.64	17.47
1.350	45.26	6.229	1.525	62.45	9.711	1.700	77.63	13.46	1.831	93.94	17.54
1.335	45.80	6.327	1.530	62.91	9.813	1.705	78.06	13.57	1.832	94.32	17.62
1.360	46.33	6.424	1.535	63.36	9.916	1.710	78.49	13.69	1.833	94.72	17.70
1.365	46.86	6.522	1.540	63.81	10.02	1.715	78.93	13.80	1.834	95.12	17.79
1.370	47.39	6.620	1.534	64.26	10.12	1.720	79.37	13.92	1.835	95.72	17.91

附表 10　盐酸溶液的浓度和密度（20℃）

密度 ρ /g·mL^{-1}	HCl 浓度		密度 ρ /g·mL^{-1}	HCl 浓度		密度 ρ /g·mL^{-1}	HCl 浓度		密度 ρ /g·mL^{-1}	HCl 浓度	
	w/%	c/mol·L^{-1}		w/%	c/mol·L^{-1}		w/%	c/mol·L^{-1}		w/%	c/mol·L^{-1}
1.000	0.3600	0.09872	1.055	11.52	3.333	1.110	22.33	6.796	1.165	33.16	10.595
1.005	1.360	0.3748	1.060	12.51	3.638	1.115	23.29	7.122	1.170	34.18	10.97
1.010	2.364	0.6547	1.065	13.50	3.944	1.120	24.25	7.449	1.175	35.20	11.34
1.015	3.374	0.9391	1.070	14.495	4.253	1.125	25.22	7.782	1.180	36.23	11.73
1.020	4.388	1.227	1.075	15.485	4.565	1.130	26.20	8.118	1.185	37.27	12.11
1.025	5.480	1.520	1.080	16.47	4.878	1.135	27.18	8.459	1.190	38.32	12.50
1.030	6.433	1.817	1.085	17.45	5.192	1.140	28.18	8.809	1.195	39.37	12.90
1.035	7.464	2.118	1.090	18.43	5.5095	1.145	29.17	9.159	1.198	40.00	13.14
1.040	8.490	2.421	1.095	19.41	5.829	1.150	30.14	9.505			
1.045	9.510	2.725	1.100	20.39	6.150	1.155	31.14	9.863			
1.050	10.52	3.029	1.105	21.36	6.472	1.160	32.14	10.225			

附表 11　盐酸恒沸点浓度

在蒸馏时大气压力/kPa	103.99	102.66	101.33	99.992	98.659	97.325
在蒸馏液中盐酸浓度(对真空)w/%	20.173	20.197	20.221	20.245	20.269	20.293
含有1mol HCl的蒸馏溶液质量(在空气中)m/g	180.621	180.407	180.193	179.979	179.766	179.551

附表 12　磷酸溶液的浓度和密度 （20℃）

密度 ρ/g·mL^{-1}	H_3PO_4 浓度 w/%	c/mol·L^{-1}	密度 ρ/g·mL^{-1}	H_3PO_4 浓度 w/%	c/mol·L^{-1}	密度 ρ/g·mL^{-1}	H_3PO_4 浓度 w/%	c/mol·L^{-1}	密度 ρ/g·mL^{-1}	H_3PO_4 浓度 w/%	c/mol·L^{-1}	密度 ρ/g·mL^{-1}	H_3PO_4 浓度 w/%	c/mol·L^{-1}
1.000	0.296	0.030	1.185	30.65	3.707	1.370	54.14	7.570				1.555	73.42	11.65
1.005	1.222	0.1253	1.190	31.35	3.806	1.375	54.71	7.678	1.505	57.44	8.605			
1.010	2.148	0.2214	1.195	32.05	3.908	1.380	55.28	7.784	1.510	57.81	8.689			
1.015	3.074	0.3184	1.200	32.75	4.010	1.385	55.85	7.894	1.515	58.17	8.772			
1.020	4.000	0.4164	1.205	33.44	4.112	1.390	56.42	8.004	1.520	58.54	8.857			
1.025	4.926	0.5152	1.210	34.13	4.215	1.395	56.98	8.112	1.525	58.91	8.942			
1.030	5.836	0.6134	1.215	34.82	4.317	1.400	57.54	8.221	1.530	59.28	9.028			
1.035	6.745	0.7124	1.220	35.50	4.420	1.405	58.09	8.328	1.535	59.66	9.116			
1.040	7.643	0.8110	1.225	36.17	4.522	1.410	58.64	8.437	1.540	60.04	9.203			
1.045	8.536	0.911	1.230	36.84	4.624	1.415	59.19	8.547	1.545	60.41	9.290			
1.050	9.429	1.010	1.235	37.51	4.727	1.420	59.74	8.658	1.550	60.78	9.377			
1.055	10.32	1.111	1.240	38.17	4.829	1.425	60.29	8.766	1.555	61.15	9.465			
1.060	11.19	1.210	1.245	38.83	4.932	1.430	60.84	8.878	1.560	61.52	9.553			
1.065	12.06	1.311	1.250	39.49	5.036	1.435	61.38	8.989	1.565	61.89	9.641			
1.070	12.92	1.411	1.255	40.14	5.140	1.440	61.92	9.099	1.570	62.26	9.730			
1.075	13.76	1.510	1.260	40.79	5.245	1.445	62.45	9.208	1.575	62.63	9.819			
1.080	14.60	1.609	1.265	41.44	5.350	1.450	62.98	9.322	1.580	63.00	9.908			
1.085	15.43	1.708	1.270	42.09	5.454	1.455	63.51	9.432	1.585	63.37	9.998			
1.090	16.26	1.807	1.275	42.73	5.559	1.460	64.03	0.543	1.590	63.74	10.09			
1.095	17.07	1.906	1.280	42.37	5.655	1.465	64.55	9.651	1.595	64.12	10.18			
1.100	17.87	2.005	1.285	44.00	5.771	1.470	65.07	9.761	1.600	64.50	10.27			
1.105	18.68	2.105	1.290	44.63	5.875	1.475	65.58	9.870	1.605	64.88	10.37			
1.110	19.46	2.204	1.295	45.26	5.981	1.480	66.09	9.982	1.610	65.26	10.46			
1.115	20.25	2.304	1.300	45.88	6.087	1.485	66.60	10.09	1.615	65.63	10.55			
1.120	21.03	2.403	1.305	46.49	6.191	1.490	67.10	10.21	1.620	66.01	10.64			
1.125	21.80	2.502	1.310	47.10	6.296	1.495	67.60	10.31	1.625	66.39	10.74			
1.130	22.56	2.602	1.315	47.70	6.400	1.500	68.10	10.42	1.630	66.76	10.83			
1.135	23.32	2.702	1.320	48.30	6.506	1.505	68.60	10.53	1.635	64.13	10.93			
1.140	24.07	2.800	1.325	48.89	6.610	1.510	69.09	10.64	1.640	67.51	11.02			
1.145	24.82	2.900	1.330	49.49	6.716	1.515	69.58	10.76	1.645	67.89	11.12			
1.150	25.57	3.000	1.335	50.07	6.822	1.520	70.07	10.86	1.650	68.26	11.21			
1.155	26.31	3.101	1.340	50.66	6.928	1.525	70.56	10.98	1.655	68.64	11.31			
1.160	27.05	3.203	1.345	51.25	7.034	1.530	71.04	11.09	1.660	69.02	11.40			
1.165	27.78	3.304	1.350	51.84	7.141	1.535	71.52	11.20	1.665	69.40	11.50			
1.170	28.51	3.404	1.355	52.42	7.247	1.540	72.00	11.32	1.670	69.77	11.60			
1.175	29.23	3.505	1.360	53.00	7.355	1.545	72.48	11.42	1.675	70.15	11.70			
1.180	29.94	3.606	1.365	53.57	7.463	1.550	72.95	11.53						

附表 13　乙酸溶液的浓度和密度（20℃）

密度 $\rho/\text{g} \cdot \text{mL}^{-1}$	CH₃COOH 浓度 $w/\%$	CH₃COOH 浓度 $c/\text{mol} \cdot \text{L}^{-1}$	密度 $\rho/\text{g} \cdot \text{mL}^{-1}$	CH₃COOH 浓度 $w/\%$	CH₃COOH 浓度 $c/\text{mol} \cdot \text{L}^{-1}$	密度 $\rho/\text{g} \cdot \text{mL}^{-1}$	CH₃COOH 浓度 $w/\%$	CH₃COOH 浓度 $c/\text{mol} \cdot \text{L}^{-1}$	密度 $\rho/\text{g} \cdot \text{mL}^{-1}$	CH₃COOH 浓度 $w/\%$	CH₃COOH 浓度 $c/\text{mol} \cdot \text{L}^{-1}$
1.000	1.20	0.200	1.025	19.2	3.27	1.050	40.2	7.03	1.065	91.2	16.2
1.005	4.64	0.777	1.030	23.1	3.96	1.055	46.9	8.24	1.060	95.4	16.8
1.010	8.14	1.37	1.035	27.2	4.68	1.060	53.4	9.43	1.055	98.0	17.2
1.015	11.7	1.98	1.040	31.6	5.46	1.065	61.4	10.9	1.050	99.9	17.5
1.020	15.4	2.61	1.045	36.2	6.30	1.070	77～79	13.7～14.1			

附表 14　氢氧化钾溶液的浓度和密度（20℃）

密度 $\rho/\text{g} \cdot \text{mL}^{-1}$	KOH 浓度 $w/\%$	KOH 浓度 $c/\text{mol} \cdot \text{L}^{-1}$	密度 $\rho/\text{g} \cdot \text{mL}^{-1}$	KOH 浓度 $w/\%$	KOH 浓度 $c/\text{mol} \cdot \text{L}^{-1}$	密度 $\rho/\text{g} \cdot \text{mL}^{-1}$	KOH 浓度 $w/\%$	KOH 浓度 $c/\text{mol} \cdot \text{L}^{-1}$	密度 $\rho/\text{g} \cdot \text{mL}^{-1}$	KOH 浓度 $w/\%$	KOH 浓度 $c/\text{mol} \cdot \text{L}^{-1}$
1.000	0.197	0.0351	1.135	14.705	2.975	1.270	28.29	6.40	1.405	40.82	10.22
1.005	0.743	0.133	1.140	15.22	3.09	1.275	28.77	6.54	1.410	41.26	1.37
1.010	1.295	0.233	1.145	15.74	3.21	1.280	29.25	6.67	1.415	41.71	10.52
1.015	1.84	0.333	1.150	16.26	3.33	1.285	29.73	6.81	1.420	42.155	10.67
1.020	2.38	0.4335	1.155	16.78	3.45	1.290	30.21	6.95	1.425	42.60	10.82
1.025	2.93	0.536	1.160	17.29	3.58	1.295	30.68	7.08	1.430	43.04	10.97
1.030	3.48	0.6395	1.165	17.81	3.70	1.300	31.15	7.22	1.435	43.48	11.12
1.035	4.03	0.744	1.170	18.32	3.82	1.305	31.62	7.36	1.440	43.92	11.28
1.040	4.58	0.848	1.175	18.84	3.945	1.310	32.09	7.49	1.445	44.36	11.42
1.045	5.12	0.954	1.180	19.35	4.07	1.315	32.56	7.63	1.450	44.79	11.58
1.050	5.66	1.06	1.185	19.86	4.195	1.320	33.03	7.77	1.455	45.23	11.73
1.055	6.20	1.17	1.190	20.37	4.32	1.325	33.50	7.91	1.460	45.66	11.88
1.060	6.74	1.27	1.195	20.88	4.45	1.330	33.97	8.05	1.465	46.095	12.04
1.065	7.28	1.38	1.200	21.38	4.57	1.335	34.43	8.19	1.470	46.53	12.19
1.070	7.82	1.49	1.205	21.88	4.70	1.340	34.90	8.335	1.475	46.96	12.35
1.075	8.36	1.60	1.210	22.38	4.83	1.345	35.36	8.48	1.480	47.39	12.50
1.080	8.89	1.71	1.215	22.88	4.955	1.350	35.82	8.62	1.485	47.82	12.66
1.085	9.43	1.82	1.220	23.38	5.08	1.355	36.28	8.76	1.490	48.25	12.82
1.090	9.96	1.94	1.225	23.87	5.21	1.360	36.735	8.905	1.495	48.675	12.97
1.095	10.49	2.05	1.230	24.37	5.34	1.365	37.19	9.05	1.500	49.10	13.13
1.100	11.03	2.16	1.235	24.86	5.47	1.370	37.65	9.19	1.505	49.53	13.13
1.105	11.56	2.28	1.240	25.36	5.60	1.375	38.105	9.34	1.510	49.55	13.45
1.110	12.08	2.39	1.245	25.85	5.74	1.380	38.56	9.48	1.515	50.38	13.60
1.115	12.61	2.51	1.250	26.34	5.87	1.385	39.01	9.63	1.520	50.80	13.76
1.120	13.14	2.62	1.255	26.83	6.00	1.390	39.46	9.78	1.525	51.22	13.92
1.125	13.66	2.74	1.260	27.32	6.135	1.395	39.92	9.93	1.530	51.64	14.08
1.130	14.19	2.86	1.265	27.80	6.27	1.400	40.37	10.07	1.535	52.05	14.24

附表 15　氢氧化钠溶液的浓度和密度（20℃）

密度 $\rho/\text{g} \cdot \text{mL}^{-1}$	NaOH 浓度 $w/\%$	NaOH 浓度 $c/\text{mol} \cdot \text{L}^{-1}$	密度 $\rho/\text{g} \cdot \text{mL}^{-1}$	NaOH 浓度 $w/\%$	NaOH 浓度 $c/\text{mol} \cdot \text{L}^{-1}$	密度 $\rho/\text{g} \cdot \text{mL}^{-1}$	NaOH 浓度 $w/\%$	NaOH 浓度 $c/\text{mol} \cdot \text{L}^{-1}$	密度 $\rho/\text{g} \cdot \text{mL}^{-1}$	NaOH 浓度 $w/\%$	NaOH 浓度 $c/\text{mol} \cdot \text{L}^{-1}$
1.000	0.159	0.0398	1.025	2.39	0.611	1.050	4.655	1.222	1.075	6.93	1.862
1.005	0.602	0.151	1.030	2.84	0.731	1.055	5.11	1.347	1.080	7.38	1.992
1.010	1.045	0.264	1.035	3.29	0.851	1.060	5.56	1.474	1.085	7.83	2.123
1.015	1.49	0.378	1.040	3.745	0.971	1.065	6.02	1.602	1.090	8.28	2.257
1.020	1.94	0.494	1.045	4.20	1.097	1.070	6.47	1.731	1.095	8.74	2.391

续表

密度	NaOH 浓度		密度	NaOH 浓度		密度	NaOH 浓度		密度	NaOH 浓度	
$\rho/\text{g} \cdot$ mL^{-1}	$w/\%$	$c/\text{mol} \cdot$ L^{-1}	$\rho/\text{g} \cdot$ mL^{-1}	$w/\%$	$c/\text{mol} \cdot$ L^{-1}	$\rho/\text{g} \cdot$ mL^{-1}	$w/\%$	$c/\text{mol} \cdot$ L^{-1}	$\rho/\text{g} \cdot$ mL^{-1}	$w/\%$	$c/\text{mol} \cdot$ L^{-1}
1.100	9.19	2.527	1.210	19.16	5.796	1.320	29.26	9.656	1.430	40.00	14.30
1.105	9.645	2.664	1.215	19.62	5.958	1.325	29.73	9.847	1.435	40.515	14.53
1.110	10.10	2.802	1.220	20.07	6.122	1.330	30.20	10.04	1.440	41.03	14.77
1.115	10.555	2.942	1.225	20.53	6.286	1.335	30.67	10.23	1.445	41.55	15.01
1.120	11.01	3.082	1.230	20.98	6.451	1.340	31.14	10.43	1.450	42.07	15.25
1.125	11.46	3.224	1.235	21.44	6.619	1.345	31.62	10.63	1.455	42.59	15.49
1.130	11.92	3.367	1.240	21.90	6.788	1.350	32.10	10.83	1.460	43.12	15.74
1.135	12.37	3.510	1.245	22.36	6.958	1.355	32.58	11.03	1.465	43.64	15.98
1.140	12.83	2.655	1.250	22.82	7.129	1.360	33.06	11.24	1.470	44.17	16.23
1.145	13.28	3.801	1.255	23.275	7.302	1.365	33.54	11.45	1.475	44.695	16.48
1.150	13.73	3.947	1.260	23.73	7.475	1.370	34.03	11.65	1.480	45.22	16.73
1.155	14.18	4.095	1.265	24.19	7.650	1.375	34.52	11.86	1.485	45.75	16.98
1.160	14.64	4.244	1.270	24.645	7.824	1.380	35.01	12.08	1.490	46.27	17.23
1.165	15.09	4.395	1.275	25.10	8.000	1.385	35.505	12.29	1.495	46.80	17.49
1.170	15.54	4.545	1.280	25.56	8.178	1.390	36.00	12.51	1.500	47.33	17.75
1.175	15.99	4.697	1.285	26.02	8.357	1.395	36.495	12.73	1.505	47.85	18.00
1.180	16.44	4.850	1.290	26.48	8.539	1.400	36.99	12.95	1.510	48.38	18.26
1.185	16.89	5.004	1.295	26.94	8.722	1.405	37.49	13.17	1.515	48.905	18.52
1.190	17.345	5.160	1.300	27.41	8.906	1.410	37.99	13.39	1.520	49.44	18.78
1.195	17.80	5.317	1.305	27.87	9.092	1.415	38.49	13.61	1.525	49.97	19.05
1.200	18.255	5.476	1.310	28.33	9.278	1.420	38.99	13.84	1.530	50.50	19.31
1.205	18.71	5.636	1.315	28.80	9.466	1.425	39.495	14.07			

附表 16　氨水的浓度和密度（20℃）

密度	NH₃ 浓度		密度	NH₃ 浓度		密度	NH₃ 浓度		密度	NH₃ 浓度	
$\rho/\text{g} \cdot$ mL^{-1}	$w/\%$	$c/\text{mol} \cdot$ L^{-1}	$\rho/\text{g} \cdot$ mL^{-1}	$w/\%$	$c/\text{mol} \cdot$ L^{-1}	$\rho/\text{g} \cdot$ mL^{-1}	$w/\%$	$c/\text{mol} \cdot$ L^{-1}	$\rho/\text{g} \cdot$ mL^{-1}	$w/\%$	$c/\text{mol} \cdot$ L^{-1}
0.998	0.0465	0.0273	0.968	7.26	4.12	0.938	15.47	8.52	0.908	24.68	13.16
0.996	0.512	0.299	0.966	7.77	4.41	0.936	16.06	8.83	0.906	25.33	13.48
0.994	0.977	0.570	0.964	8.29	4.69	0.934	16.65	9.13	0.904	26.00	13.80
0.992	1.43	0.834	0.962	8.82	4.98	0.932	17.24	9.44	0.902	26.67	14.12
0.990	1.89	1.10	0.960	9.34	5.27	0.930	17.85	9.75	0.900	27.33	14.44
0.988	2.35	1.365	0.958	9.87	5.55	0.928	18.45	10.06	0.898	28.00	14.76
0.986	2.82	1.635	0.956	10.405	5.84	0.926	19.06	10.37	0.896	28.67	15.08
0.984	3.30	1.91	0.954	10.95	6.13	0.924	19.67	10.67	0.894	29.33	15.40
0.982	3.78	2.18	0.952	11.49	6.42	0.922	20.27	10.97	0.892	30.00	15.71
0.980	4.27	2.46	0.950	12.03	6.71	0.920	20.88	11.28	0.890	30.658	16.04
0.978	4.76	2.73	0.948	12.58	7.00	0.918	21.50	11.59	0.888	31.37	16.36
0.976	5.25	3.01	0.946	13.14	7.29	0.916	22.125	11.90	0.886	32.09	16.69
0.974	5.75	3.29	0.944	13.71	7.60	0.914	22.75	12.21	0.884	32.84	17.05
0.972	6.25	3.57	0.942	14.29	7.91	0.912	23.39	12.52	0.882	33.595	17.40
0.970	6.75	3.84	0.940	14.88	8.21	0.910	24.03	12.84	0.880	34.35	17.75

附表 17　碳酸钠溶液的浓度和密度（20℃）

密度	Na₂CO₃ 浓度		密度	Na₂CO₃ 浓度		密度	Na₂CO₃ 浓度		密度	Na₂CO₃ 浓度	
ρ/g·mL^{-1}	w/%	c/mol·L^{-1}	ρ/g·mL^{-1}	w/%	c/mol·L^{-1}	ρ/g·mL^{-1}	w/%	c/mol·L^{-1}	ρ/g·mL^{-1}	w/%	c/mol·L^{-1}
1.000	0.19	0.018	1.050	4.98	0.493	1.100	9.75	1.012	1.150	14.35	1.557
1.005	0.67	0.0635	1.055	5.47	0.544	1.105	10.22	1.065	1.155	14.75	1.607
1.010	1.14	0.109	1.060	5.95	0.595	1.110	10.68	1.118	1.160	15.20	1.663
1.015	1.62	0.155	1.065	6.43	0.646	1.115	11.14	1.172	1.165	15.60	1.714
1.020	2.10	0.202	1.070	6.90	0.696	1.120	11.60	1.226	1.170	16.03	1.769
1.025	2.57	0.248	1.075	7.38	0.748	1.125	12.05	1.279	1.175	16.45	1.823
1.030	3.05	0.296	1.080	7.85	0.800	1.130	12.52	1.335	1.180	16.87	1.878
1.035	3.54	0.346	1.085	8.33	0.853	1.135	13.00	1.392	1.185	17.30	1.934
1.040	4.03	0.395	1.090	8.80	0.905	1.140	13.45	1.446	1.190	17.70	1.987
1.045	4.50	0.444	1.095	9.27	0.958	1.145	13.90	1.501			

附表 18　某些商品高纯试剂的浓度和密度（20℃）

高纯试剂	规格	相对密度	w/%	备注	高纯试剂	规格	相对密度	w/%	备注
盐酸	超纯	1.174～1.189	35.0～38.0	上海试剂一厂产品	磷酸	特纯	1.689	85	上海试剂一厂产品
氢氟酸	超纯	1.130	40	上海试剂一厂产品	冰醋酸	特纯	1.05	99.5	上海试剂一厂产品
高氯酸	特纯	1.67	70	上海试剂一厂产品	乙酸 36%	特纯	1.045	36	上海试剂一厂产品
硝酸	超纯	1.391～1.420	65～68	上海试剂一厂产品	氢氧化铵	特纯	0.905～0.89	27～30	上海试剂一厂产品
硫酸	超纯	1.830～1.835	96	上海试剂一厂产品					

附录八　常见配离子的稳定常数

附表 19　常见配离子的稳定常数

配离子	$K_{稳}$	lg$K_{稳}$	配离子	$K_{稳}$	lg$K_{稳}$
[Ag(CN₂)]⁻	1.1×10^{21}	21.0	[Cu(OH)₄]²⁻①	3.16×10^{18}	18.5
[Ag(NH₃)₂]⁺	1.7×10^7	7.2	[Cu(NH₃)₂]⁺	1×10^{11}	11
[Ag(S₂O₃)₂]³⁻	1.0×10^{13}	13.0	[Cu(NH₃)₄]²⁺	1.4×10^{13}	13.1
[AlF₆]³⁻	6×10^{19}	19.8	[CuCS(NH₂)₂]⁺①	2.51×10^{15}	15.1
[Al(OH)₄]⁻①	1.07×10^{33}	33.3	[Fe(SCN)₂]²⁺	1.4×10^2	2.1
[Cay]²⁻①	3.7×10^{10}	10.56	[Fe(SCN)₂]⁺	16	1.2
[Cd(CN)₄]²⁻	7.1×10^{16}	16.9	[Fe(SCN)₄]²⁻	2.5×10^{41}	41.4
[CdI₄]²⁻	2.0×10^6	6.3	I³⁻	7.1×10^2	2.9
[Co(NH₃)₄]²⁻	4.0×10^6	6.6	[Ni(CN)₄]²⁻①	1.995×10^{31}	31.3
[Co(NH₃)₆]²⁺	7.7×10^4	4.9	[Ni(NH₃)₆]²⁺	4.8×10^7	7.7
[Co(SCN)₄]①	7.94×10^{20}	29.9	[Pb(OH)₃]⁻	50	1.7
[Co(NH₃)₆]³⁺	4.5×10^{33}	33.7	[Sn(OH)₆]⁻	5×10^3	3.7
[Cr(OH)₄]⁻	1×10^{-2}	−2	[Zn(CN)₄]²⁻	5×10^6	16.7
[Cr(en)₂]²⁺	1×10^{20}	20	[Zn(NH₃)₄]²⁺	3.8×10^9	9.6
[Cu(CN)₄]³⁻	2.0×10^{27}	27.3	[Zn(OH)₄]²⁻	3.98×10^{17}	17.6

① 选自分析化学手册（第一分册）。

注：本表数据摘自 ［英］J.G.斯塔克，H.G.华莱士著. 化学数据手册。

附录九 常见阳、阴离子的主要鉴定反应

附表 20 常见阳离子的主要鉴定反应

离子	试 剂	条 件	离子	试 剂	条 件
NH_4^+	奈斯勒试剂 NaOH	碱性介质 强碱性介质	Hg^{2+}	$SnCl_2$	酸性介质
K^+	$Na_3[Co(NO_2)_6]$ 酒石酸氢钠	中性或微酸性介质 中性或微酸性介质	Bi^{3+}	Na_2SnO_2	强碱性介质
			Fe^{2+}	$K_3[Fe(CN)_6]$	酸性介质
Na^+	乙酸铀酰锌 六氢氧基锑(V)酸钾	中性或微酸性介质 中性弱碱性介质	Fe^{3+}	KCNS $K_4[Fe(CN)_6]$	酸性介质
Mg^{2+}	镁试剂	介质强碱性介质	Cr^{3+}	$H_2O_2/Pb(NO_3)_2$	碱性介质 HAc 介质 酸性介质 戊醇介质
Ca^{2+}	$(NH_3)_2HPO_4$	中性或碱性介质			
Ba^{2+}	K_2CrO_4 H_2SO_4	中性或弱碱性介质 酸性介质	Al^{3+}	铝试剂	微碱性介质、加热
Sn^{2+}	$HgCl_2$	酸性介质	Mn^{2+}	$NaBiO_3$	HNO_3 或 H_2SO_4
Co^{2+}	饱和NH_4CNS 亚硝基 R 盐	微酸性介质、NH_4F、丙酮、 HAc、NH_4Ac 介质	Sb^{3+}	锡片 $AgNO_3$ $NH_3 \cdot H_2O$	酸性介质过量的 NaOH
Ni^{2+}	丁二酮肟	氨水介质	Cu^{2+}	$K_4[Fe(CN)_6]$ 氨水	中性或酸性介质、氨水介质
Ag^+	HCl $NH_3 \cdot H_2O$ HNO_3 K_2CrO_4	硝酸介质 中性介质	Zn^{2+}	Na_2S $(NH_4)Hg(CNS)_4$	近中性介绍 HAc 介质
Pb^{2+}	K_2CrO_4 稀 H_2SO_4 Na_2S	HAc 介质	Cd^{2+}	Na_2S	

注：NH_4F 为掩蔽剂，可消除 Fe^{3+} 的干扰。

附表 21 常见阴离子的主要鉴定反应

离子	试 剂	反应条件	离子	试 剂	反应条件
Cl^-	$AgNO_3$		SO_3^{2-}	$K_4[Fe(CN)_6]$ $Na_2[Fe(CN)_3NO]$	酸性介质
Br^-	氨水 CCl_4				
I^-	氨水 CCl_4		$S_2O_3^{2-}$	HCl $AgNO_3$	酸性介质
NO_2^-	$KI+CCl_4$ 对氨基苯磺酸钠+ α-萘胺	HAc 介质	S^{2-}	稀 HCl $Na_2[Fe(CN)_5NO]$	酸性介质 碱性介质
NO_3^-	二苯胺 $FeSO_4$ 浓硫酸	硫酸介质 酸性介质	CO_3^{2-}	稀 HCl 饱和 $Ba(OH)_2$	酸性介质
SO_4^{2-}	$BaCl_2$	酸性介质	PO_4^{3-}	$(NH_4)_2MoO_4$ $AgNO_3$	HNO_3 介质 过量试剂 中性介质
SO_3^{2-}	稀 HCl $ZnSO_4$	酸性介质	SiO_3^{2-}	饱和 NH_4Cl	碱性介质

附录十　某些试剂溶液的配制

附表 22　某些试剂及混合指示剂溶液的配制

试剂及混合指示剂	浓　　　度	配 制 方 法
三氯化铋 BiCl₃	0.1mol·L⁻¹	溶解 31.6g BiCl₃ 于 330mol·L⁻¹ HCl 中,加水稀释至 1L
三氯化锑 SbCl₃	0.1mol·L⁻¹	溶解 22.8g SbCl₂·H₂O 于 330mL 6mol·L⁻¹ HCl 中,加水稀释至 1L
氯化亚锡 SnCl₂	0.1mol·L⁻¹	溶解 22.6g SnCl₂·2H₂O 于 330mL 6mol·L⁻¹ 中,加水稀释至 1L,加入数粒纯锡,以防氧化
硝酸汞 Hg(NO₃)₂	0.1mol·L⁻¹	溶解 33.4g Hg(NO₃)₂·1/2H₂O 于 1L 0.6mol·L⁻¹ HNO₃ 中
硝酸亚汞 Hg₂(NO₃)₂	0.1mol·L⁻¹	溶解 56.1g Hg(NO₃)₂·2H₂O 于 1L 0.6mol·L⁻¹ HNO₃ 中,并加入少量金属汞
碳酸铵 (NH₄)₂CO₃	1mol·L⁻¹	96g 研细的 (NH₄)₂CO₃ 溶于 1L 2mol·L⁻¹ 氨水
硫酸铵 (NH₄)₂SO₄	饱和溶液	50g (NH₄)₂SO₄ 溶于 100mL 热水,冷却后过滤
硫酸亚铁 FeSO₄	1mol·L⁻¹	溶解 69.5g FeSO₄·7H₂O 于适量水中,加入 5mL 18mol·L⁻¹ H₂SO₄ 再用水稀释至 1L,置入小铁钉数枚
偏锑酸钠 NaSbO₃	0.1mol·L⁻¹	溶解 12.2g 锑粉于 50mL 浓 HNO₃ 中微热,使锑粉全部作用成白色粉末,用倾析法洗涤数次,然后加入 50mL 6mol·L⁻¹ NaOH 使之溶解,稀释至 1L
钴亚硝酸钠 Na[Co(NO₂)₆]		溶解 230g NaOH 于 500mL H₂O 中,加入 165mL 6mol·L⁻¹HAc 和 30g Co(NO₃)₂·6H₂O,放置 24h,取其清液,稀释至 1L,并保存在棕色瓶中,此溶液应呈橙色,若变红色,表示已分解,应重新配制
硫化钠 Na₂S	1mol·L⁻¹	溶解 240g Na₂S·9H₂O 和 40g NaOH 于水中,稀释至 1L
钼酸铵 (NH₄)₆Mo₇O₂₄	0.1mol·L⁻¹	溶解 12g (NH₄)₆Mo₇O₂₄·4H₂O 于 1L 水中,将所得溶液转移到 6mol·L⁻¹ HNO₃ 中,放置 24h,取其清液
硫化铵 (NH₄)₂S	3mol·L⁻¹	在 20mL 浓氨水(15mol·L⁻¹)中,通入 H₂S,直到不再吸收为止,然后加入 200mL 浓氨水,稀释至 1L
铁氰化钾 K₂[Fe(CN)₆]		取铁氰化钾约 0.7~1g 溶解于水,稀释至 100mL(使用前临时配制)
铬黑 T		将铬黑和 NaCl 烘干后按 1:100 比例研细,均匀混合,储于棕色瓶中
二苯胺		将 1g 二苯胺在搅拌下溶于 100mL,相对密度为 1.84 的硫酸或 100mL 相对密度为 1.70 的磷酸中(该溶液可保存较长时间)
镍试剂		溶解 10g 镍试剂(二乙酰二肟)于 1L 95% 的酒精中
镁试剂		溶解 0.01g 镁试剂于 1L 1mol·L⁻¹ 溶液中
铝试剂		1g 铝试剂溶于 1L 水中
镁铵试剂		将 100g MgCl₂·6H₂O 和 100g NH₄Cl 溶于水中,加 50mL 浓氨水,用水稀释至 1L
奈氏试剂		溶解 115g HgI₂ 和 80g KI 于水中,稀释至 500mL,加入 5000mL 6mol·L⁻¹ NaOH 溶液,静置后,取其清液,保存在棕色瓶中
五氰氧氮合铁(Ⅲ)酸钠		10g 五氰氧氮合铁(Ⅲ)酸钠溶解于 100mL 水中,保存于棕色瓶中,如果溶液变绿色就不能用了
格里斯试剂		①在加热下溶解 0.5g 对氨基苯磺酸于 50mL 30% HAc 中,储存于暗处保存 ②将 0.4g α-萘胺与 100mL 水混合煮沸,再从蓝色渣中倾出的五色溶液中加入 6mL 80% HAc 使用前将①、②两液等体积混合
打萨宗		溶解 0.1g 打萨宗于 1L CCl₄ 或 CHCl₃ 中

试剂及混合指示剂	浓　　度	配　制　方　法
甲基红		1L 60％乙醇中溶解 2g
甲基橙	0.1％	1L 水中溶解 1g
酚酞		1L 90％乙醇中溶解 1g
溴甲酚蓝		0.1g 该指示剂与 2.9mL 0.05mol·L⁻¹ NaOH 一起搅匀,用水稀至 250mL 或 1L 20％乙醇中溶解 1g 该指示剂
石蕊		2g 石蕊溶于 50mL 水中,静置一昼夜后过滤,在滤液中加 30mL 95％乙醇,再加水稀释至 100mL
百里酚蓝	0.1％	0.1g 指示剂与 4.3mL 0.05mol·L⁻¹ NaOH 溶液一起研匀,加水稀释成 100mL
溴酚蓝	0.1％	0.1g 溴酚蓝与 3mL 0.05mol·L⁻¹ NaOH 溶液一起研匀,加水稀释成 100mL
中性红	0.1％	将 0.1g 中性红溶于 60mL 乙醇中,加水至 100mL
百里酚酞	0.1％	将 0.1g 指示剂溶于 90mL 乙醇中,加水至 100mL
茜素黄 R	0.1％	将 0.1g 茜素黄溶于 100mL 水中
甲基红-溴甲酚绿		3 份 0.1％溴甲酚绿乙醇溶液与一份 0.2％甲基红乙醇溶液
百里酚酞-茜素黄 R		将 0.1g 茜素黄和 0.2g 百里酚酞溶于 100mL 乙醇中
甲酚红-百里酚蓝		1 份 0.1％甲酚红钠盐水溶液与 3 份 0.1％百里酚蓝钠盐水溶液
二苯胺磺酸钠	0.5％	将 0.5g 二苯胺磺酸钠溶于 100mL 水中,必要时过滤
邻菲啰啉硫酸亚铁	0.5％	将 0.5g 溶于 100mL 水中,加 2 滴硫酸,加 0.5g 邻菲啰啉
邻苯氨基苯甲酸	0.2％	将 0.2g 邻苯氨基苯甲酸加热溶解在 100mL 0.2％ Na₂CO₃ 溶液中,必要时过滤
铬酸钾		5％水溶液
硫酸铁铵	40％	饱和水溶液,加数滴浓硫酸
荧光黄	0.5％	0.50g 荧光黄溶于乙醇,并用乙醇稀释至 100mL
钙指示剂		0.50g 钙指示剂与 100g 研细,混匀
二甲酚橙(XO)	0.1％	将 0.1g 二甲酚橙溶于 100mL 离子交换水中
K-B 指示剂		将 0.5g 酸性铬蓝 K 加 1.25g 萘酚绿 B 再加入 25g K₂SO₄ 研细,混匀
磺基水杨酸		10％水溶液
PAN 指示剂	0.2％	将 0.2g PAN 溶于 100mL 乙醇中
邻苯二酚紫	0.1％	将 0.1g 邻苯二酚紫溶于 100mL 离子交换水中
钙镁试剂	0.5％	将 0.5g 钙镁试剂溶于 100mL 离子交换水中
氯水		在水中通入氯气直至饱和,该溶液使用时临时配制
溴水		在水中滴入液溴至饱和
碘液	0.01％	溶解 1.3g 碘和 5g KI 于尽可能少量的水中,加水稀释至 1L
品红溶液		0.1％的水溶液
淀粉溶液	1％	将 1g 淀粉和少量冷水调成糊状,倒入 100mL 沸水中,煮沸后冷却即可
NH₃-NH₄Cl 缓冲溶液		称 20g NH₄Cl 溶于适量水中,加入 100mL 氨水(密度 0.9),混合后稀释至 1L,即为 pH=10 的缓冲溶液
一氯乙酸-NaOH 缓冲溶液		将 200g 氯乙酸溶于 200mL 水中,加 NaOH 40g,溶解后稀释至 1L,即为 pH=2.8 的缓冲溶液

试剂及混合指示剂	浓　　度	配　制　方　法
甲酸-NaOH 缓冲溶液		将 95g 甲酸和 40g NaOH 溶于 500mL 水中,稀释至 1L,即为 pH=3.7 的缓冲溶液
NH₄Ac-HAc 缓冲溶液		将 77g NH₄Ac 溶于 200mL 水中,加冰 HAc 60mL,稀释至 1L,即为 pH=4.5 的缓冲溶液
NaAc-HAc 缓冲溶液		将 120g NH₄Ac 溶于水中,加冰 HAc 60mL,稀释至 1L,即为 pH=5.0 的缓冲溶液
(CH₂)₆N₄-HCl 缓冲溶液		将 40g 六亚甲基四胺溶于 200mL 水中,加浓 HCl 10mL,稀释至 1L,即为 pH=5.4 的缓冲溶液
NH₄Ac-HAc 缓冲溶液		将 600g NH₄Ac 溶于水中,加冰 HAc 20mL,稀释至 1L,即为 pH=6.0 的缓冲溶液
NH₄Cl-NH₃ 缓冲溶液		将 600g NH₄Cl 溶于水中,加浓氨水 7.0mL,稀释至 1L,即为 pH=8.0 的缓冲溶液
NH₄Cl-NH₃ 缓冲溶液		将 70g NH₄Cl 溶于水中,加浓氨水 48mL,稀释至 1L,即为 pH=9.0 的缓冲溶液
浓 HCl	$12mol \cdot L^{-1}$	浓盐酸
释 HCl	$6mol \cdot L^{-1}$	取浓盐酸与等体积混合
浓 NHO₃	$16mol \cdot L^{-1}$	浓硝酸
释 NHO₃	$6mol \cdot L^{-1}$ $2mol \cdot L^{-1}$	取浓硝酸 381mL,稀释至 1L 取浓硝酸 128mL,稀释至 1L
浓 H₂SO₄	$18mol \cdot L^{-1}$	浓硫酸
稀 H₂SO₄	$3mol \cdot L^{-1}$	取浓硫酸 167mL,缓缓倾入 833mL 水中 取浓硫酸 56mL,缓缓倾入 944mL 水中
浓 HAc	$17mol \cdot L^{-1}$	浓乙酸
稀 HAc	$6mol \cdot L^{-1}$ $2mol \cdot L^{-1}$	取浓 HAc 350mL,稀释至 1L 取浓 HAc 118mL,稀释至 1L
浓 NH₃·H₂O	$15mol \cdot L^{-1}$	浓氨水
稀 NH₃·H₂O	$6mol \cdot L^{-1}$ $2mol \cdot L^{-1}$	取浓 NH₃·H₂O 400mL,稀释至 1L 取浓 NH₃·H₂O 134mL,稀释至 1L
NaOH	$6mol \cdot L^{-1}$ $2mol \cdot L^{-1}$	将 NaOH 240g,稀释至 1L 将 NaOH 80g,稀释至 1L

注: 盛装各种试剂的试剂瓶应贴上标签, 标签上用碳素墨水 (不能用钢笔或铅笔写) 写明试剂名称、浓度及其配置日期, 标签上面涂一薄层石蜡保护。

附录十一　金属氢氧化物沉淀的 pH 值以及沉淀金属硫化的 pH 值

附表 23　金属氢氧化物沉淀的 pH 值 (包括形成氢氧配离子的大概数值)

氢氧化物	开始沉淀时的 pH 值		沉淀完全时的 pH 值 (残留离子浓度 $<10^{-5}mol \cdot L^{-1}$)	沉淀开始 溶解的 pH 值	沉淀完全溶解 时的 pH 值
	初　浓　度				
	$1mol \cdot L^{-1}$	$0.01mol \cdot L^{-1}$			
Sn(OH)₄	0	0.5	1	13	15
TiO(OH)₂	0	0.5	2.0		
Sn(OH)₄	0.9	2.1	4.7	10	13.5
ZrO(OH)₂	1.3	2.3	3.8		
HgO	1.3	2.4	5.0	11.5	
Fe(OH)₃	1.5	2.3	4.1	14	
Al(OH)₃	3.3	4.0	5.2	7.8	10.8

续表

氢氧化物	开始沉淀时的 pH 值		沉淀完全时的 pH 值（残留离子浓度 $<10^{-5}$mol · L^{-1})	沉淀开始溶解的 pH 值	沉淀完全溶解时的 pH 值
	初 浓 度				
	1mol · L^{-1}	0.01mol · L^{-1}			
Cr(OH)$_3$	4.0	4.9	6.8	12	15
Be(OH)$_2$	5.2	6.2	8.8		
Zn(OH)$_2$	5.4	6.4	8.0	10.5	12～13
Ag$_2$O	6.2	8.2	11.2	12.7	
Fe(OH)$_2$	6.5	7.5	9.7	13.5	
Co(OH)$_2$	6.6	7.6	9.2	14.1	
Ni(OH)$_2$	6.7	7.7	9.5		
Cd(OH)$_2$	7.2	8.2	9.7		
Mn(OH)$_2$	9.4	10.4	12.4		
Pb(OH)$_2$		7.2	8.7	10	13
Ce(OH)$_4$		0.8	1.2		
Th(OH)$_2$		0.5			
TI(OH)$_3$		约 0.6	约 1.6		
H$_2$WO$_4$		约 0	约 0		
H$_2$MoO$_4$				约 8	约 9
稀土		6.8～8.5	约 9.5		
H$_4$UO$_4$		3.6	5.1		

附表 24 沉淀金属硫化的 pH 值

pH	所沉淀的金属	pH	所沉淀的金属
1	铜组：Cu、Ag、Hg、Pb、Bi、Cd 砷组：As、Au、Pt、Sb、Se、Mo	5～6 >7	Co、Ni Mn、Fe
2～3	Zn、Ti		

附录十二 某些离子和化合物的颜色

一、离子颜色

1. $[Cu(H_2O)_4]^{2+}$　　$[CuCl_2]^-$　　$[CuCl_4]^{2-}$　　$[CuI_2]$　　$[Cu(NH_3)_4]^{2+}$
　　蓝色　　　　　泥黄色　　　黄色　　　黄色　　深蓝色

2. $[Ti(H_2O)_6]^{2+}$　　$[TiCl(H_2O)_5]^{2+}$　　$[TiO(H_2O_2)_4]^{2+}$
　　紫色　　　　　绿色　　　　　橘黄色

3. $[V(H_2O)_6]^{2+}$　　$[V(H_2O)_6]^{3+}$　　VO^{2+}　　VO_2^+　　$[VO_2(O_2)_2]^{3-}$　　$[V(O_2)]^{3+}$
　　蓝紫色　　　　绿色　　　　蓝色　　黄色　　　黄色　　　红棕色

4. $[Cr(H_2O)_6]^{2+}$　　$[Cr(H_2O)_6]^{3+}$　　$[Cr(NH_3)_2(H_2O)_4]^{3+}$　　$[Cr(NH_3)_3(H_2O)_3]^{3+}$
　　天蓝色　　　　蓝紫色　　　　紫红色　　　　　浅红色

$[Cr(NH_3)_4(H_2O)_2]^{3+}$　　$[Cr(NH_3)_5H_2O]^{3+}$　　$[Cr(NH_3)_6]^{3+}$　　CrO_2^-　　CrO_4^{2-}　　$Cr_2O_7^{2-}$
　橙红色　　　　　　橘黄色　　　　　　黄色　　　绿色　　黄色　　橙色

5. $[Mn(H_2O)_6]^{2+}$　　MnO_4^{2-}　　MnO^{4-}
　　肉色　　　　　绿色　　紫红色

6. $[Fe(H_2O)_6]^{2+}$　　$[Fe(H_2O)_6]^{3+}$　　$[Fe(CN)_6]^{4-}$　　$[Fe(CN)_6]^{3-}$　　$[Fe(NCS)_6]^{3-}$
　　浅绿色　　　　淡紫色　　　　黄色　　　　红棕色　　　　血红色

7. $[Co(H_2O)_6]^{2+}$　　$[Co(NH_3)_6]^{2+}$　　$[Co(NH_3)_6]^{3+}$　　$[Co(SCN)_4]^{2-}$
　　粉红色　　　　　　黄色　　　　　　　　橙黄色　　　　　　　蓝色

8. $[Ni(H_2O)_6]^{2+}$　　$[Ni(NH_3)_6]^{2+}$
　　亮绿色　　　　　　蓝色

9. I^{3-}
　　浅棕黄色

二、化合物的颜色

1. 氧化物

CuO　Cu_2O　Ag_2O　ZnO　Hg_2O　HgO　　MnO_2　CdO
黑色　暗红色　褐色　　白色　　黑色　　红色或黄色　棕色　　棕灰色

PbO_2　VO　V_2O_3　VO_2　V_2O_5　Cr_2O_3　CrO_3　MoO_2　WO_2　FeO
棕褐色　黑色　黑色　　深蓝色　红棕色　绿色　　橙红色　紫色　　棕红色　黑色

Fe_2O_3　CoO　Co_2O_3　NiO　Ni_2O_3　Pb_3O_4　Fe_3O_4
砖红色　灰绿色　黑色　　暗绿色　黑色　　红色　　红色

2. 氢氧化物

$Zn(OH)_2$　$Pb(OH)_2$　$Mg(OH)_2$　$SN(OH)_2$　$Sn(OH)_4$　$Mn(OH)_2$
　白色　　　　白色　　　　白色　　　　白色　　　　白色　　　　白色

$Fe(OH)_2$　$Cd(OH)_2$　$Al(OH)_3$　$Bi(OH)_3$　$Sb(OH)_3$　$Cu(OH)_2$　$CuOH$
　白色　　　　白色　　　　白色　　　　白色　　　　白色　　　浅蓝色　　　黄色

$Ni(OH)_2$　$Ni(OH)_3$　$Co(OH)_2$　$Co(OH)_3$　$Fe(OH)_3$　$Cr(OH)_3$
　浅绿色　　　黑色　　　粉红色　　　褐棕色　　　红棕色　　　灰绿色

3. 氯化物

$AgCl$　Hg_2Cl_2　$PbCl_2$　$Hg(NH_2)Cl$　$CoCl_2$　$CoCl_2 \cdot H_2O$　$CoCl_2 \cdot 2H_2O$
白色　　白色　　　白色　　　白色　　　　蓝色　　　蓝紫色　　　　紫红色

$CoCl_2 \cdot 6H_2O$　$FeCl_3 \cdot 6H_2O$　$TiCl_3 \cdot H_2O$　$TiCl_2$
　粉红色　　　　　黄棕色　　　　　紫色或绿色　　黑色

4. 溴化物

$AgBr$
淡黄

5. 碘化物

AgI　Hg_2I_2　HgI_2　PbI_2　Cu_2I_2　SbI_3　BiI_3
黄色　　黄色　　红色　　黄色　　白色　　黄色　　褐色

6. 卤酸盐

$Ba(IO_3)_2$　$AgIO_3$　$KClO_4$　$AgBrO_3$
　白色　　　　白色　　　白色　　　白色

7. 硫化物

Ag_2S　　HgS　　PbS　CuS　Cu_2S　FeS　Fe_2S_3　CoS　NiS　Bi_2S_3　SnS
黑色　　红色或黑色　黑色　黑色　黑色　　黑色　黑色　　黑色　黑色　黑褐色　棕色

SnS_2　CdS　Sb_2S_3　Sb_2S_5　MnS　ZnS　As_2S_3
黄色　　黄色　　橙色　　　橙红色　　肉色　　白色　　黄色

8. 硫酸盐

Ag_2SO_4　Hg_2SO_4　$PbSO_4$　$CaSO_4$　$SrSO_4$　$BaSO_4$　$[Fe(NO)]SO_4$
　白色　　　　白色　　　白色　　　白色　　　白色　　　白色　　　深棕色

$Cu(OH)_2SO_4$　$CoSO_4 \cdot 7H_2O$　$Cr_2(SO_4)_3 \cdot 6H_2O$　$Cr_2(SO_4)_3$　$Cr_2(SO_4)_3 \cdot 18H_2O$
　浅蓝色　　　　　红色　　　　　　　绿色　　　　　　桃红色　　　　　　紫色

9. 碳酸盐

Ag_2CO_3	$CaCO_3$	$SrCO_3$	$BaCO_3$	$MnCO_3$	$CdCO_3$	$Zn_2(OH)_2CO_3$
白色	白色	白色	白色	白色	白色	浅绿色

$BiOHCO_3$	$Ni_2(OH)_2CO_3$	$Hg_2(OH)_2CO_3$	$Co_2(OH)_2CO_3$	$Cu_2(OH)_2CO_3$
白色	浅绿色	红褐色	红色	蓝色

10. 酸盐

Ca_3PO_4	$CaHPO_3$	$Ba_3(PO_4)_2$	$FePO_4$	Ag_3PO_4	$MgNH_4PO_4$
白色	白色	白色	浅黄色	黄色	白色

11. 铬酸盐

$AgCrO_4$	$PbCrO_4$	$BaCrO_4$	$[Cr(H_2O)_4Cl_2]Cl \cdot 2H_2O$
砖红色	黄色	黄色	暗绿色

12. 硅酸盐

$BaSiO_3$	$CuSiO_3$	$CoSiO_3$	$Fe_2(SiO_3)_3$	$MnSiO_3$	$NiSiO_3$	$ZnSiO_3$
白色	蓝色	紫色	棕红	肉色	翠绿色	白色

13. 草酸盐

CaC_2O_4	$Ag_2C_2O_4$
白色	白色

14. 类卤化合物

$AgCN$	$Ni(CN)_2$	$Cu(CN)_2$	$CuCN$	$AgSCN$	$Cu(SCN)_2$
白色	浅绿色	黄色	白色	白色	黑绿色

15. 其他含氧酸盐

$MgNH_4AsO_4$	Ag_3AsO_4	$Ag_2S_2O_3$	$BaSO_3$	$SrSO_3$
白色	红褐色	白色	白色	白色

16. 其他化合物

$Fe_3[Fe(CN)_6]_2$	$Fe_4[Fe(CN)_6]_3$	$Cu_2[Fe(CN)_6]$	$Ag_3[Fe(CN)_6]$
藤氏色	普鲁士蓝	红棕色	橙色

$Zn_3[Fe(CN)_6]_2$	$Ag_4[Fe(CN)_6]$	$Zn_2[Fe(CN)_6]$	$K_3[Co(NO_2)_6]$	$K_2Na[Co(NO_2)_6]$
黄褐色	白色	黄色	白色	黄色

$(NH_4)Na[Co(NO_2)_6]$	K_2PtCl	$KC_4H_4O_6H$	$Na[Sb(OH)_6]$	$Na_2[Fe(CN)_5NO] \cdot 2H_2O$
黄色	白色	白色	白色	红色

$NaAc \cdot Zn(Ac)_2 \cdot 3[UO_2(Ac)_2] \cdot 9H_2O$
黄色

附录十三　常用干燥剂的各项性能条件

附表 25　常用干燥剂的特性

名　　称	化　学　式	吸水量	干燥速度	酸　碱　性	再　生　方　法
五氧化二磷	P_2O_5	大	快	酸性	不能再生
分子筛	结晶的铝硅酸盐	大	较快	酸性	烘干,温度随型号而异
氧化钡	BaO	—	慢	碱性	不能再生
高氯酸镁	$Mg(ClO_4)_2$①	大	—	中性	烘干再生(251℃分解)
三水合高氯酸镁	$Mg(ClO_4)_2 \cdot 3H_2O$	—	—	中性	烘干再生(251℃分解)
氢氧化钾(熔融过的)	KOH	大	较快	碱性	不能再生
活性氧化铝	Al_2O_3	大	快	中性	在110～300℃烘干再生
浓硫酸	H_2SO_4	大	快	酸性	蒸发浓缩再生
硫酸钙	$CaSO_4$	小	快	中性	在163℃(脱水温度)下脱水再生
硅胶	SiO_2	大	快	酸性	120℃下烘干再生

续表

名　　　称	化 学 式	吸水量	干燥速度	酸 碱 性	再 生 方 法
氢氧化钠(熔融过的)	NaOH	大	较快	碱性	不能再生
氧化钙	CaO	—	慢	碱性	不能再生
硫酸铜	CuSO₄	大	—	微酸性	150℃下脱水再生
氯化钙(熔融过的)	CaCl₂	大	快	含碱性杂质	200℃下脱水再生
硫酸镁	MgSO₄	大	较快	中性、有的微酸性	200℃下脱水再生
硫酸钠	Na₂SO₄	大	慢	中性	烘干再生
碳酸钾	K₂CO₃	中	较慢	碱性	100℃烘干再生
金属钠	Na	—	—	—	不能再生

① 使用高氯酸盐时务必小心，碳、硫、磷及一切有机物不可与之直接接触，否则会产生猛烈爆炸。

附表 26　干燥剂的适用性

干 燥 剂	适 用 范 围	不 适 用 范 围	备 　 注
P₂O₅	大多数中性或酸性气体,乙炔,二硫化碳,炔,卤代氢,酸溶液(干燥器、干燥枪),酸与酸酐,腈	碱性物质,醇,酮,易发生聚合的物质,氯化氢	使用时应与载体(石棉绒、玻璃棉、浮石等)混合;一般先用其他干燥剂预干燥;本品易潮解,与水作用生成偏磷酸、磷酸等
浓 H₂SO₄	大多数中性与酸性气体(干燥器、洗气瓶),饱和烃,卤代烃,芳烃	不饱和的有机化合物,醇,酮,酚,碱性物质,硫化氢,碘化氢	不适宜升温真空干燥
BaO,CaO	中性或碱性气体,胺醇	醛,酮,酸性物质	物质适用于干燥气体,与水作用生成 Ba(OH)₂,Ca(OH)₂
NaOH,KOH	氨,胺,醚,烃(干燥器)肼	氯化氢(爆炸),醇,伯、仲胺及其他易与金属钠反应的物质	易潮解
K₂CO₃	胺,醇,丙酮,一般的生物碱,酯,腈	醇,氨,胺,酸,酸性物质,某些醛、酮与酯	易潮解
Na	醚,饱和烃,叔胺,芳烃	易氧化的有机液体	一般先用其他干燥剂干燥;与水作用生成 NaOH 与 H₂
CaCl₂	烃,链烯烃,醚,酯,卤代烃,腈,中性气体,氯化氢		价廉,可与许多含氮、氧的化合物生成溶剂化物、配合物或与之发生反应;含有 CaO 等碱性杂质
Mg(ClO₄)₂	含有氨的气体(干燥器)		适用于分析工作,能溶于多种溶剂中;处理不当会发生爆炸
Na₂SO₄,MgSO₄	普遍适用,特别适用于酯及敏感物质溶液		价廉;Na₂SO₄ 常作预干燥剂
CaSO₄	普遍适用		常先用 Na₂SO₄ 作预干燥剂
硅胶	(干燥器)	氟化氢	
分子筛	100℃温度以下的大多数流动气体;有机溶剂(干燥器)	不饱和烃	一般先用其他干燥剂干燥;特别适用于低分压的干燥
CaH₂	烃,醚,酯,C₄ 及 C₄ 以上的醇	醛,含有活泼羰基的化合物	作用比氢化铝锂慢,但效率差不多,安全,是最好的脱水剂之一,与水作用生成 Ca(OH)₂、H₂
LiAlH₄	烃,芳烃卤化物,醚	含有酸性 H、卤素、羰基及硝基等的化合物	使用时小心! 过剩的物质可慢慢加乙酸乙酯将其破坏;与水作用生成 LiOH、Al(OH)₃、H₂

附表 27　常用基准物及其干燥条件

基　准　物	干燥后的组成	干燥温度及时间
$NaHCO_3$	Na_2CO_3	260～270℃干燥至恒重
$Na_2B_4O_7$	$Na_2B_4O_7$	NaCl-蔗糖饱和溶液干燥器中室温下保存
$KHC_6O_4H_2(COO)_2$	$KHC_6O_4H_2(COO)_2$	105～110℃干燥 1h
$Na_2C_2O_4$	$Na_2C_2O_4$	105～110℃干燥 2h
$K_2Cr_2O_7$	K_2Cr_2O	130～140℃加热 0.5～1h
$KBrO_3$	$KBrO_3$	120℃干燥 1～2h
KIO_3	KIO_3	105～120℃干燥
As_2O_3	As_2O_3	硫酸干燥器中干燥至恒重
$(NH_4)Fe(SO_4)_2 \cdot 6H_2O$	$(NH_4)Fe(SO_4)_2 \cdot 6H_2O$	室温下空气干燥
NaCl	NaCl	250～350℃加热 1～2h
$AgNO_3$	$AgNO_3$	120℃干燥 2h
$CuSO_4 \cdot 5H_2O$	$CuSO_4 \cdot 5H_2O$	室温下空气干燥
$KHSO_4$	K_2SO_4	750℃以上灼烧
ZnO	ZnO	约 800℃灼烧至恒重
Na_2CO_3	Na_2CO_3	260～270℃加热 30min
$CaCO_3$	$CaCO_3$	105～110℃干燥

附录十四　国际单位制

附表 28　国际单位制的基本单位

量的名称	单 位 名 称		符号	定　　义
	中　文	英　文		
长度	米	meter	m	光在真空中于 1/299792458 秒时间间隔内所经路径的长度(1983 年第十七届 CGPM 决议)
质量	千克(公斤)	kilogram	kg	保存在巴黎和国际计量局的国际千克原器的质量(1901 年第一届 CGPM 声明)
时间	秒	second	s	1 秒相当于 ^{133}Cs 原子基态的两个超精细能级间跃迁所对应的辐射的 9192631770 个周期的持续时间(1967 年第十三届 CGPM 决议一)
电流	安[培]	Ampere	A	在真空中相距 1 米的两根无限长而圆截面极小的平行直导线内通以等量恒定电流时,若导线间相互作用力为 2×10^{-7} 牛顿/米,则每根导线中的电流为 1 安培(1948 年第九届 CGPM 决议二)
热力学温度	开[尔文]	Kelvin	K	水三相点热力学温度的 1/273.16(1948 年第十三届 CGPM 决议四)
物质的量	摩[尔]	mole	mol	是一系统的物质的量,该系统中所含的基本单元(应注明原子、分子、离子、电子及其他粒子或这些粒子的特定组合),数值与 0.012 千克 ^{12}C 的原子数目相等(1971 年第十四届 CGPM 决议三)
发光强度	坎[德拉]	candela	cd	是一光源在给定方向上的发光强度,该光源发出频率为 540×10^{12} 赫兹的单色辐射,且在此方向上的辐射强度为 1/683 瓦特/球面度(1979 年第十四届 A CGPM 决议三)

附表 29　国际单位制的辅助单位

量的名称	单位名称	单位符号	定　　义
[平面]角	弧度	rad	弧度是一圆内两条半径之间的平面角,这两条半径在圆周上所截取的弧长和半径相等,一弧度等于 57.2957995°(度)
立体角	球面度	sr	球面度是一立体角,其顶点位于球心,而它在球面上所截取的面积等于以球半径为边长的正方形面积

附表 30　国际单位制中具有专门名称的导出单位

量 的 名 称	单位名称	单位符号	用其他 SI 单位表示的表示式	用 SI 单位表示的表示式
频率	赫[兹]	Hz		s^{-1}
能[量],功,热量	焦[耳]	J	$N \cdot m$	$m^2 \cdot kg \cdot s^{-2}$
力	牛[顿]	N		$m \cdot kg \cdot s^{-2}$
压力,压强,应力	帕[斯卡]	Pa	$N \cdot m^{-2}$	$m^{-1} \cdot kg \cdot s^{-2}$
功率,辐[射能]通量	瓦[特]	W	$J \cdot s^{-1}$	$m^2 \cdot kg \cdot s^{-3}$
电荷[量]	库[仑]	C		$s \cdot A$
电位,电压,电动势(电势)	伏[特]	V	$W \cdot A^{-1}$	$m^2 \cdot kg \cdot s^{-3} \cdot A^{-1}$
电阻	欧[姆]	Ω	$V \cdot A^{-1}$	$m^2 \cdot kg \cdot s^{-3} \cdot A^{-2}$
电导	西[门子]	S	$A \cdot V^{-1}$	$m^{-2} \cdot kg^{-1} \cdot s^{-3} \cdot A^2$
电容	法[拉]	F	$C \cdot V^{-1}$	$m^{-2} \cdot kg^{-1} \cdot s^4 \cdot A^2$
磁通量	韦[伯]	Wb	$V \cdot s$	$m^2 \cdot kg \cdot s^{-2} \cdot A^{-1}$
电感	亨[利]	H	$Wb \cdot m^{-2}$	$m^2 \cdot kg \cdot s^{-2} \cdot A^{-1}$
磁通量密度(磁感应强度)	特[斯拉]	T	$Wb \cdot m^{-2}$	$kg \cdot s^{-2} \cdot A^{-1}$
摄氏温度	摄氏度	C		K
光通[量]	流[明]	lm		$cd \cdot sr$
[光]照度	勒[克斯]	lx	$lm \cdot m^{-2}$	$m^{-2} \cdot cd \cdot sr$
[放射性]活度	贝可[勒尔]	Bq		s^{-1}
吸收剂量,比授[予]能,比释动能	戈[瑞]	Gy	$J \cdot kg^{-1}$	$m^2 \cdot s^{-2}$
剂量当量	希[沃特]	Sv	$J \cdot kg^{-1}$	$m^2 \cdot s^{-2}$

附表 31　用国际单位制基本单位表示的 SI 导出单位示例

量 的 名 称	单 位 名 称	单 位 符 号	用 SI 单位表示的表示式
[动力]黏度	帕[斯卡]秒	$Pa \cdot s$	$m^{-1} \cdot kg \cdot s^{-1}$
力矩	牛[顿]米	$N \cdot m$	$m^2 \cdot kg \cdot s^{-2}$
表面张力	牛[顿]每米	$N \cdot m^{-1}$	$kg \cdot s^{-2}$
热流密度,辐[射]照度	瓦[特]每平方米	$W \cdot m^{-2}$	$kg \cdot s^{-3}$
热容,熵	焦[耳]每开[尔文]	$J \cdot K^{-1}$	$m^2 \cdot kg \cdot s^{-2} \cdot K^{-1}$
比热容,比熵	焦[耳]每千克开[尔文]	$J \cdot kg^{-1} \cdot K^{-1}$	$m^2 \cdot s^{-2} \cdot K^{-1}$
比能	焦[耳]每千克	$J \cdot kg^{-1}$	$m^2 \cdot s^{-2}$
热导率	瓦[特]每米开[尔文]	$W \cdot m \cdot K^{-1}$	$m \cdot kg \cdot s^{-3} \cdot K^{-1}$
能[量]密度	焦[耳]每立方米	$J \cdot m^{-3}$	$m^{-1} \cdot kg \cdot s^{-2}$
电场强度	伏[特]每米	$V \cdot m^{-1}$	$m \cdot kg \cdot s^{-3} \cdot A^{-1}$
电荷[体]密度	库[仑]每立方米	$C \cdot m^{-3}$	$m^{-3} \cdot s \cdot A$
电位移	库[仑]每平方米	$C \cdot m^{-2}$	$m^{-2} \cdot s \cdot A$
电容率(介电常数)	法[拉]每米	$F \cdot m^{-1}$	$m^{-3} \cdot kg^{-1} \cdot s^4 \cdot A^2$
磁导率	亨[利]每米	$H \cdot m^{-1}$	$m \cdot kg \cdot s^{-2} \cdot A^{-2}$
摩尔能[量]	焦[耳]每摩尔	$J \cdot mol^{-1}$	$m^2 \cdot kg \cdot s^{-2} \cdot mol^{-1}$
摩尔熵,摩尔热容	焦[耳]每摩尔开[尔文]	$J \cdot mol^{-1} \cdot K^{-1}$	$m^2 \cdot kg \cdot s^{-2} \cdot K^{-1} \cdot mol^{-1}$
(X 射线和 γ 射线的)照射量	库[仑]每千克	$C \cdot kg^{-1}$	$kg^{-1} \cdot s \cdot A$
吸收剂量率	戈[瑞]每秒	$Gy \cdot s^{-1}$	$m^2 \cdot s^{-3}$

附表 32　用国际单位制辅助单位表示的 SI 导出单位示例

量的名称	单位名称	单位符号	量的名称	单位名称	单位符号
角速度	弧度每秒	$rad \cdot s^{-1}$	辐[射]强度	瓦[特]每球面度	$W \cdot sr^{-1}$
角加速度	弧度每二次方秒	$rad \cdot s^{-2}$	辐[射]亮度	瓦[特]每平方米球面度	$W \cdot m^{-2} \cdot sr^{-1}$

附表 33　与国际单位制单位并用的其他法定计量单位

量	单位名称	符号	与 SI 单位的关系	量	单位名称	符号	与 SI 单位的关系
时间	分	min	$1\,min=60\,s$	[平面]角	[角]秒	″	$1''=(1/60)'=(\pi/648000)\,rad$
	[小]时	h	$1\,h=60\,min=3600\,s$		[角]分	′	$1'=(1/60)^\circ=(\pi/10800)\,rad$
	日(天)	d	$1\,d=24\,h=86400\,s$		度	°	$1^\circ=(\pi/180)\,rad$

注：根据我国的具体情况，我国为 11 个物理量，选定了 16 个非国际单位制单位，这些单位使用十分广泛，废除它们将带来很大的不方便，为此，规定它们为我国的法定计量单位。

附表 34　压力单位换算

帕斯卡(Pa)	工程大气压(kgf/cm²)	毫米水柱(mmH₂O)	标准大气压(atm)	毫米汞柱(mmHg)
1	1.02×10^{-5}	0.102	0.99×10^{-5}	0.0075
98067	1	10^4	0.9678	735.6
9.807	0.0001	1	0.9678×10^{-4}	0.0736
101325	1.033	10332	1	760
133.32	0.00036	13.6	0.00132	1

注：$1\,Pa=1\,N/m^2$；1 工程大气压$=1\,kgf/cm^2$；$1\,mmHg=1\,Torr$；标准大气压即物理大气压；$1\,bar=10^5\,N/m^2$。

附表 35　能量单位换算

尔格(erg)	焦耳(J)	千克力米(kgf·m)	千瓦小时(kW·h)	千卡(kcal,国际蒸气表卡)	升大气压(L·atm)
1	10^{-7}	0.102×10^{-7}	27.78×10^{-15}	23.9×10^{-12}	9.869×10^{-10}
10^7	1	0.102	277.8×10^{-9}	239×10^{-6}	9.869×10^{-3}
9.807×10^7	9.807	1	2.724×10^{-6}	2.342×10^{-3}	9.679×10^{-3}
36×10^{12}	3.6×10^6	367.1×10^3	1	859.845	3.553×10^4
41.87×10^9	4186.8	426.935	1.163×10^{-3}	1	41.29
1.013×10^9	101.3	10.33	2.814×10^{-5}	0.024218	1

注：$1\,erg=1\,dyn\cdot cm$，$1\,J=1\,N\cdot m=1\,W\cdot s$，$1\,eV=1.602\times10^{-19}\,J$；1 国际蒸气表卡$=1.00067$ 热化学卡。

附表 36　国际单位制用的十进词冠

倍　数	词头名称	词头符号	倍　数	词头名称	词头符号
10^{18}	艾[可萨](exa)	E	10^{-1}	分(deci)	d
10^{15}	拍[它](peta)	P	10^{-2}	厘(centi)	c
10^{12}	太[拉](tera)	T	10^{-3}	毫(milli)	m
10^9	吉[咖](giga)	G	10^{-6}	微(micro)	μ
10^6	兆(mega)	M	10^{-9}	纳[诺](nano)	n
10^3	千(kilo)	K	10^{-12}	皮[可](pico)	p
10^2	百(hecto)	H	10^{-15}	飞[母托](femto)	f
10^1	十(deca)	da	10^{-18}	阿[托](atto)	a

附录十五　常用的物理参数

附录 37　常用的物理常数

常　数	符　号	数　值	SI 单位	cgs 单位
标准重力加速度	g	9.80665	m/s²	$\times10^2\,cm\cdot s^{-2}$
光速	C	2.9979	$\times10^8\,m/s$	$\times10^{10}\,cm\cdot s^{-1}$
普朗克常数	h	6.6262	$\times10^{-34}\,J\cdot s$	$\times10^{-27}\,erg\cdot K^{-1}$
玻尔兹曼常数	K	1.3806	$\times10^{-23}\,J\cdot K$	
阿伏伽德罗常数	N_A	6.0222	$\times10^{23}/mol$	
法拉第常数	F	9.64867	$\times10^4\,C/mol$	
电子电荷	E	1.60219	$\times10^{-19}\,C$	
		4.803		$\times10^{-10}\,esu$

常　　数	符　号	数　值	SI 单 位	cgs 单位
电子净质量	m_e	9.1095	$\times 10^{-31}\,kg$	$\times 10^{-28}\,g$
质子净质量	m_p	1.6726	$\times 10^{-27}\,kg$	$\times 10^{-24}\,g$
玻尔半径	a_0	5.2918	$\times 10^{-11}\,m$	$\times 10^{-9}\,cm$
玻尔磁子	μ_B	9.2741	$\times 10^{-24}\,J \cdot T^{-1}$	$\times 10^{-21}\,erg \cdot G^{-1}$
核磁子	μ_N	5.0508	$\times 10^{-27}\,J \cdot T^{-1}$	$\times 10^{-24}\,erg \cdot G^{-1}$
理想气体标准态体积	V_0	22.4136	$m^3 \cdot kmol^{-1}$	
摩尔气体常数	R	8.31434	$J \cdot mol^{-1} \cdot K^{-1}$	$\times 10^{-7}\,erg \cdot mol^{-1} \cdot K^{-1}$
		1.9872	$cal \cdot mol^{-1} \cdot K^{-1}$	
		8.2056	$\times 10^{-2}\,m^3 \cdot atm \cdot kmol^{-1} \cdot K^{-1}$	
水的冰点	273.15K			
水的三相点	273.16K			

附表 38　水的表面张力　　　　单位：mN·m⁻¹

单位：$mN \cdot m^{-1}$

温度/℃	表面张力	温度/℃	表面张力	温度/℃	表面张力
15	73.49	21	72.59	27	71.66
16	73.34	22	72.44	28	71.50
17	73.19	23	72.28	29	71.35
18	73.05	24	72.13	30	71.18
19	72.90	25	71.97	31	70.38
20	72.75	26	71.82	32	69.56

附表 39　水的饱和蒸气压

温度/℃	毫米汞柱	温度/℃	毫米汞柱	温度/℃	毫米汞柱	温度/℃	毫米汞柱
0	4.579	25	23.76	50	92.51	75	289.1
1	4.926	26	25.21	51	97.20	76	301.4
2	5.294	27	26.74	52	102.1	77	314.1
3	5.685	28	28.35	53	107.2	78	327.3
4	6.101	29	30.04	54	112.5	79	341.0
5	6.543	30	31.82	55	118.0	80	355.1
6	7.013	31	33.70	56	123.8	81	369.7
7	7.513	32	35.66	57	129.8	82	384.9
8	8.045	33	37.73	58	136.1	83	400.6
9	8.609	34	39.90	59	142.6	84	416.8
10	9.209	35	42.18	60	149.4	85	433.6
11	9.844	36	44.56	61	156.4	86	450.9
12	10.52	37	47.07	62	163.8	87	468.7
13	11.23	38	49.69	63	171.4	88	487.1
14	11.99	39	52.44	64	179.3	89	506.1
15	12.79	40	55.32	65	187.5	90	525.8
16	13.63	41	58.34	66	196.1	91	546.1
17	14.63	42	61.50	67	205.0	92	567.0
18	15.48	43	64.80	68	214.2	93	588.6
19	16.48	44	68.26	69	223.7	94	610.9
20	17.54	45	71.88	70	233.7	95	633.9
21	18.65	46	75.65	71	243.9	96	657.6
22	19.83	47	79.60	72	254.6	97	682.1
23	21.07	48	83.71	73	265.7	98	707.3
24	22.38	49	88.02	74	277.2	99	733.2

附表 40　水的绝对黏度　　　　　　　　　　　　　　　　单位：mPa·s

温度/℃	0	1	2	3	4	5	6	7	8	9
0	1.787	1.728	1.671	1.618	1.567	1.519	1.472	1.428	1.386	1.346
10	1.307	1.271	1.235	1.202	1.169	1.139	1.109	1.081	1.053	1.027
20	1.002	0.9779	0.9548	0.9325	0.9111	0.8904	0.8705	0.8513	0.8327	0.8148
30	0.7975	0.7808	0.7647	0.7491	0.7340	0.7194	0.7052	0.6915	0.6783	0.6654
40	0.6529	0.6408	0.6291	0.6178	0.6067	0.5960	0.5856	0.5755	0.5656	0.5561

附录十六　溶液的基本参数

附表 41　20 ℃时溶剂的介电常数（按碳原子数排列）

名　称	$\varepsilon/F \cdot m^{-1}$	名　称	$\varepsilon/F \cdot m^{-1}$	名　称	$\varepsilon/F \cdot m^{-1}$
四氯化碳	2.238	异丙醇	18.3	甲酸正丁酯	6.2
二硫化碳	2.65	正丙醇	20.1	2-甲基-2-丁醇	7
氯仿	4.806	烯丙醇	约11	1-甲氧基-2-乙烯氧基乙烷	8.25
二溴甲烷	7.04	丙酮	21.45	3-戊醇	约13.0
二氯甲烷	9.08	3-氯-1,2-环氧丙烷	23	乳酸乙酯	13.1
甲胺	9.4	1,2-丙二醇	32.0	吡啶	13.3
甲醇	32.64	1,3-丙二醇	35.0	2-戊醇	13.8
甲酸	58.5	甘油	41.14	正戊醇	14.5
甲酰胺	111.5	二烷	2.25	3-甲基-1-丁醇	14.7
反1,2-二氯乙烯	2.15	丁酸丁酯	4.1	甲基丙基酮	15.45
四氯乙烯	2.29	2-辛醇	8.20	二乙酮	17
三氯乙烯	3.27	正辛醇	10.3	糠醇	17.45
五氯丙烷	3.73	甲基己基酮	10.39	乙酰丙酮	25.1
1,2-二溴乙烷	4.8	苯甲酮	17.8	糠醛	41.9
甲醚	5.02	丁酸	2.97	己烷	1.890
乙酸	6.15	1,1-二甲基二甲氧基乙烷	3.85	环己烷	2.055
1,1,1-三氯乙烷	7.10	乙醚	4.335	异丙	2.284
1,1,1三氯乙烷	7.12	丙酸甲酯	6.1	二丙醚	3.4
1,1,2,2-四氯乙烷	8.20	乙酸乙酯	6.4	二异丙醚	3.95
甲酸甲酯	8.8	甲酸丙酯	7.2	1,1-二乙氧基乙烷	3.97
顺-1,2-二氯乙烯	9.31	1,2-二甲氧基乙烷	7.25	甲酸异戊酯	4.98
溴乙烷	9.41	四氢呋喃	7.35	乙酸丁酯	5.01
1,2-二氯乙烷	10.45	1-氯丁烷	7.38	异丙苯	2.380
1,1-二氯乙烷	10.9	2-甲基-2-丙醇	12.6	三乙酸甘油酯	7.22
乙醇	25.0	2-乙氧基乙醇	13.5	苯乙酮	18.2
硝基乙烷	30.3	2-丁醇	15.5	反十氢化萘	2.172
乙二醇	38.68	2-甲基-1-丙醇	16.68	顺十氢化萘	2.197
丙酸	3.22	正丁醇	17.4	丁酸乙酯	5.01
二甲氧基甲烷	3.485	2-丁酮	18.51	乙酸仲丁酯	5.1
1,2-二溴丙烷	4.35	二(2-氯乙基)醚	20.47	丙酸丙酯	5.2
乙酸甲酯	7.08	1,4-丁二醇	31.1	乙酸异丁酯	5.29
1,2,3-三氯丙烷	约7.5	戊烷	1.844	溴苯	5.53
1-氯丙烷	7.7	环戊烷	1.965	氯苯	5.59
1-溴丙烷	8.27	碳酸二乙酯	2.82	甲酸戊酯	5.6
1,2-二氯丙烷	8.92	二乙氧基甲烷	2.885	苯胺	6.81
2-溴丙烷	9.7	丙酸乙酯	5.6	1-乙氧基-2-乙酰氧基乙烷烷	8.35
2-氯丙烷	9.82	丁酸甲酯	5.6		
1,3-二氯-2-丙醇	约15.5	乙酸丙酯	5.6	2-丁氧基乙醇	9.4
2,3-二氯-1-丙醇	约16.1	甲酸异丁酯	5.93	2-甲基吡啶	10.0

名 称	$\varepsilon/\text{F}\cdot\text{m}^{-1}$	名 称	$\varepsilon/\text{F}\cdot\text{m}^{-1}$	名 称	$\varepsilon/\text{F}\cdot\text{m}^{-1}$
1,2-二氯苯	10.2	2-二氯甲苯	4.73	2-甲基环己酮	14.0
甲基丁基酮	12.2	乙酸戊酯	4.75	辛烷	1.948
甲基异丁基酮	13.11	乙酸异戊酯	4.8	对二甲苯	2.270
正己醇	13.75	4-氯甲苯	6.19	间二甲苯	2.374
环己酮	15.2	甲基戊基酮	11.95	乙苯	2.412
2-甲基-2-戊烯-4-酮	15.4	正庚醇	12.1	苯乙烯	2.415
环己醇	15.9	3-甲基环己醇	12.34	邻二甲苯	2.568
4-羟基-4-甲基戊-2-酮	22.7	4-甲基环己醇	12.35	二丁醚	3.1
硝基苯	35.96	3-甲基环己酮	12.4	对异丙基苯甲烷	2.243
庚烷	1.926	2-丙基酮	12.6	α-蒎烯	2.75
甲基环己烷	2.020	乙基丁基酮	12.9	四氢化萘	2.757
甲苯	2.335	2-甲基环己酮	13.3	二正戊醚	2.8
丁酸丙酯	4.3	4-甲基环己酮	13.3	二异戊醚	2.82
丙酸丁酯	4.5	苯甲醇	13.5		

附表 42　水与有机溶剂的混合液在 20℃时的介电常数

水的质量分数 $w/\%$	有机溶剂-水混合液的介电常数 $\varepsilon/\text{F}\cdot\text{m}^{-1}$					
	甲醇	乙醇	异丙醇	乙二醇	丙酮	二噁烷
10	75.8	74.6	73.1	77.5	74.8	65.7
20	71.0	68.7	65.7	74.6	68.6	62.4
30	66.0	62.6	58.4	71.6	62.5	59.2
40	61.2	56.5	51.1	68.4	56.0	56.3
50	56.5	50.4	43.7	64.9	49.5	53.4
60	46.5	44.7	36.3	61.1	42.9	50.8
70	41.5	39.1	29.6	56.3	36.5	48.2
80	36.8	33.9	24.4	50.6	30.3	45.8
90	32.4	29.0	20.9	44.9	24.6	—

附表 43　水在不同温度下的介电常数

温度/℃	$\varepsilon/\text{F}\cdot\text{m}^{-1}$	温度/℃	$\varepsilon/\text{F}\cdot\text{m}^{-1}$	温度/℃	$\varepsilon/\text{F}\cdot\text{m}^{-1}$
0	87.90	35	74.85	70	63.78
5	85.90	40	73.15	75	62.34
10	83.95	45	71.50	80	60.93
15	82.04	50	69.88	85	59.55
20	80.18	55	68.30	90	58.20
25	78.36	60	66.76	95	56.88
30	76.58	65	65.25	100	55.58

附表 44　20℃时溶剂的混溶度

分子式	名 称	己烷	环己烷	四氯化碳	苯	二硫化碳	乙醚	氯仿	乙酸乙酯	丙酮	乙醇	甲醇	硝基甲烷	乙二醇
CCl_4	四氯化碳	+	+		+	+	+	+	+	+	+	+	+	○
CS_2	二硫化碳	+	+	+	+		+	+	+	+	+	○	○	○
$CHCl_3$	氯仿	+	+	+	+	+	+		+	+	+	+	+	○
CH_2Br_2	二溴甲烷	+	+	+	+	+	+	+		+	+	+	+	○
CH_2Cl_2	二氯甲烷	+	+	+	+	+	+	+	+		+	+	+	○
CH_3NO	甲酰胺	○	○	○	○	○	○	○	○	+	+	+		+
CH_3NO_2	硝基甲烷	○	○	+	+	+	+	+	+	+	+	+		○

分子式	名　称	己烷	环己烷	四氯化碳	苯	二硫化碳	乙醚	氯仿	乙酸乙酯	丙酮	乙醇	甲醇	硝基甲烷	乙二醇
CH_4O	甲醇	○	○	+	+	○	+	+	+	+	+		+	+
C_2Cl_4	四氯乙烯	+	+	+	+	+	+	+	+	+	+	+	○	○
C_2HCl_3	三氯乙烯	+	+	+	+	+	+	+	+	+	+	+	+	○
C_2HCl_5	五氯乙烷	+	+	+	+	+	+	+	+	+	+	+	+	○
$C_2H_2Cl_4$	1,1,2,2-四氯乙烷	+	+	+	+	+	+	+	+	+	+	+	+	○
$C_2H_4Br_2$	1,2-二溴乙烷	+	+	+	+	+	+	+	+	+	+	+	+	○

注："+"表示溶剂按任何比例混溶；"○"表示溶剂部分混溶或基本上不混溶。

附录十七　物理化学常数

附表45　一些液体的蒸气压

物　质　名	$\lg p = A - B/(t+C)$ 式中：p,mmHg；t,℃			$\ln p = b - M/t$ 式中：p,Pa；t,℃	
	A	B	C	M	b
丙酮(5～50℃)	7.1171	1210.59	229.66	1654.09	13.6349
乙酸(10～100℃)	7.3878	1533.31	222.31	2160.99	14.1614
苯(8～103℃)	6.9057	1211.03	220.79	1724.91	13.4892
苯(−12～3℃)	9.1064	1885.9	244.2	2370.22	15.7864
环己烷(20～81℃)	6.8413	1201.53	222.65	1693.34	13.3974
环己烯(20～80℃)	6.8862	1229.97	224.10	1714.95	13.4288
乙酸乙酯(15～76℃)	7.1018	1244.95	217.88	1829.92	13.8396
乙醇(−2～100℃)	8.3211	1718.1	237.52	2190.37	14.8405
溴(5～50℃)	6.8778	1119.68	221.38	1606.03	13.4428
碘(5～50℃)	9.8109	2901.0	256.00	3246.67	16.0998
乙醚(−61～20℃)	6.9203	1064.07	228.80	1580.07	13.7790
氯仿(−35～61℃)	6.4934	929.44	196.03	1779.47	13.9681

附表46　18℃和25℃时几种阳离子的迁移数

名　称	浓　　　度					
	$0.01mol \cdot L^{-1}$	$0.1mol \cdot L^{-1}$		$1mol \cdot L^{-1}$		$0.2mol \cdot L^{-1}$
	18	18	25	18	25	25
硝酸银	0.471	0.471	0.465	0.465	0.465	0.512
硝酸钾		0.502	0.5703		0.508	0.4894
氯化钾	0.496	0.495	0.4907		0.490	
硝酸		0.855				0.8334
盐酸	0.833	0.835	0.8314		0.825	
硫酸铜	0.375	0.375		0.330		
硫酸	0.824	0.824				
氯化钠			0.3854		0.392	0.3821
氯化锂			0.3168		0.329	0.3112
硫酸钠			0.3824		0.385	0.3828

附表 47　标准还原电极电势

电　　极	ε^0/V	反应式
Li^+,Li	-3.045	$Li^+ + e \Longrightarrow Li$
K^+,K	-2.924	$K^+ + e \Longrightarrow K$
Na^+,Na	-2.7109	$Na^+ + e \Longrightarrow Na$
Ca^{2+},Ca	-2.76	$Ca^{2+} + 2e \Longrightarrow Ca$
Zn^{2+},Zn	-0.7628	$Zn^{2+} + 2e \Longrightarrow Zn$
Fe^{2+},Fe	-0.409	$Fe^{2+} + 2e \Longrightarrow Fe$
Cd^{2+},Cd	-0.4026	$Cd^{2+} + 2e \Longrightarrow Cd$
Co^{2+},Co	-0.28	$Co^{2+} + 2e \Longrightarrow Co$
Ni^{2+},Ni	-0.23	$Ni^{2+} + 2e \Longrightarrow Ni$
Zn^{2+},Zn	-0.1364	$Zn^{2+} + 2e \Longrightarrow Zn$
Pb^{2+},Pb	-0.1263	$Pb^{2+} + 2e \Longrightarrow Pb$
H^+,H_2	0.00	$2H^+ + 2e \Longrightarrow H_2$
Cu^{2+},Cu	$+0.3402$	$Cu^{2+} + 2e \Longrightarrow Cu$
$(I^-,I_2)Pt$	$+0.535$	$I_2 + 2e \Longrightarrow 2I^-$
$(Fe^{3+},Fe^{2+})Pt(1mol\ HClO_4)$	$+0.747$	$Fe^{3+} + e \Longrightarrow Fe^{2+}$
Ag^+,Ag	$+0.7996$	$Ag^+ + e \Longrightarrow Ag$
Br^-,Br_2	$+1.087$	$Br_2 + 2e \Longrightarrow 2Br^-$（水溶液）
Cl^-,Cl_2	$+1.3583$	$Cl_2 + 2e \Longrightarrow 2Cl^-$
$(Ce^{4+},Ce^{3+})Pt$	$+1.443$	$Ce^{4+} + e \Longrightarrow Ce^{3+}$

附表 48　无限稀释离子摩尔电导率 Λ_m　　单位：$10^{-4} m^2 \cdot S \cdot mol^{-1}$

离　子	0℃	18℃	25℃	50℃
H^+	240	314	350	465
K^+	40.4	64.6	74.5	115
Na^+	26	43.5	50.9	82
NH_4^+	40.2	64.5	74.5	115
Ag^+	32.9	54.3	63.5	101
$1/2Ba^{2+}$	33	55	65	104
$1/2Ca^{2+}$	30	51	60	98
$1/3La^{3+}$	35	61	72	119
OH^-	105	172	192	284
Cl^-	41.1	65.5	75.5	116
NO_3^-	40.4	61.7	70.6	104
$C_2H_2O_2^{2-}$	20.3	34.6	40.8	67
$1/2SO_4^{2-}$	41	68	79	125
$1/2C_2O_4^{2-}$	39	63	73	115
$1/3C_6H_5O_7^{3-}$	36	60	70	113
$1/4Fe(CN)_6^{4-}$	58	95	111	173

附表 49　水和乙醇的折射率

$t/℃$	水	乙　醇	$t/℃$	水	乙　醇	$t/℃$	水	乙　醇
14	1.33348		28	1.33219	1.35721	44	1.32992	1.35054
15	1.33341		30	1.33192	1.35639	46	1.32959	1.34969
16	1.33333	1.36210	32	1.33614	1.35557	48	1.32927	1.34885
18	1.33317	1.36129	34	1.33136	1.35474	50	1.32894	1.34800
20	1.33299	1.36048	36	1.33107	1.3590	52	1.32860	1.34715
22	1.33281	1.35967	38	1.33079	1.35306	54	1.32827	1.34629
24	1.33262	1.35885	40	1.133051	1.35222			
26	1.33241	1.35803	42	1.33023	1.35138			

注：相对空气，钠光波长为 589.3nm。

附表 50 几种常用液体的折射率

物　质	$t/℃$		物　质	$t/℃$	
	15	20		15	20
苯	1.50439	1.50110	四氯化碳	1.46305	1.46044
丙酮	1.36175	1.35911	环己烷	1.4290	
甲苯	1.4998	1.4968	硝基苯	1.5547	1.5524
乙酸	1.3776	1.3717	正丁醇		1.39909
氯苯	1.52748	1.52460	二硫化碳	1.62935	1.62546
氯仿	1.44853	1.44550	甲醇	1.3300	1.3286

注：钠光波长为 589.3nm。

附表 51 电解质水溶液（25℃）的摩尔电导率 Λ_m 　　　　单位：$10^{-4} s \cdot m^2 \cdot mol^{-1}$

c /mol $\cdot$ L^{-1}	电　解　质							
	1/2CuSO$_4$	HCl	KCl	NaCl	NaOH	NaAc	1/2ZnSO$_4$	AgNO$_3$
0.1	50.55	391.13	128.90	106.69	—	72.76	52.16	109.09
0.05	59.02	398.89	133.30	111.01	—	75.88	61.17	115.18
0.02	72.16	407.04	138.27	115.70	—	81.20	74.20	121.35
0.01	83.08	411.80	141.20	118.45	237.9	83.72	84.87	124.70
0.005	94.02	415.59	143.48	120.59	240.7	85.68	95.44	127.14
0.001	115.20	421.15	146.88	123.68	244.6	88.5	114.47	130.45
0.0005	121.6	422.53	147.74	124.44	245.5	89.2	121.3	131.29
无限稀	133.6	425.95	149.79	126.39	247.7	91.0	132.7	133.29

附表 52 不同温度下 KCl 溶液的电导率

$t/℃$	$\kappa / \times 10^{-2} S \cdot m^{-1}$				$t/℃$	$\kappa / \times 10^{-2} S \cdot m^{-1}$			
	1.000 mol $\cdot$ L^{-1}	0.1000 mol $\cdot$ L^{-1}	0.0200 mol $\cdot$ L^{-1}	0.0100 mol $\cdot$ L^{-1}		1.000 mol $\cdot$ L^{-1}	0.1000 mol $\cdot$ L^{-1}	0.0200 mol $\cdot$ L^{-1}	0.0100 mol $\cdot$ L^{-1}
0	0.06541	0.00715	0.001521	0.000776	23	0.10789	0.01229	0.002659	0.001359
5	0.07414	0.00822	0.001752	0.000896	24	0.10984	0.01264	0.002712	0.001386
10	0.08319	0.00933	0.001994	0.001020	25	0.11180	0.01288	0.002765	0.001413
15	0.09252	0.01048	0.002243	0.001147	26	0.11377	0.01313	0.002819	0.001441
16	0.09441	0.01072	0.002294	0.001173	27	0.11574	0.01337	0.002873	0.001468
17	0.09631	0.01095	0.002345	0.001199	28		0.01362	0.002927	0.001496
18	0.09822	0.01119	0.002397	0.001225	29		0.01387	0.002981	0.001524
19	0.10014	0.01143	0.002449	0.001251	30		0.01412	0.003036	0.001552
20	0.10207	0.01167	0.002501	0.001278	35		0.01539	0.003312	
21	0.10400	0.01191	0.002553	0.001305	36		0.01564	0.003368	
22	0.10594	0.01215	0.002606	0.001332					

参 考 文 献

1 冯师颜. 误差理论与实验数据处理. 北京:科学出版社,1964
2 沙定国. 误差分析与数据处理. 北京:北京理工大学出版社,1993
3 费业泰. 误差理论与数据处理. 第二版. 北京:机械工业出版社,1987
4 Crockford H D. Laboratory Manual of Physical Chemistry. New York:John Wiley,1975
5 Norman V Steeve. Handbook of laboratory Safety. 2nd Ed. Cleveland,Ohio,CRC. 1971

大学化学教程
化学实验教程

ISBN 978-7-5025-8471-9

定价：58.00元